西门子S7-1200 PLC编程与应用

王文华　贾　川　宋　健　主编

张　恒　李秀美　张　婷　刘会杰　副主编

清華大學出版社

北京

内容简介

本书以西门子 S7-1200 PLC 在工程实践中的典型应用任务为载体，以基于工作过程的项目化设计为理念，共分为 8 个项目，分别为认识 S7-1200 PLC、使用 TIA Portal 创建 S7-1200 PLC 项目、S7-1200 PLC 基本指令编程及应用、S7-1200 PLC 的顺序控制、SIMATIC HMI 精简系列面板组态与应用、PLC 与 PLC 之间的通信、运动控制系统应用、PLC 与 G120 变频器综合控制应用。

本书提供了丰富的教学资源，如教学课件、练习与思考题的参考答案、部分知识点和技能点的动画（以二维码的形式链接）等。

本书适用于高等职业院校、应用型大学机电一体化技术、电气自动化技术、机器人相关专业的教学用书，也可作为工程技术人员自学的参考用书。

图书在版编目（CIP）数据

西门子 S7-1200 PLC 编程与应用/王文华，贾川，宋健主编. —北京：清华大学出版社，2024.5
ISBN 978-7-302-65962-4

Ⅰ. ①西… Ⅱ. ①王… ②贾… ③宋… Ⅲ. ①PLC 技术－程序设计 Ⅳ. ①TM571.61

中国国家版本馆 CIP 数据核字(2024)第 068477 号

责任编辑：王剑乔
封面设计：刘 键
责任校对：袁 芳
责任印制：刘海龙

出版发行：清华大学出版社
网 址：https://www.tup.com.cn，https://www.wqxuetang.com
地 址：北京清华大学学研大厦 A 座 **邮 编**：100084
社 总 机：010-83470000 **邮 购**：010-62786544
投稿与读者服务：010-62776969，c-service@tup.tsinghua.edu.cn
质量反馈：010-62772015，zhiliang@tup.tsinghua.edu.cn
印 装 者：三河市少明印务有限公司
经 销：全国新华书店
开 本：185mm×260mm **印 张**：17.75 **字 数**：423 千字
版 次：2024 年 7 月第 1 版 **印 次**：2024 年 7 月第 1 次印刷
定 价：56.00 元

产品编号：102483-01

FOREWORD 前言

S7-1200 PLC是西门子公司推出的全新小型自动化系统控制器，采用模块化设计方案，集成了PROFINET接口和强大的控制及通信功能，代表了PLC未来的发展方向。

TIA博途软件集成了用于PLC控制器与分布式设备组态和编程的SIMATIC Step 7、用于人机界面（HMI）组态的SIMATIC WinCC以及用于驱动设备组态与配置的SINAMICS Startdrive三大软件，借助统一的工程技术软件平台，使用户能够快速、直观地开发和调试自动化系统。

本书以西门子S7-1200 PLC在工程实践中的典型应用任务为载体，以基于工作过程的项目化设计为理念，围绕立德树人的核心要求，引导大学生树立正确的价值观，加强爱国主义教育，增强对我国智能制造的自信心，深刻认识工匠精神，将知识建构、技能训练与职业能力培养贯穿于项目学习的整个过程，为社会培养高素质技术技能型人才。

本书共设计8个项目。项目1为认识S7-1200 PLC，包含2个任务，分别介绍S7-1200 PLC的硬件结构及编程基础；项目2介绍TIA博途软件的安装与使用；项目3通过异步电动机正反转控制、搅拌电动机控制、交通信号灯控制及跑马灯控制4个典型任务，完成对基本指令的学习与应用，并熟练掌握任务实施的流程；项目4通过机械手控制系统和大小球分拣控制系统学习顺序控制设计法，完成顺序功能图的绘制及梯形图的编程及运行调试；项目5到项目8的内容为综合提高，主要实现在博途软件下PLC与PLC、PLC与触摸屏、PLC与步进电动机以及PLC与变频器的综合应用。

提升全民数字素养与技能，顺应数字时代的要求。全书应用现代教育技术手段，开发数字化的教学资源，使内容更新方便，并便于后期二次开发、综合利用和共建共享。本书提供丰富的教学资源，如教学课件、习题答案、动画等。

本书由莱芜职业技术学院王文华、贾川和宋健任主编，张恒、李秀美、张婷和刘会杰任副主编。在编写过程中，还得到了莱芜汇杰机械有限公司的大力支持和帮助，在这里一并表示感谢。

由于编者水平有限，书中难免有疏漏之处，恳请读者批评、指正。

编　者

2024年6月

CONTENTS

目录

本书配套资源

项目1

认识S7-1200 PLC

可编程控制器(简称 PLC)是在电气控制技术和计算机技术的基础上开发出来,并逐渐发展成为以微处理器为核心,将自动化技术、计算机技术、通信技术融为一体的新型工业控制装置。它广泛应用于各种生产机械和生产过程的自动控制中。目前已成为现代工业生产自动化的三大支柱(PLC、机器人、计算机辅助设计与制造 CAD/CAM)之一。因此,从事自动化类相关专业的技术人员必须熟练掌握 PLC 应用技术。

【项目目标】

序号	类 别	目 标
1	知识目标	1. 了解 PLC 定义、产生及发展 2. 了解 PLC 的分类、技术指标、特点及功能 3. 熟悉 S7-1200 PLC 的硬件结构及连接方法 4. 了解 S7-1200 PLC 编程语言 5. 掌握数制及其转换 6. 掌握 S7-1200 PLC 的数据类型及寻址方法 7. 掌握 S7-1200 PLC 的系统存储器 8. 掌握 S7-1200 PLC 的程序结构
2	技能目标	1. 能区分 PLC 与继电器控制方式并描述 PLC 的控制形式 2. 会安装 S7-1200 CPU 模块并进行外部接线端子的接线 3. 能根据控制要求进行 PLC 的选型
3	职业素养	1. 具有相互沟通能力及团队协作的精神 2. 具有主动探究、分析问题和解决问题的能力 3. 具有遵守规范、严谨认真和精益求精的工匠精神 4. 增强文化自信,具有科技报国的家国情怀和使命担当 5. 系统设计施工中注重质量、成本、安全、环保等职业素养

任务1.1　S7-1200 PLC概述

【任务描述】

完成S7-1200 PLC各模块的安装与拆卸。

【任务分析】

按照"实践→认识→再实践→再认识"的认知规律实施。完成S7-1200 PLC的CPU模块、信号模块、通信模块、信号板和端子板安装与拆卸。

【新知识学习】

1.1.1　PLC基础知识

1. 可编程控制器的定义

1987年,国际电工委员会(IEC)对可编程序控制器的定义为:可编程控制器是一种数字运算操作的电子系统,专为在工业环境下应用而设计。它采用可编程的存储器,用来在其内部存储执行逻辑运算、顺序控制、定时、计数和算术运算等操作的指令,并通过数字式和模拟式的输入和输出,控制各种类型的机械或生产过程。可编程控制器及其外围设备都应按易于与工业系统联成一个整体、易于扩充其功能的原则设计。

2. 可编程控制器的产生

20世纪20年代以来,传统的生产机械自动控制装置——继电器控制系统曾一度占据工业控制领域的主导地位。但它具有体积庞大、生产周期长、接线复杂、故障率高、可靠性及灵活性差等缺点,用户迫切需要一种先进的自动控制装置替代传统的继电器控制系统。

1968年,美国通用汽车公司(GM)为了适应汽车型号的不断更新、生产工艺不断变化的需要,实现小批量、多品种生产,希望能有一种新型工业控制器,它能做到尽可能减少重新设计和更换继电器控制系统及接线,达到降低成本、缩短周期的目的。

为此GM公司提出以下十项设计标准:①编程简单,可在现场修改程序;②维护方便,采用插件式结构;③可靠性高于继电器控制柜;④体积小于继电器控制柜;⑤成本可与继电器控制柜竞争;⑥可将数据直接送入计算机;⑦可直接使用115V交流输入电压;⑧输出采用115V交流电压,能直接驱动电磁阀、交流接触器等;⑨通用性强,扩展方便;⑩能存储程序,存储器容量可以扩展到4KB。

美国数字设备公司(DEC)根据这一设想,于1969年成功研制出了第一台可编程序控制器。早期的可编程序控制器主要用来代替继电器实现逻辑控制,故称为可编程序逻辑控制器(programmable logic controller,PLC)。现在PLC的功能越来越强大,具有丰富的输入/输出接口,并且具有较强的驱动能力,不仅仅局限于逻辑控制,故也称为PC。但由于PC容易和个人计算机(personal computer)混淆,所以人们仍沿用PLC作为可编程控制器的英文缩写。

之后1971年,日本研制出第一台DCS-8;1973年,德国西门子公司研制出欧洲第一台PLC,型号为SIMATIC S4;到1974年,中国研制出第一台PLC,1977年开始实现工业应用。

3. 可编程控制器的特点

1）可靠性高，抗干扰能力强

PLC是专为工业控制而设计的，在设计与制造过程中采用屏蔽、滤波及光电隔离等措施，并且采用模块化结构，有故障迅速更换。此外，PLC还具有很强的自诊断功能，可以迅速地检查判断出故障，大大缩短了检修时间。

2）编程简单，使用方便

PLC的编程大多采用类似于继电器控制线路的梯形图语言，梯形图是一种以图形符号及图形符号在图中的相互关系表示控制关系的编程语言，由继电器控制电路演变而来，这种编程语言形象直观，易于掌握。还有用一系列操作指令组成的语句表语言及面向对象的顺序功能图语言（简称SFC），使编程更加简单方便。

3）功能强，速度快，精度高

PLC具有逻辑运算、定时、计数等功能，还能进行D/A（A/D）转换、数据处理、联网通信等，运行速度快，精度高。

4）通用性好

许多PLC产品均采用系列化生产，品种齐全，制成模块式结构，可灵活组合与扩展。

5）体积小，重量轻，功能强，耗能低，环境适应性强

安装调试方便，无须专门机房，使用时只需将现场的各种设备和器件与PLC的输入/输出接口相连接，即可组成系统运行。

4. 可编程控制器的应用和发展

可编程控制器已广泛应用于钢铁、石化、机械制造、汽车装配、电力、轻纺等领域，目前PLC主要有以下几方面应用。

（1）逻辑控制：这是PLC最基本的用途，利用PLC的逻辑运算、定时、计数和顺序控制，取代传统的继电器接触器控制系统，应用于单机控制、多机群控制、生产自动线控制，如机器人、电梯、机械手等。

（2）闭环过程控制：工业自动化过程控制是指对温度、压力、流量等连续变化的模拟量的闭环控制。闭环控制功能可用PID（比例-积分-微分）子程序或专用的PID模块来实现，PID闭环控制功能广泛应用于塑料挤压成型机、加热炉锅炉等设备。

（3）数据处理：现在PLC具有数学运算、数据传送、转换等功能，可以完成数据的采集、分析和处理。这些数据可以与存储器中的参考值进行比较，也可以用通信功能传送到其他智能装置。

（4）位置控制：目前大多数PLC提供驱动步进电动机或伺服电动机的位置控制模块，广泛应用于各种生产机械装置。

（5）通信联网：PLC的通信包括主机与远程I/O之间的通信、多台PLC之间的通信、PLC与其他智能设备（如计算机、变频器、数控装置）之间的通信。

目前PLC主要朝着小型化、系列化、标准化、高速化、网络化等方向发展，这将使PLC功能更强，可靠性更高，使用更方便、更广泛。

5. 可编程控制器的类型

（1）按结构形式分，PLC分为整体式和模块式两种。

整体式PLC将电源、CPU、I/O接口等部件都集中装在一个机箱内，具有结构紧凑、体

积小、价格低等特点。

模块式 PLC 将各组成部分分别做成若干个单独的模块，如 CPU 模块、I/O 模块、电源模块(有的含在 CPU 模块中)以及各种功能模块。

(2) 按 I/O 点数和存储容量分，可分为小型 PLC、中型 PLC 和大型 PLC。

小型 PLC：I/O 点数为 256 点以下的为小型 PLC(其中 I/O 点数小于 64 点的为超小型或微型 PLC)。

中型 PLC：I/O 点数为 256 点以上、2048 点以下的为中型 PLC。

大型 PLC：I/O 点数为 2048 点以上的为大型 PLC(其中 I/O 点数超过 8192 点的为超大型 PLC)。

(3) 按地域分，目前，市场上的 PLC 分为三大流派。

欧洲的 PLC：如西门子(Siemens)公司的产品、施耐德(Schneider)公司的产品。

日本的 PLC：如三菱(Mitsubishi)公司的产品、欧姆龙(OMRON)公司的产品。

美国的 PLC：如罗克韦尔(Rockwell)公司(包括 AB 公司)的产品、通用电气(GE)的产品。

6. 可编程控制器的性能指标

1) 输入/输出(I/O)点数

输入/输出(I/O)点数是 PLC 选型最重要的一项技术指标，是指 PLC 上连接外部输入、输出的端子个数，用输入/输出点数的和表示。点数越多，表示 PLC 可接入的输入设备和输出设备越多，控制规模越大。

2) 扫描速度

扫描速度是指 PLC 执行程序的速度。扫描速度的单位为 ms/K。即执行 1K 步指令所需要的时间。这里 1K=1024。

3) 用户程序存储容量

存储容量表示 PLC 能存放多少用户程序。

4) 指令系统

指令系统表示该 PLC 软件指令的条数。指令越多，编程功能越强大。

7. PLC 的工作原理

PLC 的工作原理为循环扫描工作方式，其过程如图 1-1-1 所示。

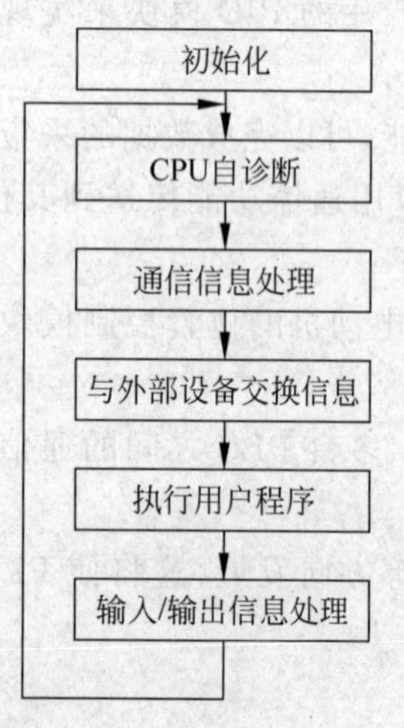

图 1-1-1 PLC 的循环扫描工作方式

(1) 初始化：PLC 接通电源后，首先进行系统初始化。

(2) CPU 自诊断：定期检查用户程序存储器、I/O 单元的连接、I/O 总线是否正常，定期复位监控定时器 WDT 等，以确保系统可靠运行。

(3) 通信信息处理：在每个通信信息处理阶段，扫描 PLC 之间以及 PLC 与 PC 之间、PLC 与其他带微处理器的智能装置通信。

(4) 与外部设备交换信息：PLC 与外部设备连接时，在每个扫描周期内要与外部设备交换信息。

(5) 执行用户程序：PLC 在运行状态下，每个扫描周期都要执行用户程序,执行用户程序时,是以扫描的方式按顺序逐句扫描处理,扫描一条执行一条,运算结果存入输出映像区对应位。

(6) 输入/输出信息处理：PLC在运行时,每个扫描周期都要进行输入/输出信号处理,扫描的方式是把输入信号的状态存入输入映像区；结果存入输出映像区,直至传送到外部被控设备。

1.1.2 S7-1200系列PLC

1. S7-1200的市场定位

在我国,德国西门子公司的产品占有较大的市场份额。SIMATIC是西门子自动化系统的缩写。西门子S7系列PLC体积小、速度快、标准化程度高,具有网络通信能力,功能更强,可靠性高。在我国的冶金、化工、印刷生产线等领域都有广泛的应用。

西门子(SIEMENS)公司的PLC产品包括LOGO、S7-200、S7-1200、S7-300、S7-400、S7-1500等。

其中S7-200为微型整体式PLC,S7-300为小型模块式PLC,S7-400为中、高性能要求的PLC。

西门子PLC的S7-200/300/400产品并不都是西门子的德国"血统",S7-300/400采用的是STEP7编程,而S7-200采用的则是STEP7 Micro/WIN编程。

S7-200产品是西门子利用收购的一家美国公司开发软件和产品,为了争夺PLC的低端市场而整合上市的。S7-200的编程模式和SM特殊寄存器设置都能够找到一些美、日式PLC编程模式的痕迹,而西门子也一直寻找合适的时机开发属于德国"血统"的低端PLC产品,2009年S7-1200这款产品应运而生,所以S7-1200对S7-200来说不是升级而是替代。

西门子把最新的通信和控制技术应用在S7-1200产品上,S7-1200产品的定位瞄准的正是中低端小型PLC产品线,其硬件为紧凑模块化结构,系统I/O点数、内存容量均多于S7-200,能充分满足市场对小型PLC的需求,非常适合中小型开发项目和设备。

2. S7-1200的硬件结构

西门子S7-1200系列PLC主要由S7-1200可编程控制器、精简系列面板HMI和TIA Portal工程组态软件组成。

如图1-1-2所示,S7-1200可编程控制器主要由CPU模块、通信模块(CM)、信号模块(SM)和信号板(SB)及各种附件组成。CPU可以安装一块信号板,集成的PROFINET接口用于与编程计算机、HMI、其他PLC或其他设备通信。

1) CPU模块

(1) CPU模块的组成

CPU将微处理器、集成电源、输入和输出电路、内置PROFINET、高速运动控制I/O以及板载模拟量输入组合到一个设计紧凑的外壳中,形成功能强大的控制器。在将用户程序下载后,CPU将包含监控应用中的设备所需的逻辑。CPU根据用户程序逻辑监视输入并更改输出,用户程序可以包含布尔逻辑、计数、定时、复杂数学运算以及与其他智能设备的通信,图1-1-3所示为西门子S7-1200 CPU模块外形及结构组成。

其中：

① 电源接口。用于向CPU模块供电的接口,有交流和直流两种供电方式。

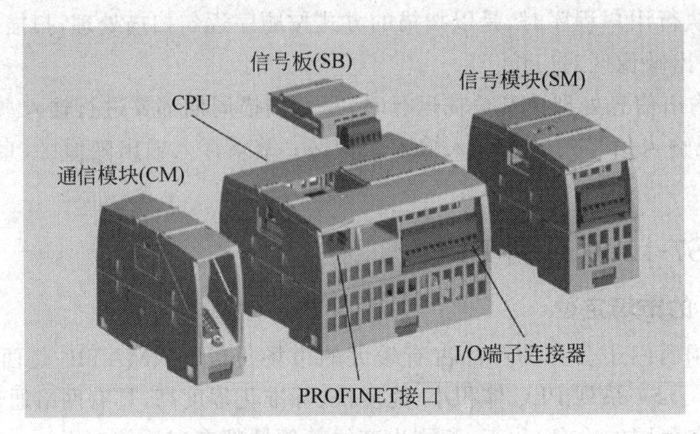

图 1-1-2　S7-1200 系统组成

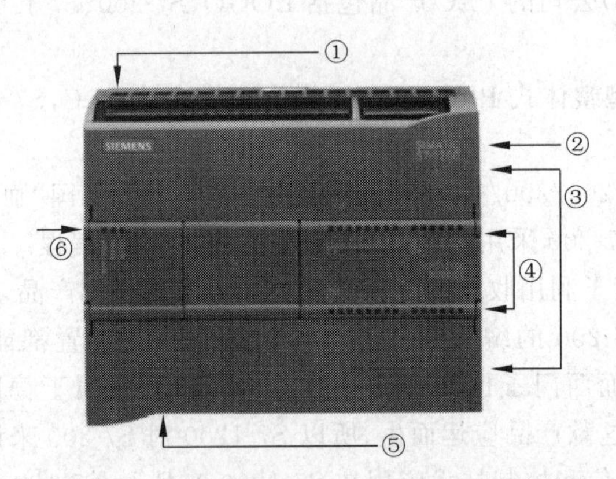

图 1-1-3　西门子 S7-1200 CPU 模块外形及结构

② 存储卡插槽。用于安装存储卡，位于上部保护盖下面。

③ 可拆卸用户接线连接器，也称为接线端子，位于保护盖下面。

④ 板载 I/O 的状态 LED。通过板载 I/O 的 LED 指示灯的亮灭来指示各数字输入或输出的信号状态。

⑤ PROFINET 连接器，又称以太网通信接口，位于 CPU 的底部。CPU 模块上提供了两个 PROFINET 接口，用于以太网通信。每个 PROFINET 接口还提供了两个可指示以太网通信状态的指示灯，如图 1-1-4 所示。其中，Link"绿色"上指示灯点亮表示连接成功，Rx/Tx"黄色"下指示灯指示传输活动。

⑥ 运行状态指示灯。CPU 有三组运行状态指示灯，用于提供 CPU 模块的运行状态信息。

a. STOP/RUN 指示灯：该指示灯的颜色为纯橙色时指示 STOP 模式；纯绿色时指示 RUN 模式；绿色和橙色交替闪烁指示 CPU 正在启动，称为 STARTUP 模式。

S7-1200 CPU 没有用于切换运行模式的物理开关，运行模式（STOP 或 RUN）使用软件来切换。

在 STOP（停止）运行模式下，CPU 不执行程序，用户可以加载项目；在 RUN（运行）运行模式下，将循环执行程序，但不能加载项目。

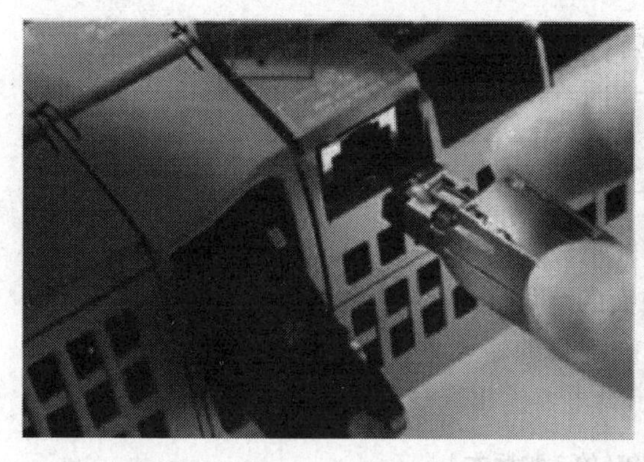

图 1-1-4　以太网通信接口

b. ERROR 指示灯：该指示灯为红色闪烁时指示有错误，如 CPU 内部错误、存储卡错误或组态错误(模块不匹配)等，纯红色时指示硬件出现故障。

c. MAINT 指示灯：该指示灯在每次插入存储卡时闪烁。

(2) CPU 模块的类型

西门子 S7-1200 系统有 5 种不同系列，如表 1-1-1 所示，分别为 CPU 1211C、CPU 1212C、CPU 1214C、CPU 1215C 和 CPU 1217C。名称后面的字母“C”表示紧凑型。紧凑型 PLC 在 CPU 模块上集成了数字量和模拟量的输入/输出点，可以进行简单的输入/输出控制。

输入模块用来接收和采集输入信号，输出模块用来控制输出设备和执行器。信号模块除了传递信号外，还有电平转换与隔离的作用。

数字量输入模块(DI)用来接收从按钮、选择开关、数字拨码开关、限位开关、接近开关、光电开关、压力继电器等来的数字量输入信号。

模拟量输入模块(AI)用来接收电位器、测速发电机和各种变送器提供的连续变化的模拟量电流、电压信号，或者直接接收热电阻、热电偶提供的温度信号。

数字量输出模块(DQ)用来控制接触器、电磁阀、电磁铁、指示灯、数字显示装置和报警装置等输出设备。

模拟量输出模块(AQ)用来控制电动调节阀、变频器等执行器。

表 1-1-1　S7-1200 CPU 技术规范

特　　性	CPU 1211C	CPU 1212C	CPU 1214C	CPU 1215C	CPU 1217C
本机数字量 I/O 点数 本机模拟量 I/O 点数	6 入/4 出 2 入	8 入/6 出 2 入	14 入/10 出 2 入	14 入/10 出 2 入/2 出	14 入/10 出 2 入/2 出
工作存储器/装载存储器	50KB/1MB	75KB/2MB	100KB/4MB	125KB/4MB	150KB/4MB
信号模块扩展个数	无	2	8	8	8
最大本地数字量 I/O 点数	14	82	284	284	284
最大本地模拟量 I/O 点数	13	19	67	69	69
高速计数器	最多可以组态 6 个使用任意内置或信号板输入的高速计数器				
脉冲输出(最多 4 点)	100kHz	100k/30kHz	100k/30kHz		1M/100kHz

续表

特　性	CPU 1211C	CPU 1212C	CPU 1214C	CPU 1215C	CPU 1217C
上升沿/下降沿中断点数	6/6	8/8	12/12		
脉冲捕获输入点数	6	8	14		

每一个系列的CPU又根据供电方式和输入/输出方式的不同分为三类：DC/DC/DC、DC/DC/RLY、AC/DC/RLY。如表1-1-2所示，其中前面的字母表示CPU的供电方式，AC表示交流电供电，DC表示直流电供电；中间的字母表示数字量的输入方式，只有DC，表示直流电输入；最后的字母表示数字量的输出方式，RLY表示继电器输出，DC表示晶体管输出。

表1-1-2　S7-1200 CPU的3种版本

版　本	电源电压	DI输入电压	DO输出电压	DO输出电流
DC/DC/DC	DC 24V	DC 24V	DC 24V	0.5A，MOSFET
DC/DC/RLY	DC 24V	DC 24V	DC5～30V，AC5～250V	2A，DC 30W/AC 200W
AC/DC/RLY	AC 85～264V	DC 24V	DC5～30V，AC5～250V	2A，DC 30W/AC 200W

2）信号板SB

如图1-1-5所示，CPU正面可以安装一块信号板，安装信号板可以在不增加空间的前提下，给CPU增加数字量或模拟量的I/O点数。有4DI、4DQ、2DI/2DQ、热电偶、热电阻、1AI、1AQ等型号，其中DQ信号板的最高频率为200kHz。表1-1-3为信号板的基本数据。

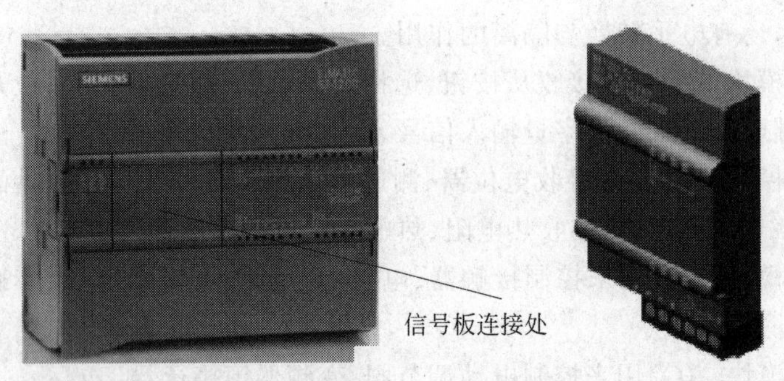

图1-1-5　西门子S7-1200信号板

表1-1-3　信号板的基本数据

名　称	型　号	I/O点数	说　明
数字量输入/输出	SB1223	2×DC 24V输入/2×DC 24V输出	(1) 2个输入、DC 24V、漏型/源型(IEC类型1漏型) (2) 2个晶体管输出DC 24V、0.5A、5W(继电器干触点或MOSFET) (3) 可用作最大30kHz的附加HSC
数字量输入信号板	SB1221	4×DC 24V输入	4个输入、DC 24V、源型

续表

名 称	型 号	I/O 点数	说 明
数字量输出信号板	SB1222	4×DC 24V 输出	(1) 4 个晶体管输出 DC 24V、0.1A、0.5W (MOSFET) (2) 可用作最大 200kHz 的脉冲输出
热电偶和热电阻模拟量输入信号板	SB1231	AI 1×16 位热电阻	(1) 1 个热电偶输入，温度：J、K、T、E、R&S、N、C、TXK/XK(L) (2) 电压±80mV(27648)，15 位加符号位
		AI 1×16 位热电偶	(1) 1 个热电阻输入，温度：J、K、T、E、R&S、N、C、TXK/XK(L) (2) 电阻，0～27648，15 位加符号位
模拟量输入信号板	SB1231	AI 1×12 位	1 个模拟量输入：±10V、±5V、±2.5V、0～20mA、11 位+符号位
模拟量输出信号板	SB1232	AQ 1×12 位	1 个模拟量输出，12 位±10V 或 11 位 0～20mA

3) 信号模块

DI、DQ、AI、AQ 模块统称为信号模块 SM，如图 1-1-6 所示。

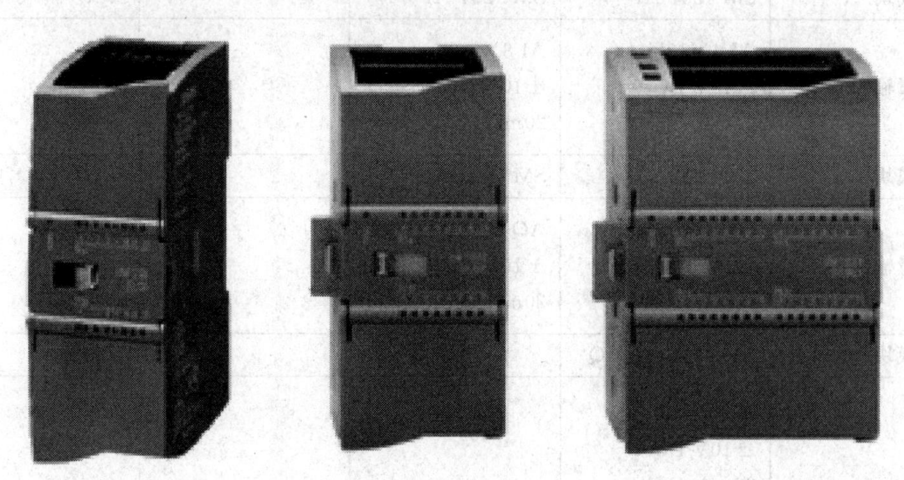

图 1-1-6 西门子 S7-1200 PLC 的信号模块

如表 1-1-1 所示，在其中的每一种模块都可以进行扩展，以完全满足系统需要。可将信号模块连接至 CPU 的右侧，进一步扩展数字量或模拟量 I/O 容量。其中 CPU 1212C 可连接 2 个信号模块，CPU 1214C、CPU 1215C 可连接 8 个信号模块。

表 1-1-4 所示为 S7-1200 PLC 的信号模块，包含数字量 I/O 模块以及模拟量 I/O 模块。

(1) 数字量 I/O 模块

可以选用 8 点、16 点的 DI 或 DQ 模块，或 8DI/8DQ、16DI/16DQ 模块。DQ 模块有继电器输出和 DC 24V 输出两种。

（2）模拟量 I/O 模块

AI 模块用于 A/D 转换，AQ 模块用于 D/A 转换。有 4 路、8 路的 13 位 AI 模块和 4 路的 16 位 AI 模块。双极性模拟量满量程转换后对应的数字为－27648～27648，单极性模拟量转换后为 0～27648。

有 4 路、8 路的热电偶模块和热电阻模块。可选多种量程的传感器，分辨率为 0.1℃/0.1℉，15 位＋符号位。有 2 路和 4 路的 AQ 模块和 4AI/2AQ 模块。

表 1-1-4 S7-1200 PLC 信号模块

信号模块	SM 1221 DC	SM 1221 DC		
数字量输入	DI 8×24V DC	DI 16×24V DC		
信号模块	SM 1222 DC	SM 1222 DC	SM 1222 RLY	SM 1222 RLY
数字量输出	DO 8 × 24V DC 0.5A	DO 16 × 24V DC 0.5A	DO 8×RLY 30V DC/250V AC 2A	DO 16×RLY 30V DC/250V AC 2A
信号模块	SM 1223 DC/DC	SM 1223 DC/DC	SM 1223 DC/RLY	SM 1223 DC/RLY
数字量输入/输出	DI 8×24V DC/DO 8×24V DC 0.5A	DI 16×24V DC/DO 16×24V DC 0.5A	DI 8×24V DC/DO 8×RLY 30V DC/250V AC 2A	DI 16×24V DC/DO 16×RLY 30V DC/250V AC 2A
信号模块	SM 1231 AI	SM 1231 AI		
模拟量输入	AI 4×13bit ±10V DC/0～20mA	AI 8×13bit ±10V DC/0～20mA		
信号模块	SM 1232 AQ	SM 1232 AQ		
模拟量输出	AQ 2×14bit ±10V DC/0～20mA	AQ 4×14bit ±10V DC/0～20mA		
信号模块	SM 1234 AI/AQ			
模拟量输入/输出	AI 4×13bit ±10V DC/0～20mA AQ 2×14bit ±10V DC/0～20mA			

4）通信模块

如图 1-1-7 所示，西门子 S7-1200 PLC 的通信模块安装在 CPU 模块的左边，最多可以添加 3 块通信模块，可以使用点对点通信模块、PROFIBUS 模块、工业远程通信模块、AS-i 接口模块和 IO-Link 模块。表 1-1-5 为西门子 S7-1200 PLC 通信模块基本数据。

图 1-1-7 西门子 S7-1200 PLC 的通信模块

表 1-1-5 西门子 S7-1200 PLC 通信模块基本数据

模块型号	分 类	性 能
CM1241	RS-485/422	用于 RS-485 点对点通信模块，电缆最长 1000m
CM1241	RS-232	用于 RS-232 点对点通信模块，电缆最长 10m
CSM1277	紧凑型交换机模块	用于以线状、树状或星状拓扑结构，将西门子 S7-1200 连接到工业以太网
CM1243-5	PROFIBUS DP 主站模块	通过使用 PROFIBUS DP 主站通信模块 CM1243-5，可以和下列设备通信：①其他 CPU；②编程设备；③人机界面；④PROFIBUS DP 从站设备
	PROFIBUS DP 从站模块	可以作为一个智能 DP 从站设备与任何 PROFIBUS DP 主站设备通信
CP1242-7	GPRS 模块	通过使用 GPRS 通信处理器 CP1242-7，可以与下列设备远程通信：①中央控制站；②其他的远程站；③移动设备(SMS 短消息)；④编程设备(远程服务)；⑤使用开放用户通信(UDP)的其他通信设备

【任务实施】

S7-1200 PLC 的 CPU 模块、信号模块、通信模块等都支持导轨式或面板安装两种方式，安装或者拆卸模块时，一定要确保没有电源连接到任何模块上。

1. 安装与拆卸 CPU 模块

SL-1200 PLC 的安装与拆卸

1）安装

如图 1-1-8(a)所示，安装 CPU 模块步骤如下。

(1) 安装标准 DIN 导轨。

(2) 把 CPU 顶端挂在导轨的上端。

(3) 拔出 CPU 底部的 DIN 导轨夹具。

(4) 旋转 CPU 到导轨的合适位置。

(5) 把 CPU 底部的 DIN 导轨夹具推回到合适位置,安装完毕。

2) 拆卸

如图 1-1-8(b)所示,拆卸 CPU 模块步骤如下。

(1) 拆卸 CPU 前,先确保 CPU 上没有连接其他设备或电源。

(2) 如果有信号模块连接到 CPU 上,首先断开总线连接,用螺丝刀在信号模块的顶端滑块上向下按并向右滑动,断开信号模块与 CPU 总线的连接。

(3) 拉出 CPU 上的导轨夹具,使 CPU 到导轨的合适位置,即可使 CPU 与其他硬件设备断开。

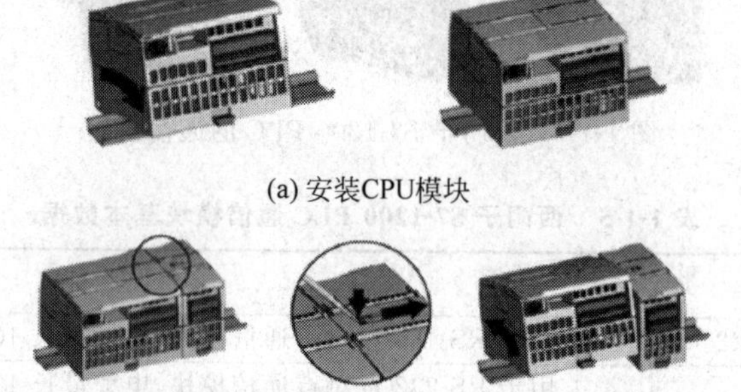

(a) 安装CPU模块

(b) 拆卸CPU模块

图 1-1-8 安装与拆卸 CPU 模块

2. 安装与拆卸信号模块

(1) 如图 1-1-9(a)所示,安装信号模块步骤:将螺丝刀插入 CPU 右侧盖子上的槽中,拆掉盖子,使用模块上的卡子把信号模块固定到导轨上,用螺丝刀按住信号模块的顶端滑块并向左滑动连接到 CPU 上,其他信号模块的连接重复上述步骤。

(2) 如图 1-1-9(b)所示,拆卸信号模块步骤:用螺丝刀在信号模块的顶端滑块上向下按并向右滑动,即可断开信号模块与 CPU 总线的连接。

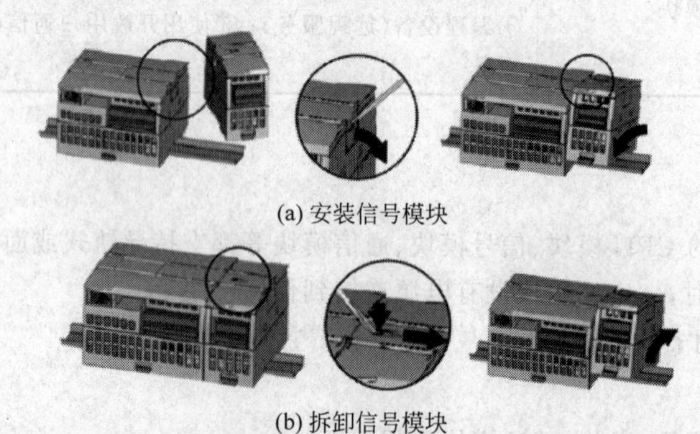

(a) 安装信号模块

(b) 拆卸信号模块

图 1-1-9 安装与拆卸信号模块

3. 安装与拆卸通信模块

(1) 如图 1-1-10 所示,安装通信模块步骤:将螺丝刀插入 CPU 左侧盖子上的槽中,拆掉盖子,使用模块上的卡子把通信模块固定到导轨上,使通信模块的总线接口对准 CPU 左侧的总线接口，向右移动通信模块，即可与 CPU 连接。

(2) 拆卸通信模块的步骤：向左移动通信模块，即可断开通信模块与 CPU 总线的连接。

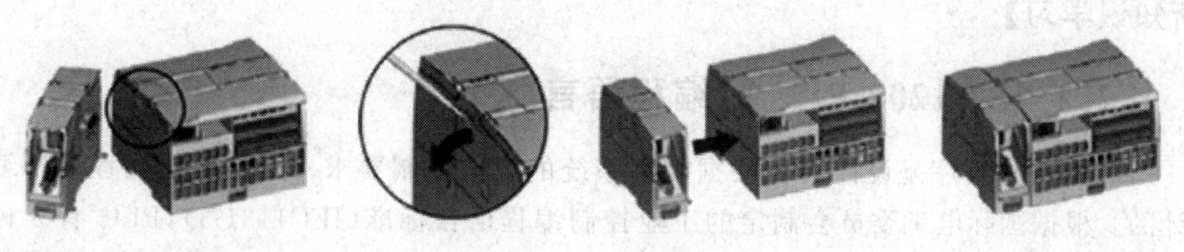

图 1-1-10　安装通信模块

4. 安装与拆卸信号板

(1) 如图 1-1-11(a)所示，安装信号板的步骤：用螺丝刀把 CPU 的上、下端子盖拆掉，把 CPU 信号板安装位置上的空模板拆掉，把信号板对准 CPU 的插口，向下按到合适的位置，重新装上端子盖即可。

(2) 拆卸信号板步骤如图 1-1-11(b)所示：用螺丝刀把 CPU 的上、下端子盖拆掉，再把 CPU 信号板拆掉，重新装上端子盖即可。

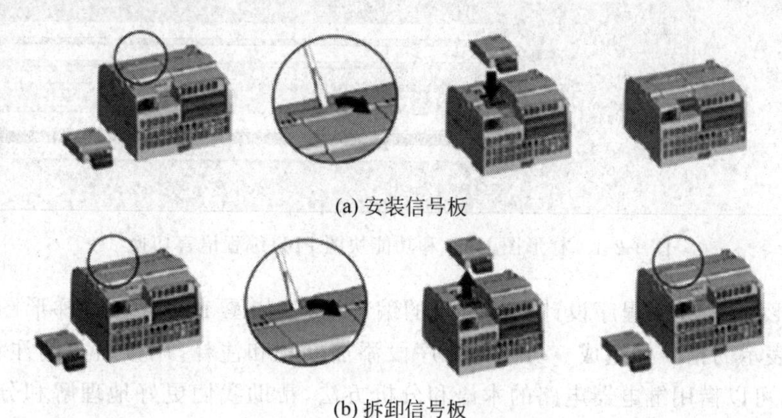

(a) 安装信号板

(b) 拆卸信号板

图 1-1-11　安装与拆卸信号板

5. 安装与拆卸端子排

(1) 如图 1-1-12(a)所示，安装端子排的步骤：打开模块的端子盖，将准备好的端子排接口对准模块上的连接头，压紧端子板，重新装上端子盖即可。

(2) 拆卸端子排的步骤如图 1-1-12(b)所示：打开模块的端子盖，用螺丝刀插到端子排与模块的插槽中，向外轻轻撬动，使端子排与模块分离。

(a) 安装端子排　　(b) 拆卸端子排

图 1-1-12　安装与拆卸端子排

任务1.2 S7- 1200 PLC编程基础

【新知识学习】

1.2.1 S7-1200 PLC的编程语言

PLC的用户程序是设计人员根据控制系统的工艺控制要求，通过PLC编程语言编制设计的。根据国际电工委员会制定的工业控制编程语言标准(IEC1131-3)，PLC有5种编程语言：指令表(instruction list，IL)、结构文本(structured text，ST)、梯形图(ladder diagram，LAD)、功能块图(function block diagram，FBD)、顺序功能图(sequential function chart，SFC)。

S7-1200 PLC支持梯形图LAD和功能块图FBD语言编程。可通过"主程序块"→"属性"→"常规"→"语言"进行切换，如图1-2-1所示。

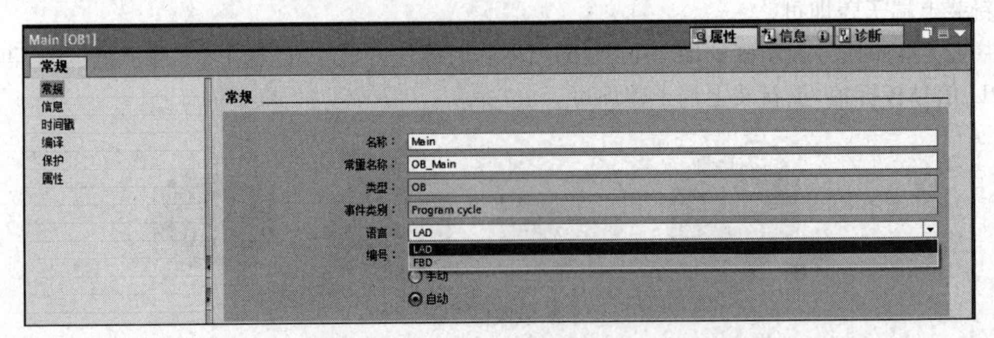

图1-2-1 梯形图LAD和功能块图FBD编程语言切换

其中梯形图是PLC程序设计中最常用的编程语言，如图1-2-2所示，梯形图由触点、线圈和用方框表示的指令框组成。可以为程序段添加标题和注释，用按钮关闭注释。利用能流这一概念，可以借用继电器电路的术语和分析方法，帮助我们更好地理解和分析梯形图。能流只能从左往右流动。输入程序时在地址前自动添加%，梯形图中一个程序段可以放多个独立电路。

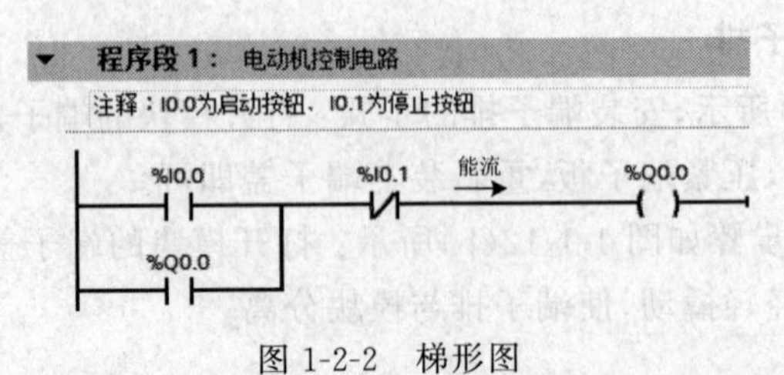

图1-2-2 梯形图

1.2.2 数制及数制转换

1. 十进制数(decimal number，DEC)

十进制数的10个数码为0～9，十进制数的基数为10，运算规则为"逢10进1，借1当

10”，第 n 位的权值为 10^{n-1}。

2. 二进制数（binary number，BIN）

二进制数的 2 个数码为 0 和 1。二进制数的基数为 2，运算规则为“逢 2 进 1，借 1 当 2”，第 n 位的权值为 2^{n-1}。

1 位二进制数只能为 0 和 1。用 1 位二进制数来表示开关量的两种不同的状态。如果该位为 1，梯形图中对应的位编程元件的线圈通电、常开触点接通、常闭触点断开，称该编程元件为 TRUE 或 1 状态；该位为 0 则反之，称该编程元件为 FALSE 或 0 状态。二进制位的数据类型为 Bool（布尔）型。

多位二进制数用来表示大于 1 的数字。从右往左的第 n 位（最低位为第 1 位）的权值为 2^{n-1}。S7-1200 PLC 的二进制数表示方式为数值加前缀 2＃。

3. 八进制数（octal number，OCT）

八进制数的 8 个数码为 0～7。八进制数的基数为 8，运算规则为“逢 8 进 1，借 1 当 8”，第 n 位的权值为 8^{n-1}。八进制数主要用于输入继电器和输出继电器的位地址编号。S7-1200 PLC 的八进制数表示方式为数值加前缀 8＃。

4. 十六进制数（hexdecimal number，HEX）

十六进制数用于简化二进制数的表示方法。

十六进制数的 16 个数码为 0～9 和 A～F（对应十进制数的 10～15），十六进制数的基数为 16，运算规则为“逢 16 进 1，借 1 当 16”，第 n 位的权值为 16^{n-1}。S7-1200 PLC 的十六进制数表示方式为数值加前缀 16＃。

5. 二进制数、八进制数、十六进制数转换成十进制数

二进制数、八进制数、十六进制数按权值展开相加，即得到对应的十进制数。例如：

$$2\#1100 = 1\times2^3 + 1\times2^2 + 0\times2^1 + 0\times2^0 = 8+4 = 12$$

$$8\#123 = 1\times8^2 + 2\times8^1 + 3\times8^0 = 64+16+3 = 83$$

$$16\#2F = 2\times16^1 + 15\times16^0 = 32+15 = 47$$

6. 十进制数转换成二进制数、八进制数、十六进制数

十进制数转换成二进制数、八进制数或十六进制数时，采用除基取余法，直到商数为零，余数从下向上读数，即先得到的余数为低位，后得到的余数为高位，图 1-2-3 所示为二进制数除基取余法，将十进制数 44 转换成二进制数为 101100。

所以 44＝2＃101100。

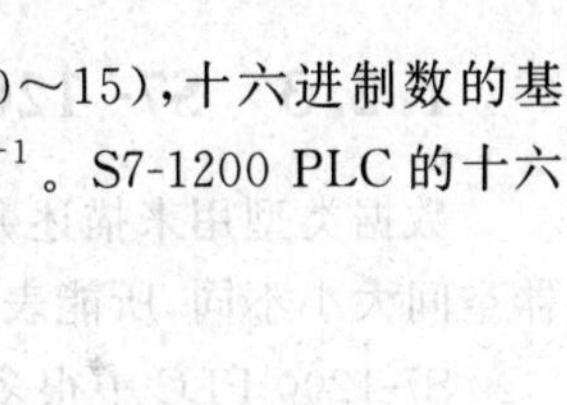

2 | 44　　余数　低位
2 | 22 …… $0=K_0$
2 | 11 …… $0=K_1$
2 | 5 …… $1=K_2$
2 | 2 …… $1=K_3$
2 | 1 …… $0=K_4$
0 …… $1=K_5$　高位

图 1-2-3　除基取余法（二进制数）

7. 八进制数、十六进制数与二进制数之间的转换

1 位八进制数对应于 3 位二进制数，所以八进制数和二进制数可直接进行转换。例如：

2＃001 001 110 101 111＝8＃11657

1 位十六进制数对应于 4 位二进制数，所以十六进制数和二进制数可直接进行转换。例如：

2＃0001 0011 1010 1111＝16＃13AF

表 1-2-1 列举了几种进制数之间的对应关系。

表 1-2-1　几种进制数之间的对应关系

十进制数	二进制数	八进制数	十六进制数
0	0000	0	0
1	00001	1	1
2	0010	2	2
3	0011	3	3
4	0100	4	4
5	0101	5	5
6	0110	6	6
7	0111	7	7
8	1000	10	8
9	1001	11	9
10	1010	12	A
11	1011	13	B
12	1100	14	C
13	1101	15	D
14	1110	16	E
15	1111	17	F

1.2.3　S7-1200 PLC 的数据类型

数据类型用来描述数据的长度(即二进制的位数)和属性。不同数据类型所对应的存储器空间大小不同,所能表示的数据大小也不同。

S7-1200 PLC 中很多指令和代码块的参数支持多种数据类型。如图 1-2-4 所示,将光标放在某条指令未输入地址或常数的参数域上,在出现的黄色背景的小方框中可以看到该参数支持的数据类型。

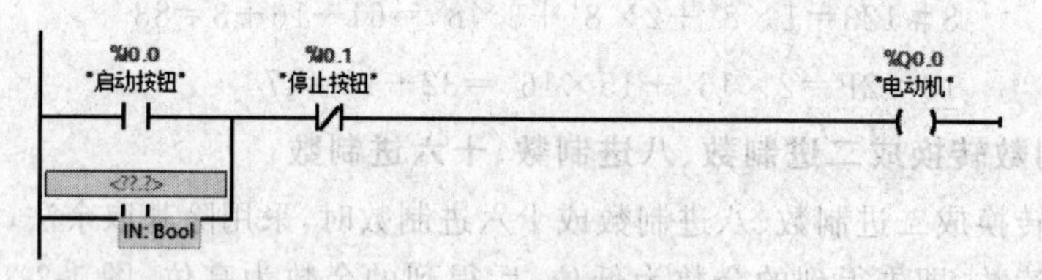

图 1-2-4　数据类型

数据类型分为基本数据类型和复杂数据类型。这里主要介绍基本数据类型,如表 1-2-2 所示。

表 1-2-2　基本数据类型

数据类型		符号	位数	取值范围	常数举例
位和位系列	位	Bool	1	1,0	TRUE,FALSE 或 1,0
	字节	Byte	8	16#00～16#FF	16#12,16#AB
	字	Word	16	16#0000～16#FFFF	16#ABCD,16#0001
	双字	DWord	32	16#00000000～16#FFFFFFFF	16#02468ACE
	字符	Char	8	16#00～16#FF	'A','t','@'

续表

数据类型		符号	位数	取值范围	常数举例
整型数据	有符号字节	SInt	8	−128～127	123，−123
	整数	Int	16	−32768～32767	123，−123
	双整数	Dint	32	−2147483648～2147483647	123，−123
	无符号字节	USInt	8	0～255	123
	无符号整数	UInt	16	0～65535	123
	无符号双整数	UDInt	32	0～4294967295	123
浮点数（实数）	浮点数（实数）	Real	32	$\pm1.175495\times10^{-38}$～$\pm3.402823\times10^{38}$	12.45，−3.4，−1.2E+3
	双精度浮点数	LReal	64	$\pm2.2250738585072020\times10^{-308}$～$\pm1.797693134862315 7\times10^{308}$	12345.12345 −1,2E+40
时间		Time	32	T#−24d20h31m23s648ms～T#24d20h31m23s648ms	T#1d_2h_15m_30s_45ms

1. 位

位数据的数据类型为 Bool 型，在编程软件中，Bool 变量的值 1 和 0，用英语单词 TRUE（真）和 FALSE（假）来表示。

位存储单元的地址由字节地址和位地址组成。例如，I3.2 中的区域标识符“I”表示输入（input），字节地址为 3，位地址为 2。

2. 字节

8 位二进制数组成 1 字节（Byte），例如 I3.0～I3.7 组成了输入字节 IB3（B 是 Byte 的缩写）。

3. 字

相邻的两字节组成一个字，例如，字 MW100 由字节 MB100 和 MB101 组成。MW100 中的 M 为区域标识符，W 表示字。如图 1-2-5 所示，需要注意以下两点。

(1) 用组成字的编号最小的字节 MB100 的编号作为字 MW100 编号。

(2) 组成字 MW100 的编号最小的字节 MB100 为 MW100 的高位字节，编号最大的字节 MB101 为 MW100 的低位字节。

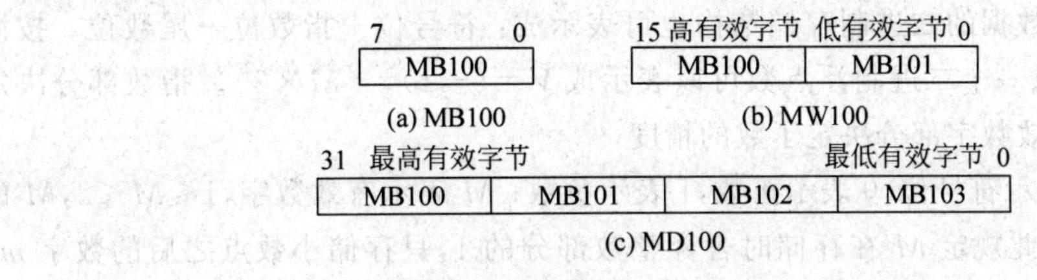

图 1-2-5 字节、字、双字

4. 双字

两个字（或 4 字节）组成一个双字，例如，双字 MD100 由字节 MB100～MB103 或字

MW100、MW102组成，D表示双字，100为组成双字MD100的起始字节MB100的编号。MB100是MD100中的最高位字节，如图1-2-5所示。

注意：数据类型Byte(字节)、Word(字)、DWord(双字)统称为位字符串，分别由8位、16位和32位二进制数组成。字与双字的编号只能是偶数。字节、字和双字均为十六进制数。

5. 整数

包含Int无U的数据类型为有符号整数，包含Int和U的数据类型为无符号整数(unsigned int)。包含SInt(short int)的数据类型为8位短整数，包含Int且无D和S的数据类型为16位整数，包含DInt的数据类型为32位双整数。

SInt和USInt分别为8位的短整数和无符号短整数(字节)，Int和UInt分别为16位的整数和无符号整数，DInt和UDInt分别为32位的双整数和无符号的双整数。

有符号整数的最高位为符号位，最高位为0时为正数，为1时为负数。有符号整数用补码来表示。二进制正数的补码就是它本身，将一个正整数的各位取反后加1，得到绝对值与它相同的负数的补码。

例如，数据5和−5分别存储在MB100中，MB100的数据类型为SInt，如图1-2-6所示。

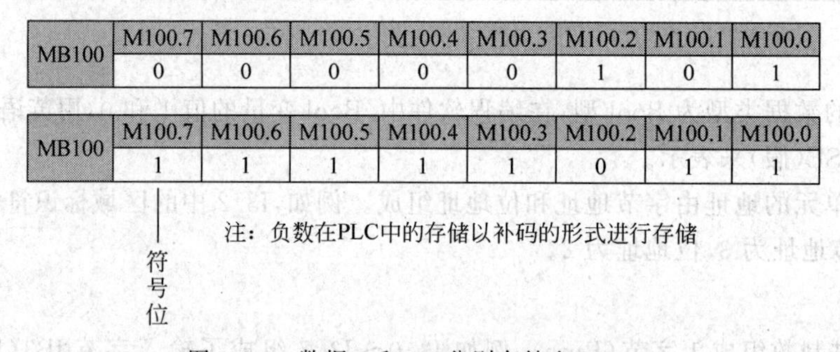

图1-2-6 数据5和−5分别存储在MB100

6. 浮点数

浮点数称为实数(real)，范围为$\pm1.175495\times10^{-38}\sim\pm3.402823\times10^{38}$。STEP 7中用十进制小数表示浮点数，例如50是整数，50.0为浮点数。

单精度的浮点数以4字节表示，这4字节可以分为三个部分：最高一位是符号位S，接着的8位是指数位E，最后的23位是有效数字M。

浮点数的表示采用科学记数法，比如在十进制中78.375可以表示成7.8375×10^{1}。

类似地，浮点型数据的二进制存储结构也可表示成：符号位+指数位+尾数位。按照国际标准IEEE，任意一个二进制浮点数可以表示成$V=(-1)^{S}\times M\times2^{E}$。指数部分决定了数的大小范围，有效数字部分决定了数的精度。

其中，$(-1)^{S}$表示符号位，0表示正数，1表示负数；M表示有效数字，$1\leqslant M<2$，M的取值是$1\leqslant M<2$，因此规定M在存储时舍弃整数部分的1，只存储小数点之后的数字m；2^{E}表示指数位。

指数E是一个无符号整数，取值范围为0～255。指数可以是负值，所以规定在存入E时在它原本的值加上127(使用时减去中间数127)，这样E的取值范围为−127～128。

以十进制数78.375为例，它的二进制的科学记数法表示为

$$(78.375)^{10}=(1001110.011)^{2}=1.001110011\times 2^{6}$$

如图 1-2-7 所示，指数部分加上 127 填充 E；有效数字部分去掉 1 后填充 M。

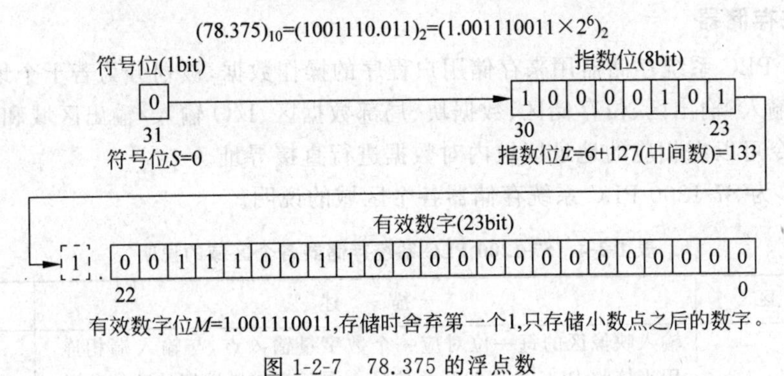

图 1-2-7　78.375 的浮点数

LReal 为 64 位的双精度浮点数，最高位为符号位。尾数的整数部分总是为 1，第 0～51 位为尾数的小数部分。11 位的指数加上偏移量 1023 后(0～1023)，放在第 52～62 位。

7. 时间

时间数据类型 Time 是有符号双整数，其单位为 ms，能表示的最大时间为 24 天多，所有表示的实际数据类型的限制不能超过以毫秒表示的时间数据类型的下限值(2147483647ms)。

如 T＃1d2h15m30s45ms，表示 1 天 2 小时 15 分 30 秒 45 毫秒；不需要指定全部时间单位，如 T＃5h10s 有效。

1.2.4　S7-1200 PLC 的存储器

S7-1200 PLC 提供了用于存储用户程序、数据和组态的存储器，由装载存储器、工作存储器和系统存储器等组成，如表 1-2-3 所示。

表 1-2-3　S7-1200 PLC 存储器

名　称	说　明
装载存储器	动态装载存储器 RAM
	可保持装载存储器 E^2PROM
工作存储器	用户程序，如逻辑块、数据块
系统存储器	过程映像 I/O 表
	位存储器
	局域数据堆栈、块堆栈
	中断堆栈、中断缓冲区

1. 装载存储器

装载存储器用于保存逻辑块、数据块和系统数据。下载程序时，用户程序下载到装载存储器。当 PLC 接通电源时，CPU 把装载存储器中的可执行部分复制到工作存储器；当 PLC 断电时，需要保存的数据自动保存到装载存储器中。

2. 工作存储器

工作存储器集成在 CPU 高速存取的 RAM 存储器中，用于存储 CPU 运行时的用户程序和数据块，如组织块、函数块等。用模式选择开关复位 CPU 的存储器时，RAM 中程序被清除。但 E^2PROM 中的程序不会被清除。

3. 系统存储器

S7-1200 PLC 系统存储器用来存储用户程序的操作数据，被划分为若干个地址区域，包括过程映像输入/输出区、位存储区、数据块、局部数据区、I/O 输入/输出区域和诊断缓冲区等。使用指令可以在相应的地址区域内对数据进行直接寻址。

表 1-2-4 为 S7-1200 PLC 系统存储器各个区域的说明。

表 1-2-4　S7-1200 PLC 系统存储器各个区域的说明

存储区	描述	说明
输入过程映像区 I	输入映像区的每一位对应一个数字量输入点，与输入端相连，用来接收 PLC 外部的开关信号。在每个扫描周期的开始阶段，CPU 对输入点进行采样，并将采样值输入映像寄存器中。CPU 在本周期接下来的各个阶段不再改变输入映像寄存器的值，直到下一个输入处理阶段进行更新	与外围设备有关的存储区
输出过程映像区 Q	输出映像区的每一位对应一个数字量输出点，在扫描周期开始阶段，输出过程映像区的线圈由程序驱动，其线圈状态传送给输出回路，再由输出模块驱动外部输出负载	
物理输入区 I:P	不经过输入过程映像区，通过该区域立即读取物理输入	
物理输出区 Q:P	不经过输出过程映像区，通过该区域立即写入物理输出	
位存储区 M	用来保存控制继电器的中间操作状态或其他控制信息。可以用位、字节、字、双字的寻址方式读/写位存储区(全局的)	内部存储区
数据块 DB	在程序执行过程中存放中间结果，或用来保存与工序或任务有关的其他数据。可以对其进行定义以便所有程序块都可以访问它们(全局数据块)，也可以将其分配给特定的 FB 或 SFB(背景数据块)，以及某些指令需要的数据结构(如定时器计数器等)	
局部数据 L	可以作为暂时存储器或给子程序传递参数，局部变量只在本单元有效(局部的)	

4. S7-1200 PLC 的等效电路

图 1-2-8 所示为 PLC 的等效电路，由输入回路、输出回路和内部控制回路三部分组成。

PLC 的输入部分采集输入信号，输出部分就是系统的执行部分，这两部分与继电器、接触器控制系统相同。PLC 内部控制回路是用软件编程代替继电器的功能。

(1) 输入回路：输入过程映像区的等效电路称为输入回路。由外部输入设备、PLC 输入接线端子(IM 是输入公共端)和输入映像寄存器组成。外部输入信号经 PLC 输入接线端子驱动输入映像寄存器。一个输入映像寄存器可提供任意个常开和常闭触点，供 PLC 内部控制电路编程使用。由于输入映像寄存器反映输入信号的状态，因此习惯上经常将两者等价使用。输入回路的电源采用 24V 直流电压供电。

(2) 内部控制回路：由用户程序形成。按照程序规定的逻辑关系，对输入信号和输出信号的状态进行运算、处理和判断，然后得到相应的输出。

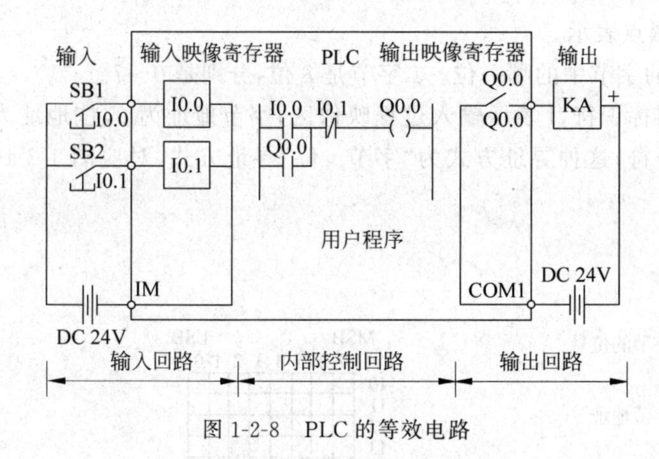

图 1-2-8　PLC 的等效电路

PLC 的等效电路

（3）输出回路：输出过程映像区的等效电路称为输出回路。由与内部电路隔离的输出映像寄存器的外部常开触点、输出接线端子（COM1 是输出公共端）和外部电路组成，用来驱动外部负载。

PLC 内部控制回路中有许多输出映像寄存器。每个输出映像寄存器除了为内部控制电路提供编程用的常开、常闭触点外，还为输出电路提供一个常开触点与输出接线端连接。驱动外部负载的电源由用户提供。

图 1-2-8 所示电路的工作过程如下，当按钮 SB1 动作（闭合），输入映像寄存器线圈 I0.0 得电，经过 PLC 内部电路的转化，梯形图中的 I0.0 的常开触点闭合，输出映像寄存器线圈 Q0.0 得电并自锁，输出回路中的 Q0.0 的常开触点闭合，外部设备 KA 线圈得电；当按钮 SB2 动作（闭合），输入映像寄存器线圈 I0.1 得电，梯形图中的 I0.1 常闭触点断开，Q0.0 线圈失电，输出回路中的 Q0.0 的常开触点断开，外部设备 KA 线圈失电。

1.2.5　S7-1200 PLC 的寻址方式

西门子 S7-1200 PLC 的寻址方式有两大类，分别是直接寻址和间接寻址。直接寻址又分为绝对地址寻址和符号地址寻址。

绝对地址由地址标识符和存储器的位置组成，例如，Q1.0、I1.1、M2.0、FB21、DB**.DBX** 等。

符号地址寻址是指用变量的名称符号代表地址，比如把 DB1.DBW0 命名为 START TIME。使用符号地址更容易将控制项目中的元件与程序中的元件相对应。

在 CPU 中能够访问的最小的地址是位，8 个位可以组成 1 字节，2 字节组成 1 个字，2 个字可以组成 1 个双字。S7-1200 CPU 可以按照位、字节、字、双字对存储单元进行绝对地址寻址。

1. 位地址的寻址

如图 1-2-9 所示，按位寻址的格式是由存储器标识符、字节地址、分隔符、字节的位号这四个部分组成。

存储器标识符：输入 I、输出 Q、位存储器 M 等，就是使用存储器的字母 I/Q/M。

字节地址：表示的是第几个字节，直接用数字表示。

分隔符：是用一个固定的小黑点表示。

字节的位号表示的是要访问的字节中的哪一位。1字节是8位，分别是0～7。

如I3.2，首位字母表示存储器标识符，I表示输入过程映像区，字节地址为3，位地址为2，"."为字节地址和位地址的分隔符，这种寻址方式为"字节.位"寻址方式，对应图1-2-10中的一个小方格(阴影格)。

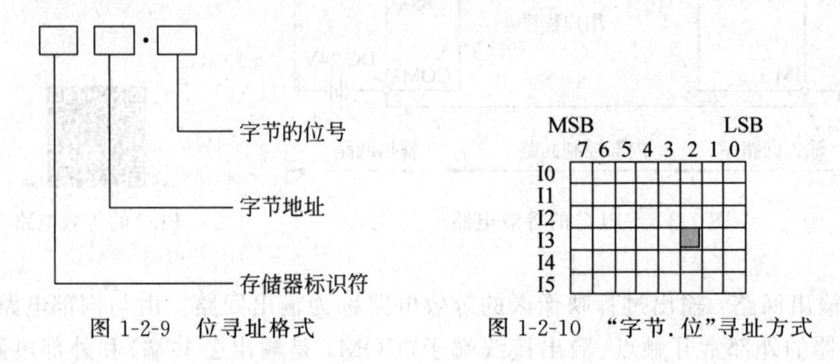

图1-2-9 位寻址格式　　图1-2-10 "字节.位"寻址方式

2. 按字节、字、双字寻址

按字节、字和双字寻址的格式都是一样的，都是由存储器标识符、字节/字/双字的数据类型表示符B/W/D、字节的起始地址这三个部分组成的，如图1-2-11所示。

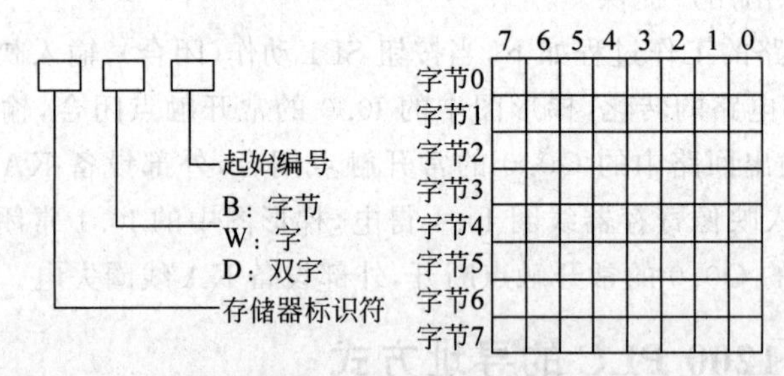

图1-2-11 字节、字、双字寻址

以起始字节的地址作为字和双字的地址。对字节、字和双字数据的寻址时，需指明区域标识符、数据类型和存储区域内的起始字节地址。

位、字节、字和双字的构成示意图如图1-2-12所示。字节MB10表示M10.0～M10.7这8位；字MW10由MB10和MB11两个字节组成，MB10在MW10高8位上，MB11在MW10的低8位；双字MD10是由两个字MW10、MW12或MB10、MB11、MB12、MB13 4字节组成，低字节在高位，高字节在低位。

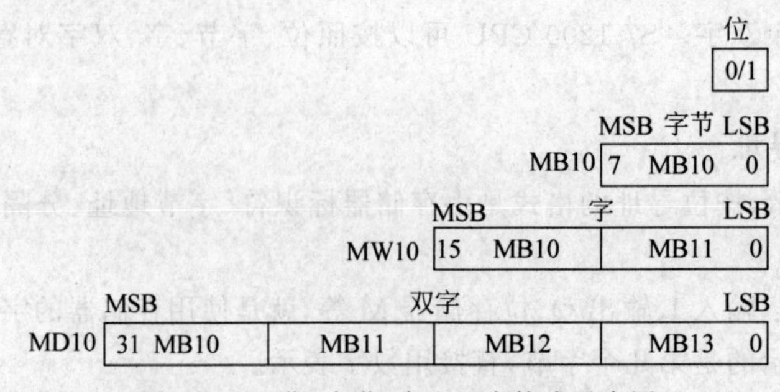

图1-2-12 位、字节、字和双字构成示意图

3. DB块的寻址

对于DB块,如果使用的是优化访问的块,那么在对DB块寻址时是通过符号寻址的,如果使用的是非优化的访问块,那么DB块中建立的变量都会有一个对应的绝对地址。

注意:对于DB块的访问,在一个程序中可以添加多个DB块,所以在访问时需要在访问的地址前面加上DB块的名称。

比如访问DB1中的第0字节的第0个位,地址应该是DB1.DBX0.0;访问DB1中的第1字节,地址为DB1.DBB1;访问DB1中的第2个字,地址为DB1.DBW2;访问DB1中的第4个字,地址为DB1.DBD4。地址中的DB1是DB块的名称,后面用小黑点间隔开,后面的地址就是DB+X/B/W/D+数字的形式。

1.2.6　S7-1200 PLC的程序结构

S7-1200 PLC与S7-200/200 smart PLC的程序结构是不一样的,它是延续了S7-300/400 PLC的程序结构。

S7-1200 PLC的程序结构采用模块化的编程结构,模块化编程可以将复杂的自动化任务划分为对应生产过程的技术功能较小的子任务,每个子任务对应一个称为块的子程序,可以通过块与块之间的相互调用来组织程序,这样的程序易于修改和调试。

S7-1200 PLC的程序结构如图1-2-13所示,分为OB块(组织块)、FB块(函数块)、FC(函数)和DB块(数据块)。

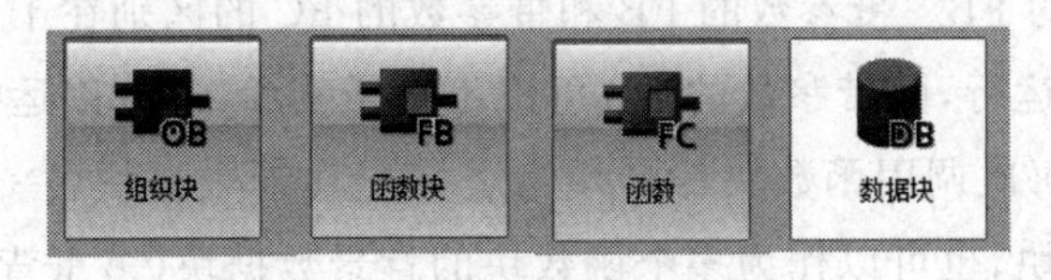

图1-2-13　S7-1200 PLC的程序结构

下面分别介绍这些程序块的功能和特点。

1. 组织块OB

组织块OB是CPU操作系统和用户程序的接口,决定用户程序的结构。其中OB1是用户程序的主程序,CPU操作系统会在每一个扫描周期,循环扫描执行OB1中的程序,而对于FB或FC需要在OB1调用后才会被PLC扫描执行。OB块还可以用于执行以下具体的程序。

(1) CPU启动。
(2) 一个循环或延时时间到达。
(3) 硬件中断。
(4) 故障。
(5) 优先级执行。

因此,组织块的基本功能是调用用户程序,同时还可以执行自动化系统的启动、循环程序的处理、中断程序的执行以及错误的处理等功能。

不同类型的组织块完成不同的功能,组织块OB的类型如表1-2-5所示。

表 1-2-5 组织块 OB 的类型

事件名称	数量	OB 编号	优先级	优先组
程序循环	≥1	1；≥123	1	1
启动	≥1	100；≥123	1	
延时中断	≤4	20～23；≥123	3	2
循环中断	≤4	30～38；≥123	7	
沿(硬件)中断	16 个上升沿 16 个下降沿	40～47；≥123	5	
HSC(高速计数器)中断	6 个计数值等于参考值 6 个计数方向变化 6 个外部复位	40～47；≥123	6	
诊断错误	=1	82	9	
时间错误	=1	80	26	3

从表 1-2-5 可以看到 OB 组织块分为三个优先组，高优先组中的组织块可中断低优先组中的组织块；如果同一个优先组中的组织块同时触发，将按其优先级由高到低进行排队依次执行；如果同一个优先级的组织块同时触发时，将按块的编号由小到大依次执行。

2. 函数块 FB

函数块 FB 是用户编写的带有自己的存储区的块。函数块 FB 在使用时可以使用带参数的 FB 和不带参数的 FB。带参数的 FB 和带参数的 FC 的区别在于，带参数的 FC 调用后需要赋予实参后才可运行，而带参数的 FB 可以不赋予实参，也可以运行。

FB 与 FC 相比，每次调用函数块都必须为之分配背景数据块，一个数据块可以作为一个函数块的背景数据块，也可以作为多个函数块的背景数据块(多重背景数据块)，背景数据块作为函数块的存储器，可以将接口数据区(TEMP 类型除外)以及函数块运算的中间数据存储于背景数据块中，其他逻辑程序可以直接使用背景数据块存储的数据。对于 FC，中间逻辑结果必须使用函数的输入、输出接口区存储。

函数块 FB 很少作为子程序使用，通常将函数块作为具有存储功能的函数使用，每调用一次分配一个背景数据块，将运算结果传递到背景数据块中存储。一些特殊编程应用可以在函数块中指定接口数据区存储于多重背景数据块的开始位置，使用更灵活。

3. 函数 FC

函数 FC 是用户编写的没有固定的存储区的块，其临时变量存储在局部数据堆栈中，FC 执行结束后，这些数据就丢失。函数 FC 常用于对一组输入值执行特定运算，例如，可使用 FC 执行标准运算和可重复使用的运算(例如数学计算)或者执行工艺功能(如使用位逻辑运算执行独立的控制)。函数 FC 也可以在程序中的不同位置多次调用，简化了对经常重复发生的任务的编程。

函数 FC 在使用时可以选择不带参数的 FC 和带参数的 FC，若需要使用带参数的 FC，那么在打开 FC 后，需要在 FC 的接口定义相关的接口参数，调用函数 FC 时需要给 FC 的所有形参分配实参。接口区的各个参数含义如表 1-2-6 所示。

表 1-2-6 接口区的各个参数含义

接口类型	读/写访问	描 述
Input	只读	调用时将用户程序数据传递到 FC 中，实参可以为常数
Output	读/写	函数调用时将 FC 执行结果传递到用户程序中。实参不能为常数
InOut	读/写	在块调用之前读取输入/输出参数并在块调用之后写入，实参不能为常数
Temp	读/写	仅在 FC 调用时生效，用于存储临时中间结果的变量
Constat	只读	声明常量符号名后，FC 中可以使用符号名代替常量

4. 数据块 DB

数据块用于存储程序数据，分为全局数据块和背景数据块。数据块就相当于其他的变量地址，访问方式分为直接寻址方式和间接寻址方式。在创建 DB 块时，如果需要，可以插入建好。对于背景数据块，它与函数块相关联，存储 FB 的输入、输出、输入/输出、静态变量的参数，其变量只能在 FB 中定义，不能在背景数据块中直接创建，程序中调用 FB 时，可以分配一个创建的背景 DB 块，也可以直接定义一个新的 DB 块，该 DB 块将自动生成并作为这个 FB 的背景数据块。

【练习与思考题】

1-1 S7-1200 PLC 的硬件主要由哪几部分组成？

1-2 信号模块是哪些模块的总称？

1-3 PLC 的主要性能指标有哪些？

1-4 PLC 的系统存储器有哪些？

1-5 哪些常见的设备可以作为 PLC 的输入设备？

1-6 哪些常见的设备可以作为 PLC 的输出设备？

1-7 CPU 1215C 最多可以扩展____个信号模块；可以扩展____个通信模块；信号模块安装在 CPU ____边；通信模块安装在 CPU ____边。

1-8 CPU 1215C 有____个集成的数字量输入接点；有____个集成的数字量输出接点；有____个集成的模拟量输入接点；有____个集成的模拟量输出接点。

1-9 S7-1200 PLC 显示 CPU 1215C DC/DC/DC 的含义？

项目2

使用TIA Portal创建S7-1200 PLC项目

【项目目标】

序号	类　别	目　　标
1	知识目标	1. 了解博途编程软件的功能 2. 掌握创建 TIA Portal 项目的步骤 3. 掌握仿真软件调试程序的步骤
2	技能目标	1. 会安装博途编程软件 2. 会使用 TIA Portal 创建 S7-1200 PLC 项目，包括创建新项目、添加设备、编辑变量表、编辑程序、装载及运行调试等 3. 能用仿真软件调试程序
3	职业素养	1. 具有相互沟通能力及团队协作的精神 2. 具有主动探究、分析问题和解决问题的能力 3. 具有遵守规范、严谨认真和精益求精的工匠精神 4. 增强文化自信，具有科技报国的家国情怀和使命担当 5. 系统设计施工中注重质量、成本、安全、环保等职业素养

任务 2.1　博途编程软件的安装

【任务描述】

TIA Portal V15 编程软件的安装。

【任务分析】

TIA 是 Totally Integrated Automation（全集成自动化）的简称，TIA 博途（TIA Portal）是西门子自动化的全新工程设计软件平台。S7-1200 PLC 用 TIA 博途中的 STEP 7 Basic（基本版）或 STEP 7 Professional（专业版）编程。

【新知识学习】

2.1.1　TIA Portal V15 软件简介

STEP 7 Professional 是西门子公司开发的一款高集成度工程组态系统，包括面向任务的 HMI 智能组态软件 SIMATIC WinCC Basic。两个软件集成在一起，也称为 TIA Portal (中文名为博途)，是西门子工业自动化集团发布的新一代全集成自动化软件。

TIA Portal 提供了直观易用的编辑器，用于对 S7-1200 PLC 和精简系列面板进行高效组态。除了支持编程以外，STEP 7 Basic 还为硬件和网络组态、诊断等提供通用的工程组态框架。可以使用 TIA Portal 在同一个工程组态系统中组态 PLC 和可视化。所有数据均存储在一个项目中，STEP 7 和 WinCC 不是单独的程序，而是可以访问公共数据库。所有数据均存储在一个公共的项目文件中。在 TIA Portal 中，所有数据都存储在一个项目中，修改后的应用程序数据(如变量)会在整个项目内(甚至跨越多台设备)自动更新。

与传统方法相比，使用 TIA Portal 无须花费大量时间集成各个软件包，节省了时间，提高了设计效率。TIA Portal 有 Basic、Comfort、Advanced、Professional 四个级别版本。

如图 2-1-1 所示，TIA Portal V15 软件只需要用博途一个软件就能对触摸屏、PLC、驱动进行编程、调试和仿真操作。包括：

(1) SIMATIC STEP 7 Professional V15.0 SP1，用于 SIMATIC S7 系列 CPU 编程应用。

(2) SIMATIC WinCC Professional V15.0 SP1，用于 SIMATIC 系列 HMI 产品开发。

(3) TIA PLCSIM_V15 SP1，用于 SIMATIC S7 系列 CPU 仿真。

(4) Startdrive_V15_SP1，用于 SIMATIC G/S 系列变频器产品开发。在 TIA 博途统一的工程平台上实现 SINAMICS 驱动设备的系统组态、参数设置、调试和诊断。

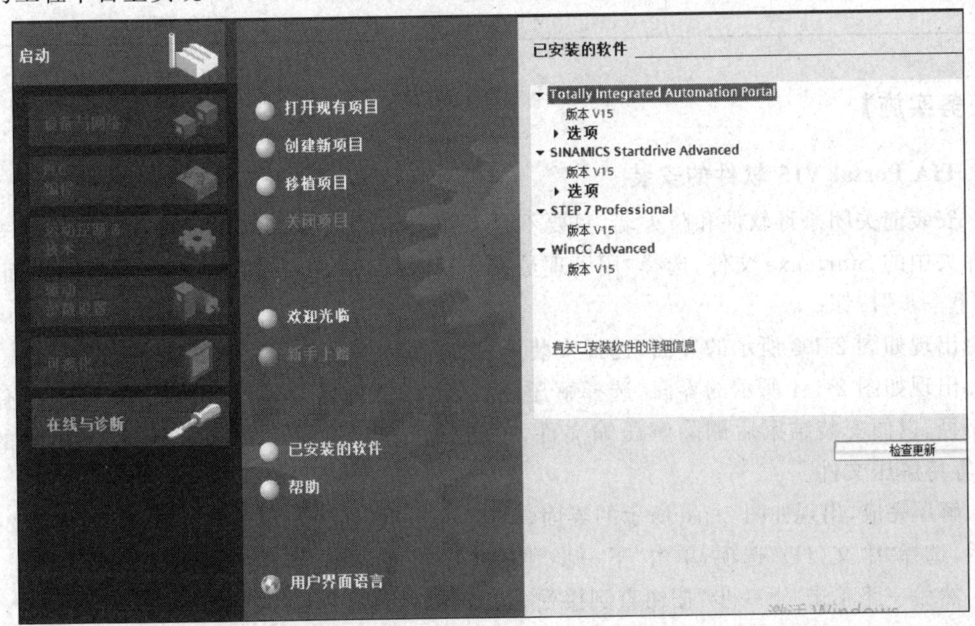

图 2-1-1　TIA Portal V15 安装软件

2.1.2 安装 STEP 7 Professional V15 的软硬件要求

安装 STEP 7 Professional V15 的计算机和操作系统至少满足以下需求，如表 2-1-1 所示。

表 2-1-1 安装 STEP 7 Professional V15 的软硬件要求

硬件/软件	要　求
处理器	Core i5-6440EQ 3.4GHz 或者相当
内存	16GB 或者更多(对于大型项目,为 32GB)
硬盘	SSD,配备至少 50GB 的存储空间
图形分辨率	最小 1920 像素×1080 像素
显示器	15.6in 宽屏显示(1920 像素×1080 像素)
操作系统	**Windows 7 操作系统(64 位)** Windows 7 Home Premium SP1 Windows 7 Professional SP1 Windows 7 Enterprise SP1 Windows 7 Ultimate SP1
	Windows 10 操作系统(64 位) Windows 10 Home Version 1703 Windows 10 Professional Version 1703 Windows 10 Enterprise Version 1703 Windows 10 Enterprise LTSC 2019 Windows 10 Enterprise LTSC 2016 Windows 10 Enterprise LTSC 2015
	Windows Server(64 位) Windows Server 2012 R2 Standard(完全安装) Windows Server 2016 Standard(完全安装)

【任务实施】

TIA Portal V15 软件的安装

安装前关闭杀毒软件和防火墙，只要不是系统自带的软件都需要退出。然后右击安装文件夹中的 Start.exe 文件，选择“用管理员操作权限打开”，出现如图 2-1-2 所示的界面，单击“下一步”按钮。

出现如图 2-1-3 所示的界面，选择安装语言为“简体中文(H)”，单击“下一步”按钮。

出现如图 2-1-4 所示的界面，选择解压路径，由于文件需要解压后再安装，所以记住解压路径，以便安装结束后删除解压缩文件，单击“下一步”按钮。出现如图 2-1-5 所示的界面，等待解压文件。

解压完成，出现如图 2-1-6 所示的界面，单击“完成”按钮。出现安装语言界面，如图 2-1-7 所示，选择“中文(H)”选项，单击“下一步”按钮。

然后一路单击“下一步”按钮直到接受，如图 2-1-8～图 2-1-10 所示。

解压后提示重启操作系统，如图 2-1-11 所示，选择“是”按钮。

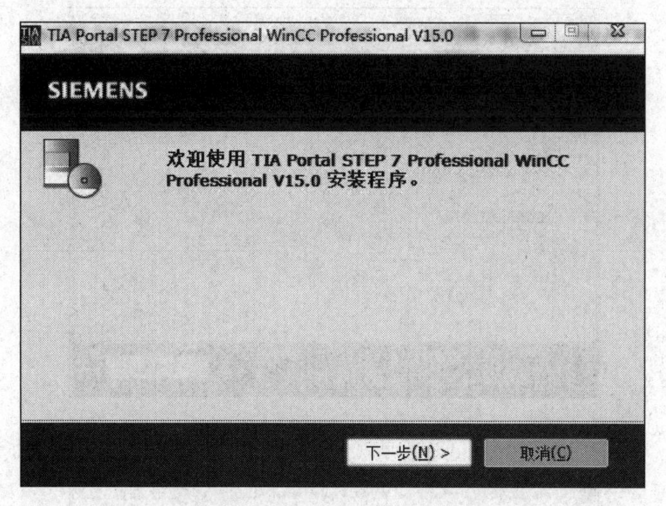

图 2-1-2　Portal 软件安装界面 1

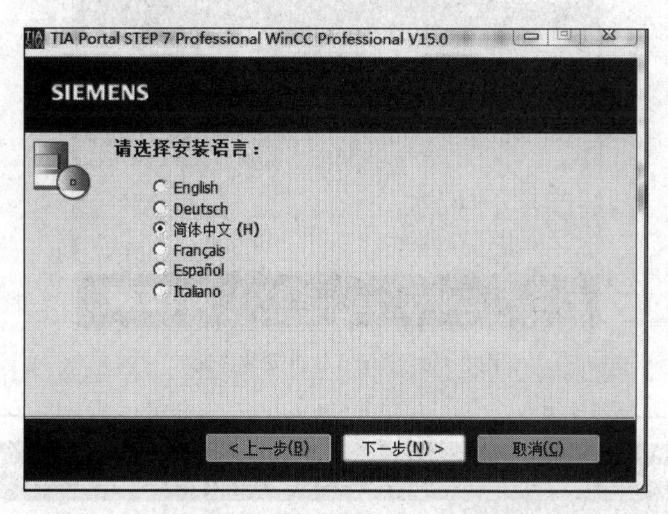

图 2-1-3　Portal 软件安装界面 2

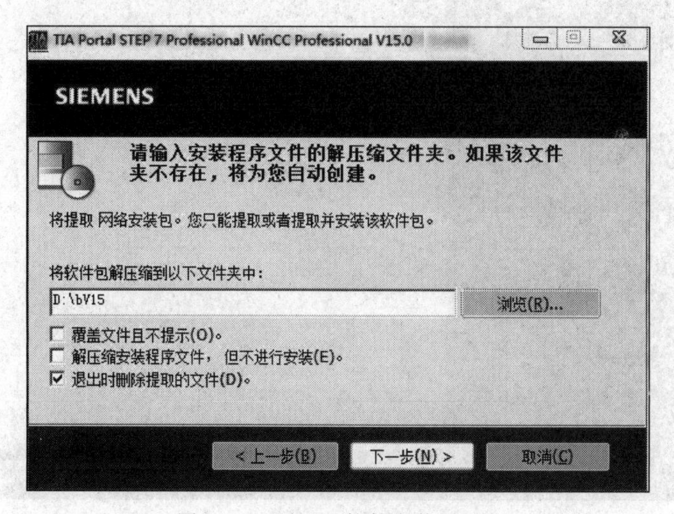

图 2-1-4　Portal 软件安装界面 3

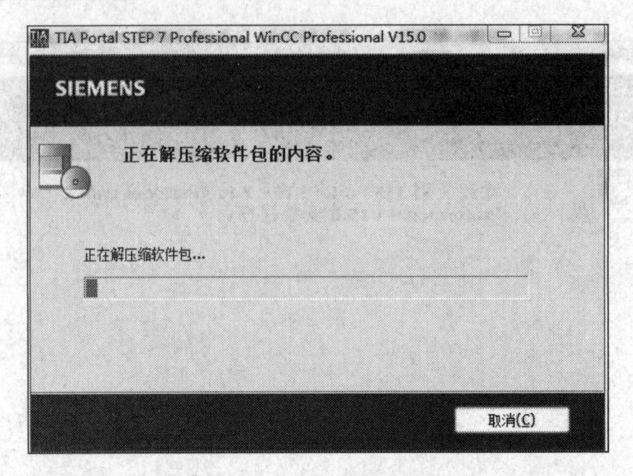

图 2-1-5　Portal 软件安装界面 4

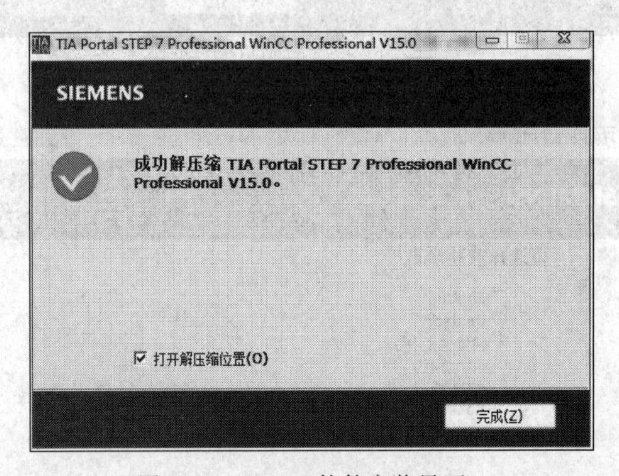

图 2-1-6　Portal 软件安装界面 5

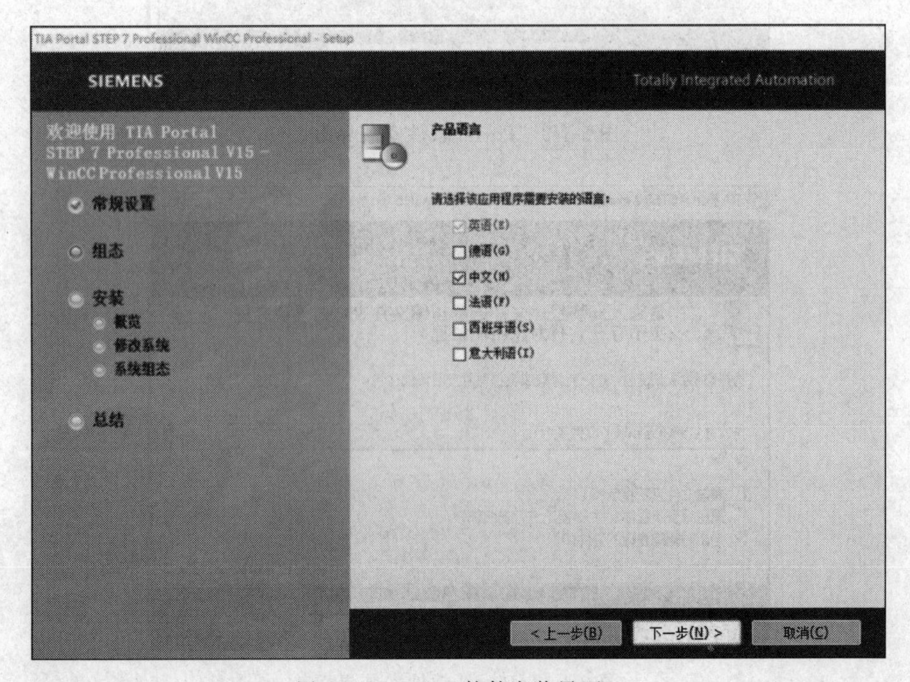

图 2-1-7　Portal 软件安装界面 6

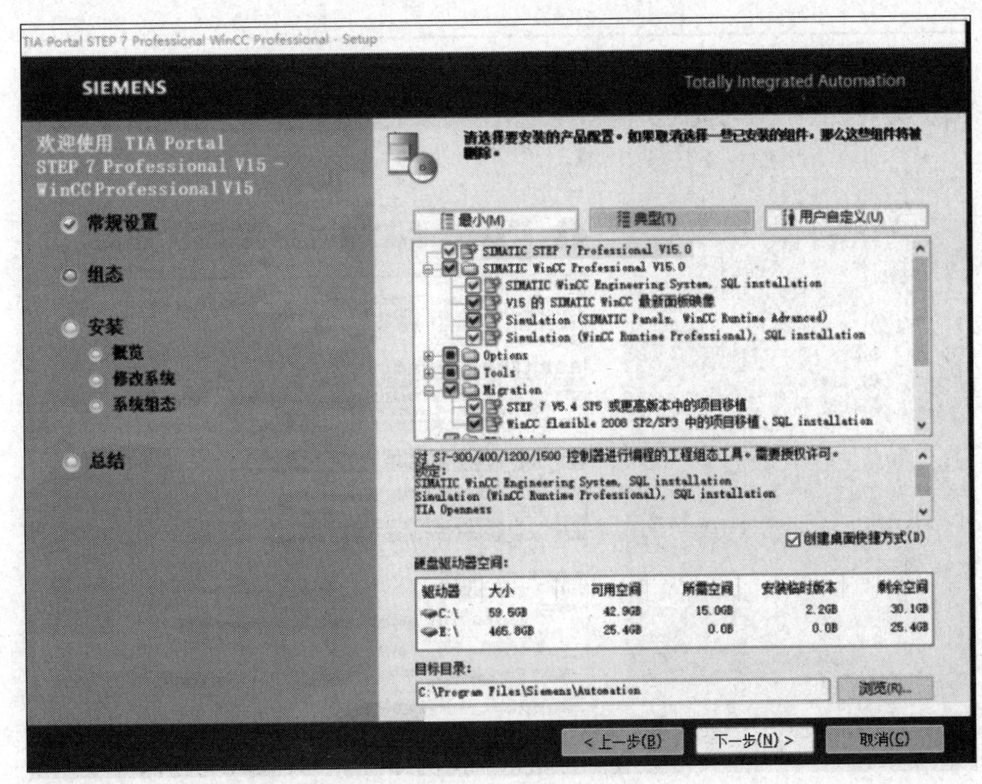

图 2-1-8　Portal 软件安装界面 7

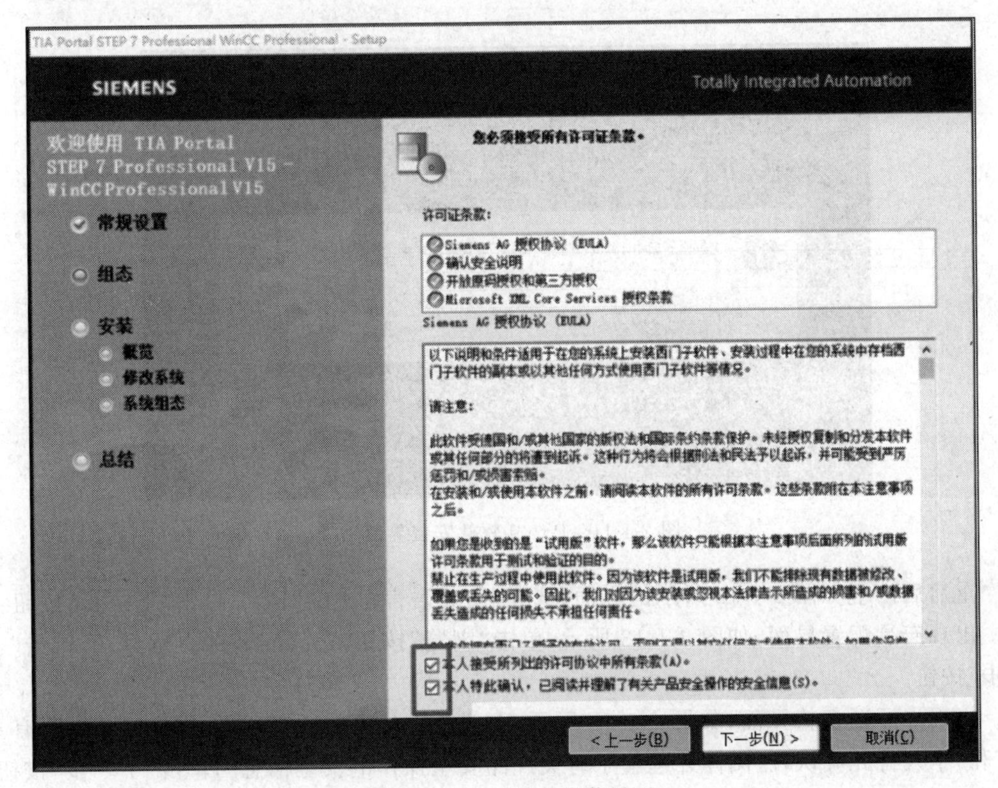

图 2-1-9　Portal 软件安装界面 8

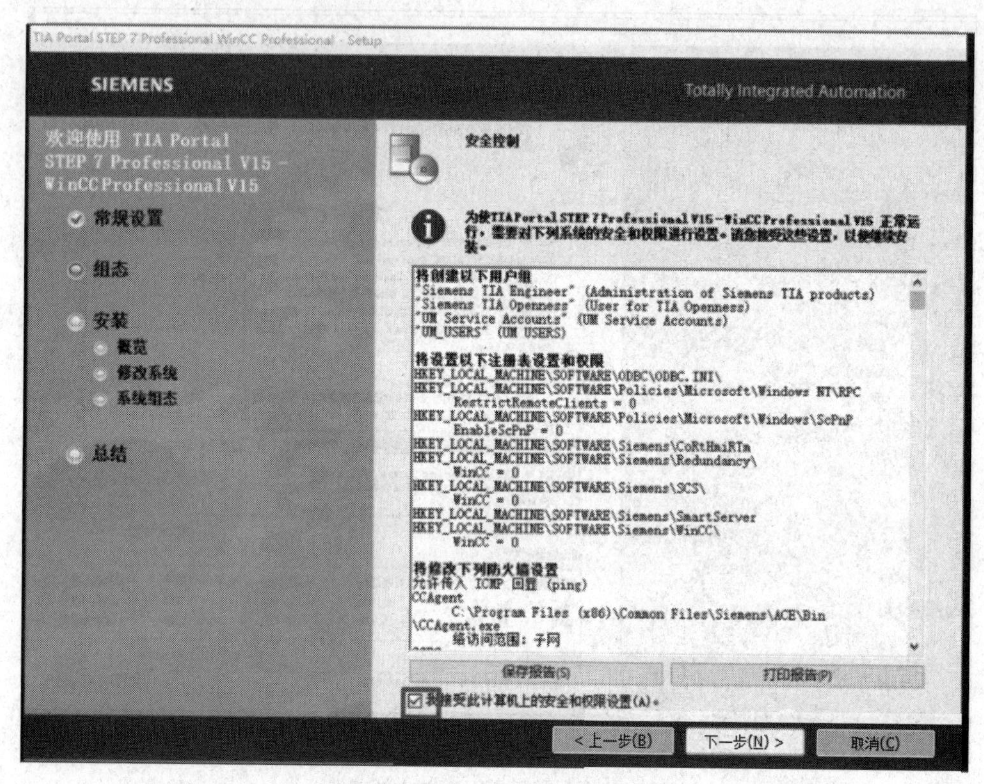

图 2-1-10　Portal 软件安装界面 9

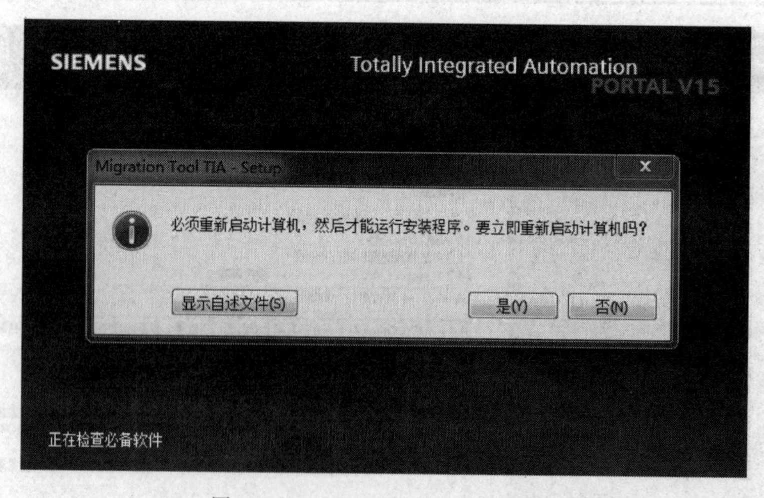

图 2-1-11　Portal 软件安装界面 10

重启后出现如图 2-1-12 所示的界面，选择“安装语言：中文(H)”，单击“下一步”按钮。

出现产品配置界面，如图 2-1-13 所示，单击“浏览”按钮，选择安装的目标目录，单击“下一步”按钮。

出现许可证条款界面，如图 2-1-14 所示，勾选“本人接受所列出的许可协议中所有条款”和“本人特此确认，已阅读并理解了有关产品安全操作的安全信息”，单击“下一步”按钮。

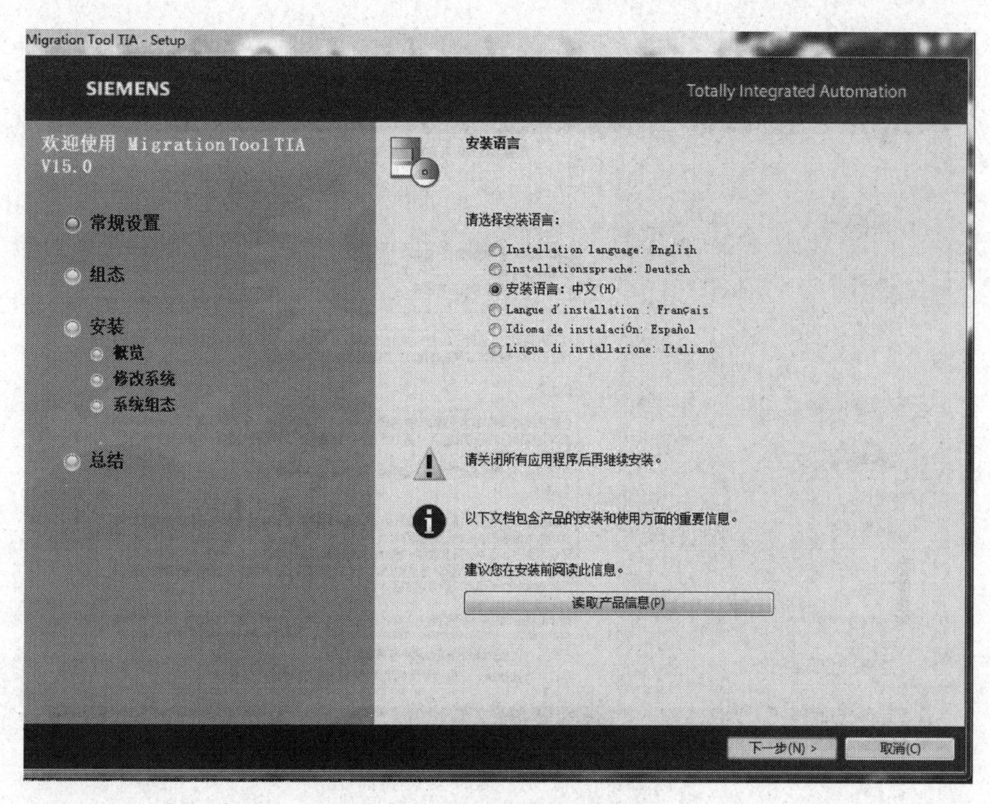

图 2-1-12　Portal 软件安装界面 11

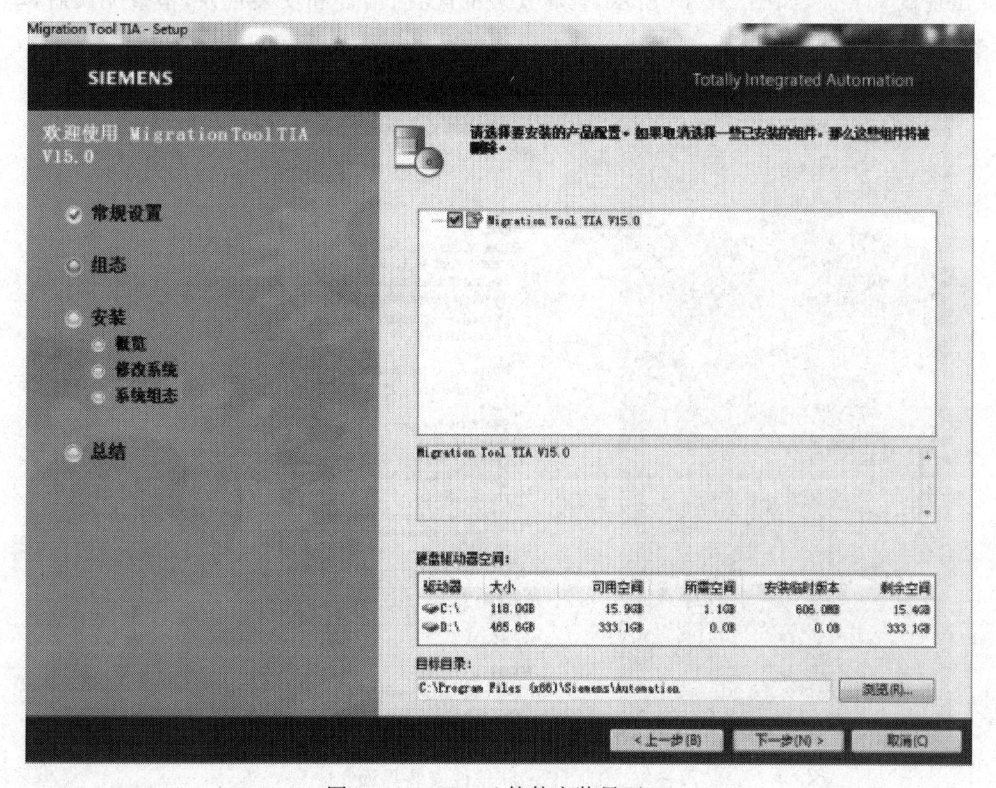

图 2-1-13　Portal 软件安装界面 12

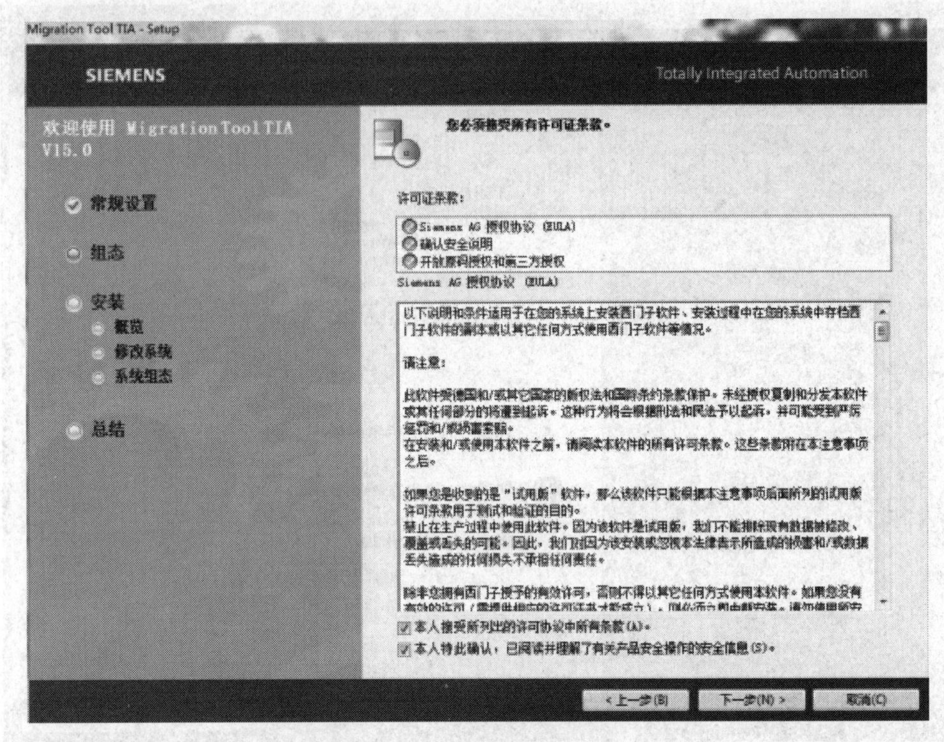

图 2-1-14　Portal 软件安装界面 13

出现概览界面，如图 2-1-15 所示，查看安装的配置、语言和安装目录，检查无误后，单击“安装”按钮。

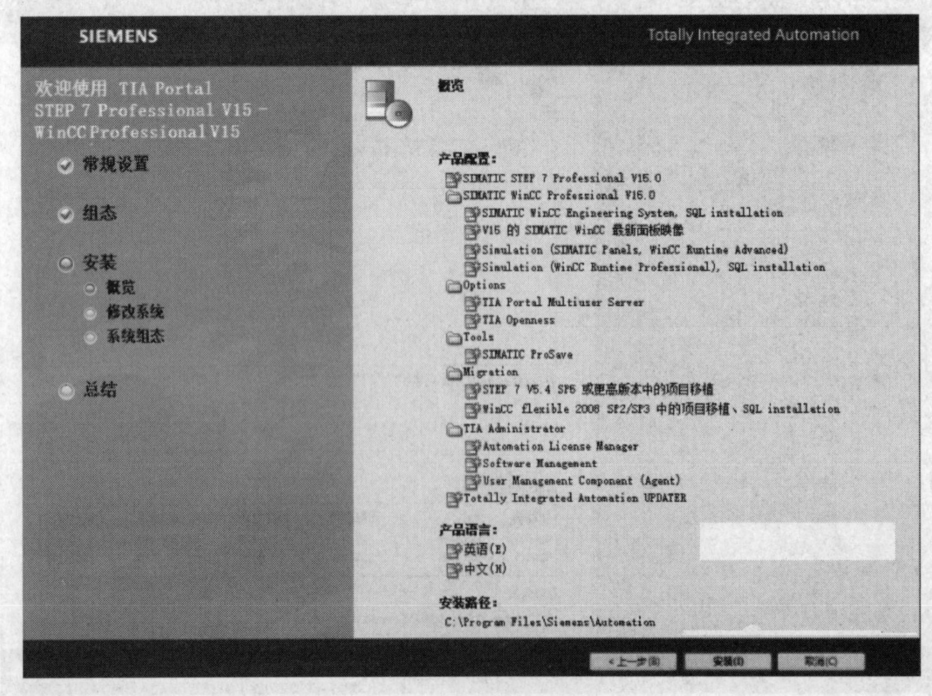

图 2-1-15　Portal 软件安装界面 14

安装中的界面如图 2-1-16 所示。

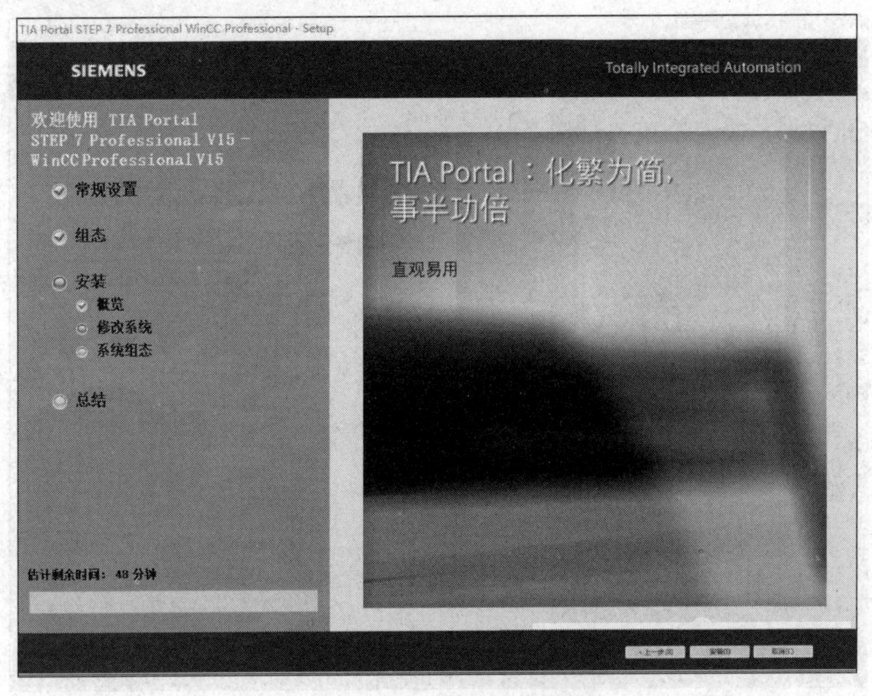

图 2-1-16　Portal 软件安装界面 15

安装到中途，提示重新启动系统，选择“是，立即重启计算机”选项，然后单击“重新启动”按钮。重启后继续安装，如图 2-1-17 所示。

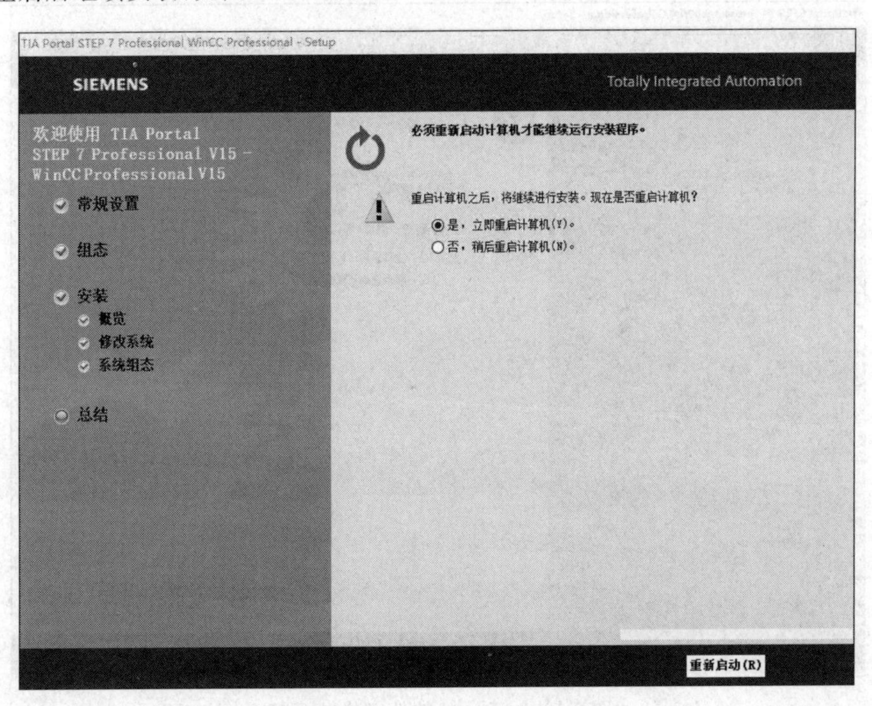

图 2-1-17　Portal 软件安装界面 16

选择“跳过许可证传送”，如图 2-1-18 所示。

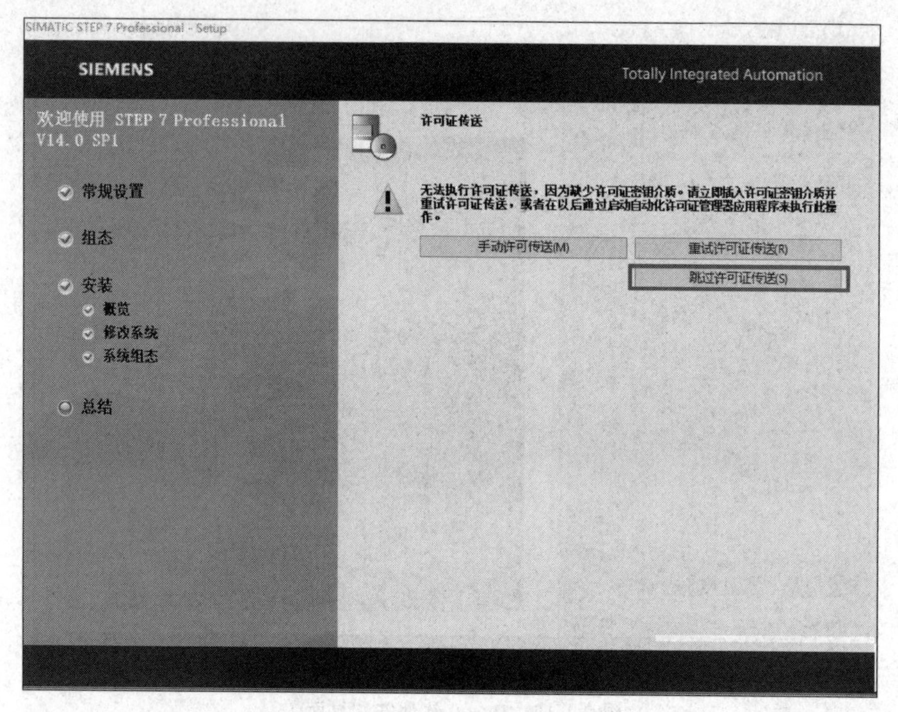

图 2-1-18　Portal 软件安装界面 17

SIMATIC S7 Professional V15 安装完成，如图 2-1-19 所示。

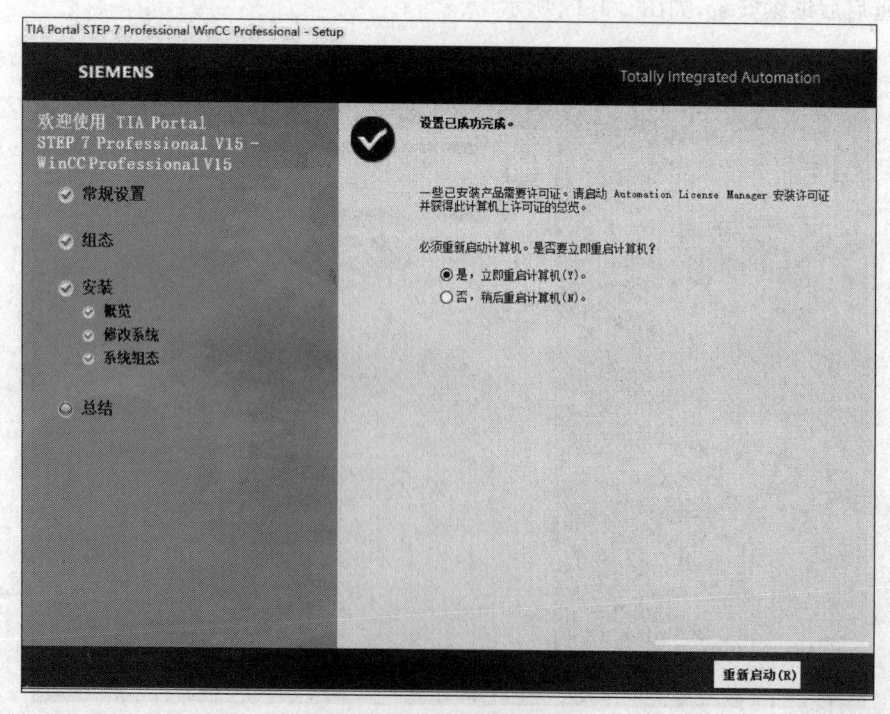

图 2-1-19　Portal 软件安装界面 18

安装 PLC SIM V15。双击 SIMATIC_S7PLCSIM_V15.exe，开始安装，剩余步骤同 STEP 7 安装步骤相同，不再赘述。至此，软件安装完毕。

任务 2.2　博途编程软件的界面介绍

【任务描述】

使用 TIA Portal 创建一个 S7-1200 PLC 项目。

【任务分析】

使用 TIA Portal 创建一个 S7-1200 PLC 项目的具体步骤包括创建新项目、添加设备、编辑变量表、编辑程序、编译、装载及运行调试等。

【新知识学习】

2.2.1　TIA Portal 的视图

TIA Portal 提供了两种不同的工具视图：基于项目的项目视图和基于任务的 Portal 视图。单击 TIA Portal 软件左下角的“项目视图/Portal 视图”按钮可以在项目视图和 Portal 视图之间切换。项目视图可以访问项目中所有的组件。Portal 视图包含了启动、设备与网络、PLC 编程、运动控制 & 技术、可视化和在线与诊断等项目，可用 Portal 视图完成某些操作，如图 2-2-1 所示。

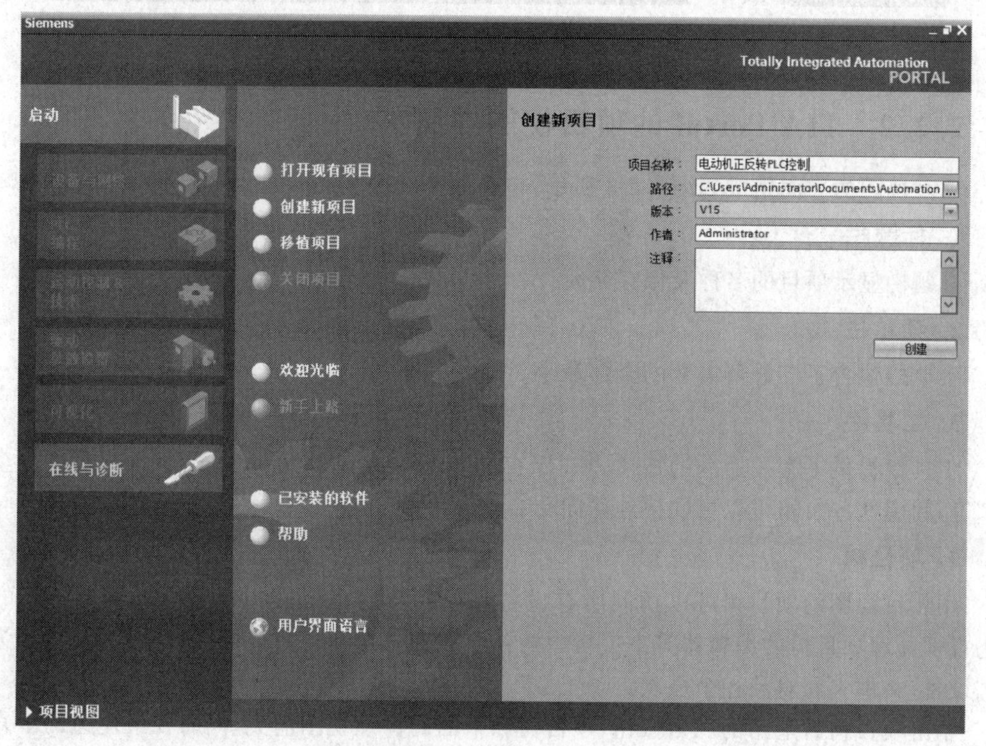

图 2-2-1　Portal 视图

使用最多的是项目视图,如图 2-2-2 所示。项目视图是针对项目的,是所有组件的结构化视图。项目视图的操作界面类似于 Windows 的资源管理器。功能比 Portal 视图强,操作内容更加丰富。因而大多数用户选择在项目视图模式下进行硬件组态、编程、可视化监控画面、系统设计、仿真调试以及在线监控等操作。

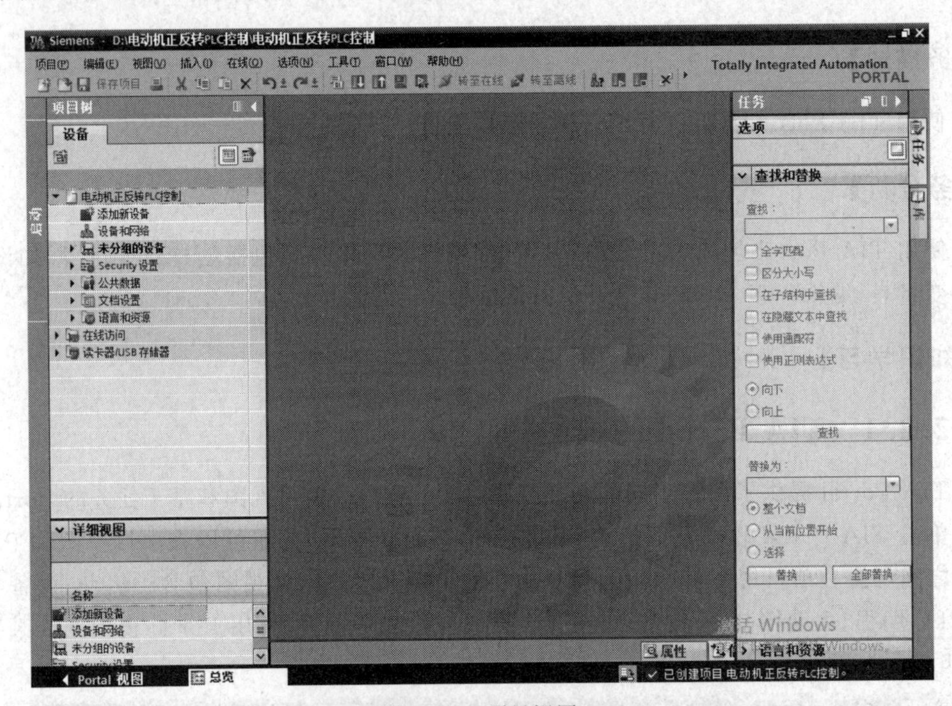

图 2-2-2 项目视图

2.2.2 TIA Portal 的项目视图界面

项目视图的界面组成如图 2-2-3 所示,包含如下区域。

1. 标题栏

标题栏显示项目的名称及保存路径。

2. 菜单栏

菜单栏包含了工作所需要的全部命令。

3. 工具栏

工具栏提供了常用命令的按钮,如"保存""复制""粘贴""编译""上传""下载""转至在线"等,利用这些按钮可以更快捷地访问命令。

4. 项目树

用项目视图的项目树可以访问所有设备和项目数据,如添加新的设备、编辑已有的设备、打开处理项目树的编辑器等。项目中的各组成部分在项目树中以树形结构显示,分为项目、设备、文件夹和对象 4 个层次。

单击项目树右上角的三角按钮,项目树和下面的详细视图消失,同时在最左边的垂直条的上端出现三角按钮,再次单击它,将打开项目树和详细视图。

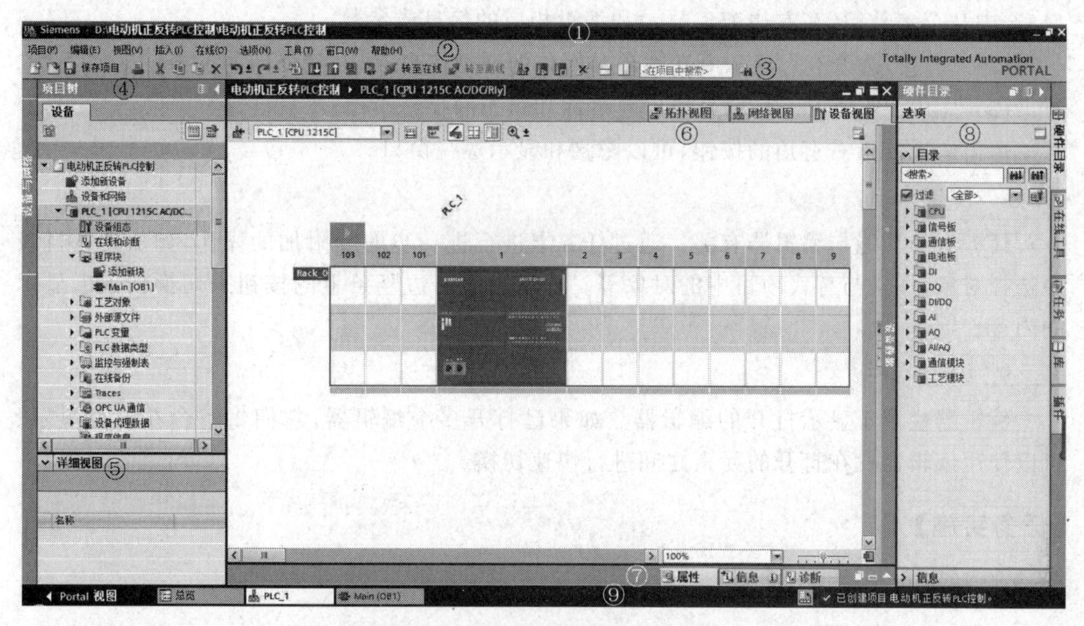

图 2-2-3　项目视图的界面组成

移动各窗口之间的分界线，可以调整宽度。

5. 详细视图

项目树下面的区域是详细视图，详细视图显示项目树被选中的对象下一级的内容。如打开项目树中的“PLC 变量”文件夹，选中项目树中的“默认变量表”，详细窗口显示出该变量表中的符号。可以将其中的符号地址拖曳到程序中的地址域。单击详细视图左上角的按钮，可以隐藏和显示详细视图。

同样的方法，可以隐藏和显示巡视窗口和任务卡。

6. 工作区

可以同时打开几个编辑器，但只能在工作区同时显示一个当前打开的编辑器。编辑器栏中显示打开的编辑器，单击“编辑器栏”中的按钮可切换工作区显示的编辑器。

在 OB1 主程序工作区工具栏中，可显示或隐藏收藏夹；在选中的程序段下面插入一个新的程序段，删除选中的程序段，打开、关闭所有的程序段；设置变量的显示方式：显示绝对地址、符号地址或同时显示，轮流切换等，都可以通过工具栏中的快捷图标实现。

单击工作区工具栏中的按钮，可以垂直或水平拆分工作区，同时显示两个编辑器。

可用工作区右上角的按钮将工作区最大化，或使工作区浮动。用鼠标左键按住浮动的工作区的标题栏可以将工作区拖曳到画面上希望的位置。工作区被最大化或浮动后，单击“嵌入”按钮，工作区将恢复原状。

7. 巡视窗口

巡视窗口用来显示选中的工作区中的对象附加的信息和设置对象的属性，巡视窗口有3 个选项卡。

(1)“属性”选项卡。用来显示和修改选中的工作区中的对象的属性。左边是浏览窗口，选中某个参数组，在右边窗口显示和编辑相应的信息或参数。

(2)“信息”选项卡。显示所选对象和操作的详细信息，以及编译后的报警信息。

(3)“诊断”选项卡。显示系统诊断事件和组态的报警事件。

单击巡视窗口右上角的按钮，可以隐藏和显示巡视窗口。

8. 任务卡

任务卡的功能与编辑器有关。通过任务卡进行进一步的或附加的操作，如从硬件目录中选择对象，搜索与替代项目中的对象等。可以用最右边竖条上的按钮来切换任务卡显示的内容。

9. 编辑器栏

编辑器栏用于显示打开的编辑器。如果已打开多个编辑器，它们将组合在一起显示。可以使用编辑器栏在打开的元素之间进行快速切换。

【任务实施】

1. 创建新项目

双击桌面上的 TIA V15 图标，打开 Portal V15 SP1 的启动画面。

(1) 如果是 Portal 视图，在“启动”项目中，选中“创建新项目”功能。在右边栏目中输入项目名称、保存路径、作者、注释等信息后，单击“创建”按钮，如图 2-2-4 所示。

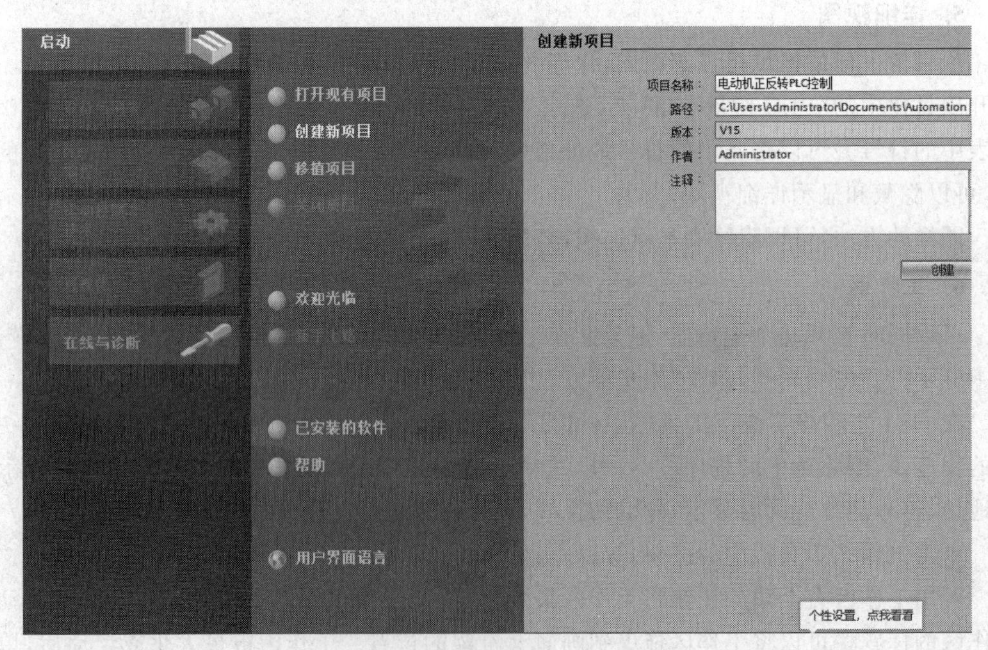

图 2-2-4 Portal 视图下创建新项目

(2) 如果是项目视图，则打开“项目”菜单，选择“新建”菜单项，或者单击快捷按钮。在创建新项目的对话框中，输入项目名称、保存路径、作者、注释等信息后，单击“创建”按钮，如图 2-2-5 所示。

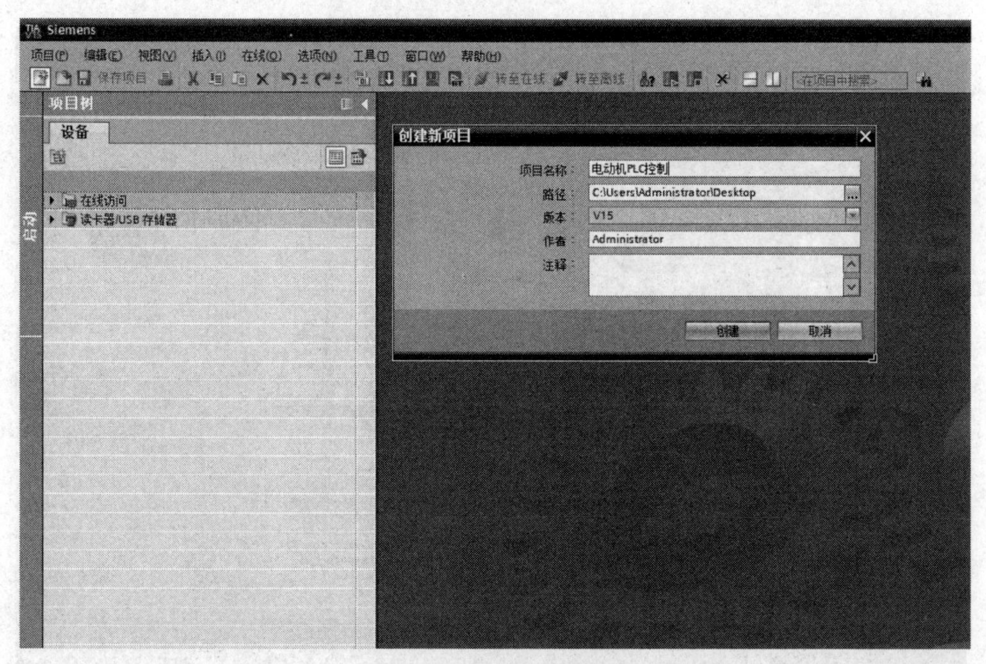

图 2-2-5 项目视图下创建新项目

2. 硬件组态

设备组态(configuring)的任务就是在设备和网络编辑器中生成一个与实际的硬件系统对应的虚拟系统,包括系统中的设备(PLC 和 HMI),PLC 各模块的型号、订货号和版本。模块的安装位置和设备之间的通信连接,都应与实际的硬件系统完全相同。此外,还应设置模块的参数,即给参数赋值,或称为参数化。

自动化系统启动时,CPU 会比较组态时生成的虚拟系统和实际的硬件系统,如果两个系统不一致,将采取相应的措施。

1) 组态 CPU

如果在 Portal 视图下,如图 2-2-6 所示。单击"新手上路"→"组态设备",在出现的窗口中单击"添加新设备"功能,然后单击右边栏目中的"控制器"按钮,如选择 CPU 1215C AC/DC/Rly 文件夹下面的 6ES7 215-1BG40-0XB0 订货号。用鼠标拉动滚动条到最底侧,单击"添加"按钮,完成添加 PLC 设备。

如果在项目视图下,双击项目树中的"添加新设备"功能,如图 2-2-7 所示。打开"添加新设备"对话框,单击"控制器"按钮,选择 CPU 1215C AC/DC/Rly 文件夹下面的 6ES7 215-1BG40-0XB0 订货号,版本选择 V4.2,单击"确定"按钮。

添加完成后,在机架上出现了添加的设备 CPU 1215C AC/DC/Rly,如图 2-2-8 所示。

双击项目树中 PLC_1 文件夹下的"设备和网络",打开设备视图,可以看到 1 号插槽中的 CPU 模块。

右击设备视图中要更改型号的 CPU,执行出现的快捷菜单中的"更改设备类型"命令,选中出现的对话框的"新设备"列表中用来替换的设备的订货号,单击"确定"按钮,设备型号被更改。

图 2-2-6　Portal 视图下添加新设备

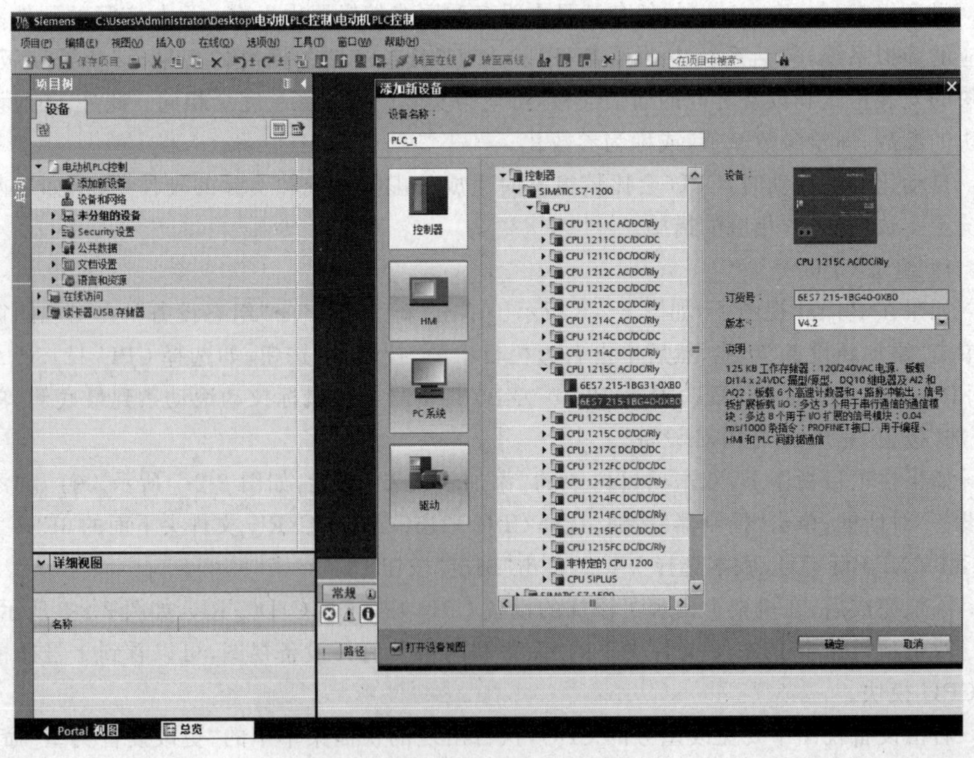

图 2-2-7　项目视图下添加新设备

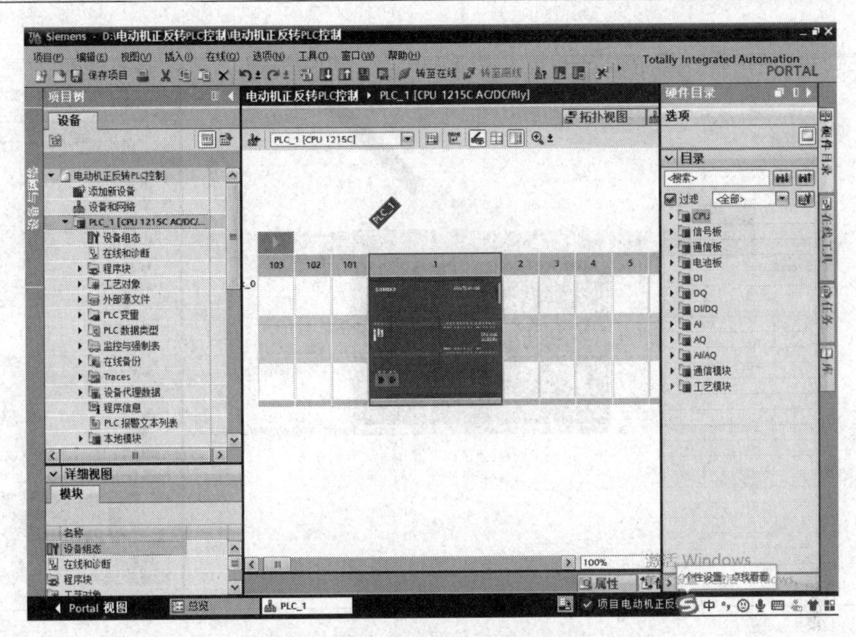

图 2-2-8　添加 CPU 后的界面

2）组态信号板和信号模块

在硬件组态时，可以从硬件目录下用拖放或双击的方法，把信号模块或通信模块放置到工作区机架的插槽内。

本项目除了 CPU 1215C AC/DC/Rly，还有一个信号板 SB1222 DQ 4×24V DC/200kHz。

打开最右边竖条上的“硬件目录”任务卡，在“目录”中，打开“信号板”“DQ”文件夹下的 DQ 4×24V DC，选择 6ES7 222-1BD30-0XB0 订货号，双击插入信号板。

把扩展信号模块 SM1234 AI/AQ 放置在 2 号插槽。

打开最右边竖条上的“硬件目录”任务卡，在“目录”中，打开 AI/AQ 文件夹下的 AI 4×13BIT/AQ 2×14BIT，选择 6ES7 234-4HE32-0XB0 订货号，机架上所有可以插入该模块的插槽四周出现深蓝色的方框，用鼠标左键按住该模块不放，移动鼠标，将选中的模块拖曳到机架的插槽中。或者单击机架中需要放置模块的插槽，使它的四周出现深蓝色的边框，然后双击硬件目录中要放置的模块，该模块便出现在选中的插槽中，如图 2-2-9 所示。

可以用拖放的方法或通过剪贴板在硬件设备视图或网络视图中移动硬件组件，但是不能移动 CPU，因为它必须在 1 号槽。

3. S7-1200 PLC 的参数设置

1）S7-1200 PLC 的地址分配

双击项目树的 PLC_1 文件夹中的“设备组态”，再打开从右到左弹出的“设备概览”视图，如图 2-2-10 所示，可以看到 CPU 集成的 I/O 模块和信号模块的字节地址。I、Q 地址是自动分配的。

动作概览：可以关闭“设备概览”视图，或移动它左侧的分界线。

由“设备概览”视图可见，CPU 1215C AC/DC/Rly：125KB 工作存储器；120V/240V AC 电源，板载 DI 14×24V DC 漏型/源型，板载 DQ 10 继电器及 AI 2 和 AQ 2，板载 6 个高速计数器用于计数和测量，集成了 4 个 100kHz 的高速脉冲输出，用于步进电动机或伺服的

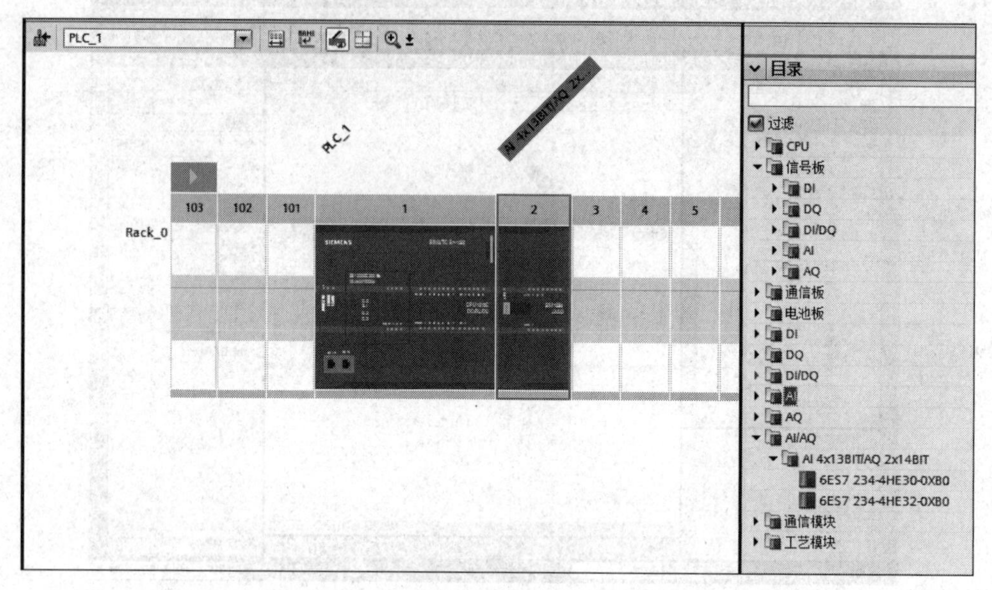

图 2-2-9 添加信号板和扩展信号模块

电动机PLC控制 ▸ PLC_1 [CPU 1215C AC/DC/Rly]

拓扑视图 网络视图 设备视图

设备概览

模块	插槽	I地址	Q地址	类型	订货号	固件	注释
	103						
	102						
	101						
▼ PLC_1	1			CPU 1215C AC/DC/Rly	6ES7 215-1BG40-0XB0	V4.2	
DI 14/DQ 10_1	1 1	0...1	0...1	DI 14/DQ 10			
AI 2/AQ 2_1	1 2	64...67	64...67	AI 2/AQ 2			
DQ 4x24VDC_1	1 3		4	DQ4 信号板 (200kHz)	6ES7 222-1BD30-0XB0	V1.0	
HSC_1	1 16	1000...10...		HSC			
HSC_2	1 17	1004...10...		HSC			
HSC_3	1 18	1008...10...		HSC			
HSC_4	1 19	1012...10...		HSC			
HSC_5	1 20	1016...10...		HSC			
HSC_6	1 21	1020...10...		HSC			
Pulse_1	1 32		1000...10...	脉冲发生器 (PTO/PWM)			
Pulse_2	1 33		1002...10...	脉冲发生器 (PTO/PWM)			
Pulse_3	1 34		1004...10...	脉冲发生器 (PTO/PWM)			
Pulse_4	1 35		1006...10...	脉冲发生器 (PTO/PWM)			
▸ PROFINET接口_1	1 X1			PROFINET接口			
AI 4x13BIT/AQ 2x14BIT_1	2	96...103	96...99	SM 1234 AI4/AQ2	6ES7 234-4HE32-0XB0	V2.0	
	3						
	4						
	5						

图 2-2-10 设备概览视图

速度和位置控制；多达 8 个用于 I/O 扩展的信号模块，0.04ms/1000 条指令；2 个 PROFINET 端口，用于编程、HMI 和 PLC 间数据通信。

若是 CPU 1215C DC/DC/DC：125KB 工作存储器；24V DC 电源，板载 DI 14×24V DC 漏型/源型，板载 DQ 10×24V DC 及 AI2 和 AQ2，板载 6 个高速计数器和 4 路脉冲输出；多达 8 个用于 I/O 扩展的信号模块，0.04ms/1000 条指令；2 个 PROFINET 端口，用于编程、HMI 和 PLC 间数据通信。

CPU 1215C 集成的 14 点数字量输入的字节地址为 0 和 1(I0.0～I0.7 和 I1.0～I1.5)，10 点数字量输出的字节地址为 0 和 1(Q0.0～Q0.7 和 Q1.0～Q1.1)；DI、DQ 的地址以字节为单位分配，如果没有用完分配给它的某个字节中所有的位，剩余的位也不能再作它用。

信号板的4点数字量输出的字节地址为4(Q4.0～Q4.3)。

CPU集成的模拟量输入点的字地址为IW64和IW66,集成的模拟量输出点的字地址为QW64和QW66,每个通道占一个字或两字节。

模拟量输入、模拟量输出的地址以组为单位分配,每一组有两个输入/输出点。

还可以看到各插槽的信号模块的输入/输出地址。

如图2-2-9所示,插槽2为模拟量输入/输出的信号模块,自动分配的AI字节地址为96～103;AQ字节地址为96～99。

双击设备概览中某个插槽的模块,可以修改自动分配的I、Q地址。建议采用自动分配的I、Q地址,不要修改。编程时必须使用组态时分配的I、Q地址。

2) CPU模块的参数设置

可设置系统存储器字节与时钟存储器字节。

如图2-2-11所示,打开PLC的设备视图,选中CPU,再选中巡视窗口的“属性”→“常规”→“系统和时钟存储器”,用复选框启用系统存储器字节和时钟存储器字节,一般采用它们的默认地址MB1和MB0,应避免同一地址同时两用。

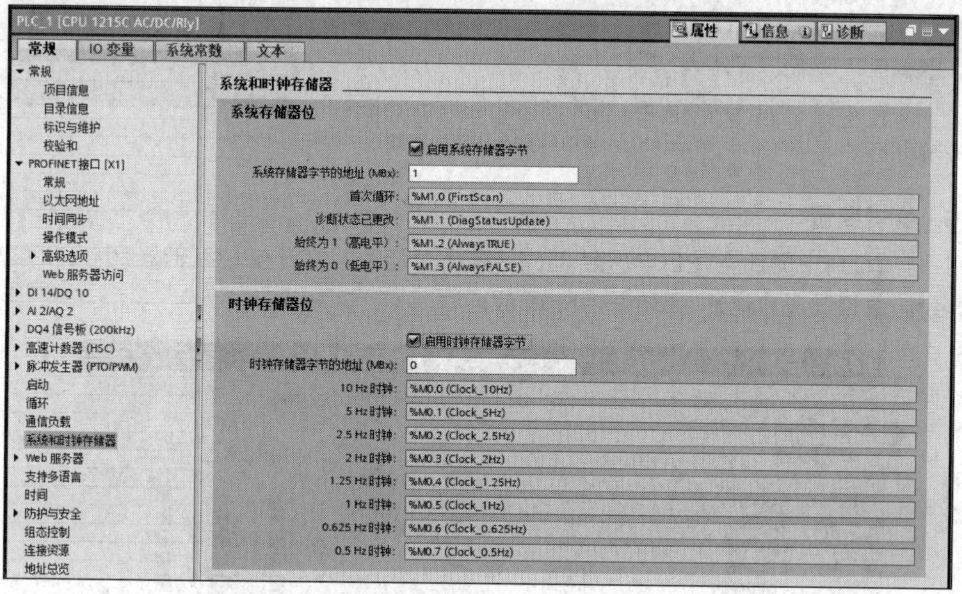

图2-2-11　设置系统存储器字节与时钟存储器字节

其中,M1.0为首次循环位, M1.1为诊断状态已更改, M1.2总是为TRUE, M1.3总是为FALSE。

时钟存储器各位的周期与频率如表2-2-1所示,在一个周期内为FALSE和为TRUE的时间各为50%,即占空比为50%。

表2-2-1　时钟存储器字节各位的周期与频率

位	7	6	5	4	3	2	1	0
周期/s	2	1.6	1	0.8	0.5	0.4	0.2	0.1
频率/Hz	0.5	0.625	1	1.25	2	2.5	5	10

4. 添加块

双击项目树中文件夹“\PLC_1\程序块”中的“添加新块”，可选择添加的块的类型，如图 2-2-12 所示。

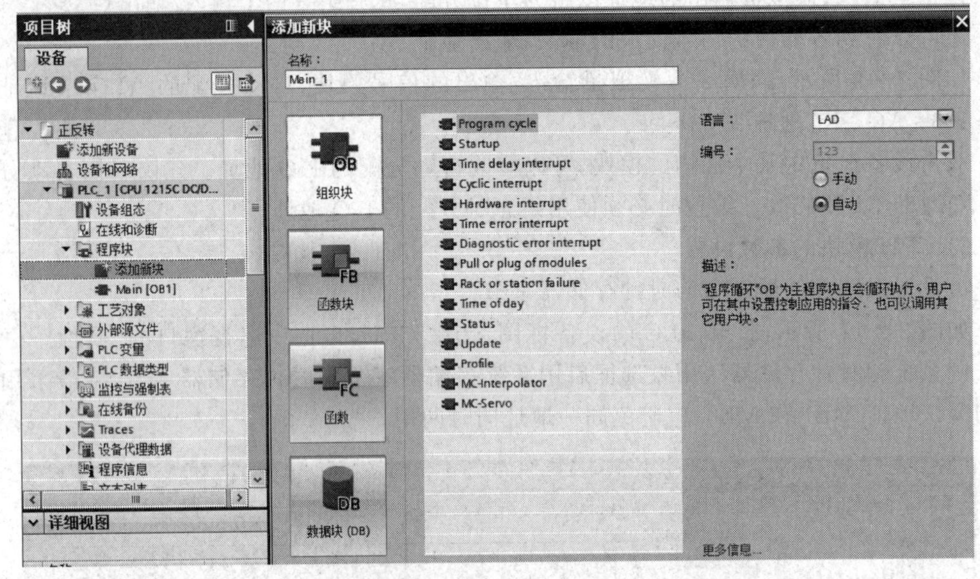

图 2-2-12　添加新块

5. 编辑变量

打开项目树中文件夹“PLC 变量”，双击“默认变量表”，打开变量编辑器，生成和修改变量的名称、数据类型和地址，如图 2-2-13 所示。

电动机PLC控制 ▸ PLC_1 [CPU 1215C AC/DC/Rly] ▸ PLC 变量 ▸ 默认变量表 [37]

默认变量表

	名称	数据类型	地址	保持	可从...	从 H...	在 H...	注释
1	启动按钮	Bool	%I0.0	☐	☑	☑	☑	
2	停止按钮	Bool	%I0.1	☐	☑	☑	☑	
3	电源接触器	Bool	%Q0.0	☐	☑	☑	☑	
4	星形接触器	Bool	%Q0.1	☐	☑	☑	☑	
5	三角形接触器	Bool	%Q0.2	☐	☑	☑	☑	
6	当前时间值	Time	%MD12	☐	☑	☑	☑	
7	<添加>			☐	☑	☑	☑	

图 2-2-13　默认变量表

6. 编写程序

双击项目树中文件夹“\PLC_1\程序块”中的 OB1，打开主程序，生成图 2-2-14 所示用户程序。

生成用户程序的过程如下：

选中程序段 1 中的水平线，依次单击收藏夹中的 3 个按钮，出现从左到右串联的常开触点、常闭触点和线圈，元件上面红色的问号区用来输入元件的绝对地址 I0.0、I0.1、Q0.0。

选中最左边的垂直“电源线”，依次单击收藏夹中的“打开分支”“常开触点”和“关闭分

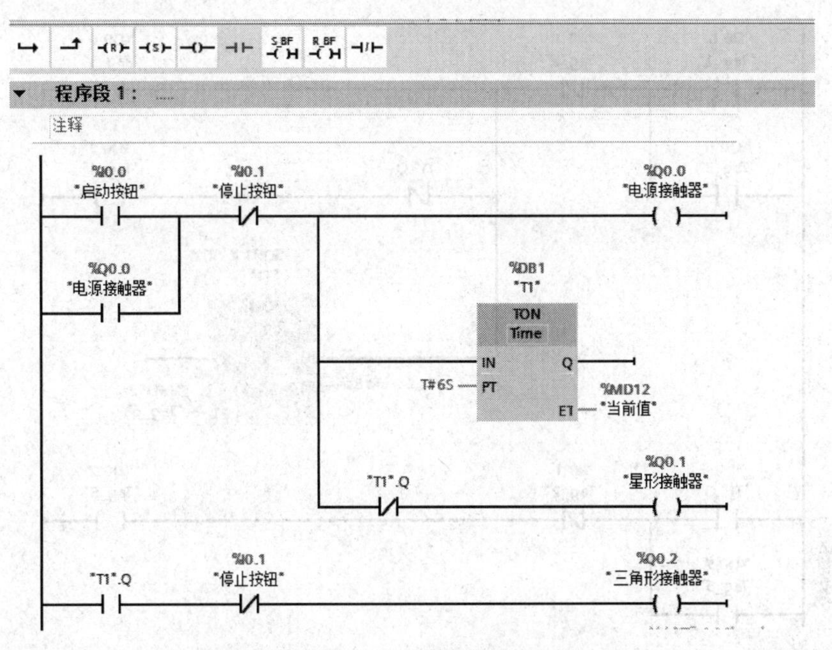

图 2-2-14 梯形图

支”按钮,生成一个与上面的 I0.0 常开触点并联的 Q0.0 的常开触点。

选中 I0.1 的常闭触点之后的水平线,依次单击“打开分支”“常闭触点”和“线圈”按钮,出现图中 Q0.1 线圈所在的支路。

选中“T1”.Q 的常闭触点左边的水平线,单击“打开分支”按钮,然后双击指令列表中的接通延时定时器 TON 的图标,出现“调用选项”对话框,将数据块默认的名称改为 T1。单击“确定”按钮,生成指令 TON 的背景数据块 DB1。在定时器的 PT 输入端输入预设值 T＃8s。

为了输入地址“T1”.Q,单击触点上面的问号,再单击出现的小方框右边的按钮,单击出现的地址列表中的 T1,地址域出现“T1”.。单击地址列表中的 Q,地址列表消失,地址域出现“T1”.Q。

选中最左边的垂直“电源线”,单击“打开分支”按钮,生成“T1”.Q 和 I0.1 控制 Q0.2 的电路。

元件上面红色的问号区用来输入元件的地址。输入触点和线圈的绝对地址后,自动生成名为“tag_x”(x 为数字)的符号地址,如图 2-2-15 所示,可以在 PLC 变量表中修改。绝对地址前面的字符％是编程软件自动添加的。

可以用程序编辑器工具栏中的 按钮选择地址的 3 种显示方式,或在 3 种地址显示方式之间切换。图 2-2-16 所示为只显示绝对地址的梯形图。

7. 程序的下载与调试

通过 CPU 与运行 STEP 7 的计算机的以太网通信,可以执行项目的下载、上传、监控和故障诊断等任务。

1) 以太网设备的地址

MAC 地址是以太网接口设备的物理地址,分为 6 字节,用十六进制数表示,例如 00-05-

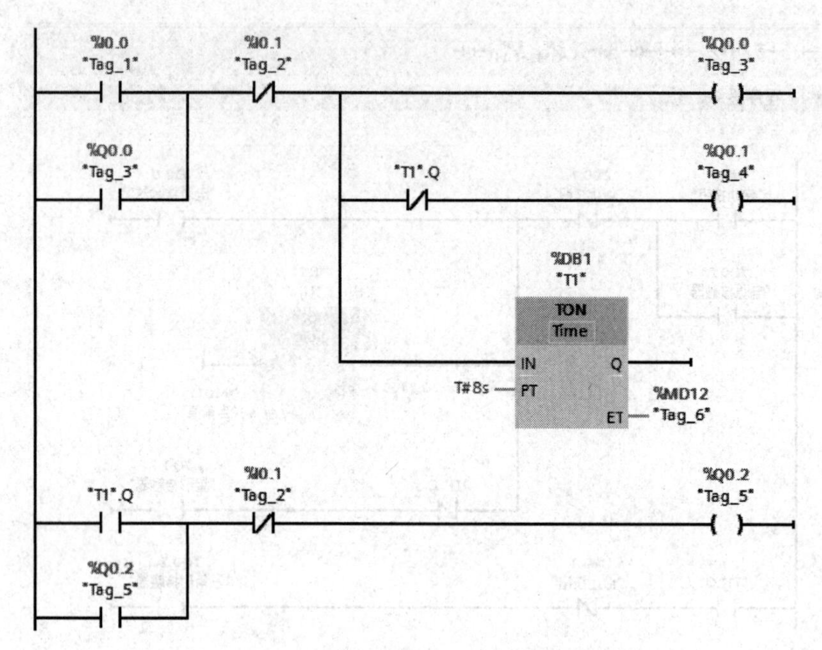

图 2-2-15　未修改变量的梯形图

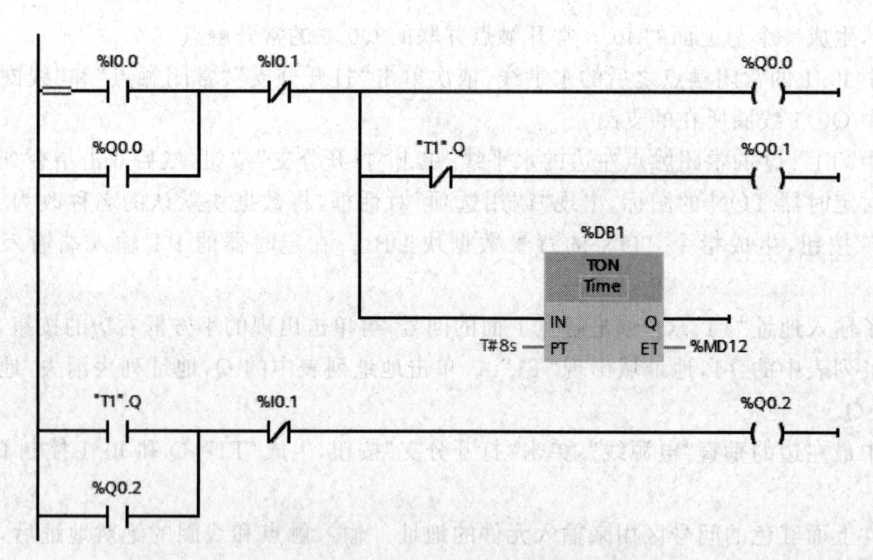

图 2-2-16　只显示绝对地址的梯形图

BA-CE-07-0C。产品上有 MAC 地址。

IP 地址由 4B 组成，用十进制数表示，控制系统一般使用固定的 IP 地址。CPU 默认的 IP 地址为 192.168.0.1。子网掩码是一个 32 位二进制数，用于将 IP 地址划分为子网地址和子网内节点的地址。二进制的子网掩码的高位是连续的 1，低位是连续的 0，例如 255.255.255.0。

IP 路由器用于连接子网，路由器的子网地址与子网内节点的子网地址相同。传输速率（波特率）的单位为 bit/s 或 bps。

2）组态 CPU 的 PROFINET 接口

打开 PLC 的设备视图,双击 CPU 的以太网接口,选中巡视窗口左边的“以太网地址”,采用右边窗口默认的 IP 地址和子网掩码。

3）设置计算机网卡的 IP 地址

用以太网电缆连接计算机和 CPU,打开“控制面板”,单击“查看网络状态和任务”。再单击“本地连接”,打开“本地连接状态”对话框。单击其中的“属性”按钮,在“本地连接属性”对话框中双击“此连接使用下列项目”列表框中的“Internet 协议版本 4(TCP/IPv4)”,打开“Internet 协议版本 4(TCP/IPv4)属性”对话框。

用单选框选中“使用下面的 IP 地址”,输入 PLC 以太网接口默认的子网地址 192.168.0(应与 CPU 的子网地址相同),IP 地址的第 4 字节是子网内设备的地址,可以取 0～255 中的某个值,但是不能与子网中其他设备的 IP 地址重叠。单击“子网掩码”输入框,自动出现默认的子网掩码 255.255.255.0。一般不用设置网关的 IP 地址。

设置结束后,单击各级对话框中的“确定”按钮,如图 2-2-17 所示。

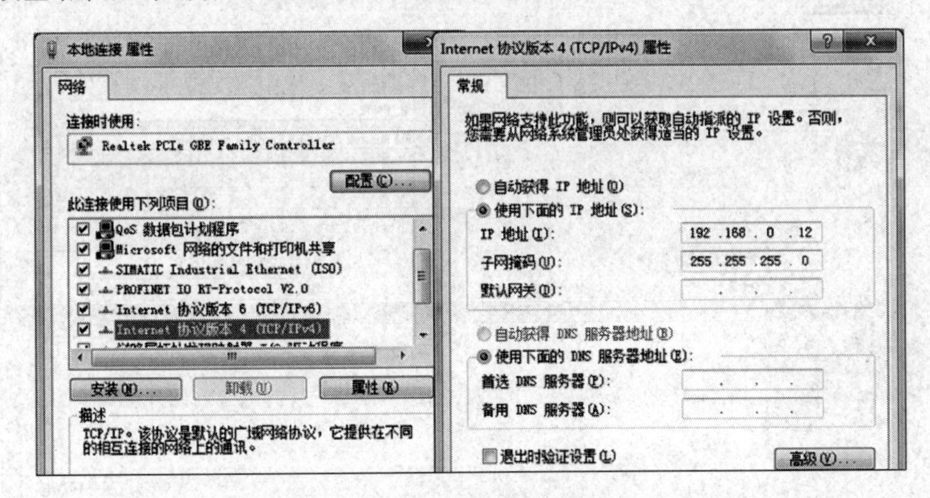

图 2-2-17　设置计算机网卡的 IP 地址

4）编译

选中 PLC_1 文件夹,然后单击“编译”按钮 ,对硬件组态和软件全部进行编译,编译完成后,在“编译”选项卡中可以看到编译的结果,如果是“错误：0；警告：0”,就可以把程序下载到 PLC 了；如果有错误,则修改错误,再次编译,直到没有错误,如图 2-2-18 所示。

5）下载用户程序

选中 PLC_1 文件夹,然后单击“下载”按钮 ,把硬件组态和程序下载到 PLC。出现如图 2-2-19 所示对话框,选择 PG/PC 接口的类型为 PN/IE,选择 PG/PC 接口为计算机的网卡,选择“显示所有兼容的设备”选项,单击“开始搜索”按钮,搜索到 PLC 后,单击“下载”按钮。

出现“下载预览”对话框,停止模块“全部停止”,如果有错误,则“装载”按钮为灰色,不能下载；如果没有错误,“装载”按钮为黑色,可以下载,单击“装载”按钮,如图 2-2-20 所示。

下载完成,出现图 2-2-21 所示对话框,勾选“全部启动”选项,单击“完成”按钮。

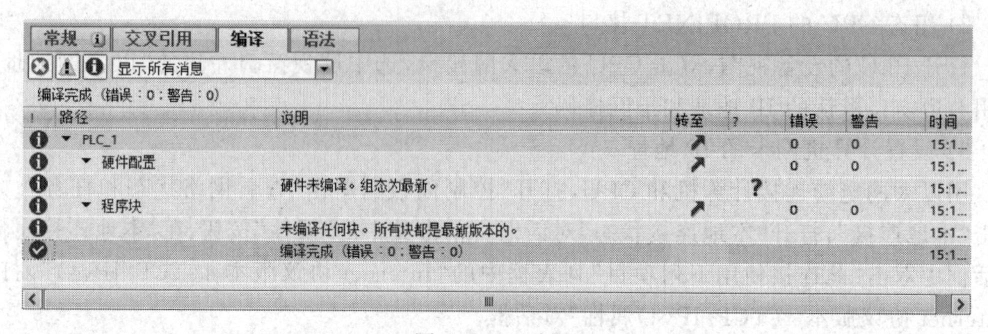

图 2-2-18 编译

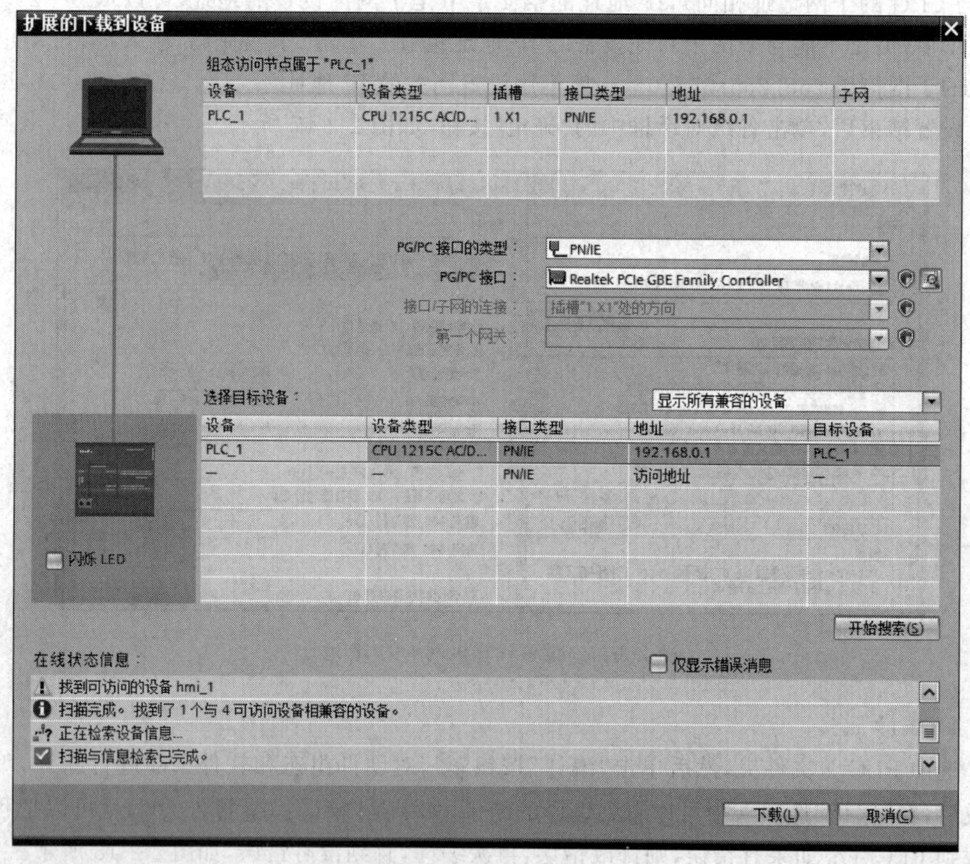

图 2-2-19 搜索设备

8. 用仿真软件调试程序

1）S7-1200/S7-1500 的仿真软件

仿真条件：固件版本为 V4.0 及以上，S7-PLC SIM 为 V13 SP1 及以上。不支持计数、PID 和运动控制工艺模块，不支持 PID 和运动控制工艺对象。

2）启动仿真和下载程序

选中项目树中的 PLC_1，单击工具栏中的“开始仿真”按钮 ，S7-PLC SIM V15 被启动，出现“自动化许可证管理器”对话框，询问“启动仿真将禁用所有其他的在线接口”，如

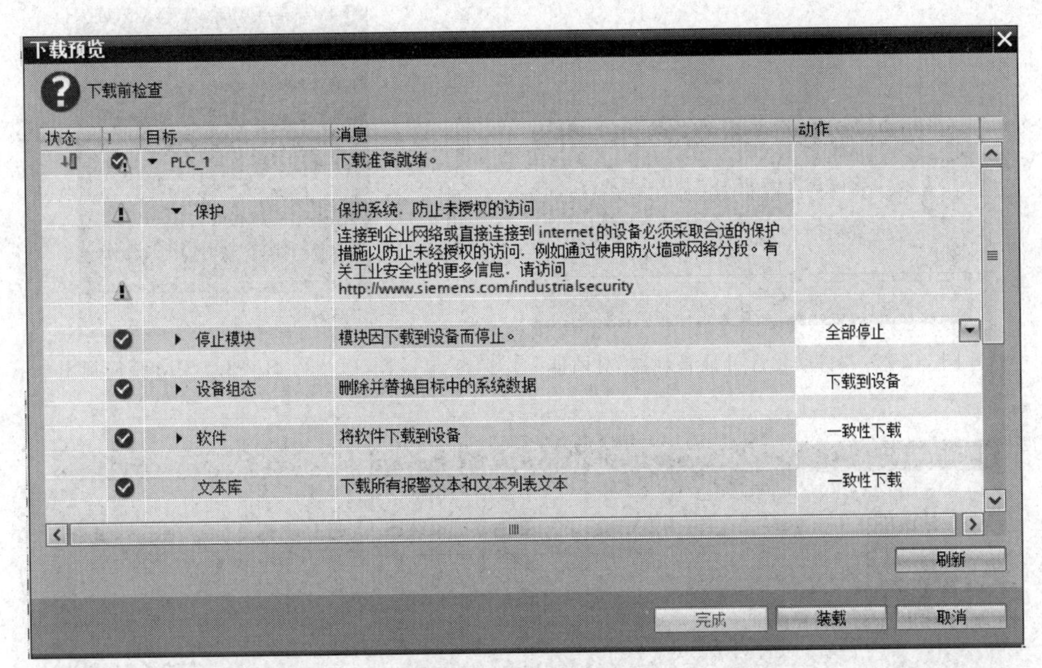

图 2-2-20 下载预览

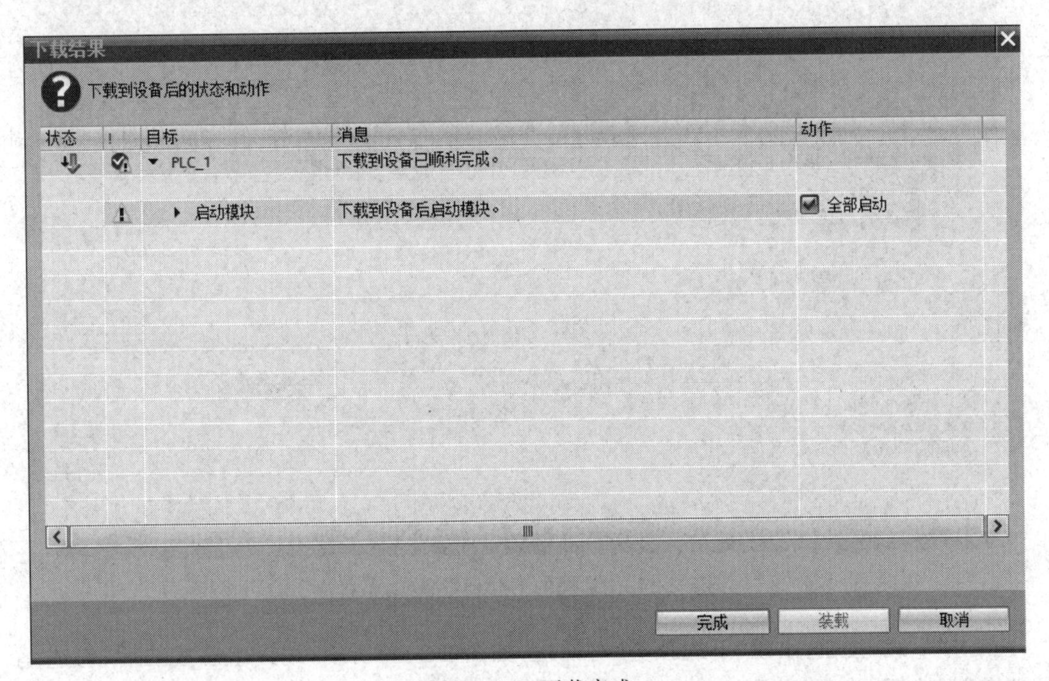

图 2-2-21 下载完成

图 2-2-22 所示，单击“确定”按钮，出现图 2-2-23 所示的 S7-PLC SIM 精简视图。

如图 2-2-24 所示，出现“扩展的下载到设备”对话框，设置“PG/PC 接口的类型”为 PN/IE，“PG/PC 接口”为 PLCSIM，单击“开始搜索”按钮，“目标子网中的兼容设备”列表中显示出搜索到的仿真 CPU 的以太网接口的 IP 地址。

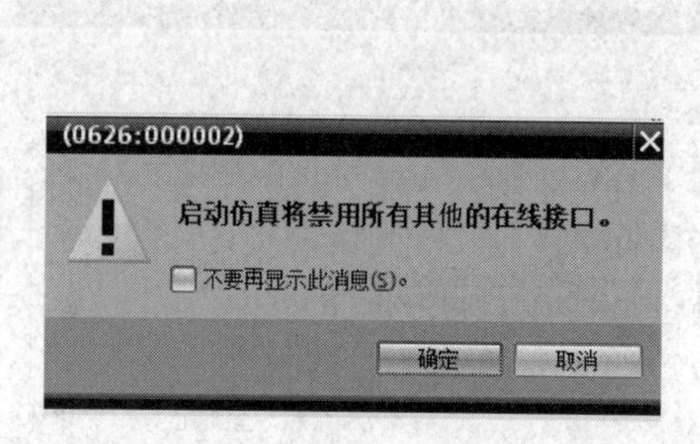

图 2-2-22 “自动化许可证管理器”对话框

图 2-2-23 S7-PLC SIM 精简视图

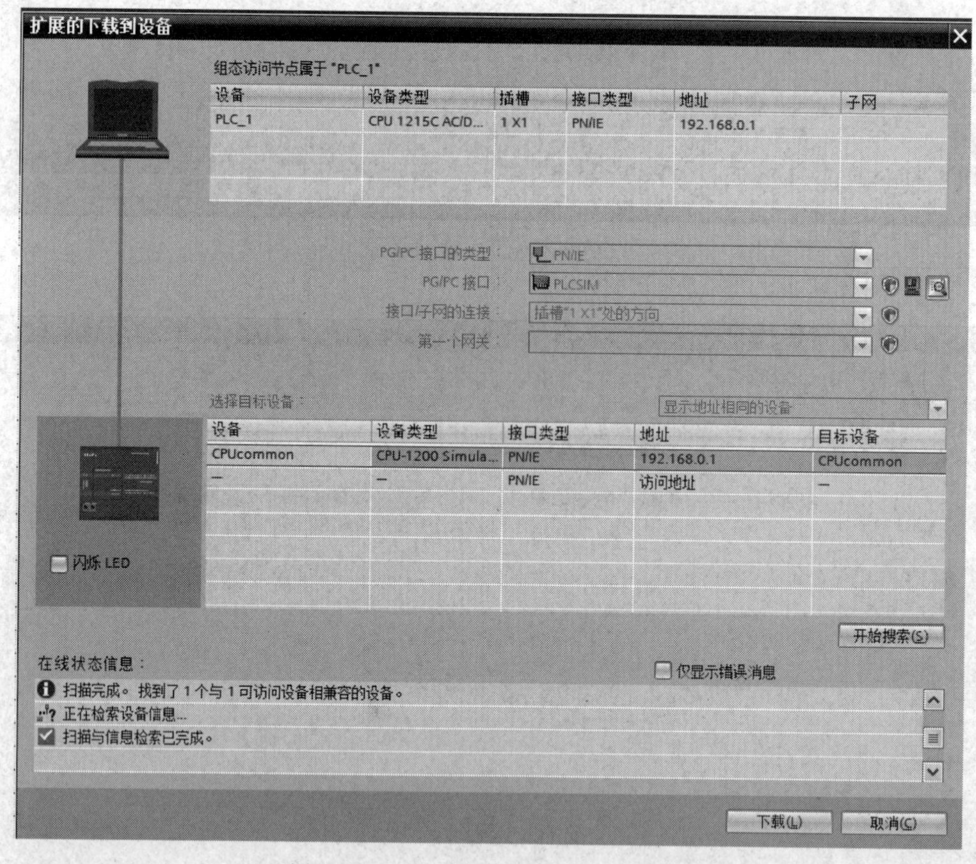

图 2-2-24 “扩展的下载到设备”对话框

单击“下载”按钮，出现“下载预览”对话框，如图 2-2-25 所示，编译组态成功后，勾选“全部覆盖”复选框，单击“下载”按钮，将程序下载到 PLC。

下载结束后，出现“下载结果”对话框，如图 2-2-26 所示，选择“启动模块”，单击“完成”按钮，仿真 PLC 被切换到 RUN 模式，如图 2-2-27 所示。

3）生成仿真表

单击精简视图右上角的按钮，切换到项目视图，如图 2-2-28 所示。新建项目，双击项目树的“SIM 表格”文件夹中的“SIM 表格_1”，打开该仿真表。

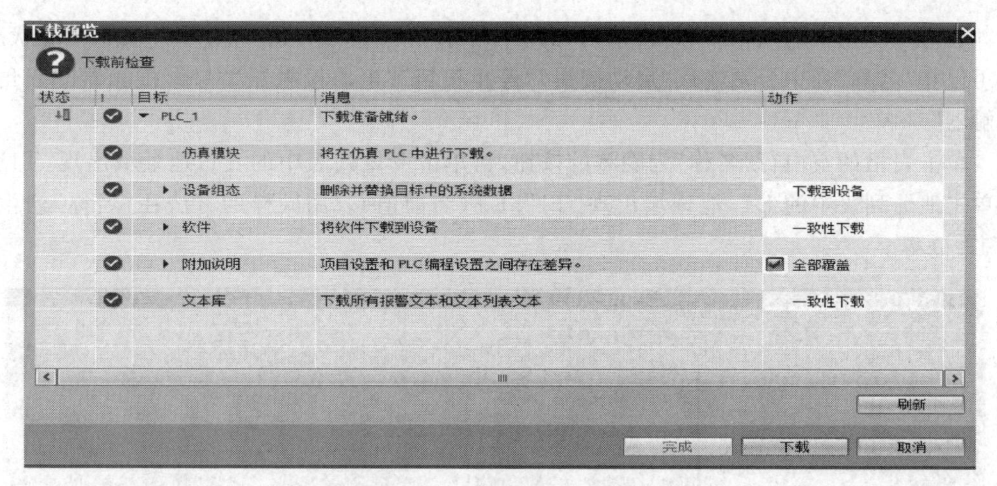

图 2-2-25　“下载预览”对话框

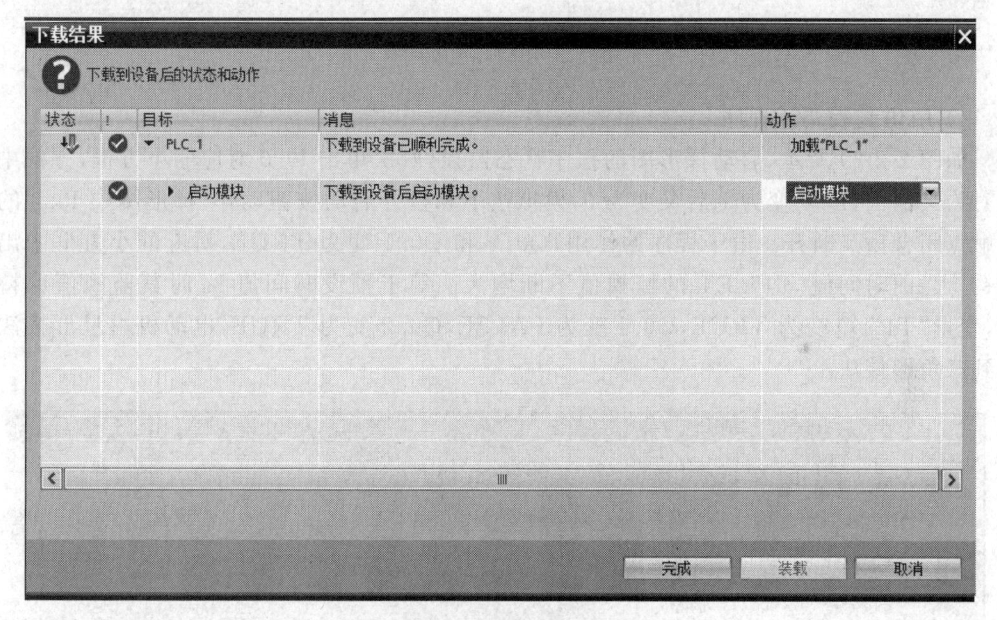

图 2-2-26　“下载结果”对话框

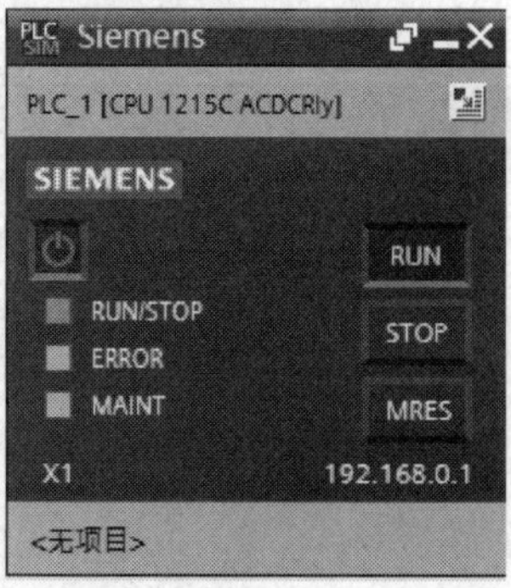

图 2-2-27　RUN 模式

在“地址”列中输入 IB0 和 QB0，可以用一行来显示 I0.0～I0.7、Q0.0～Q0.7 的状态；也可以在“名称”列中分别输入“启动按钮”“停止按钮”“电源接触器”“星形接触器”“三角形接触器”。

单击表格的空白行“名称”列隐藏的按钮，再单击变量列表中的 T1，地址域出现“T1”.。再单击地址列表中的 ET，地址域出现“T1”.ET(当前值)。用同样的方法在“名称”列生成“T1”.Q 等。

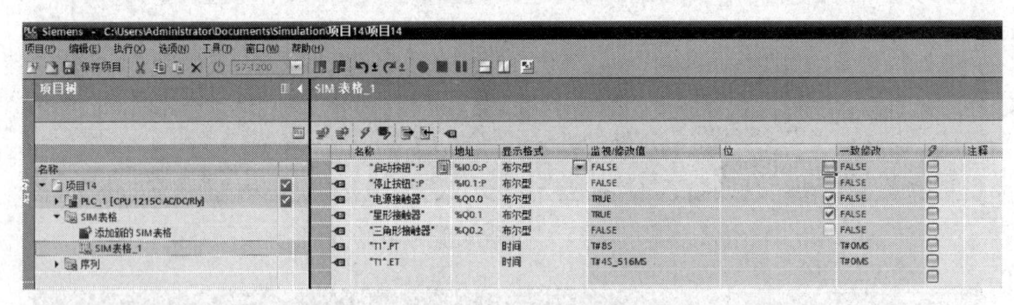

图 2-2-28　生成仿真表

4）用仿真表调试程序

如图 2-2-29 所示，启动梯形图的程序状态监控，两次单击 I0.0 对应的小方框，方框中出现对钩又消失，I0.0 变为 1 后又变为 0，模拟按下和松开启动按钮动作，梯形图中 I0.0 的常开触点闭合后又断开。由于程序的作用，Q0.0 和 Q0.1 变为 TRUE，对应的小方框中出现对钩。当前时间值“T1”.ET 的监视值不断增大。等于预设时间值 8s 时其监视值保持不变，变量“T1”.Q 变为 TRUE，Q0.1 变为 FALSE，Q0.2 变为 TRUE，电动机由星形接法切换到三角形接法。

SIM 表格_1

名称	地址	显示格式	监视/修改值	位	一致修改	注释
"启动按钮":P	%I0.0:P	布尔型	FALSE	☐	FALSE	
"停止按钮":P	%I0.1:P	布尔型	FALSE	☐	FALSE	
"电源接触器"	%Q0.0	布尔型	TRUE	☑	FALSE	
"星形接触器"	%Q0.1	布尔型	TRUE	☑	FALSE	
"三角形接触器"	%Q0.2	布尔型	FALSE	☐	FALSE	
"T1".PT		时间	T#8S		T#0MS	
"T1".ET		时间	T#2S_536MS		T#0MS	

SIM 表格_1

名称	地址	显示格式	监视/修改值	位	一致修改	注释
"启动按钮":P	%I0.0:P	布尔型	FALSE	☐	FALSE	
"停止按钮":P	%I0.1:P	布尔型	FALSE	☐	FALSE	
"电源接触器"	%Q0.0	布尔型	TRUE	☑	FALSE	
"星形接触器"	%Q0.1	布尔型	FALSE	☐	FALSE	
"三角形接触器"	%Q0.2	布尔型	TRUE	☑	FALSE	
"T1".PT		时间	T#8S		T#0MS	
"T1".ET		时间	T#8S		T#0MS	

图 2-2-29　仿真表调试程序

两次单击 I0.1 对应的小方框，模拟按下和松开停止按钮动作。由于用户程序的作用，Q0.0 和 Q0.2 变为 FALSE，电动机停止转动。

S7-PLC SIM 的精简视图和项目视图可以相互切换。单击 S7-PLC SIM 项目视图工具栏中的按钮，可以返回精简视图。单击 S7-PLC SIM 精简视图工具栏中的“切换到项目视图”按钮，可以切换到项目视图。

9. 用程序状态功能监视程序

1）启动程序状态监视

如图 2-2-30 所示，与 PLC 建立好在线连接后，打开需要监视的代码块，单击程序编辑器工具栏中的“启用/禁用监视”按钮，启动程序状态监控。如果在线程序与离线程序不一致，项目树中会出现表示故障的符号。需要重新下载有问题的块，使在线、离线的块一致，项目树对象右边均出现绿色的表示正常的符号后，才能启动程序状态功能。进入在线模式后，程序编辑器最上面的标题栏变为橘红色，表示“在线”。单击“转至离线”按钮，停止在线监视。

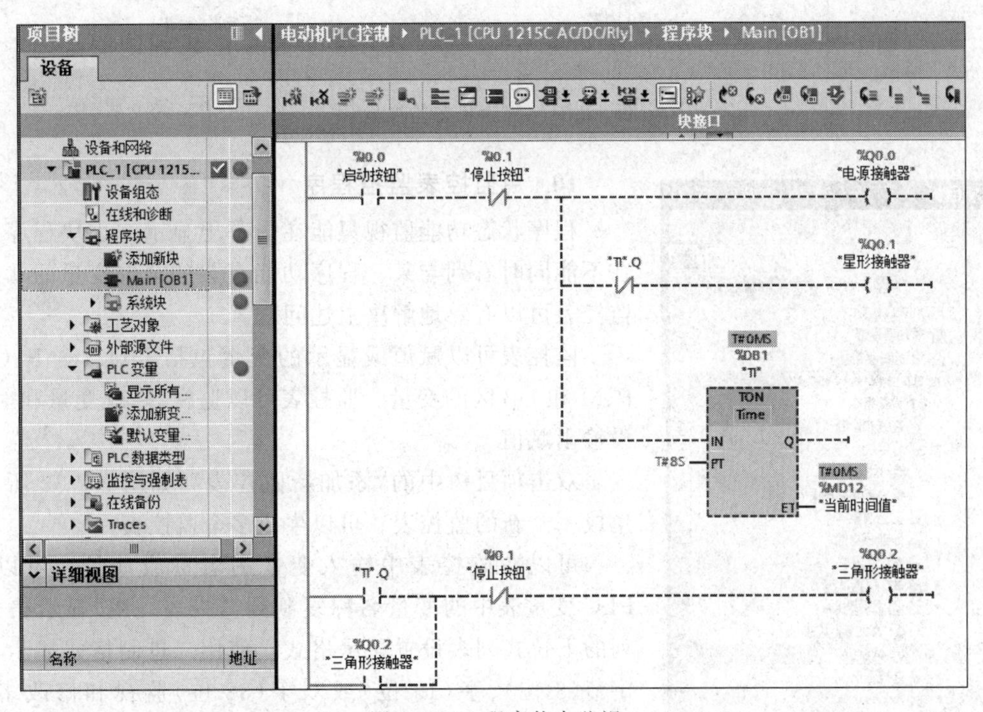

图 2-2-30　程序状态监视

2）程序状态监视显示

如图 2-2-31 所示，启动程序状态后，用绿色连续线表示有“能流”，用蓝色虚线表示没有能流，用灰色连续线表示状态未知或程序没有执行，黑色表示没有连接。

Bool 变量为 0 状态和 1 状态时，它们的常开触点和线圈分别用蓝色虚线和绿色连续线表示，常闭触点的显示与变量状态的关系则相反。

进入程序状态监视前，梯形图中的线和元件因为状态未知，全部为黑色。启动程序状态监视后，梯形图左侧垂直的“电源线”和与它连接的水平线均为连续的绿线，表示有能流从

“电源线”流出。有能流流过的处于闭合状态的触点、指令方框、线圈时，“导线”均用连续的绿色线表示。

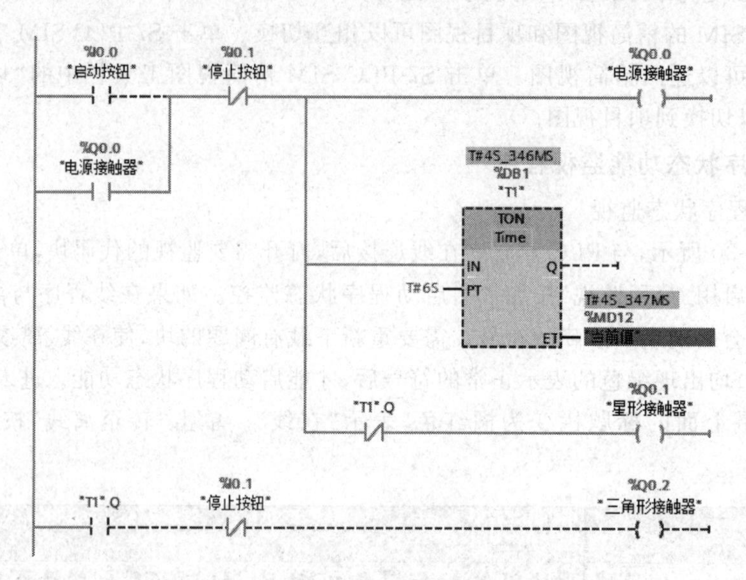

图 2-2-31　程序状态监视显示

10. 用监控表监控程序

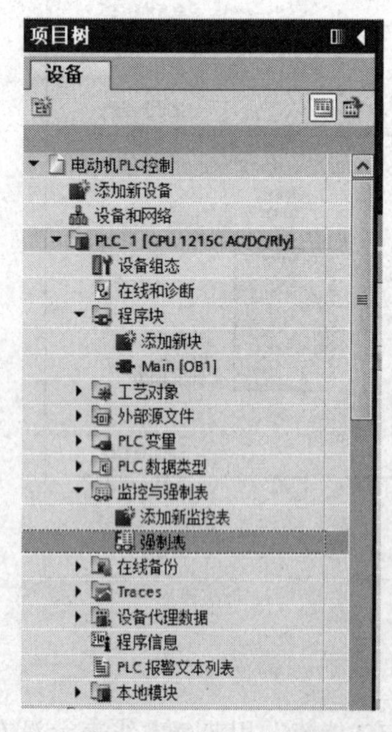

图 2-2-32　添加监控表

程序状态功能监视只能在屏幕上显示一小块程序，往往不能同时看到与某一程序功能有关的全部变量的状态。监控表可以有效地解决上述问题。

监控表可以赋值或显示的变量包括 I、Q、I_：P、Q_：P、M 和 DB 区的变量。监控表可以监视、修改变量和对外设输出赋值。

双击项目树中的“添加新监控表”，如图 2-2-32 所示，生成一个新的监控表。可以生成多个监控表。

可以在监控表中输入变量的名称或地址。可以将 PLC 变量表中的变量名称复制到监控表。用“显示格式”列的下拉式列表设置显示格式。使用二进制格式显示，用字节(8 位)、字(16 位)或双字(32 位)监视和修改多个 Bool 变量。

1）监视变量

与 CPU 建立在线连接后，单击工具栏中的“全部监视”按钮，启动或关闭监视功能，将在“监视值”列连续显示变量的动态实际值。

单击工具栏中的“立即一次性监视所有变量”按钮，立即读取一次变量值，并在监控表中显示。位变量为 TRUE 时，监视值列的方形指示灯为绿色。反之为灰色，如图 2-2-33 所示。

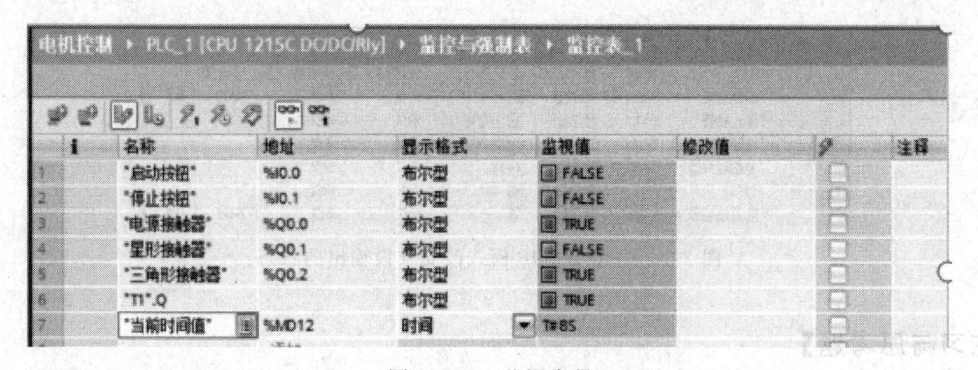

图 2-2-33　监视变量

2）修改变量

如图 2-2-34 所示，单击“显示/隐藏所有修改列”按钮，在出现的“修改值”列输入变量新的值，勾选要修改的变量的复选框。单击工具栏中的“立即一次性修改所有选定值”按钮，复选框打钩的“修改值”被立即送入指定的地址。

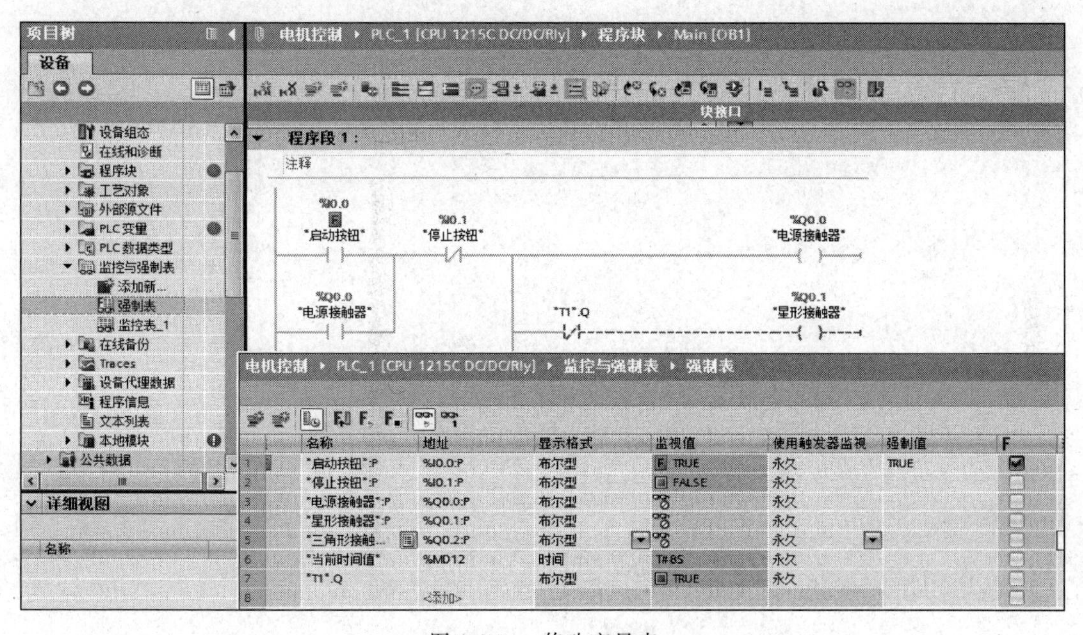

图 2-2-34　修改变量表

可以用鼠标右键菜单修改位变量的值。在 RUN 模式修改变量时，各变量同时又受到用户程序的控制。在 RUN 模式不能改变 I 区变量的值 。

3）在 STOP 模式改变外设输出的状态

在调试设备时，用此功能检查过程设备的接线是否正确。以 Q0.0 为例，在监控表中输入 Q0.0：P，勾选该行的复选框。将 CPU 切换到 STOP 模式。

如图 2-2-35 所示，单击监控表工具栏中的按钮，显示扩展模式列。单击工具栏中的“全部监视”按钮，启动监视功能。单击工具栏中的“启用外设输出”按钮，单击出现的对话框中的“是”按钮确认。用鼠标右键菜单修改 Q0.0 的值。

	i	名称	地址	显示格式	监视值	使用触发器	使用触发器:	修改值	
1		"启动按钮"	%I0.0	布尔型	FALSE	永久	永久	TRUE	
2		"停止按钮"	%I0.1	布尔型	FALSE	永久	永久		
3		"接触器"	%QB0	二进制	2#0000_0101	永久	永久		
4		"当前时间值"	%MD12	时间	T#8S	永久	永久		
5		"T1".Q		布尔型	TRUE	永久	永久		
6		"电源接触器":P	%Q0.0:P	布尔型		永久	永久	TRUE	

图 2-2-35　在 STOP 模式改变外设输出的状态

【练习与思考题】

2-1　TIA Portal V15 软件包括哪几部分？

2-2　如何设置时钟存储器的字节？

2-3　如何设置系统存储器的字节？

项目3

S7-1200 PLC基本指令编程及应用

【项目目标】

序号	类 别	目 标
1	知识目标	1. 掌握 S7-1200 PLC 位逻辑指令的表示形式及应用方法 2. 掌握 S7-1200 PLC 定时器、计数器指令类型、创建及应用 3. 掌握 S7-1200 PLC 数据比较指令、传送指令的类型、表示形式及应用 4. 掌握 S7-1200 PLC 移位及循环指令的类型、表示形式及应用 5. 掌握启—保—停电路编程与使用 S、R 指令编程的对应关系 6. 掌握 PLC 控制系统的设计步骤和梯形图的编程规则
2	技能目标	1. 能进行控制系统硬件设计及接线 2. 能熟练运用基本指令进行编程并上机调试运行
3	职业素养	1. 具有相互沟通能力及团队协作的精神 2. 具有主动探究、分析问题和解决问题的能力 3. 具有遵守规范、严谨认真和精益求精的工匠精神 4. 增强文化自信,具有科技报国的家国情怀和使命担当 5. 系统设计施工中注重质量、成本、安全、环保等职业素养

任务 3.1 异步电动机正反转 PLC 控制系统设计与安装

【任务描述】

使用 S7-1200 PLC 实现三相异步电动机的正反转连续运行控制。机床主轴电动机在对机械零件加工时,需要连续正向或反向运行,如图 3-1-1 所示。

【任务分析】

采用 PLC 控制系统完成电动机控制时,仍然需要保留主电路部分,而控制电路功能则由 PLC 执行程序取代。通过对工作原理分析可知,采用按钮联锁,目的是让电动机正反转

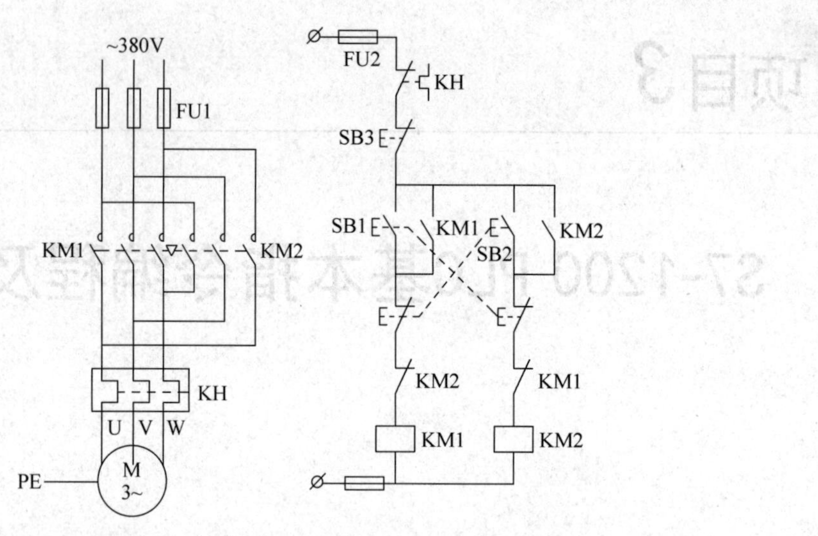

图 3-1-1　三相异步电动机的正反转连续运行控制

可以直接切换，操作方便；采用接触器联锁，目的是防止接触器 KM1 和 KM2 同时得电从而造成电源相间短路。这些控制特点都应该在 PLC 梯形图程序中予以体现。

另外，为安全保险起见，应该同时设计硬件联锁和软件联锁。

【新知识学习】

S7-1200 PLC 指令系统分为基本指令、扩展指令、工艺指令和通信指令等。

基本指令是学习 S7-1200 PLC 指令系统最基本的指令。

基本指令包括位逻辑运算、定时器操作、计数器操作、比较操作、数学函数、移动操作、转换操作、程序控制指令、字逻辑运算、移位和循环 10 部分指令，如图 3-1-2 所示。下面介绍位逻辑运算指令。

基本指令
名称　描述
常规
位逻辑运算
定时器操作
计数器操作
比较操作
数学函数
移动操作
转换操作
程序控制指令
字逻辑运算
移位和循环

图 3-1-2　基本指令

位逻辑运算指令是最常用的指令，指对位进行操作的指令，适合的数据类型为 Bool 型，使用的寻址方式为按位进行寻址。位逻辑运算的基本逻辑关系为"与""或""非"，包括触点与线圈指令、置位复位指令和边沿脉冲指令，如图 3-1-3 所示。

表 3-1-1 所示为位逻辑指令在梯形图中的符号及功能描述。

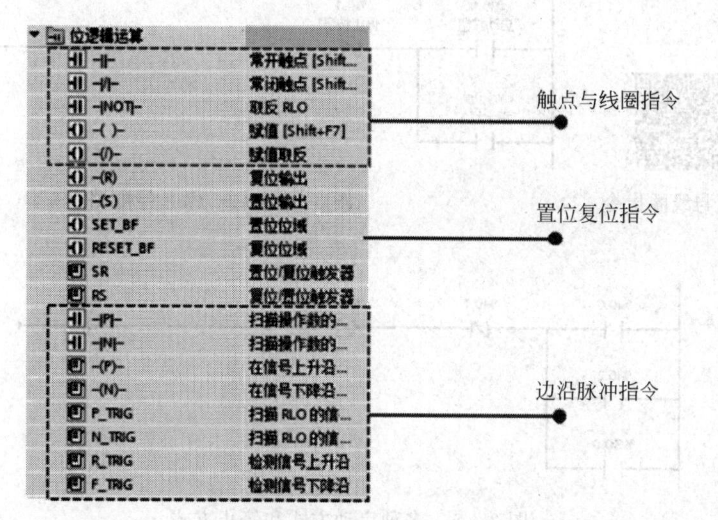

图 3-1-3 位逻辑指令

表 3-1-1 位逻辑指令在梯形图中的符号及功能描述

指 令	描 述	指 令	描 述
─┤ ├─	常开触点	RS 锁存器	置位优先锁存器
─┤/├─	常闭触点	SR 锁存器	复位优先锁存器
─┤NOT├─	取反触点	─┤P├─	上升沿检测触点
─()─	输出线圈	─┤N├─	下降沿检测触点
─(/)─	取反输出线圈	─(P)─	上升沿检测线圈
─(S)─	置位	─(N)─	下降沿检测线圈
─(R)─	复位	P_TRIG	上升沿触发器
─(SET_BF)─	区域置位	N_TRIG	下降沿触发器
─(RSET_BF)─	区域复位		

1. 触点与线圈指令

1）触点指令

触点有常开触点与常闭触点。常开触点在指定的位为 1 状态(ON)时闭合,为 0 状态(OFF)时断开；常闭触点在指定的位为 1 状态时断开,为 0 状态时闭合。

两个触点串联将进行“与”运算,两个触点并联将进行“或”运算。

2）线圈指令

输出线圈将输入的逻辑运算结果(RLO)的信号状态写入指定的地址,线圈通电时写入 1,断电时写入 0。

图 3-1-4 所示为由触点和线圈组成的典型的启—保—停电路。在使用绝对寻址方式时,绝对地址前面的“%”符号是编程软件自动添加的,无须用户输入。

如果有多种启动方式和停止方式时,多种启动方式对应的常开触点并联,多种停止方式对应的常闭触点串联,程序如图 3-1-5 所示。

线圈不能串联,也不能直接接到起始母线上,如果多个线圈受同一组触点控制,可以把线圈并联,如图 3-1-6 所示。

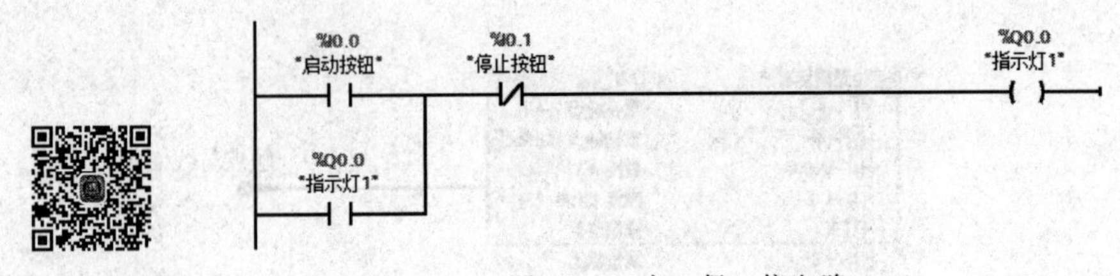

触点与线圈指令

图 3-1-4 启—保—停电路

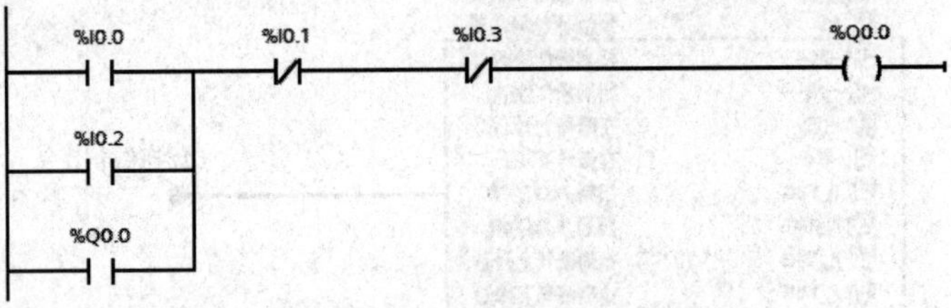

图 3-1-5 多种启动方式和停止方式

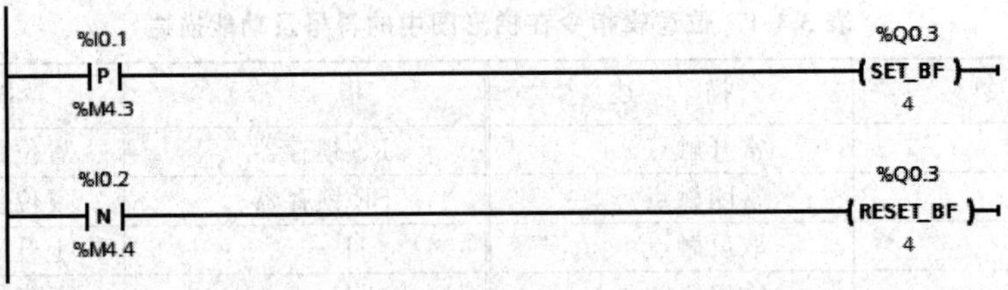

图 3-1-6 多个线圈受同一组触点控制

如图 3-1-7 所示，同一线圈在梯形图中出现两次，称为双线圈输出，双线圈输出是不允许的。应修改为图 3-1-8 所示。

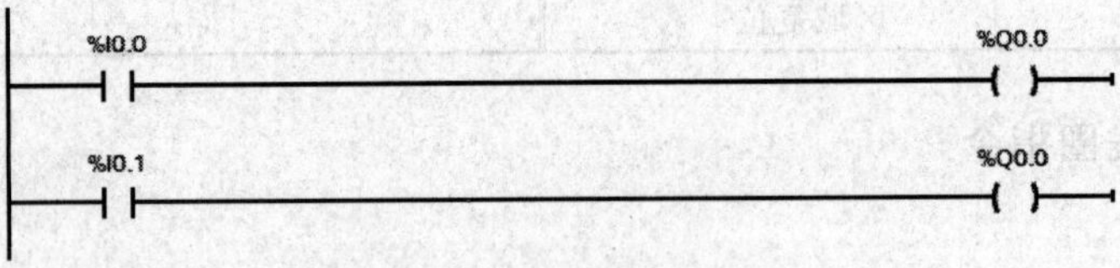

图 3-1-7 双线圈输出(错误)

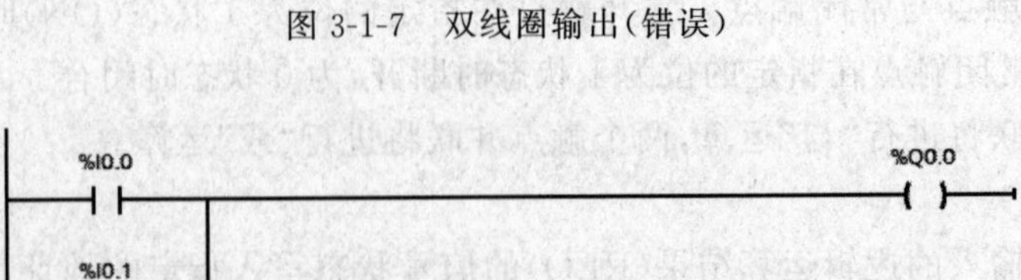

图 3-1-8 双线圈输出(正确)

2. 置位复位指令

1) 置位指令与复位指令

S(Set，置位或置 1)指令：将指定的地址位置位(变为 1 状态并保持)。

R(Reset,复位或置0)指令：将指定的地址位复位(变为0状态并保持)。

在程序中,如果同一操作数的S线圈和R线圈同时断电,指定操作数的信号状态不变；置位/复位指令不一定要成对使用。

如图3-1-9所示,I0.4的常开触点闭合,Q0.5变为1状态并保持该状态。即使I0.5的常开触点断开,Q0.5也仍然保持1状态。

如果I0.5的常开触点闭合,Q0.5变为0状态并保持该状态。即使I0.5的常开触点断开,Q0.5也仍然保持0状态。

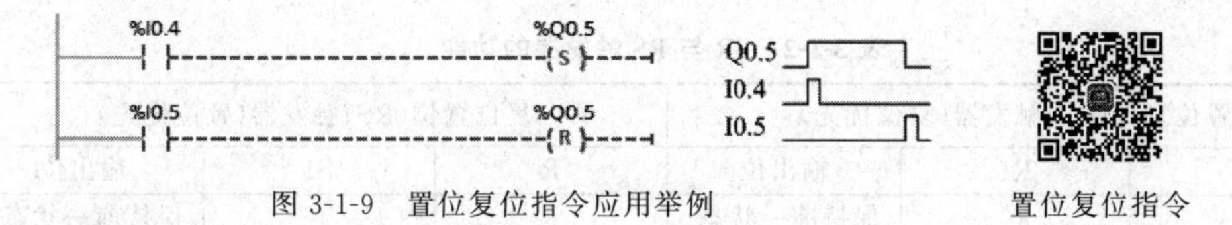

图3-1-9 置位复位指令应用举例

置位复位指令

2）置位位域指令与复位位域指令

置位位域指令与复位位域指令又称为连续多点置位复位指令。图3-1-10所示为置位位域指令与复位位域指令格式。

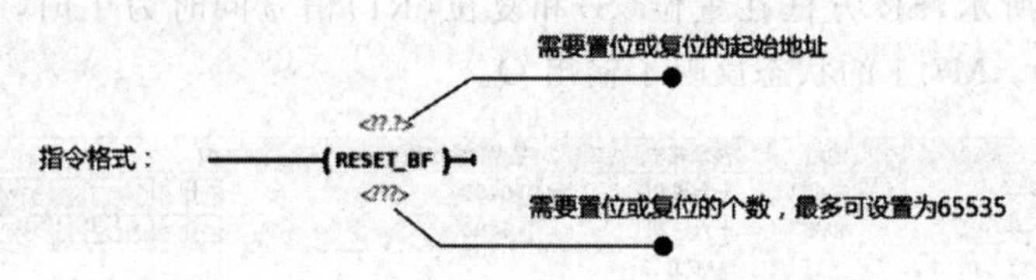

图3-1-10 置位位域指令与复位位域指令格式

置位位域SET_BF指令是将指定的地址开始的连续的若干个位地址置位(变为1状态并保持)。在图3-1-11中的I0.1为ON时,从Q0.3开始的4个连续的位被置位为1并保持1状态。

复位位域RESET_BF指令是将指定的地址开始的连续的若干个位地址复位(变为0状态并保持)。在图3-1-11中,M0.2为ON时,从Q0.3开始的4个连续的位被复位为0并保持0状态。

图3-1-11 置位位域指令与复位位域指令应用举例

多点置位和复位指令

3）SR置位/复位触发器与RS复位/置位触发器

SR置位/复位触发器与RS复位/置位触发器指令格式如图3-1-12所示。

SR置位/复位触发器与RS复位/置位触发器的输入/输出关系如表3-1-2所示,只有最后一行不同。置位/复位触发器是复位优先触发器,即在置位(S)和复位(R1)信号同时为1时,输出复位为0；复位/置位触发器是置位优先触发器,即在置位(S1)和复位(R)信号同时

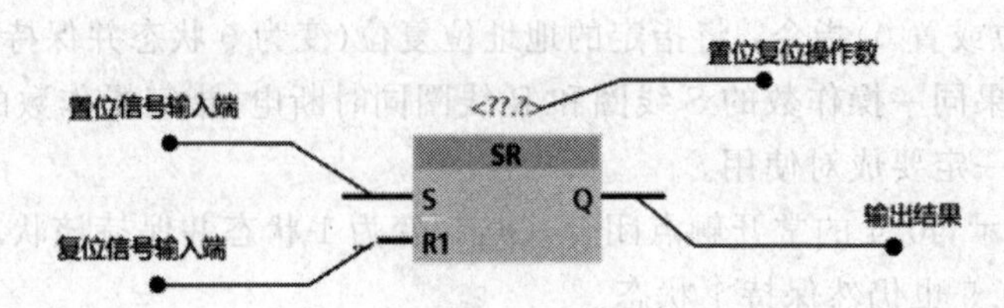

图 3-1-12 置位/复位 SR 触发器与复位/置位 RS 触发器指令格式

为 1 时，输出置位为 1。

表 3-1-2 SR 与 RS 触发器的功能

置位复位(SR)触发器(复位优先)			复位置位(RS)触发器(置位优先)		
S	R1	输出位	R	S1	输出位
0	0	保持前一状态	0	0	保持前一状态
0	1	0	0	1	0
1	0	1	1	0	1
1	1	0	1	1	1

如图 3-1-13 所示，SR 方框在置位(S)和复位(R1)信号同时为 1 时，方框上的输出位 M7.0 被复位为 0。M7.1 的状态反映了输出 Q。

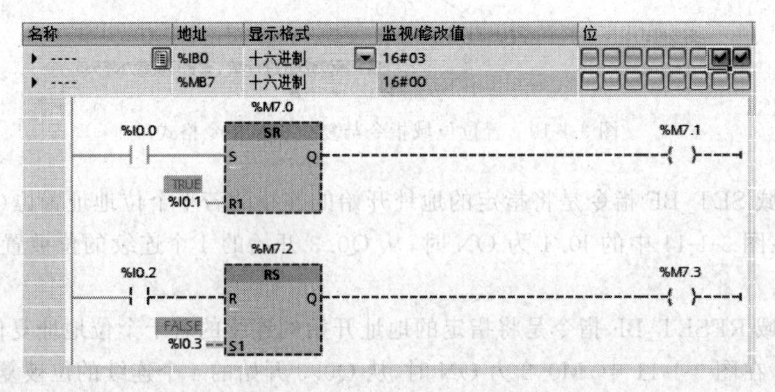

图 3-1-13 置位/复位 SR 触发器指令运行应用

如图 3-1-14 所示，RS 方框在置位(S1)和复位(R)信号同时为 1 时，方框上的 M7.2 为置位为 1。M7.3 的状态反映了输出 Q。

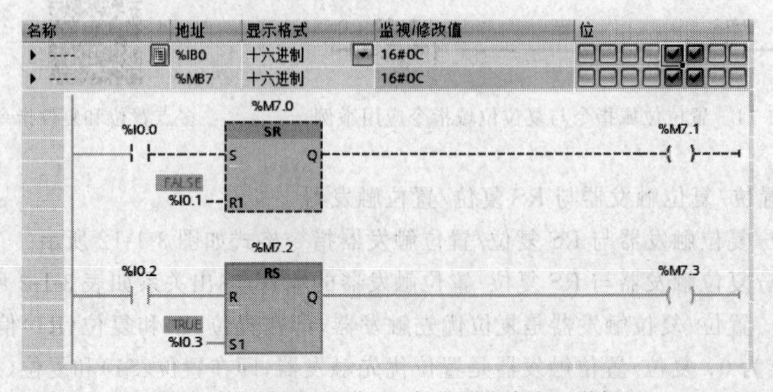

图 3-1-14 复位/置位 RS 触发器指令应用举例

3. 边沿脉冲指令

1）扫描操作数信号边沿脉冲指令

扫描操作数信号边沿脉冲指令的指令格式如图 3-1-15 所示。

沿脉冲分为上升沿和下降沿。中间有 P 的触点的名称为“扫描操作数的信号上升沿”，中间有 N 的触点的名称为“扫描操作数的信号下降沿”。

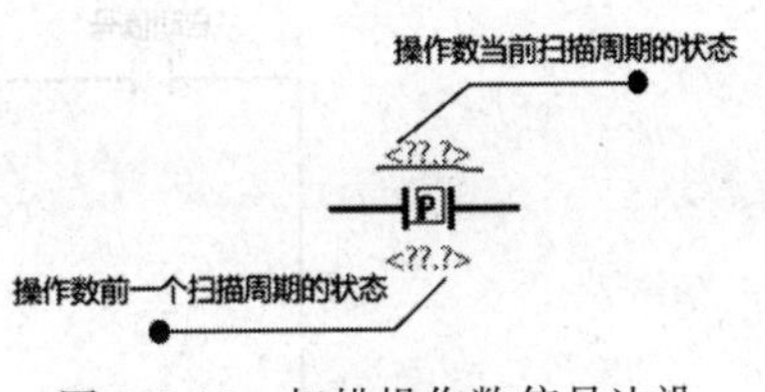

图 3-1-15　扫描操作数信号边沿脉冲指令格式

如图 3-1-15 所示，该指令上面为操作数的地址，下面为边沿存储位，用来存储上一次扫描循环时操作数的状态。通过比较操作数前后两次循环的状态来检测信号的边沿。

如果指令检测到状态结果从“0”变为“1”，则说明出现了一个上升沿。

如果指令检测到状态结果从“1”变为“0”，则说明出现了一个下降沿。

注意边沿存储位的地址只能在程序中使用一次，不能用代码块的临时局部数据或 I/O 变量来做边沿存储位，只能用 M、DB 和 FB 的静态局部变量来做边沿存储位。

如图 3-1-16 所示，在扫描操作数的信号上升沿 I0.1 的上升沿，该触点接通一个扫描周期。使置位位域指令 SET_BF 的线圈通电，将 Q0.3 开始的 4 个位地址置位。M4.3 为边沿存储位，用来存储上一次扫描循环时 I0.1 的状态。通过比较 I0.1 前后两次循环的状态来检测信号的边沿。

在扫描操作数的信号下降沿 I0.2 的下降沿，RESET_BF 的线圈“通电”一个扫描周期。将 Q0.3 开始的 4 个位地址复位。该触点下面的 M4.4 为边沿存储位。

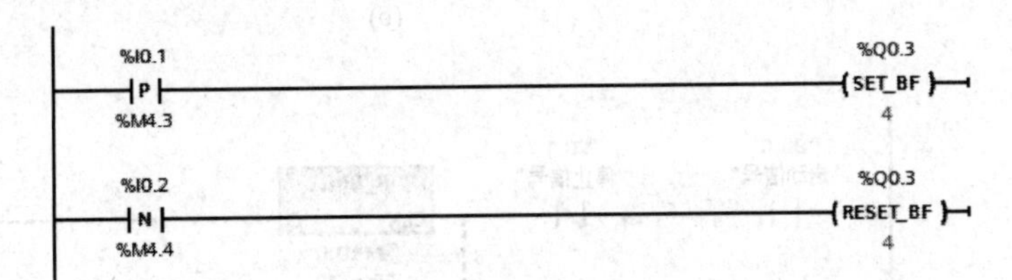

图 3-1-16　扫描操作数信号边沿脉冲指令应用举例

2）RLO 信号沿指令

扫描 RLO 信号沿指令格式如图 3-1-17 所示。该指令比较 RLO 的当前信号状态与保存在边沿存储位中的上一次扫描循环时的状态。通过比较 RLO 前后两次循环的状态来检测信号的边沿。

如果指令检测到状态结果从“0”变为“1”，则说明出现了一个上升沿。

如果指令检测到状态结果从“1”变为“0”，则说明出现了一个下降沿，如图 3-1-18 所示。

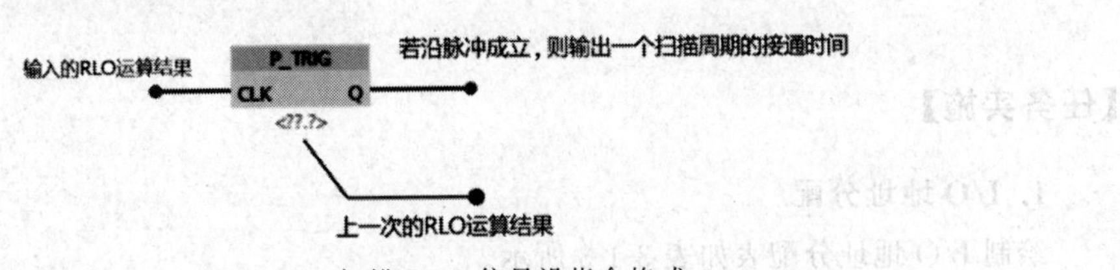

图 3-1-17　扫描 RLO 信号沿指令格式

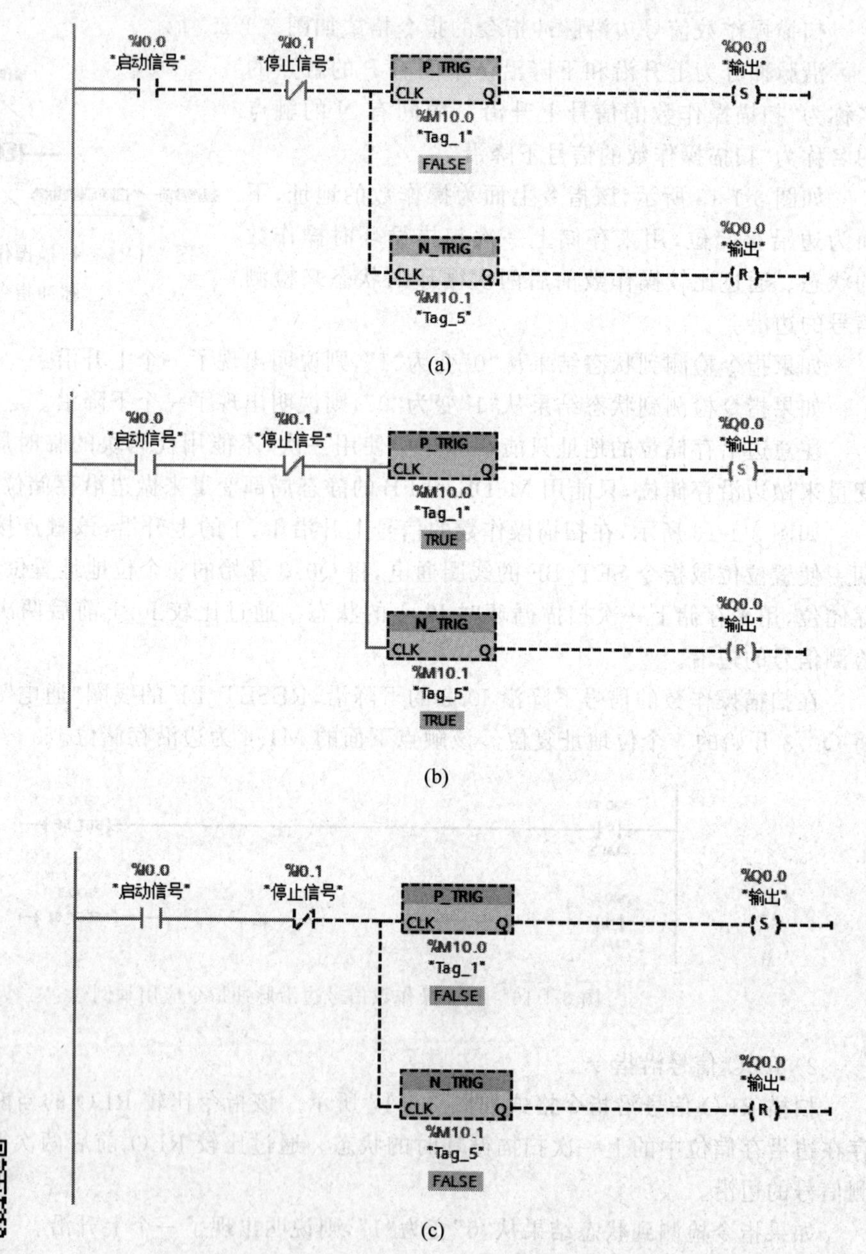

扫描 RLO 信号沿指令

图 3-1-18 扫描 RLO 信号沿指令应用举例

【任务实施】

1. I/O 地址分配

绘制 I/O 地址分配表如表 3-1-3 所示。

表 3-1-3　I/O 地址分配表

输入量			输出量		
名　称	字母符号	地址	名　称	字母符号	地址
停止按钮	SB1	I0.0	正转接触器	KM1	Q0.1
正转启动按钮	SB2	I0.1	正转接触器	KM2	Q0.2
反转启动按钮	SB3	I0.2	—	—	—

2. 绘制 PLC 控制线路图

绘制 PLC 控制线路图如图 3-1-19 所示。

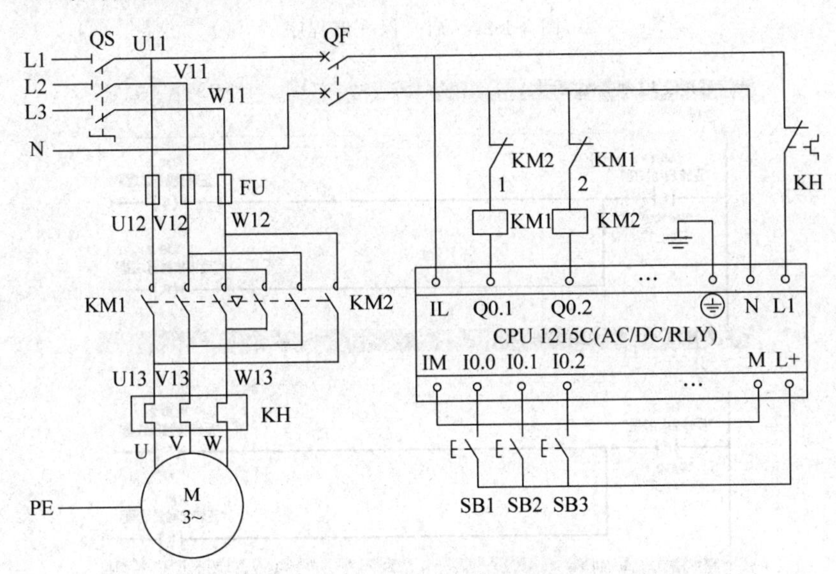

图 3-1-19　PLC 控制线路图

3. 编辑变量表

在项目视图中的项目树中选择 PLC 变量表，双击打开默认变量表，定义输入/输出变量的名称，对应地址 I0.0～I0.2、Q0.1～Q0.2，数据类型均为 Bool 型，如图 3-1-20 所示。

默认变量表

	名称	数据类型	地址	保持	可从 ...	从 H...	在 H...
1	停止按钮	Bool	%I0.0	☐	☑	☑	☑
2	正转启动按钮	Bool	%I0.1	☐	☑	☑	☑
3	反转启动按钮	Bool	%I0.2	☐	☑	☑	☑
4	正转接触器线圈	Bool	%Q0.1	☐	☑	☑	☑
5	反转接触器线圈	Bool	%Q0.2	☐	☑	☑	☑

图 3-1-20　变量表

4. 编写程序

如图 3-1-21 所示为启—保—停程序，如图 3-1-22 所示为置位复位程序。

5. 下载与监视程序

异步电动机正反转 PLC 控制

在项目视图的项目树中选中站 PLC1，执行菜单中的“下载”命令，对程序块进行编译。结果显示在命令行中，编译无误，将项目下载到 PLC。

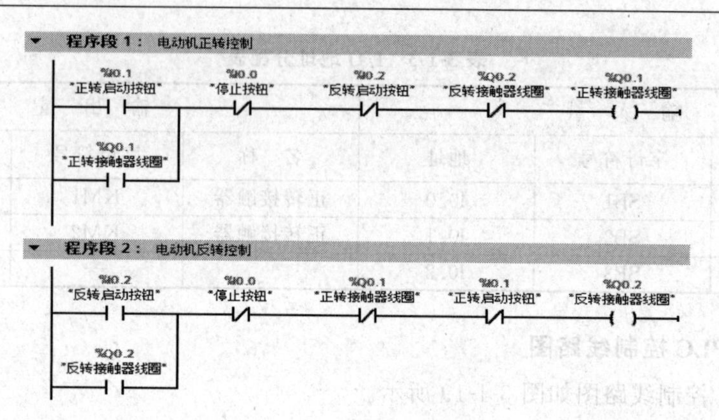

图 3-1-21 启—保—停程序

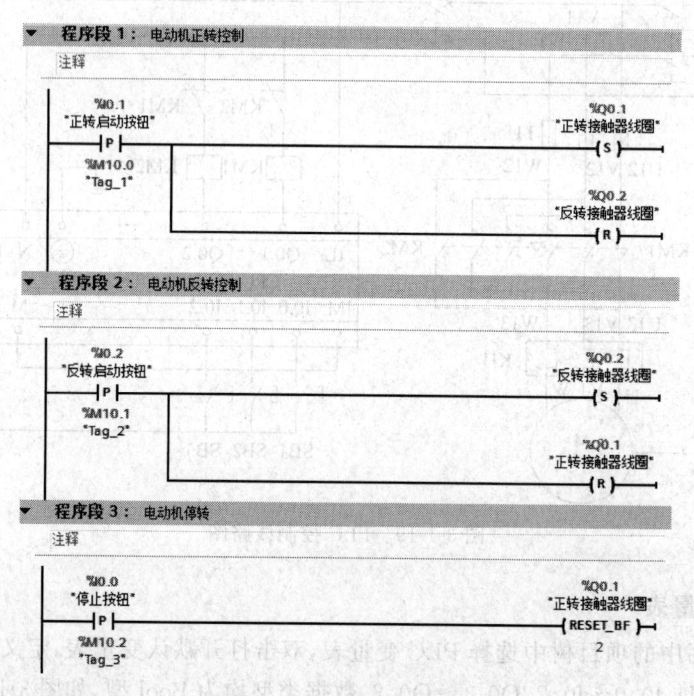

图 3-1-22 置位复位程序

在项目视图中打开 OB1 主程序块,单击工具栏中的“启用或禁用监视”按钮,可以在线监视程序的运行状态,可以看到未按下 I0.1 时,Q0.0 接通;按下 I0.2 时,Q0.1 接通;按下 I0.0 时,Q0.0、Q0.1 都断开。

任务 3.2 搅拌电动机的 PLC 控制系统设计与安装

【任务描述】

搅拌电动机的 PLC 控制要求如下。

搅拌电动机的工作流程是正向运行一段时间后,停止一段时间,再反向运行一段时间,再停止一段时间,如此循环。搅拌电动机正向和反向运行的时间均是 15s,间隔停止时间均是 5s。循环搅拌次数为 10 次，搅拌结束后指示灯以秒级周期闪烁。

【任务分析】

（1）本任务应根据时间的原则进行编程，循环次数由计数器记录。

（2）本任务要求搅拌结束后指示灯以秒级周期闪烁。秒级周期可通过定时器实现，也可使用系统时钟存储器实现。

【新知识学习】

3.2.1　定时器指令

定时器指令是在 PLC 程序设计中非常重要的指令。

S7-1200 系列 PLC 定时器的指令格式及使用方式不同于 S7-200 系列 PLC。S7-1200 系列 PLC 采用的是 IEC 标准的定时器指令，用户程序中可以使用的定时器数量仅受 CPU 存储器容量限制，使用定时器需要使用定时器相关的背景数据块或者数据类型为 IEC_TIMER(TP_TIME、TON_TIME、TOF_TIME、TONR_TIME)的 DB 块变量，不同的上述变量代表着不同的定时器。

S7-1200 PLC 的 IEC 定时器没有定时器号(即没有 T0、T37 这种带定时器号的定时器)。

1. 定时器种类

S7-1200 系列 PLC 提供了 4 种类型的定时器，分别是生成脉冲型定时器(TP)、接通延时定时器(TON)、关断延时定时器(TOF)以及保持性接通延时定时器(TONR)，也叫时间累加器。此外，还包含复位定时器(RT)和加载持续时间(PT)这两个指令。

指令位置参见图 3-2-1，这 4 种定时器又都有功能框和线圈型 2 种。

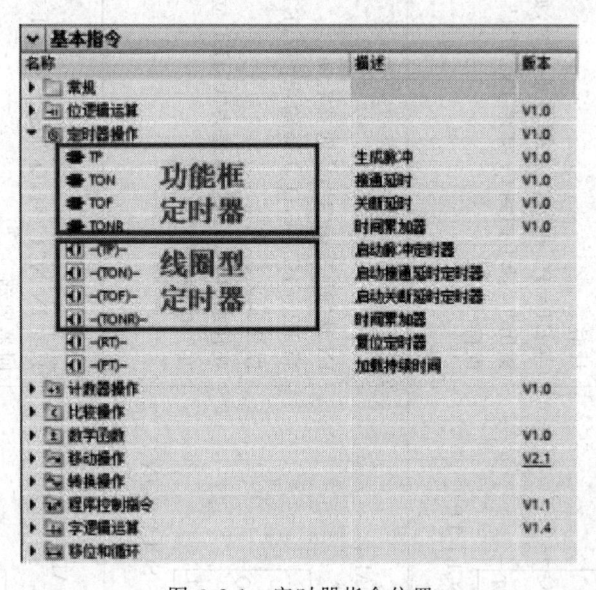

图 3-2-1　定时器指令位置

4 种定时器的说明及时序图如表 3-2-1 所示。

表 3-2-1 定时器说明及时序图

指令	说明	时序图
生成脉冲 LAD: "TP_DB" TP TIME IN Q PT ET 或-(TP)- SCL: TP	IN 从"0" 变为"1",定时器启动,Q 立即输出"1"。 当 ET<PT 时,IN 的改变不影响 Q 的输出和 ET 的计时。 当 ET=PT 时,ET 立即停止计时,如果 IN 为"0",则 Q 输出"0",ET 回到 0;如果 IN 为"1",则 Q 输出"1",ET 保持	IN ET PT Q PT PT PT
接通延时 LAD: "TON_DB" TON TIME IN Q PT ET 或-(TON)- SCL: TON	IN 从"0" 变为"1",定时器启动。 当 ET=PT 时,Q 立即输出"1",ET 立即停止计时并保持。 在任意时刻,只要 IN 变为"0",ET 立即停止计时并回到"0",Q 输出"0"	IN ET PT Q PT PT
关断延时 LAD: "TOF_DB" TOF TIME IN Q PT ET 或-(TOF)- SCL: TOF	只要 IN 为"1" 时,Q 即输出"1"。IN 从"1" 变为"0",定时器启动。 当 ET=PT 时,Q 立即输出"0",ET 立即停止计时并保持。 在任意时刻,只要 IN 变为"1",ET 立即停止计时并回到"0"	IN ET PT Q PT PT

续表

指　　令	说　　明	时　序　图
时间累加器 LAD： “TONR_DB” 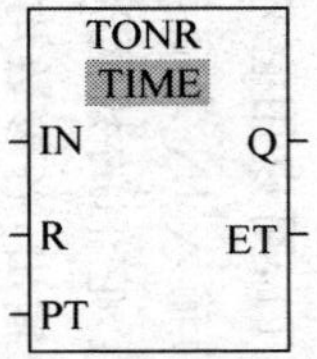 TONR TIME IN　Q R　ET PT 或-(TONR)- SCL：TONR	只要 IN 为“0” 时，Q 即输出“0”。IN 从“0” 变为“1”，定时器启动。 当 ET<PT 时，IN 为“1”时，ET 保持计时，IN 为“0”时，ET 立即停止计时并保持。 当 ET＝PT 时，Q 立即输出“1”，ET 立即停止计时并保持；直到 IN 变为“0”，ET 回到 0。在任意时刻，只要 R 为“1”时，Q 输出“0”。ET 立即停止计时并回到“0”，如果此时 IN 为“1”，定时器启动	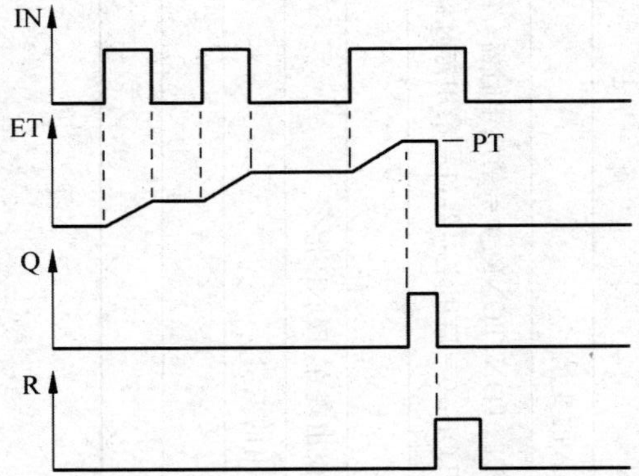 IN ET PT Q R
复位定时器 LAD：-(RT)- SCL：RESET_TIMER	指令前的运算结果为“1”时，使得指定定时器的 ET 立即停止计时并回到 0。 TP 指令：激活 RT 至取消激活 RT 过程中，Q 和 IN 保持一致。取消激活 RT 时，如果 IN 为“1”，则 ET 立即开始计时。 TON 指令：当 ET＝PT 时，激活 RT，Q 立即输出“0”；取消激活 RT 时，如果 IN 为“1”，ET 立即开始计时。 TOF 指令：激活 RT 至取消激活 RT 过程中，Q 和 IN 保持一致。 TONR 指令：R 与 RT 或的结果取代之前的 R	
加载持续时间 LAD：-(PT)- SCL：PRESET_TIMER	指令前的运算结果为“1”时，使得指定定时器的新设定值立即生效（在定时器计时过程中，实时修改方框定时器的引脚值在此次计时中不能生效）	

定时器引脚汇总如表 3-2-2 所示。

表 3-2-2　定时器引脚汇总

名称	说　明	数据类型	备　　注
输入的变量			
IN	输入位	Bool	TP、TON、TONR：0＝禁用定时器，1＝启用定时器； TOF：0＝启用定时器，1＝禁用定时器
PT	设定的时间输入	Time	
R	复位	Bool	仅出现在 TONR 指令
输出的变量			
Q	输出位	Bool	
ET	已计时的时间	Time	

2. 定时器创建

S7-1200 PLC 定时器创建的方法有以下两种。

方法一：把功能框指令直接拖入块中，自动生成定时器的背景数据块，该块位于“系统块”→“程序资源”中，如图 3-2-2 所示。

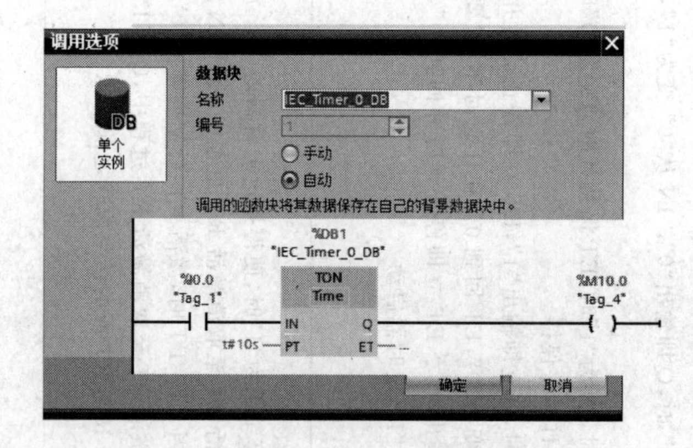

图 3-2-2　自动生成定时器的背景数据块

方法二：插入 DB 时，选择 IEC_TIMER 类型的数据块，将该数据块填在指令上方。此种方法生成的数据块等同于自动生成的背景数据块，位于“系统块”→“程序资源”中，如图 3-2-3 所示。

3. 定时器应用

1）脉冲定时器

如图 3-2-4 所示，将指令列表中的“生成脉冲”指令 TP 拖放到梯形图中，在出现的“调用选项”对话框中，将默认的背景数据块的名称改为 T1，可以用它来做定时器的符号标识符。单击“确定”按钮，自动生成背景数据块。定时器的输入 IN 为启动输入端，PT 为预设时间值，ET 为定时开始后经过的时间，称为当前时间值，它们的数据类型为 32 位的 Time，单位为 ms，最大定时时间为 24 天多。Q 为定时器的位输出，各参数均可以使用 I(仅用于输入参

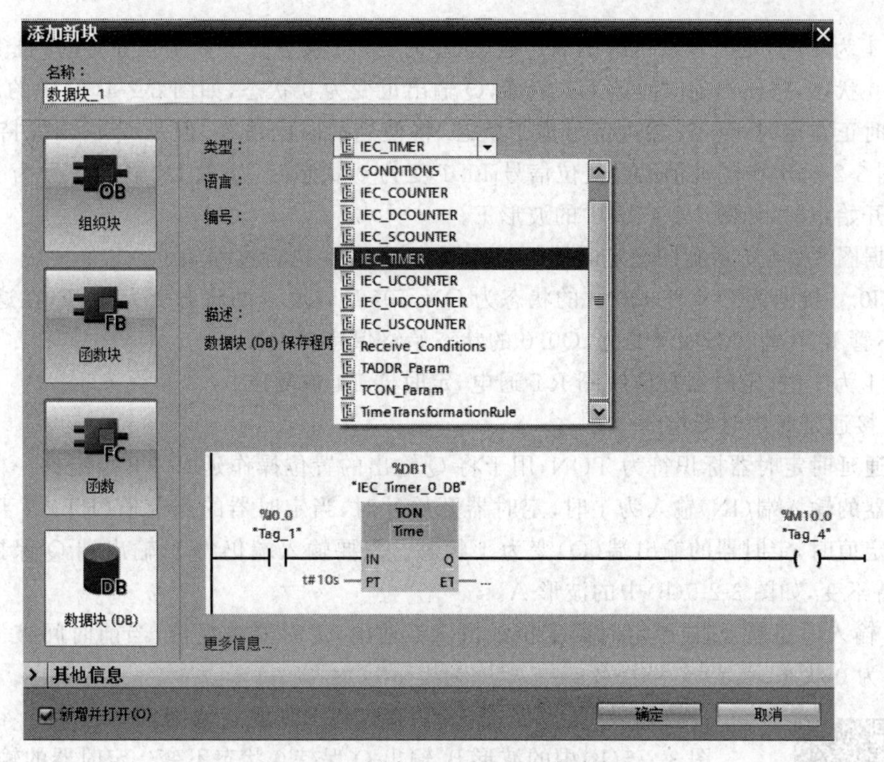

图 3-2-3　新建 IEC_TIMER 类型 DB

数）、Q、M、D、L 存储区，PT 可以使用常量。定时器指令可以放在程序段的中间或结束处。

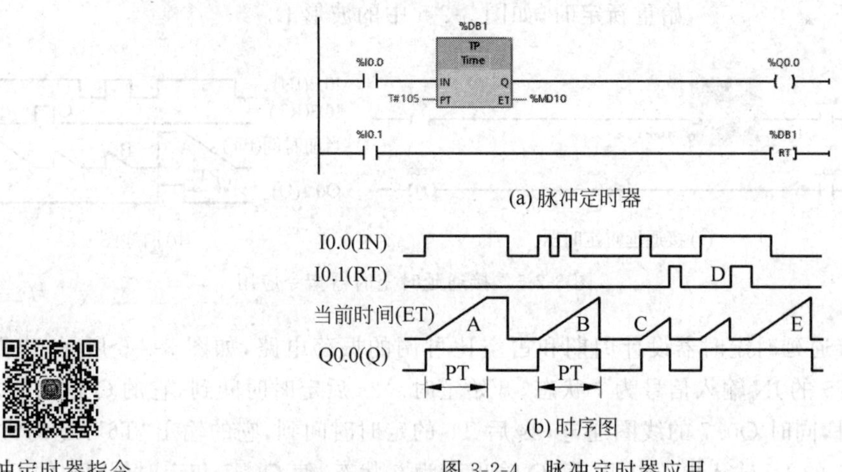

脉冲定时器指令　　图 3-2-4　脉冲定时器应用

如图 3-2-4 所示，脉冲定时器用于将输出 Q 置位为 PT 预设的一段时间。在 IN 输入信号的上升沿启动该指令，Q 输出变为 1 状态，开始输出脉冲，ET 从 0ms 开始不断增大，达到 PT 预设的时间时，Q 输出变为 0 状态。如果 IN 输入信号为 1 状态，则当前时间值保持不变，如图 3-2-4(b)中的波形 A。如果 IN 输入信号为 0 状态，则当前时间变为 0s，图 3-2-4(b)中的波形 B。IN 输入的脉冲宽度可以小于预设值，在脉冲输出期间，即使 IN 输入出现下降沿和上升沿，也不会影响脉冲的输出。

I0.1 为 1 时，定时器复位线圈 RT 通电，定时器 T1 被复位。如果正在定时，且 IN 输入信号为 0 状态，将使当前时间值 ET 清零，Q 输出也变为 0 状态，如图 3-2-4(b)中的波形 C。如果此时正在定时，且 IN 输入信号为 1 状态，将使当前时间清零，但是 Q 输出保持为 1 状态，如图 3-2-4(b)中的波形 D。复位信号 I0.1 变为 0 状态时，如果 IN 输入信号为 1 状态，将重新开始定时，如图 3-2-4(b)中的波形 E。

根据图 3-2-4 所示脉冲型定时器的时序图分析，程序执行过程如下。

当 I0.0 接通为 ON 时，Q0.0 的状态为 ON，10s 后，Q0.0 的状态变为 OFF，在这 10s 时间内，不管 I0.0 的状态如何变化，Q0.0 的状态始终保持为 ON。

I0.1 为 1 时，定时器复位线圈 RT 通电，定时器 T1 被复位。

2）接通延时定时器指令

接通延时定时器标识符为 TON，用于将 Q 输出的置位操作延时 PT 指定的一段时间。在定时器的输入端(IN)输入为 1 时，定时器开始计时，当定时器的当前值(ET)等于 PT 指定的设定值时，定时器的输出端(Q)变为 1 状态。只要输入端仍为 1，输出端 Q 保持置位，ET 保持不变，如图 3-2-5(b)中的波形 A。

IN 输入电路断开时，或定时器复位线圈 RT 通电，定时器被复位，当前时间被清零，输出 Q 变为 0 状态。

接通延时定时器指令

如果 IN 输入信号在未达到 PT 设定的时间时变为 0 状态，如图 3-2-5(b)中的波形 B，输出 Q 保持 0 状态不变。定时器的输入端再次变为 1 时，定时器将再次被启动。

复位输入 I0.3 变为 0 状态时，如果 IN 输入信号为 1 状态，将开始重新定时，如图 3-2-5 中的波形 D。

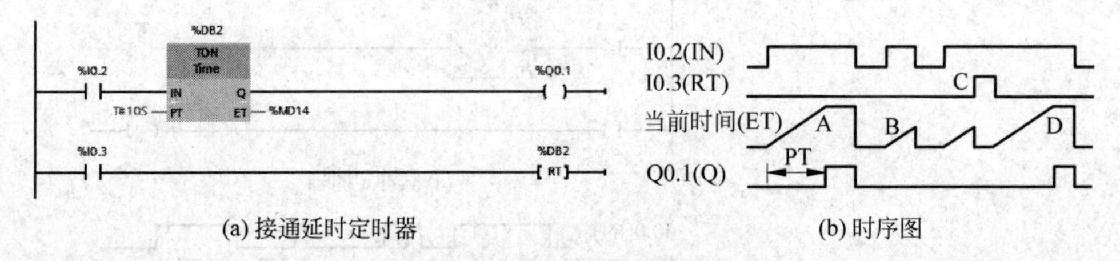

(a) 接通延时定时器　　(b) 时序图

图 3-2-5　接通延时定时器指令应用

用接通延时定时器设计周期和占空比可调的振荡电路，如图 3-2-6 所示，电路接通后，定时器 T5 的 IN 输入信号为 1 状态，开始定时。2s 后定时时间到，它的 Q 输出使定时器 T6 开始定时，同时 Q0.7 的线圈通电，3s 后 T6 的定时时间到，它的输出“T6”.Q 的常闭触点断开，使 T5 的 IN 输入电路断开，其 Q 输出变为 0 状态，使 Q0.7 和定时器 T6 的 Q 输出也变为 0 状态。下一个扫描周期因为“T6”.Q 的常闭触点接通，T5 又从预设值开始定时。Q0.7 的线圈将这样周期性地通电和断电，直到串联电路断开。Q0.7 线圈通电和断电的时间分别等于 T6 和 T5 的预设值。本电路设计周期为 5s，占空比为 60%。

用接通延时定时器设计自复位定时器并产生脉冲，如图 3-2-7 所示。

3）关断延时定时器指令

关断延时定时器(TOF)用于将 Q 输出的复位操作延时 PT 指定的一段时间。IN 输入

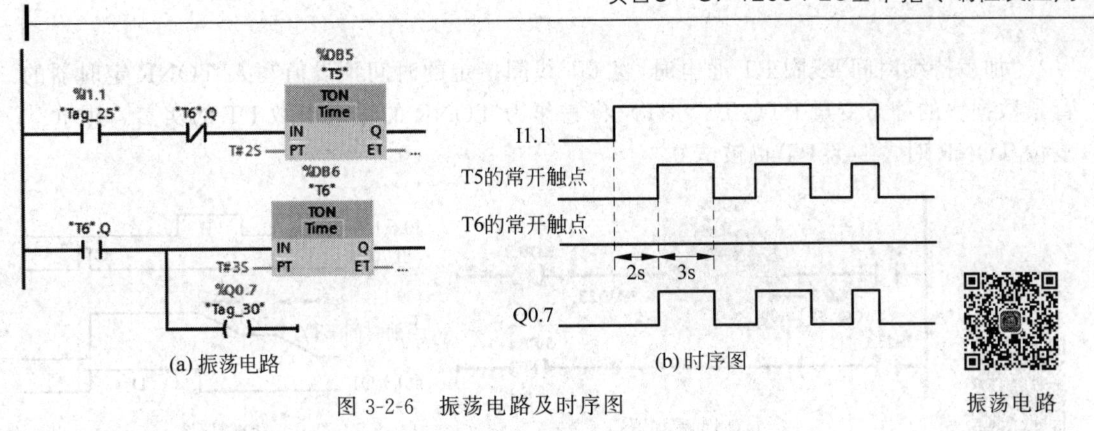

(a) 振荡电路　　(b) 时序图

图 3-2-6　振荡电路及时序图

振荡电路

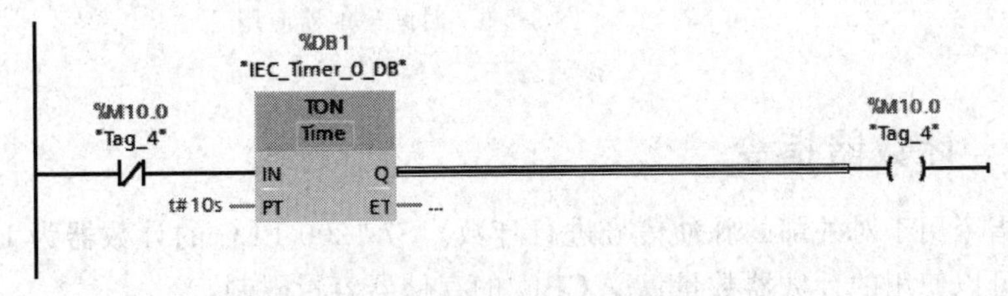

图 3-2-7　自复位定时器

电路接通时，输出 Q 为 1 状态，当前时间被清零。在 IN 的下降沿开始定时，ET 从 0 逐渐增大。ET 等于预设值时，输出 Q 变为 0 状态，当前时间保持不变，直到 IN 输入电路接通，如图 3-2-8(b)中的波形 A。关断延时定时器可以用于设备停机后的延时，例如大型变频电动机冷却风扇的延时。

如图 3-2-8 所示，如果 ET 未达到 PT 预设的值，IN 输入信号就变为 1 状态，ET 被清 0，输出 Q 保持 1 状态不变，如图 3-2-8(b)中的波形 B。复位线圈 RT 通电时，如果 IN 输入信号为 0 状态，则定时器被复位，当前时间被清零，输出 Q 变为 0 状态，如图 3-2-8(b)中的波形 C。如果复位时 IN 输入信号为 1 状态，则复位信号不起作用，如图 3-2-8(b)中的波形 D。

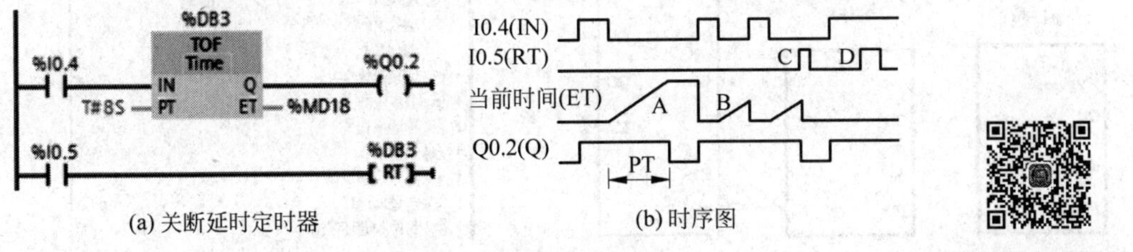

(a) 关断延时定时器　　(b) 时序图

图 3-2-8　关断延时定时器指令应用

关断延时定时器指令

4）时间累加器

时间累加器 TONR 的 IN 输入电路接通时开始定时，如图 3-2-9(b)中的波形 A 和 B。输入电路断开时，累计的当前时间值保持不变。可以用 TONR 来累计输入电路接通的若干个时间段。图 3-2-9 中的累计时间 t_1+t_2 等于预设值 PT 时，Q 输出变为 1 状态，如图 3-2-9(b)中的波形 D。

复位输入 R 为 1 状态时，如图 3-2-9(b)中的波形 C，TONR 被复位，它的 ET 变为 0，输出 Q 变为 0 状态。

"加载持续时间"线圈 PT 通电时，将 PT 线圈指定的时间预设值写入 TONR 定时器的背景数据块的静态变量 PT("T4". PT)，将它作为 TONR 的输入参数 PT 的实参。用 I0.7 复位 TONR 时，"T4". PT 也被清 0。

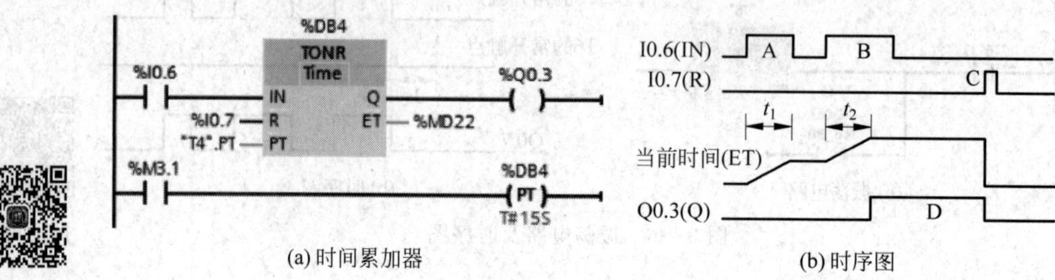

(a) 时间累加器　　(b) 时序图

时间累加器

图 3-2-9　时间累加器应用

3.2.2　计数器指令

计数器指令用于对外部的脉冲信号进行计数。S7-1200 PLC 的计数器为 IEC 计数器，用户程序中可以使用的计数器数量仅受 CPU 的存储器容量限制。

S7-1200 PLC 的 IEC 计数没有计数器号，即没有 C0、C1 这种带计数器号的计数器。

1. 计数器种类

S7-1200 PLC 有 3 种类型的计数器：加计数器(CTU)、减计数器(CTD)、加减计数器(CTUD)，如图 3-2-10 所示。指令位置如图 3-2-11 所示。若需要记录频率变化较快的信号，需要用到高速计数器(CTRL-HSC)。

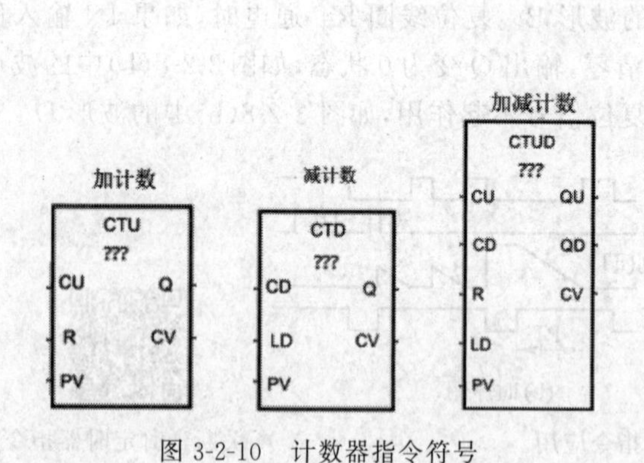

图 3-2-10　计数器指令符号

图 3-2-11　计数器指令位置

计数器引脚汇总如表 3-2-3 所示。

表 3-2-3　计数器引脚汇总

名　称	说　明	数 据 类 型	备　注
输入的变量			
CU	加计数输入脉冲	Bool	仅出现在 CTU、CTUD
CD	减计数输入脉冲	Bool	仅出现在 CTD、CTUD

续表

名　称	说　　明	数据类型	备　　注
输入的变量			
R	CV 清 0	Bool	仅出现在 CTU、CTUD
LD	CV 设置为 PV	Bool	仅出现在 CTD、CTUD
PV	预设值	整数	仅出现在 CTU、CTUD
输出的变量			
Q	输出位	Bool	仅出现在 CTU、CTUD
QD	输出位	Bool	仅出现在 CTUD
QU	输出位	Bool	仅出现在 CTUD
CV	计数值	整数	

2. S7-1200 PLC 计数器创建

S7-1200 PLC 的计数器调用时需要生成背景数据块。单击指令助记符下面的问号，用下拉式列表选择某种整数数据类型。CU 和 CD 分别是加计数输入和减计数输入，在 CU 或 CD 信号的上升沿，当前计数器值 CV 被加 1 或减 1。PV 为预设计数值，CV 为当前计数器值，R 为复位输入，Q 为布尔输出。

S7-1200 PLC 计数器创建的方法有以下两种。

方法一：把计数器指令直接拖入块中，自动生成计数器的背景数据块，该块位于“系统块”→“程序资源”中，如图 3-2-12 所示，需要在指令中修改计数器类型。

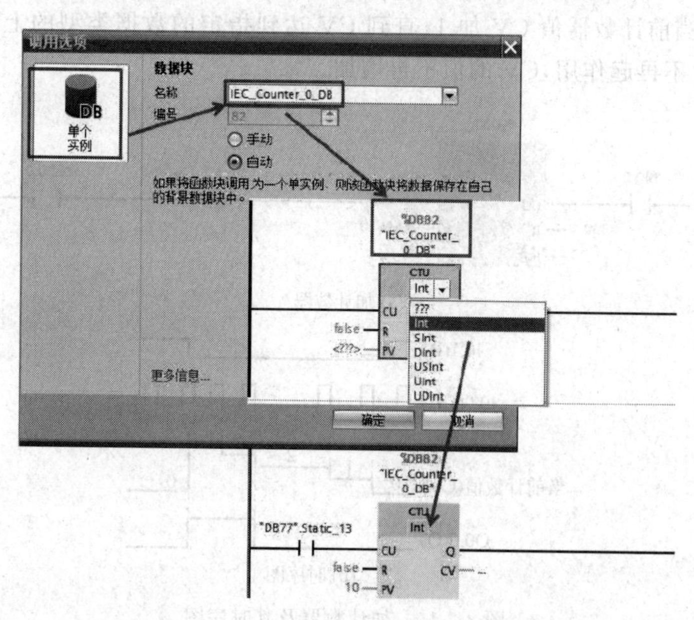

图 3-2-12　自动生成计数器的背景数据块

方法二：插入 DB 时，选择 IEC_COUNTER 类型的数据块，将该数据块填在指令上方。此种方法生成的数据块等同于自动生成的背景数据块，位于“系统块”→“程序资源”中，如图 3-2-13 所示。

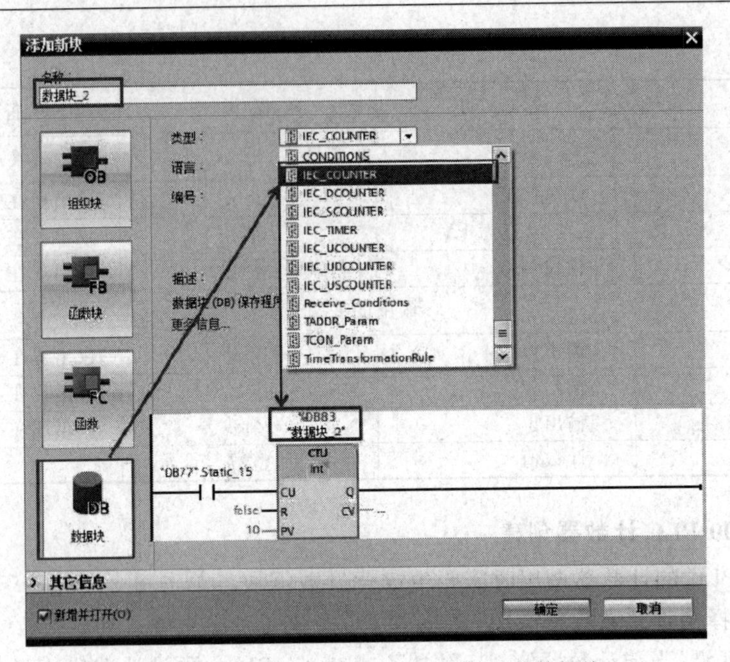

图 3-2-13　新建 IEC_COUNTER 类型的数据块

3. S7-1200 PLC 计数器应用

1）加计数器

如图 2-2-14 所示，当接在 R 输入端的复位输入 I0.1 为 0 状态，在 CU 输入端的信号 I0.0 的上升沿，当前计数器值 CV 加 1，直到 CV 达到指定的数据类型的上限值，此后，CU 输入的状态变化不再起作用，CV 的值不再增加。

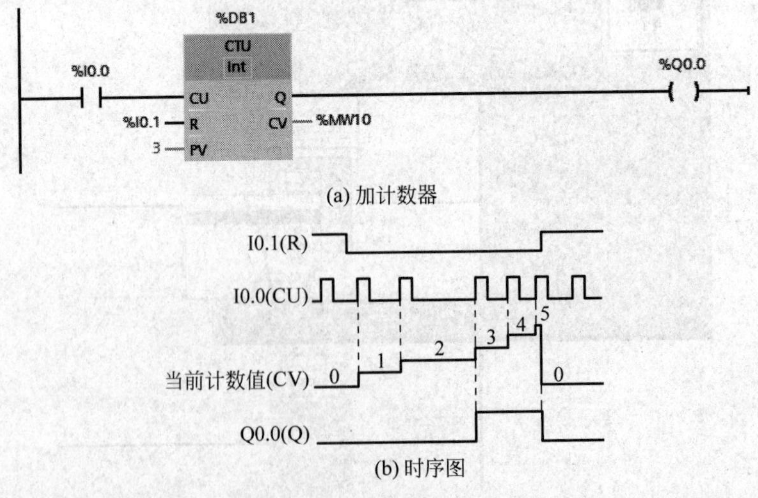

图 3-2-14　加计数器及其时序图

CV 大于或等于预设计数值 PV 时，输出 Q 为 1 状态；反之为 0 状态。第一次执行指令时，CV 被清零。各类计数器的复位输入 R 为 1 状态时，计数器被复位，输出 Q 变为 0 状态，CV 被清零。

举例：用加计数器设计自复位计数器并产生脉冲，如图 2-2-15 所示。

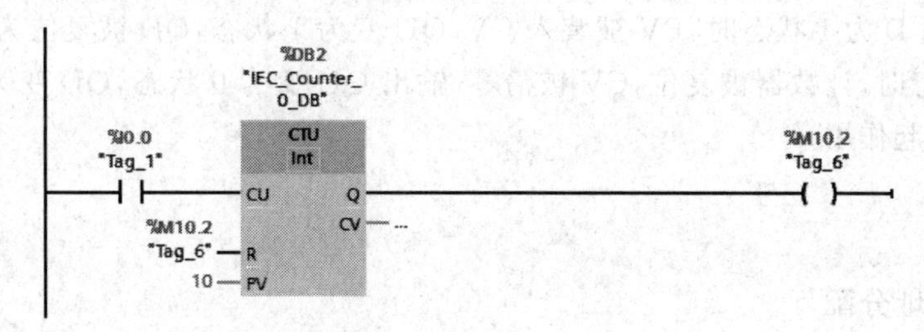

图 3-2-15 自复位计数器

2）减计数器

减计数器

如图 2-2-16 所示，减计数器的装载输入 LD 为 1 状态时，输出 Q 被复位为 0，并把预设计数值 PV 的值装入 CV。LD 为 1 状态时，CD 输入的状态变化不起作用。

LD 为 0 状态时，在减计数输入 CD 的上升沿，当前计数器值 CV 减 1，直到 CV 达到指定的数据类型的下限值。此后 CV 的值不再减小。

CV 小于或等于 0 时，输出 Q 为 1 状态；反之 Q 为 0 状态。第一次执行指令时，CV 被清零。

加减计数器

3）加减计数器

如图 2-2-17 所示，在加计数输入 CU 的上升沿，CV 加 1，CV 达到指定数据类型的上限值时不再增加。在减计数输入 CD 的上升沿，CV 减 1，CV 达到指定数据类型的下限值时不再减小。

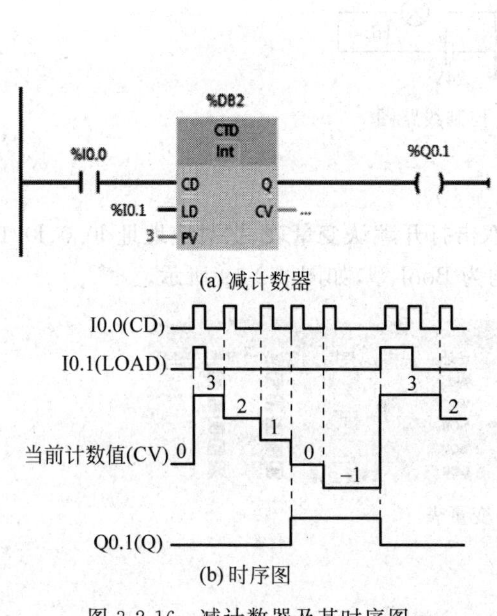

图 3-2-16 减计数器及其时序图

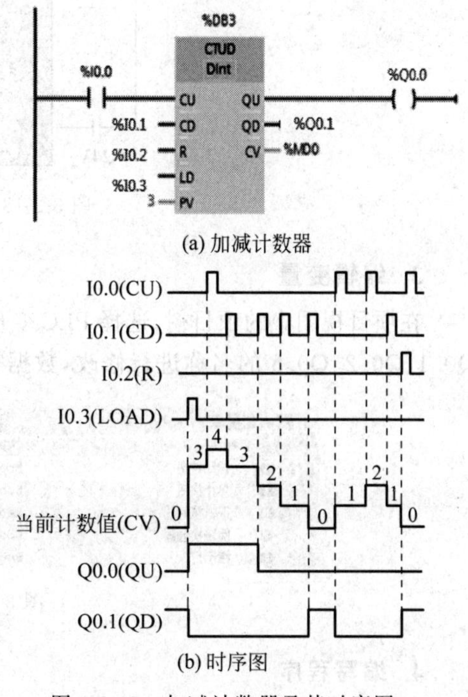

图 3-2-17 加减计数器及其时序图

CV 大于或等于 PV 时，QU 为 1，反之为 0；CV 小于或等于 0 时，QD 为 1，反之为 0。

装载输入 LD 为 1 状态时，PV 被装入 CV，QU 变为 1 状态，QD 被复位为 0 状态。

R 为 1 状态时，计数器被复位，CV 被清零，输出 QU 变为 0 状态，QD 变为 1 状态，CU、CD 和 LD 不再起作用。

【任务实施】

1. I/O 地址分配

绘制 I/O 地址分配表如表 3-2-4 所示。

表 3-2-4　I/O 地址分配表

输入量			输出量		
名　称	字母符号	地址	名　称	字母符号	地址
启动按钮	SB1	I0.0	正转接触器	KM1	Q0.1
停止按钮	SB2	I0.1	反转接触器	KM2	Q0.2
—	—	—	指示灯	HL	Q0.5

2. 绘制 PLC 控制线路图

绘制 PLC 控制线路图，如图 3-2-18 所示。

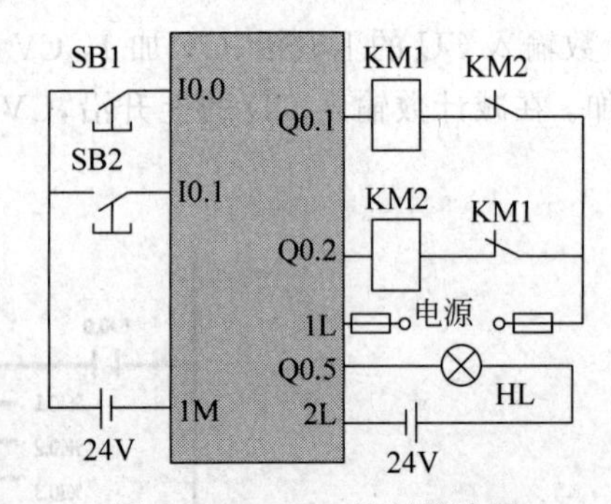

图 3-2-18　PLC 控制线路图

3. 编辑变量

在项目视图中的项目树，选择 PLC 变量表，双击打开默认变量表，把对应地址 I0.0、I0.1、Q0.1、Q0.2、Q0.5 的名称进行修改，数据类型均为 Bool 型，如图 3-2-19 所示。

默认变量表

		名称	数据类型	地址	保持	在 H...	可从 ...	注释
1		启动按钮	Bool	%I0.0	☐	☑	☑	
2		停止按钮	Bool	%I0.1	☐	☑	☑	
3		正转接触器	Bool	%Q0.1	☐	☑	☑	
4		反转接触器	Bool	%Q0.2	☐	☑	☑	
5		指示灯	Bool	%Q0.5	☐	☑	☑	

图 3-2-19　变量表

4. 编写程序

编写程序如图 3-2-20 所示。

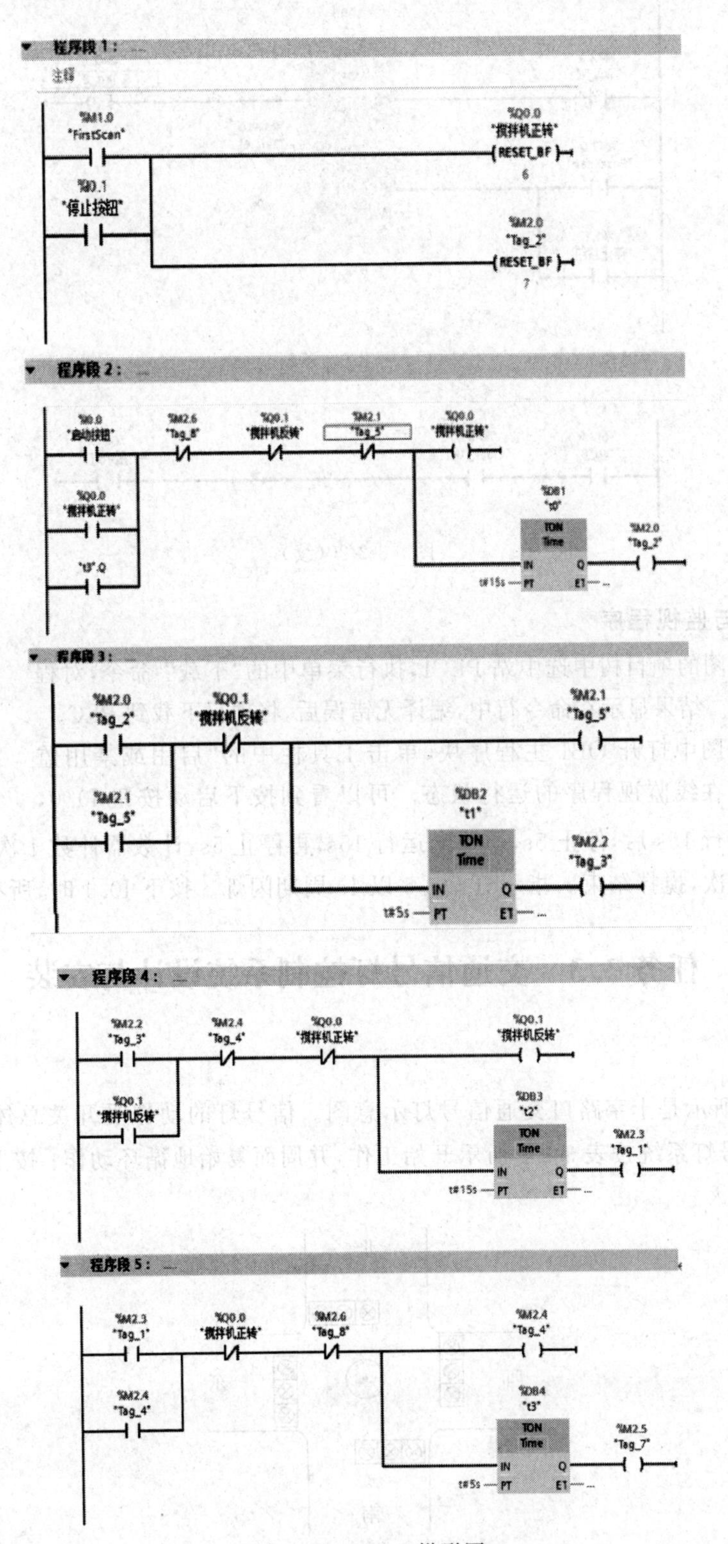

图 3-2-20　PLC 梯形图

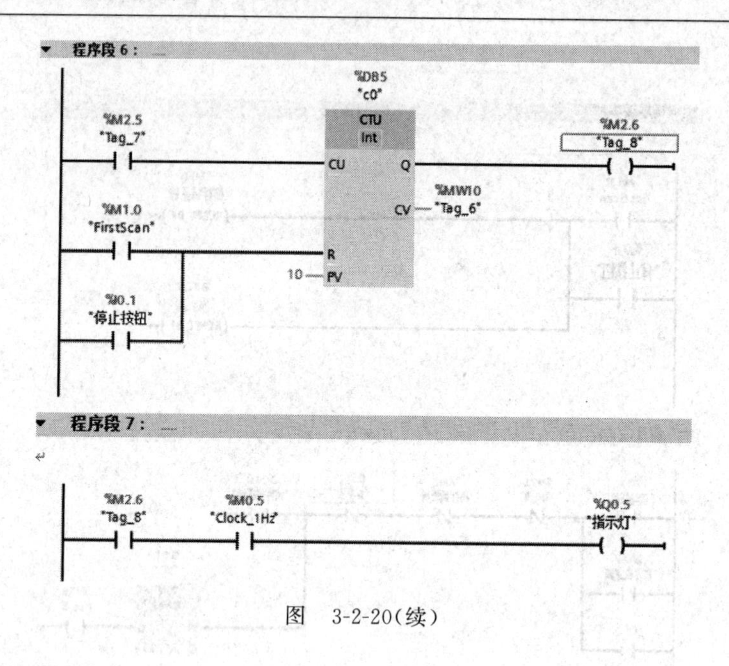

图 3-2-20(续)

5. 下载与监视程序

搅拌电动机 PLC 控制

在项目视图的项目树中选中站 PLC1，执行菜单中的“下载”命令，对程序块进行编译。结果显示在命令行中，编译无错误后，将项目下载到 PLC。

在项目视图中打开 OB1 主程序块，单击工具栏中的“启用或禁用监视”按钮，可以在线监视程序的运行状态。可以看到按下启动按钮 I0.0，电动机正向运行 15s 后，停止 5s，再反向运行 15s，再停止 5s，计数器计数 1 次；如此循环计数，次数为 10 次，搅拌结束。指示灯 Q0.5 以 1s 周期闪烁。按下 I0.1 时，所有信号复位。

任务 3.3　交通信号灯控制系统设计与安装

【任务描述】

图 3-3-1 所示是十字路口交通信号灯示意图。信号灯的动作受开关总体控制，按一下启动按钮，信号灯系统按表 3-3-1 所示开始工作，并周而复始地循环动作；按下停止按钮，所有信号灯都熄灭。

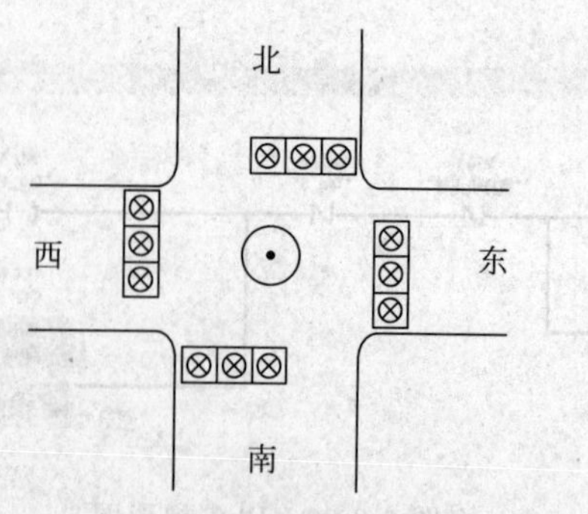

图 3-3-1　交通信号灯示意图

表 3-3-1　交通信号灯时间分配表

<table>
<tr><td rowspan="2">东西</td><td>信号</td><td>绿灯亮</td><td>绿灯闪</td><td>黄灯亮</td><td colspan="3">红灯亮</td></tr>
<tr><td>时间</td><td>25s</td><td>3s</td><td>2s</td><td colspan="3">30s</td></tr>
<tr><td rowspan="2">南北</td><td>信号</td><td colspan="3">红灯亮</td><td>绿灯亮</td><td>绿灯闪</td><td>黄灯亮</td></tr>
<tr><td>时间</td><td colspan="3">30s</td><td>25s</td><td>3s</td><td>2s</td></tr>
</table>

【任务分析】

根据十字路口交通信号灯的控制要求，绘出信号灯的控制时序图，如图 3-3-2 所示。按下启动按钮，东西方向和南北方向信号灯同时工作，周期为 60s。东西方向先是绿灯亮 25s，然后绿灯闪烁 3s，黄灯亮 2s，红灯亮 30s；南北方向先是红灯亮 30s，然后是绿灯亮 25s，闪烁 3s，黄灯亮 2s，并循环动作。其功能可以用定时器、传送和比较指令来实现。

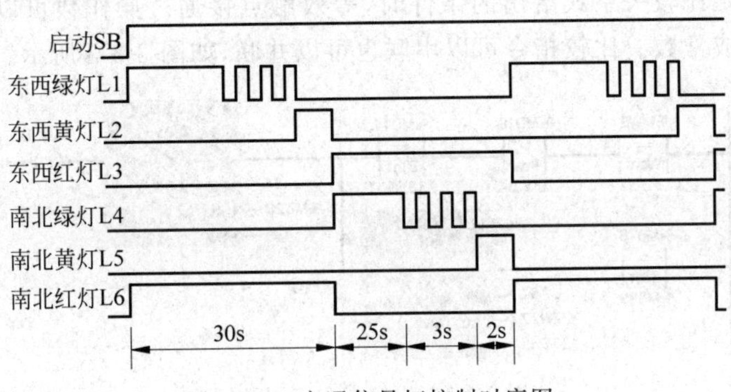

图 3-3-2　交通信号灯控制时序图

【新知识学习】

3.3.1　比较指令

比较指令包含以下三种，即比较指令（CMP）、值在范围内指令（IN_RANGE）与值超出范围指令（OUT_RANGE）、实数比较指令（OK）和非实数比较指令（NOT_OK）。比较指令位置如图 3-3-3 所示。

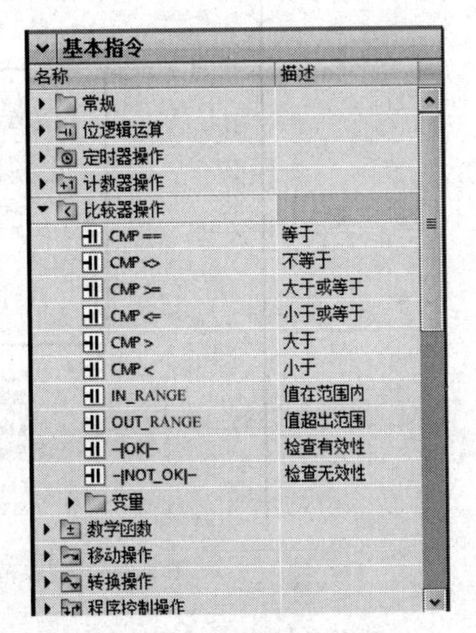

图 3-3-3　比较指令位置

1. 比较指令（CMP）

比较指令（CMP）用来比较数据类型相同的两个操作数 IN1 和 IN2 的大小。相比较的两个数 IN1 和 IN2 分别放在触点的上面和下面。

比较指令可看作是一个等效触点，可以设置比较的条件和数据类型。比较运算符有：等于（＝＝）、大于或等于（＞＝）、小于或等于（＜＝）、大于（＞）、小于（＜）、不等于（＜＞）。比较符号的数据类型包括 SInt、Int、DInt、USInt、UInt、UDInt、Real、LReal、String、Char、Time、Date、DTL 和常数等。比较的结果是 TRUE

或 FALSE,若比较的结果为 TRUE,则触点被激活,有能流通过;若比较的结果为 FALSE,则该触点不被激活,没有能流通过。比较指令的运算符号及数据类型如图 3-3-4 所示。

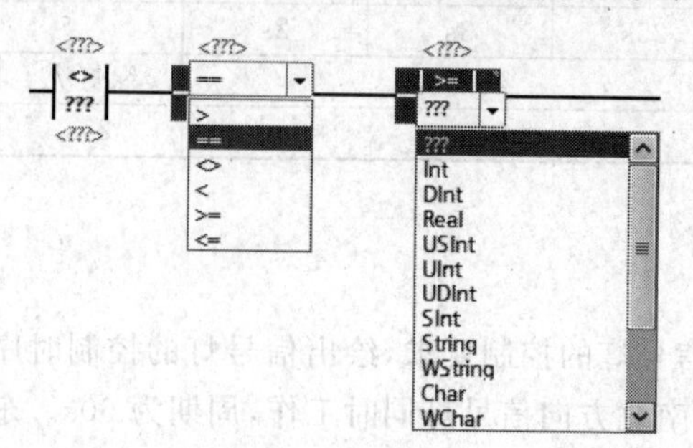

图 3-3-4 比较指令的运算符号及数据类型

比较指令满足比较关系式给出的条件时,等效触点接通。操作数可以是 I、Q、M、L、D 存储区中的变量或常数。比较指令可以串联也可以并联,如图 3-3-5 所示。

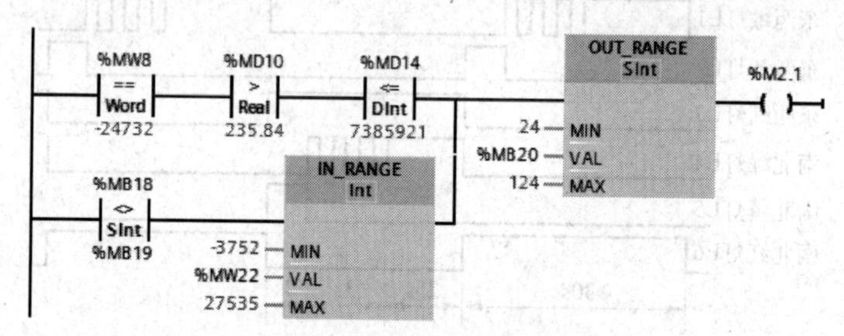

图 3-3-5 比较指令应用举例

2. 值在范围内指令(IN_RANGE)与值超出范围指令(OUT_RANGE)

如图 3-3-6 所示,IN_RANGE 与 OUT_RANGE 指令可以等效为一个触点,用来测试输入值是在指定的范围之内还是之外。

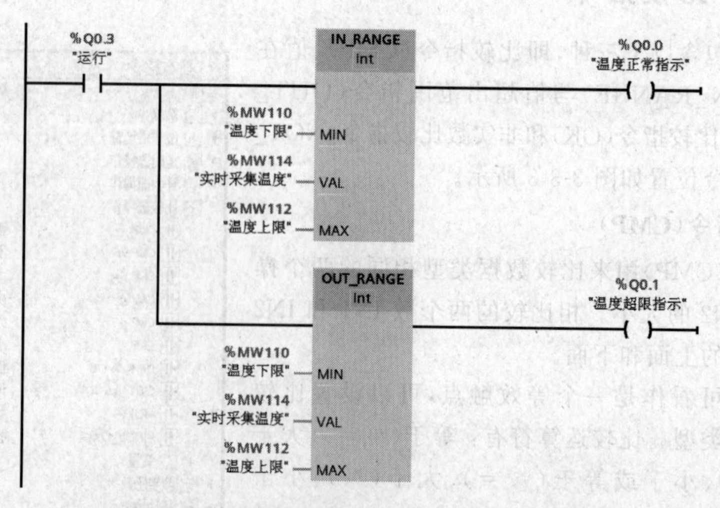

图 3-3-6 值在范围内指令与值超出范围指令应用举例

如果有能流流入指令方框,执行指令。如图 3-3-6 所示,IN_RANGE 指令中的参数

VAL 满足 MIN≤VAL≤MAX，等效触点闭合，有能流流出指令框的输出端。在运行状态时，实时采集温度在上下限以内，温度正常，指示灯点亮；否则不亮。

OUT_RANGE 指令中的参数 VAL 满足 VAL＜MIN 或 VAL＞MAX 时，等效触点闭合，有能流流出指令框的输出端。如图 3-3-6 所示，实时采集温度小于下限或大于上限，温度超限，指示灯点亮报警，正常时不亮。如果不满足比较条件，没有能流输出。

如果没有能流输入指令框，不执行比较，没有能流输出。

指令的 MIN、MAX 和 VAL 的数据类型必须相同，可选 SInt、Int、DInt、USint、UInt、Real，可以是 I、Q、M、L、D 存储区中的变量或常数。双击指令名称下面的问号，单击出现的按钮，用下拉式列表框设置要比较数据的数据类型。

3. OK 与 NOT_OK 指令

如图 3-3-7 所示，可使用检查有效性指令（OK）检查操作数的值（〈操作数〉）是否为有效的浮点数。如果该指令输入的信号状态为“1”，则在每个程序周期内都进行检查。查询时，如果操作数的值是有效浮点数且指令的信号状态为“1”，则该指令输出的信号状态为“1”。在其他任何情况下，检查有效性指令输出的信号状态都为“0”。

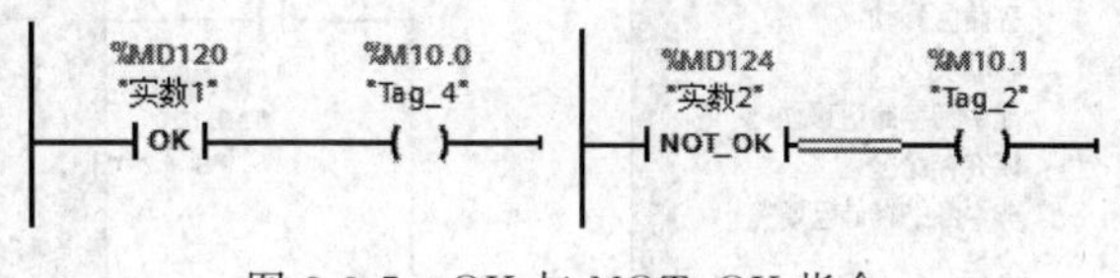

图 3-3-7　OK 与 NOT_OK 指令

如图 3-3-7 所示，可使用检查无效性指令（NOT_OK）检查操作数的值（〈操作数〉）是否为无效的浮点数。如果该指令输入的信号状态为“1”，则在每个程序周期内都进行检查。查询时，如果操作数的值是无效浮点数且指令的信号状态为“1”，则该指令输出的信号状态为“1”。在其他任何情况下，检查无效性指令输出的信号状态都为“0”。

如图 3-3-8 所示，OK 和 NOT_OK 指令可用来检测输入数据是否是实数（即浮点数）。如果是实数，OK 触点接通；反之，NOT_OK 触点接通。触点上面的变量的数据类型为 Real。执行之前，首先用 OK 指令检查加法指令（ADD）的两个操作数是否是实数，如果不是，OK 触点断开，没有能流流入 MUL 指令的使能输入端 EN，不会执行乘法指令。

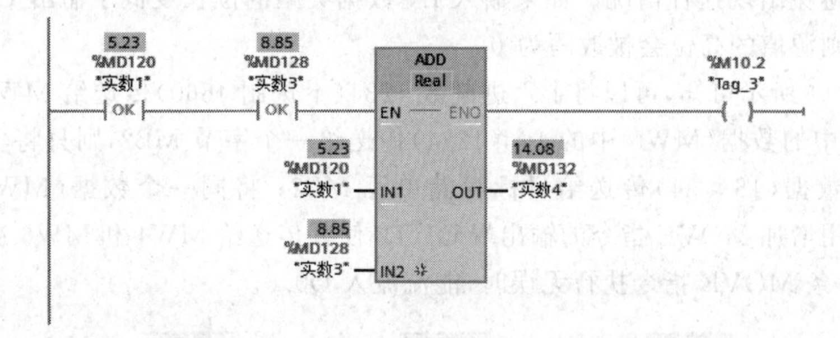

图 3-3-8　OK 与 NOT_OK 指令应用举例

3.3.2　移动操作指令

移动操作指令包括移动值指令（MOVE）、交换指令（SWAP）、存储区移动指令（也叫块移动指令)(MOVE_BLK)、非中断存储区移动指令(UMOVE_BLK)、填充存储区指令(FILL_BLK)、非中断填充存储区指令(UFILL_BLK)等。移动操作指令位置如图 3-3-9 所示。

1. 移动值指令(MOVE)

如图 3-3-10 所示,移动值指令又称为传送指令,用于将 IN 输入端的源数据传送给 OUT 输出的目的地址,并且转换为 OUT 指定的数据类型,源数据保持不变。单击"*"可以插入或删除输出参数,图 3-3-10 就插入了输出 OUT2 和 OUT3。

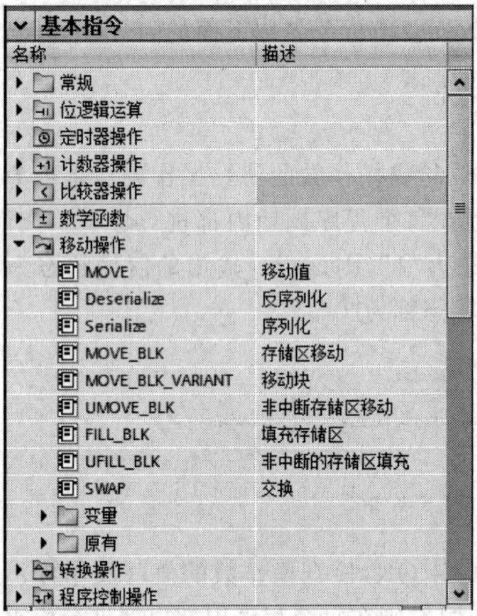

基本指令

名称	描述
常规	
位逻辑运算	
定时器操作	
计数器操作	
比较器操作	
数学函数	
移动操作	
MOVE	移动值
Deserialize	反序列化
Serialize	序列化
MOVE_BLK	存储区移动
MOVE_BLK_VARIANT	移动块
UMOVE_BLK	非中断存储区移动
FILL_BLK	填充存储区
UFILL_BLK	非中断的存储区填充
SWAP	交换
变量	
原有	
转换操作	
程序控制操作	

图 3-3-9 移动操作指令位置

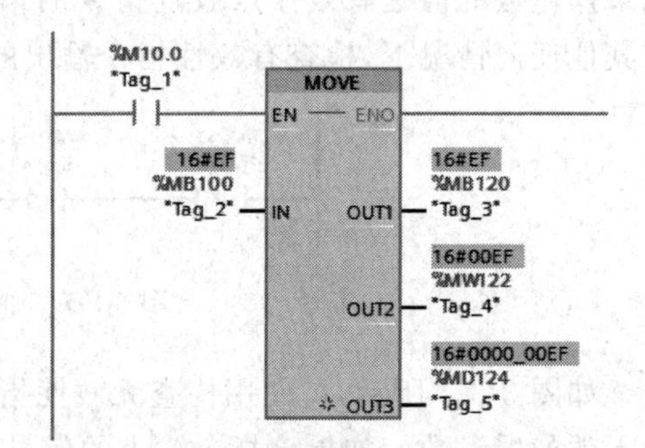

图 3-3-10 移动值指令

IN 和 OUT1 可以是 Bool 之外所有的基本数据类型和复杂数据类型 DTL、Struct、Array 等。输入 IN 还可以是常数。同一条指令的输入参数和输出参数的数据类型可以不相同。例如可以将 MB100 中的数据传送到 MW122、MD124。

如果输入 IN 数据类型的位长度超出输出 OUT1 数据类型的位长度,则源值的高位会丢失,应尽量避免出现这种情况。如果输入 IN 数据类型的位长度低于输出 OUT1 数据类型的位长度,则源值的高位会被改写为 0。

由图 3-3-11 所示可知,可以将十六进制数 1234(十进制 4660)传送给 MW0;若将超过 255 的一个字中的数据(MW0 中的 16#1234)传送给一个字节 MB2,则只将 MW0 的低字节 MB1 中的数据(16#34)传送给目标存储单元 MB2;将同一个数据(MW0 中的 16#1234)通过使用增加 MOVE 指令的输出端 OUT2 使其传送给 MW4 和 MW6 这两个不同存储单元。在 3 条 MOVE 指令执行无误时,能流流入 Q0.0。

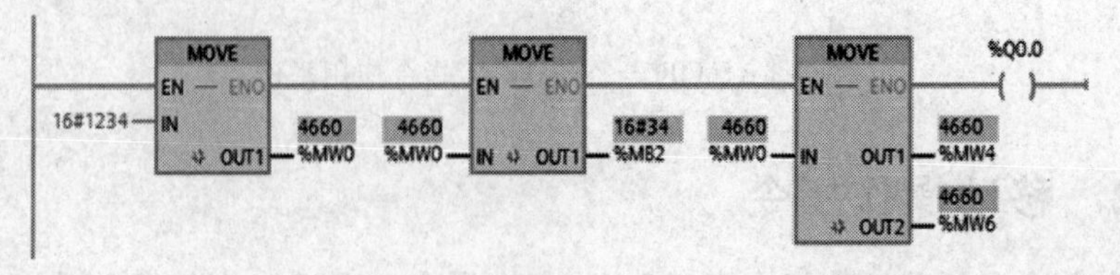

图 3-3-11 移动值指令应用举例

2. 交换指令(SWAP)

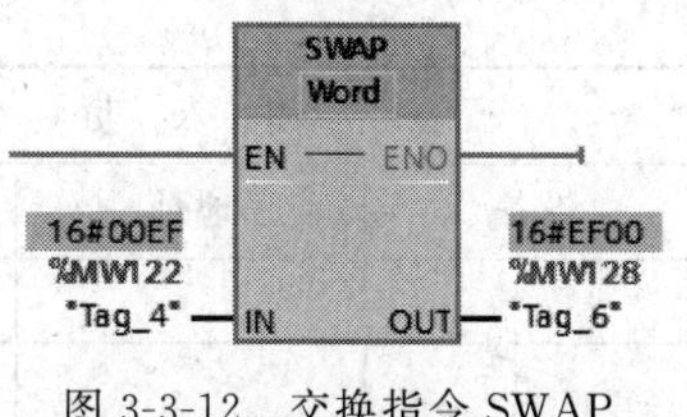

图 3-3-12　交换指令 SWAP

交换指令(SWAP)用于交换 2 字节和 4 字节数据元素的字节顺序。

如图 3-3-12 所示,IN 和 OUT 数据类型为 Word 时,SWAP 指令交换输入 IN 的高、低字节后,保存到 OUT 指定的地址;若 IN 和 OUT 数据类型为 DWord 时,交换 4 个字节中数据的顺序,交换后保存到 OUT 指定的地址。

3. 填充存储区指令(FILL_BLK)与非中断填充存储区指令(UFILL_BLK)

填充存储区指令(FILL_BLK)与非中断填充存储区指令(UFILL_BLK)用于将源数据元素 IN 复制到通过参数 OUT 指定的起始地址中。

如图 3-3-13 所示为填充存储区指令(FILL_BLK),将 IN 端的指定值、COUNNT 端指定的 n 个数填充到一个数组元素数区域(目标区域),OUT 输出指定的起始地址。

FILL_BLK 与 UFILL_BLK 指令的功能基本上相同,其区别在于后者的填充操作不会被其他操作系统的任务打断。执行该指令时,CPU 的报警响应时间将会增大。

4. 块移动指令(MOVE_BLK)与非中断存储区移动指令(UMOVE_BLK)

块移动指令(MOVE_BLK)与非中断存储区移动指令(UMOVE_BLK)用于实现相同数组之间部分元素的传送。

如图 3-3-14 所示,可以使用块移动指令(MOVE_BLK)将一个存储区(源区域)的数据移动到另一个存储区(目标区域)中。输入 COUNT 可以指定将移动到目标区域中的元素个数。可通过 IN 输入的元素宽度指定待移动元素的宽度。仅当源区域和目标区域的数据类型相同时,才能执行该指令。

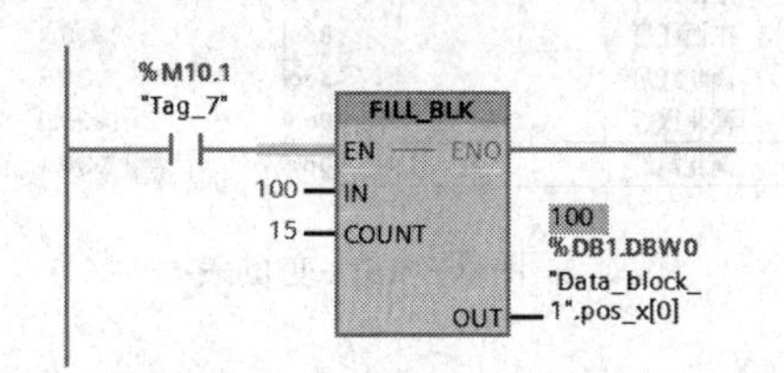

图 3-3-13　填充存储区指令(FILL_BLK)

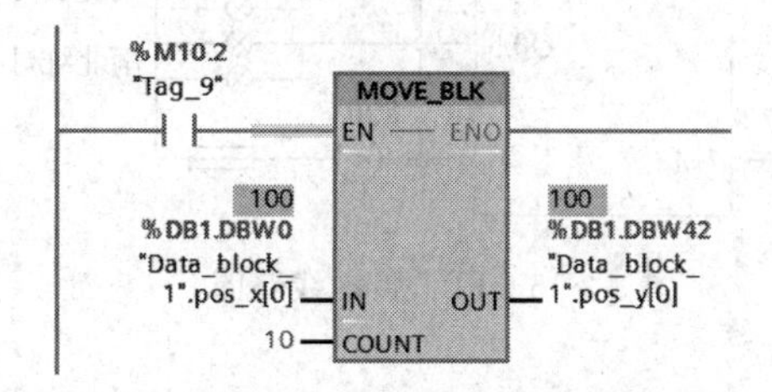

图 3-3-14　块移动指令(MOVE_BLK)

【任务实施】

1. I/O 地址分配

绘制 I/O 地址分配表如表 3-3-2 所示。

表 3-3-2　I/O 地址分配表

输入量			输出量		
设备	地址	功能	设备	地址	功能
SB	I0.0	启停按钮	L1	Q0.0	东西绿灯
			L2	Q0.1	东西黄灯

续表

输入量			输出量		
设备	地址	功能	设备	地址	功能
			L3	Q0.2	东西红灯
			L4	Q0.3	南北绿灯
			L5	Q0.4	南北黄灯
			L6	Q0.5	南北红灯

2. 绘制 PLC 控制线路图

绘制 PLC 控制线路图，如图 3-3-15 所示。

3. 编辑变量

在项目视图中的项目树，选择 PLC 变量表，双击打开默认变量表，把对应地址 I0.0、Q0.0～Q0.5 的名称进行修改，数据类型均为 Bool 型，如图 3-3-16 所示。

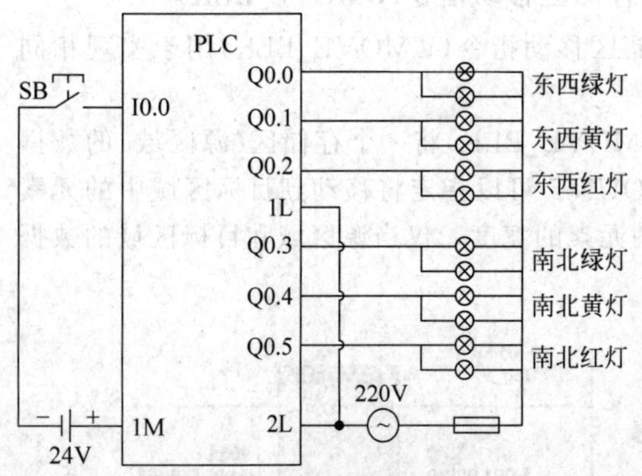

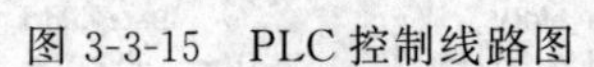
图 3-3-15 PLC 控制线路图

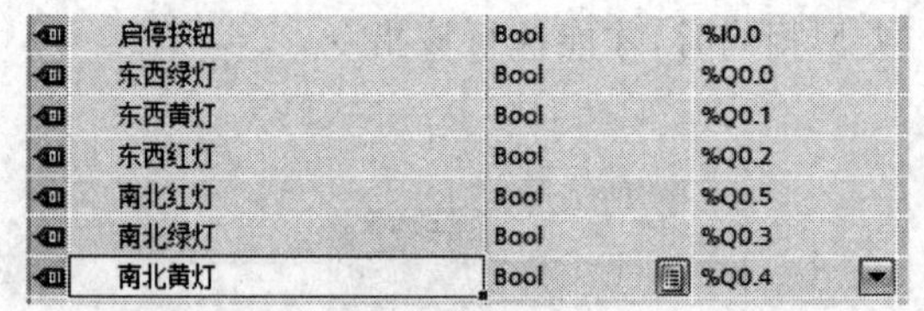

名称	数据类型	地址
启停按钮	Bool	%I0.0
东西绿灯	Bool	%Q0.0
东西黄灯	Bool	%Q0.1
东西红灯	Bool	%Q0.2
南北红灯	Bool	%Q0.5
南北绿灯	Bool	%Q0.3
南北黄灯	Bool	%Q0.4

图 3-3-16 变量表

4. 编写程序

编写程序如图 3-3-17 所示。

交通信号灯 PLC 控制 1

5. 下载与监视程序

在项目视图的项目树中选中站 PLC1，执行菜单中的“下载”命令，对程序块进行编译。结果显示在命令行中，编译无错误，将项目下载到 PLC。

在项目视图中打开 OB1 主程序块，单击工具栏中的“启用或禁用监视”按钮，可以在线监视程序的运行状态，可以看到按下启动按钮 I0.0，东西方向和南北方向的信号灯同时工作，东西方向绿灯亮 25s、闪烁 3s，黄灯亮 2s，红灯亮 30s；同时南北方向红灯亮 30s，绿灯亮 25s、闪烁 3s，黄灯亮 2s；如此循环工作。按下停止按钮，所有信号灯都熄灭。

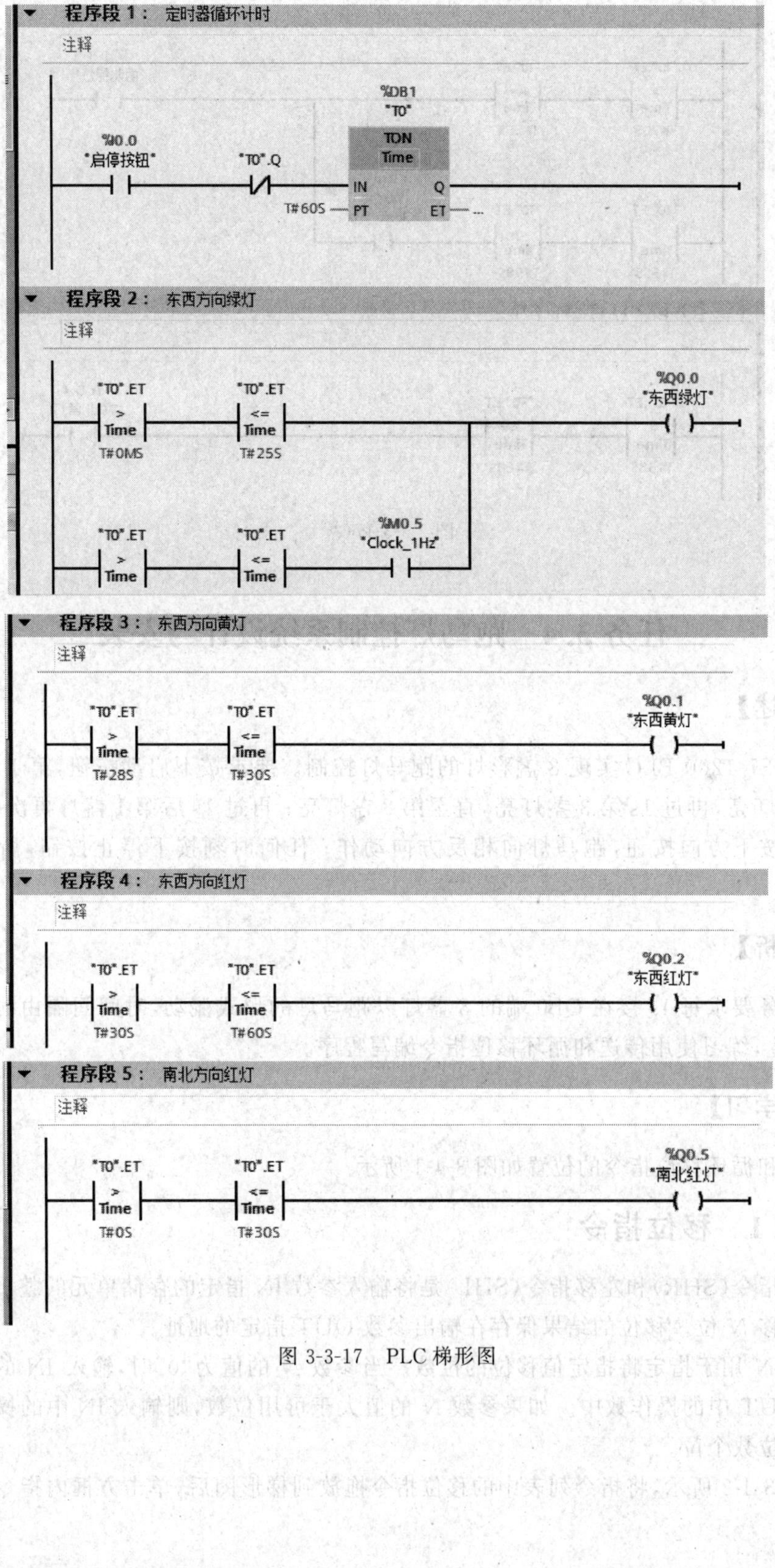

程序段 1：　定时器循环计时

注释

%DB1
"T0"
TON
Time
%I0.0
"启停按钮"
"T0".Q
IN　Q
T#60S　PT　ET　...

程序段 2：　东西方向绿灯

注释

"T0".ET　>　Time　T#0MS
"T0".ET　<=　Time　T#25S
%Q0.0
"东西绿灯"
"T0".ET　>　Time
"T0".ET　<=　Time
%M0.5
"Clock_1Hz"

程序段 3：　东西方向黄灯

注释

"T0".ET　>　Time　T#28S
"T0".ET　<=　Time　T#30S
%Q0.1
"东西黄灯"

程序段 4：　东西方向红灯

注释

"T0".ET　>　Time　T#30S
"T0".ET　<=　Time　T#60S
%Q0.2
"东西红灯"

程序段 5：　南北方向红灯

注释

"T0".ET　>　Time　T#0S
"T0".ET　<=　Time　T#30S
%Q0.5
"南北红灯"

图 3-3-17　PLC 梯形图

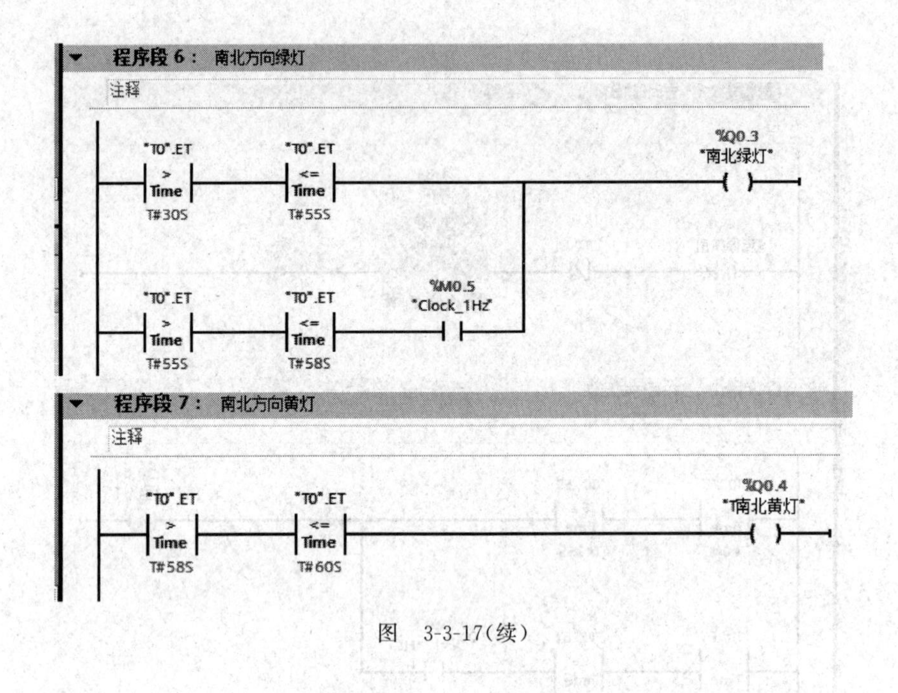

图 3-3-17(续)

任务 3.4 跑马灯控制系统设计与安装

【任务描述】

使用 S7-1200 PLC 实现 8 盏彩灯的跑马灯控制。要求按下启动按钮，第 1 盏灯亮，1s 后第 2 盏灯亮，再过 1s 第 3 盏灯亮，直至第 8 盏灯亮；再过 1s 后第 1 盏灯再次亮，一直循环动作；按下方向按钮，跑马灯向相反方向动作；任何时刻按下停止按钮，所有彩灯都熄灭。

【任务分析】

本任务要求每 1s 接在 QB0 端的 8 盏灯以跑马灯的形式流动，时间间隔由时钟存储器 M0.5 产生，练习使用传送和循环移位指令编写程序。

【新知识学习】

移位和循环移位指令的位置如图 3-4-1 所示。

3.4.1 移位指令

右移指令(SHR)和左移指令(SHL)是将输入参数 IN 指定的存储单元的整个内容逐位右移或左移 N 位。移位的结果保存在输出参数 OUT 指定的地址。

参数 N 用于指定将指定值移位的位数。当参数 N 的值为“0”时，输入 IN 的值将复制到输出 OUT 中的操作数中。如果参数 N 的值大于可用位数，则输入 IN 中的操作数值将移动可用位数个位。

如图 3-4-2 所示，将指令列表中的移位指令拖放到梯形图后，单击方框内指令名称下面

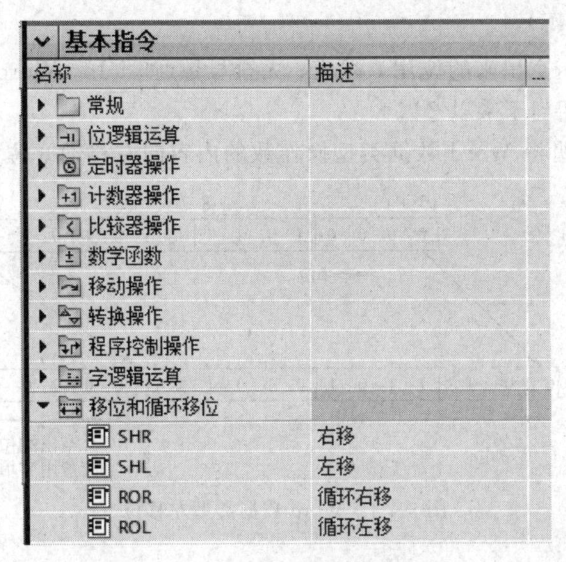

图 3-4-1 移位和循环移位指令

的问号“???”,用下拉式列表设置变量的数据类型。

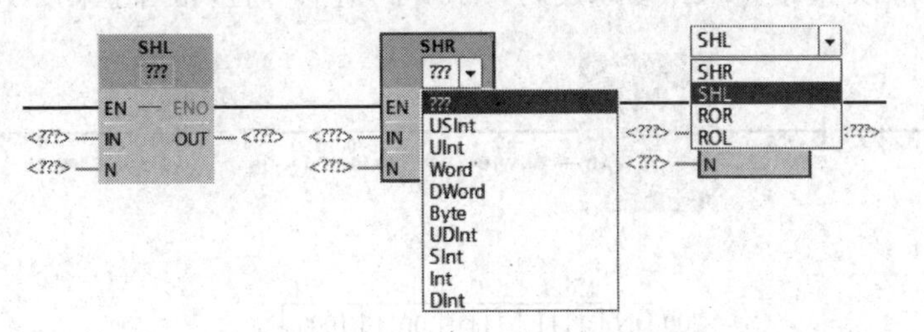

图 3-4-2 移位指令

1. 右移指令(SHR)

无符号数(如 UInt、Word)右移时,用 0 填充操作数左侧区域中空出的位,右移 N 位相当于除以 2^N 。有符号数号(如 Int)右移后,空出来的位用符号位(原来的最高位)填充,正数的符号位为 0,负数的符号位为 1。

图 3-4-3 说明如何将整数数据类型操作数的内容向右移动 4 位。

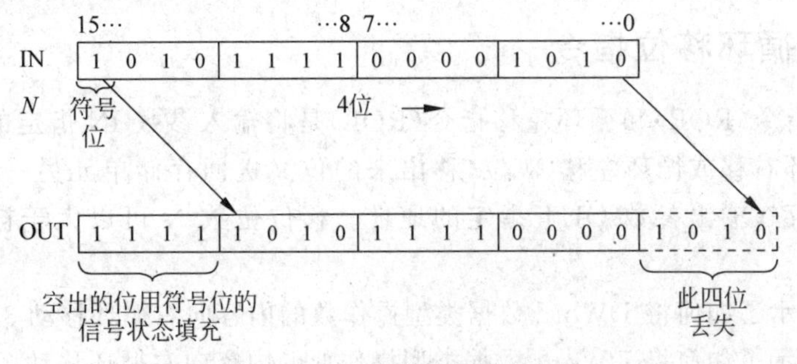

图 3-4-3 整数数据类型右移位

2. 左移指令(SHL)

有符号数左移后,空出来的位用 0 填充;无符号数(如 UInt、Word)左移后,用 0 填充空出的位。左移 N 位相当于乘以 2^N。

图 3-4-4 所示说明将 Word 数据类型操作数的内容向左移动 6 位。

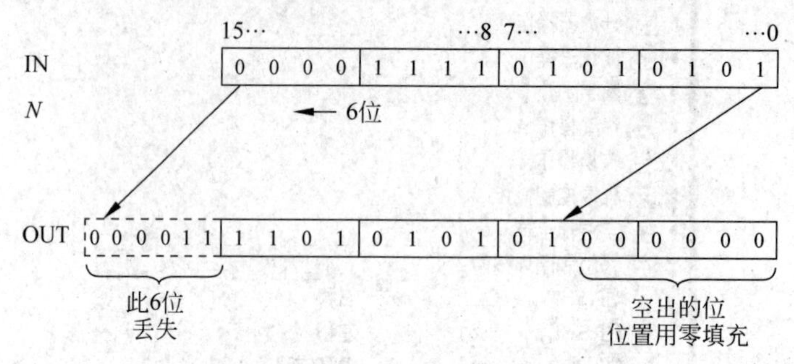

图 3-4-4 Word 数据类型左移位

如图 3-4-5 所示,整数－200(负数的二进制表示使用补码形式,即原码取反后加 1 且符号位不变,－200 的二进制形式为 2＃11001000,反码为 2＃00110111,补码为 2＃00111000)右移 2 位,相当于除以 4,等于－50(要求反码);16＃20 左移 2 位,相当于乘以 4,等于 16＃80。

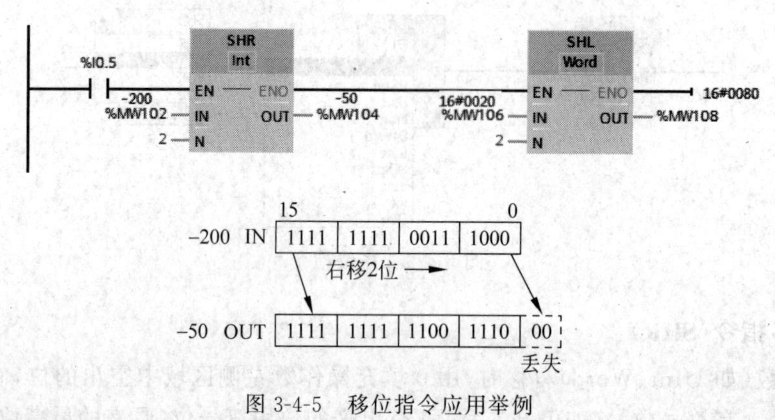

图 3-4-5 移位指令应用举例

如果移位后的数据要送回原地址,应在信号边沿操作,否则在信号为 1 状态的每个扫描周期都要移位一次。

3.4.2 循环移位指令

循环右移指令(ROR)和循环左移指令(ROL)是将输入参数 IN 指定的存储单元的整个内容逐位循环右移或循环左移 N 位,移出来的位又送回存储单元另一端空出来的位。移位的结果保存在输出参数 OUT 指定的地址。移位位数 N 可以大于被移位存储单元的位数。

图 3-4-6 显示了如何将 DWord 数据类型操作数的内容向右循环移动 3 位。

图 3-4-7 显示了如何将 DWord 数据类型操作数的内容向左循环移动 3 位。

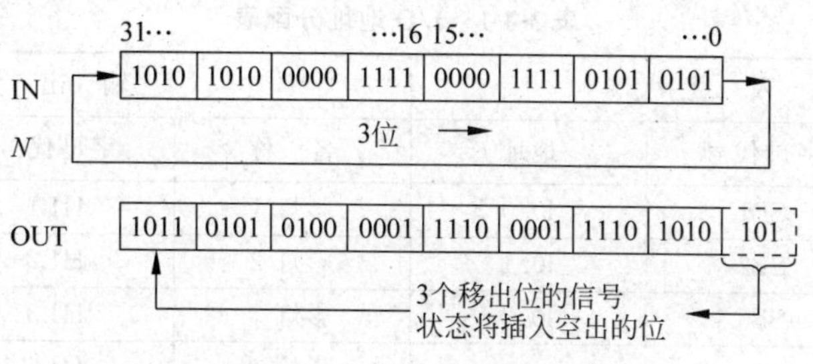

图 3-4-6　右循环移位指令

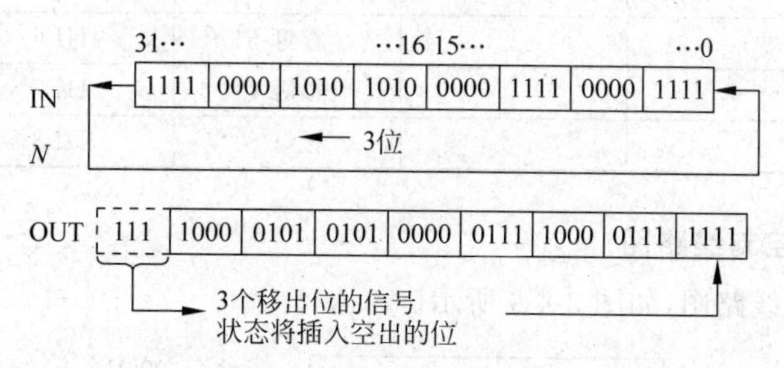

图 3-4-7　左循环移位指令

如图 3-4-8 所示，M1.0 为系统存储器，首次扫描为"1"，即首次扫描时将 125(16＃7D)赋给 MB10，将－125(16＃83)赋给 MB20(负数的二进制表示使用补码形式，即原码取反后加 1 且符号位不变，－125 的二进制形式为 2＃11111101，反码为 2＃10000010，补码为 2＃10000011)。

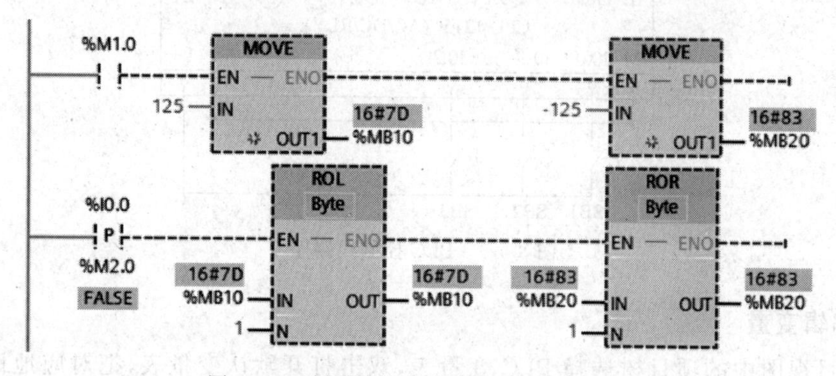

图 3-4-8　循环移位指令应用(指令执行前)

当 I0.0 出现一次上升沿时(脉冲执行方式)，循环左移指令(ROL)和循环右移指令(ROR)各执行一次，MB10 的数据 16＃7D(2＃01111101)向左循环移 1 位后变为 2＃11111010，即为 16＃FA；MB20 的数据 16＃83(2＃10000011)向右循环移 1 位后变为 2＃11000001，即为 16＃C1。

【任务实施】

1. I/O 地址分配

绘制 I/O 地址分配表如表 3-4-1 所示。

表 3-4-1　I/O 地址分配表

输入量			输出量		
名　称	字母代号	地址	名　称	字母代号	地址
启动按钮	SB1	I0.0	彩灯 1	HL1	Q0.0
停止按钮	SB2	I0.1	彩灯 2	HL2	Q0.1
方向按钮	SB3	I0.2	彩灯 3	HL3	Q0.2
			彩灯 4	HL4	Q0.3
			彩灯 5	HL5	Q0.4
			彩灯 6	HL6	Q0.5
			彩灯 7	HL7	Q0.6
			彩灯 8	HL8	Q0.7

2. 绘制 PLC 控制线路图

绘制 PLC 控制线路图，如图 3-4-9 所示。

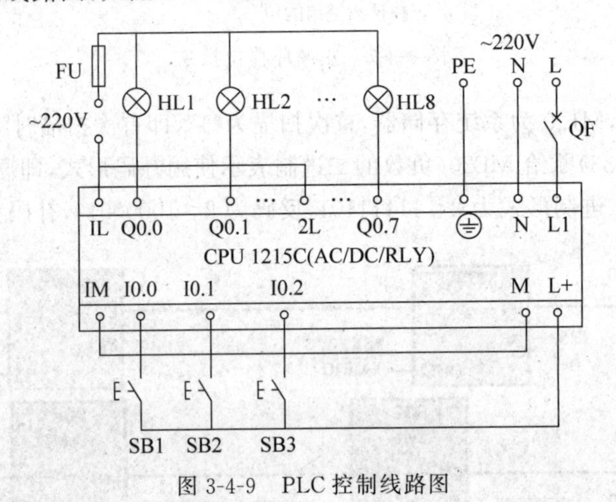

图 3-4-9　PLC 控制线路图

3. 编辑变量

在项目视图中的项目树选择 PLC 变量表，双击打开默认变量表，把对应地址 I0.0～I0.2（数据类型为 Bool 型）、QB0（数据类型为 Byte 型）的名称进行修改，如图 3-4-10 所示。

默认变量表

	名称	数据类型	地址	保持	在 H...	可从 ...	注释
1	启动按钮	Bool	%I0.0	☐	☑	☑	
2	停止按钮	Bool	%I0.1	☐	☑	☑	
3	方向按钮	Bool	%I0.2	☐	☑	☑	
4	8盏彩灯	Byte	%QB0	☐	☑	☑	

图 3-4-10　变量表

4. 编写程序

根据控制要求编写如图 3-4-11 所示梯形图。

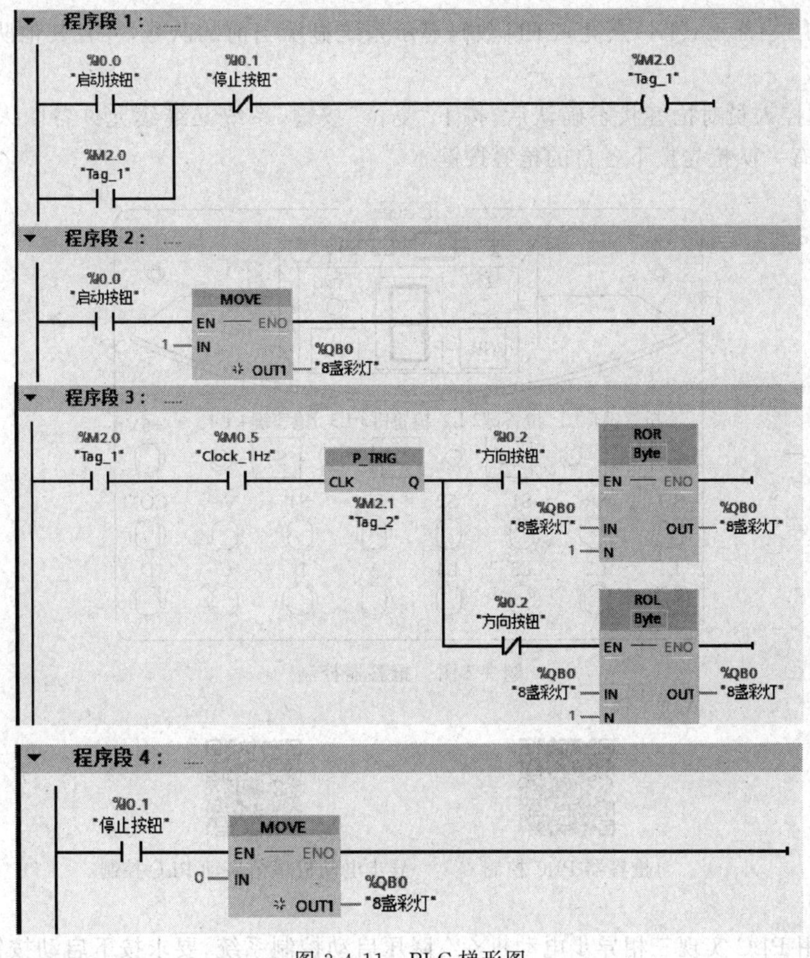

图 3-4-11　PLC 梯形图

5. 下载及运行调试

八盏彩灯跑马灯 PLC 控制

在项目视图的项目树中选中站 PLC1，执行菜单中的“下载”命令，对程序块进行编译。结果显示在命令行中，编译无错误，将项目下载到 PLC。

在项目视图中打开 OB1 主程序块，单击工具栏中的“启用或禁用监视”按钮，可以在线监视程序的运行状态，可以看到按下启动按钮 I0.0，第 1 盏灯亮，1s 后第 2 盏灯亮，再过 1s 后第 3 盏灯亮，直至第 8 盏灯亮；再过 1s 后第 1 盏灯再次亮，一直循环动作；按下方向按钮 I0.2，跑马灯向相反方向动作；任何时刻按下停止按钮 I0.1，所有彩灯都熄灭。

【练习与思考题】

3-1　使用 S7-1200 PLC 的置位复位指令实现三相异步电动机的正反转连续运行控制。

3-2　抢答器控制如题 3-2 图所示，控制要求如下。

(1) 系统初始上电后，主控人员在总控制台上按下“开始”按键后，允许各队人员开始抢答，即各队抢答按键有效。

(2) 抢答过程中，1～4 队中的任何一队抢先按下各自的抢答按键(S1、S2、S3、S4)后，该队指示灯(L1、L2、L3、L4)点亮,LED数码显示系统显示当前的队号,并且其他队的人员继续抢答无效。

(3) 主控人员对抢答状态确认后,按下"复位"按键,系统又继续允许各队人员开始抢答,直至又有一队抢先按下各自的抢答按键。

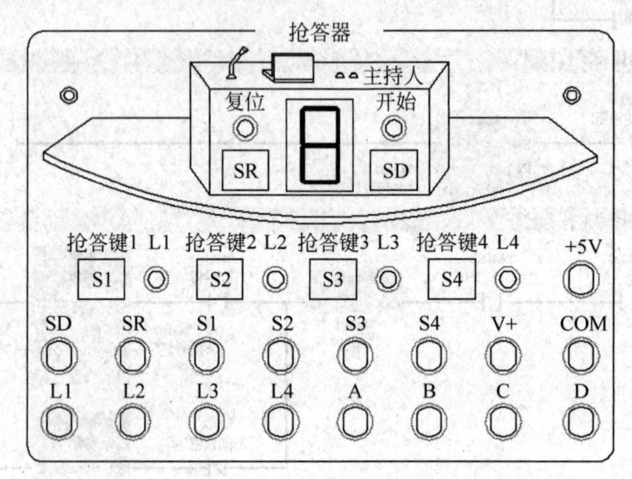

题 3-2 图　抢答器控制

抢答器 PLC 控制

异步电动机星角启动 PLC 控制

3-3　用 PLC 实现三相异步电动机Y-△降压启动控制系统,要求按下启动按钮,电动机星形启动,6s 后自动换接为三角形运行。任何时刻按下停止按钮,电动机停转。

3-4　三台皮带运输机顺序启动、逆序停止。

传送带顺序相连如题 3-4 图所示,为了避免运送的物料在运输带上堆积,按下启动按钮,1 号运输带开始运行,10s 后 2 号运输带自动启动,再过 10s 后 3 号运输带自动启动。停机的顺序与启动的顺序刚好相反,即按了停止按钮后,3 号运输带停机,10s 后 2 号运输带停机,再过 10s 后停 1 号运输带。

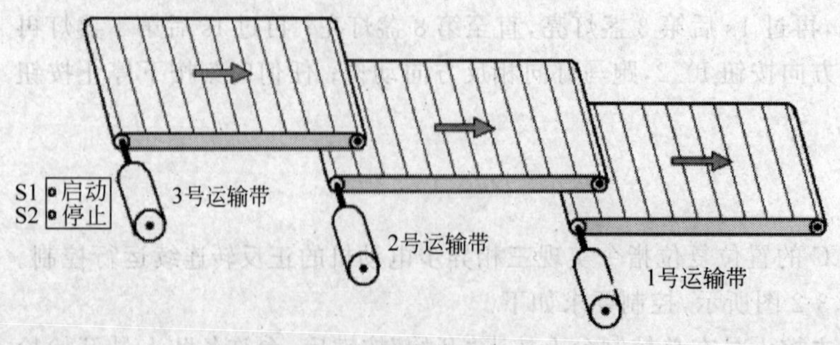

题 3-4 图　皮带运输机

三台皮带运输机顺序启动
逆序停止 PLC 控制

3-5　全自动洗衣机的控制过程：按下启动按钮，洗衣机开始进水，水满时（即水位到达高水位，高水位开关由 OFF 变为 ON），停止进水；洗衣机开始正转洗涤，正转洗涤 30s 后暂停，3s 后开始反转洗涤；这样循环洗涤 30 次，当正、反洗涤达到 30 次后，开始排水，水位信号下降到低水位时（低水位开关由 ON 变为 OFF），开始脱水并继续排水，60s 后脱水结束，即完成一次从进水到脱水的大循环过程。大循环完成 3 次后，进行洗涤结束报警。报警 10s 后结束全部过程，自动停机。

3-6　控制要求：用启动按钮控制接在 Q0.0～Q0.7 上的 8 盏彩灯分组交替点亮，时间间隔为 1s。

3-7　流水灯的 PLC 控制：使用 S7-1200 PLC 的循环移位指令实现 8 盏彩灯的流水控制。要求按下启动按钮，第 1 盏灯亮，1s 后第 1、2 盏灯亮，再过 1s 后第 1、2、3 盏灯亮，直至 8 盏灯全亮；再过 1s 后第 1 盏灯灭，直到全部灯都熄灭，完成一次循环，以后一直循环动作；任何时刻按下停止按钮，所有彩灯都熄灭。同时，系统要求无论何时按下启动按钮，都从第 1 盏灯亮。

八盏彩灯流水灯 PLC 控制

3-8　跑马灯的 PLC 控制：使用 S7-1200 PLC 移位指令实现 8 盏彩灯的跑马灯控制。要求按下启动按钮，第 1 盏灯亮，1s 后第 2 盏灯亮，再过 1s 后第 3 盏灯亮，直至第 8 盏灯亮；再过 1s 后第 1 盏灯再次亮，一直循环动作；任何时刻按下停止按钮，所有彩灯都熄灭。

项目4

S7-1200 PLC的顺序控制

【项目目标】

序号	类　别	目　　标
1	知识目标	1. 掌握顺序控制设计法的步骤 2. 掌握单流程顺序功能图的绘制和梯形图的编写 3. 掌握选择分支顺序功能图的绘制和梯形图的编写 4. 掌握并行分支顺序功能图的绘制和梯形图的编写
2	技能目标	1. 能进行机械手、大小球分拣控制系统硬件接线 2. 能进行机械手、大小球分拣控制系统顺序功能图设计 3. 能完成控制系统的程序设计并上机调试运行
3	职业素养	1. 具有相互沟通能力及团队协作的精神 2. 具有主动探究、分析问题和解决问题的能力 3. 具有遵守规范、严谨认真和精益求精的工匠精神 4. 增强文化自信，具有科技报国的家国情怀和使命担当 5. 系统设计施工中注重质量、成本、安全、环保等职业素养

任务4.1　机械手PLC控制系统设计与安装

【任务描述】

总体控制要求：如图4-1-1所示，A处工件被机械手抓取并放到B处。

机械手初始状态，SQ4＝SQ2＝1，SQ3＝SQ1＝0，原位指示灯HL点亮。

按下SB1启停开关，按照以下动作运行。

(1) 下降电磁阀YV1得电，机械手下降(SQ2＝0)。

(2) 下降到A处后(SQ1＝1)夹紧工件，夹紧电磁阀YV2得电。

(3) 夹紧工件后，机械手上升(SQ1＝0)，上升电磁阀YV3得电。

(4) 上升到位后(SQ2＝1)，机械手右移(SQ4＝0)，右移电磁阀YV4得电。

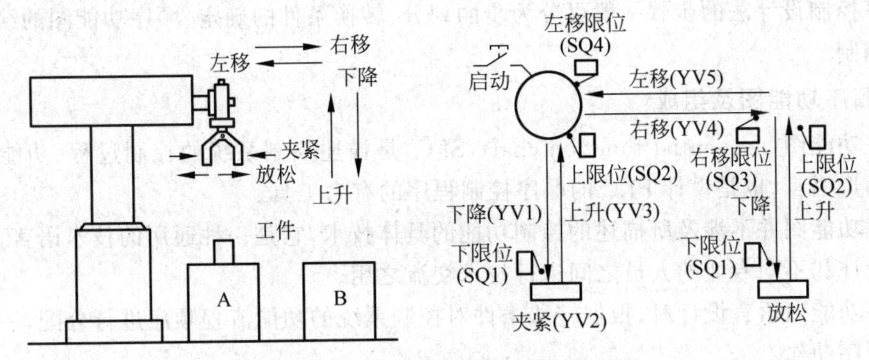

图 4-1-1　机械手动作 PLC 控制示意图

(5) 机械手右移到位后(SQ3＝1)下降电磁阀 YV1 得电，机械手下降。

(6) 机械手下降到位后(SQ1＝1)夹紧电磁阀 YV2 失电，机械手放松。

(7) 机械手放松后上升，上升电磁阀 YV3 得电。

(8) 机械手上升到位(SQ2＝1)后左移，左移电磁阀 YV5 得电。

机械手回到原点后，再次循环运行。按下启停开关，机械手完成本次循环后，停在初始位置。

【任务分析】

机械手的初始状态为机械手停在左限位、上限位的位置，夹紧电磁阀失电，原位指示灯亮。机械手的控制流程是通过位置信号实现的，使用了上、下、左、右 4 个限位开关(SQ1～SQ4)来实现机械手当前的位置控制。机械手的运动由下降、上升、右移、左移电磁阀线圈和夹紧电磁阀 YV1～YV5 来实现。

【新知识学习】

4.1.1　顺序控制设计法与顺序功能图

PLC 梯形图的程序设计一般有两种方法。

一种方法是基于继电器—接触器控制系统的经验设计法，该方法没有一套固定的步骤可以遵循，具有很大的试探性和随意性。在设计复杂系统的梯形图时，经验设计法需要用到大量的位存储器来完成记忆、联锁等功能，容易遗漏一些问题，使得分析设计非常困难。即使有经验的工程师，也很难做到设计出的程序能一次成功，因此程序设计完成后，需要通过模拟调试来发现问题，反复对程序进行修改，直到全部符合要求为止。

另一种方法是顺序控制设计法，使用此方法，可以提高设计效率，节约大量的设计时间，程序的调试、修改和识读都很方便。

1. 顺序控制设计法

所谓顺序控制设计法，是指使各个执行机构按照生产工艺预先规定的顺序，在各个输入信号作用下，根据内部状态和时间顺序，在生产过程中自动、有序地进行操作的设计方法。

2. 顺序控制设计法的步骤

顺序控制设计法是一种专门针对顺序控制系统的设计方法，它是根据顺序功能图，以步为核心，从起始步开始一步一步地完成程序设计。

顺序控制设计法的步骤一般可分为步的划分、转换条件的确定、顺序功能图的绘制和梯形图的编制。

3. 顺序功能图及组成

顺序功能图(sequential function chart,SFC)是描述控制系统的控制过程、功能和特性的一种图形语言,也是设计 PLC 的顺序控制程序的有力工具。

顺序功能图并不涉及所描述的控制功能的具体技术,它是一种通用的技术语言,可以供进一步设计和不同专业的人员之间进行技术交流之用。

顺序功能图语言设计时,根据转移条件对控制系统的功能流程顺序进行分配,一步一步地按照顺序动作。

顺序功能图主要由步、与步相关的动作或命令、有向连线、转换和转换条件组成,如图 4-1-2 所示。

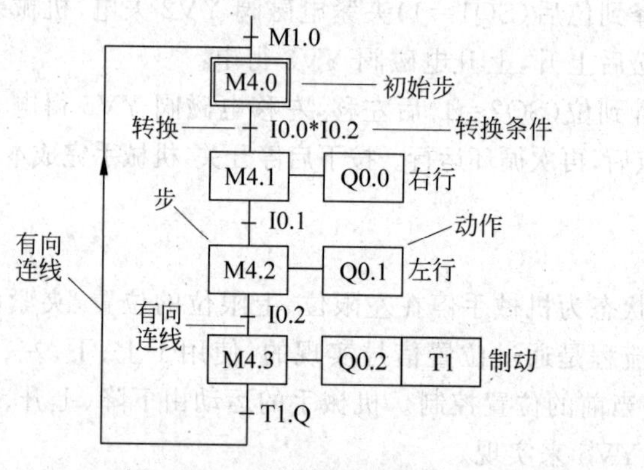

图 4-1-2 顺序功能图结构

1）步的基本概念

顺序控制设计法最基本的思想是将系统的一个工作周期划分为若干个顺序相连的阶段,这些阶段称为步(step),并用编程元件(例如位存储器 M)来表示各步。每一步代表一个控制功能任务,在顺序功能图中用方框表示。

2）初始步

与系统的初始状态相对应的步称为初始步,初始状态一般是系统等待启动命令的相对静止的状态。初始步用双线方框表示,每一个顺序功能图至少应该有一个初始步。如图 4-1-2 所示,M4.0 即为初始步。

3）活动步

当系统正处于某一步所在的阶段时,该步处于活动状态,称该步为活动步。步处于活动状态时,执行相应的动作;处于不活动状态时,则停止执行动作。如图 4-1-2 所示,M4.1、M4.2、M4.3 即为活动步。

4）有向连线

在顺序功能图中,随着时间的推移和转换条件的实现,将会发生步的活动状态的进展,这种进展按有向连线规定的路线和方向进行。在画顺序功能图时,将代表各步的方框按它们成为活动步的先后顺序排列,并用有向连线将它们连接起来。如图 4-1-2 所示,若状态向下转移,有向连线上的箭头可省略;若状态向上或向其他分支转移,有向连线上的箭头不能省略。

5）转换和转换条件

在顺序功能图中，步的活动状态的进展是由转换来实现的，转换将相邻两步分隔开。

转换符号是用有向连线上与有向连线垂直的短划线来表示；转换条件可以用文字语言、布尔代数表达式或图形符号标注在转换符号旁。如图 4-1-2 所示，I0.0 * I0.2、I0.1、I0.2 即为转换条件。

当转换条件满足后，使该转换所有的后续步都变为活动步；使该转换所有的前级步都变为不活动步。

6）与步对应的动作或命令

用矩形框中的文字或符号表示动作，该矩形框与相应的步的方框用水平短线相连。如果某一步有多个动作，可以用图 4-1-2 中的画法表示。

4. 顺序功能图的基本结构

顺序功能图的基本结构有单序列、选择序列、并行序列，如图 4-1-3 所示。

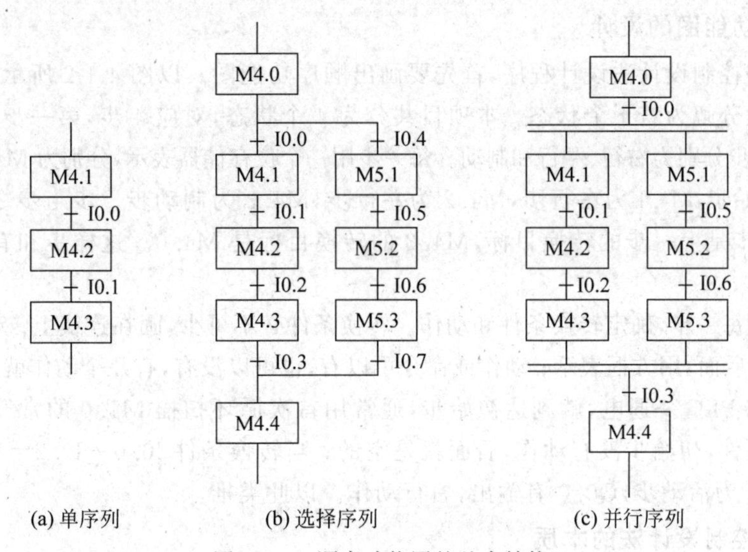

图 4-1-3　顺序功能图的基本结构

1）单序列

图 4-1-3(a)所示为单序列顺序功能图。

单序列由一系列相继激活的步组成，每一步的后面仅有一个转换，每一个转换的后面只有一个步。

2）选择序列

图 4-1-3(b)所示为选择序列顺序功能图。

选择序列的开始称为分支，转换符号只能标在水平连线之下。如果步 M4.0 是活动步，并且转换条件 I0.0 为 1 状态，则发生由步 M4.1 到步 M4.3 的进展。一般只允许同时选择一个序列。选择序列的结束称为合并，转换符号只能标在水平连线之上，如果转换条件 I0.3 为 1 状态，则发生由步 M4.3 到步 M4.4 的转换。

3）并行序列

图 4-1-3(c)所示为并行序列顺序功能图。

并行序列的开始称为分支，当转换的实现导致几个序列同时激活时，这些序列称为并行序列。当步 M4.0 是活动的，并且分支转换条件 I0.0 为 1 状态，步 M4.1 和步 M5.1 同时变为活动步，同时步 M4.0 变为非活动步。为了强调转换的同步实现，水平连线用双线表示。步 M4.1 和步 M5.1 被同时激活后，每个序列中活动步的进展将是独立的。在表示同步的水平双线之上，只允许有一个转换符号。并行序列用来表示系统中几个同时工作的独立部分的工作情况。并行序列的结束称为合并，在表示同步的水平双线之下，只允许有一个转换符号。

5. 绘制顺序功能图的注意事项

(1) 两个步绝对不能直接相连，必须用一个转换将它们分隔开。

(2) 两个转换也不能直接相连，必须用一个步将它们分隔开。

(3) 初始步对应于系统等待启动的初始状态，初始步是必不可少的。

(4) 步和有向连线一般应组成闭环。

6. 顺序功能图的设计

采用顺序控制设计法设计程序，首先要画出顺序功能图。以图 4-1-2 所示为例，先将系统的工作过程分解为若干个状态。本项目共分为 4 个状态，对应 4 步，第一步是起始状态，第二步至第四步分别为右行、左行和制动。每一步用一个位存储器表示，分别为 M4.0～M4.3，其中 M4.0 为初始步，M4.1 为右行步，M4.2 为左行步，M4.3 为制动步。步与步之间用有向连线，表示下一步是上一步的转换目标，M4.3 的转换目标是 M4.0。这样步和有向连线形成闭环。

然后分析每一步，确定转换条件和动作。转换条件必不可少，画在连线上；动作或命令用横线画在步的后面，用方框表示；动作或命令可以有，也可以没有，有几个动作就画几个方框。

一般要求 PLC 一通电，就到达初始步，通常用首次循环扫描 M1.0 的常开触点作为初始步的转换条件，初始步没有动作，后面就是空的；当转换条件 I0.0 * I0.2＝1，M4.0 为非活动步，M4.1 为活动步，Q0.0 有输出，右行动作。以此类推。

7. 顺序控制设计法的本质

经验设计法是用输入信号 I 直接控制输出信号 Q，由于不同的系统的输出量 Q 与输入量 I 之间的关系各不相同，不可能找出一种简单通用的设计方法。

顺序控制设计法则是用输入信号 I 控制代表各步的编程元件(例如 M)，再用它们控制输出信号 Q。步是根据输出信号 Q 的状态划分的，输出电路的设计极为简单。任何复杂的系统都可以用代表步的存储器位 M 来划分，控制电路的设计方法是通用的，并且很容易掌握。

4.1.2 顺序控制梯形图设计法

顺序功能图的设计完成后，需要把顺序功能图转化成梯形图，通常使用置位复位指令完成顺序控制梯形图的编程。

1. 设计顺序控制梯形图的基本问题

如图 4-1-4 所示，自动方式和手动方式都需要执行的操作放在公用程序中，公用程序还用于自动程序和手动程序相互切换的处理。

系统满足规定的初始状态以后，应将顺序功能图的初始步对应的存储器位置为 1 状态，使初始步变为活动步，同时还应将其余各步对应的存储器位复位为 0 状态。

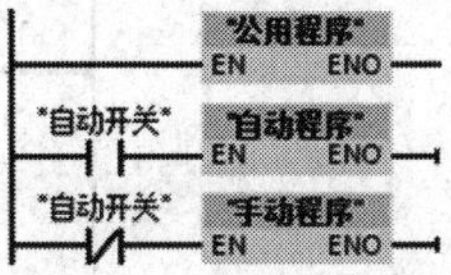

图 4-1-4　程序切换

2. 置位复位指令完成顺序控制梯形图

在梯形图中，用编程元件(例如 M)代表步，当某步为活动步时，该步对应的编程元件为 ON。当该步之后的转换条件满足时，转换条件对应的触点或电路接通。

将转换条件对应的触点或电路与代表所有前级步的编程元件的常开触点串联，作为与转换实现的两个条件同时满足对应的电路。该电路接通时，将所有后续步对应的存储器位置位，将所有前级步对应的存储器位复位。

在顺序功能图中，如果某一转换所有的前级步都是活动步，并且满足相应的转换条件，则转换实现。即该转换所有的后续步都变为活动步，该转换所有的前级步都变为非活动步。用该转换所有前级步对应的存储器位的常开触点与转换对应的触点或电路串联，使所有后续步对应的存储器位置位，使所有前级步对应的存储器位复位。置位和复位操作分别使用置位指令和复位指令。

1) 单序列的编程方法

用置位复位指令实现图 4-1-3(a)所示单序列顺序功能图的梯形图。假设前级步 M4.1 是活动步，在梯形图中，用 M4.1 和 I0.0 的常开触点组成的串联电路作为转换条件，当 I0.0 接通，将转换的后续步 M4.2 变为活动步，即用置位指令将 M4.2 置位；同时将该转换的前级步 M4.1 变为非活动步，即用复位指令将 M4.1 复位。用同样的方法编写其他步，梯形图如图 4-1-5 所示。

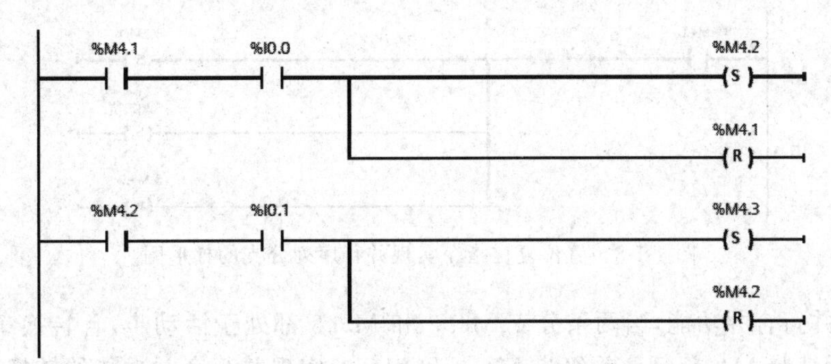

图 4-1-5　置位复位指令实现单序列顺序功能图的梯形图

2) 选择序列的编程方法

用置位复位指令实现图 4-1-3(b)所示选择序列顺序功能图的梯形图。假设前级步 M4.0 是活动步，在梯形图中，用 M4.0 分别和 I0.0、I0.4 的常开触点组成的串联电路作为转换条件。当 I0.0 接通时，置位后续步 M4.1，复位前级步 M4.0；当 I0.4 接通时，置位后续步 M5.1，复位前级步 M4.0，实现选择功能的转换。梯形图如图 4-1-6 所示。

通常情况下，多条选择分支不能同时执行，所以需要对两条串联电路实现互锁，改进后的梯形图如图 4-1-7 所示。

3) 并行序列的编程方法

用置位复位指令实现图 4-1-3(c)所示并行序列的分支和合并的设计方法。要实现并行

%M4.0
%I0.0
%M4.1
S
%M4.0
R
%M4.0
%I0.4
%M5.1
S
%M4.0
R

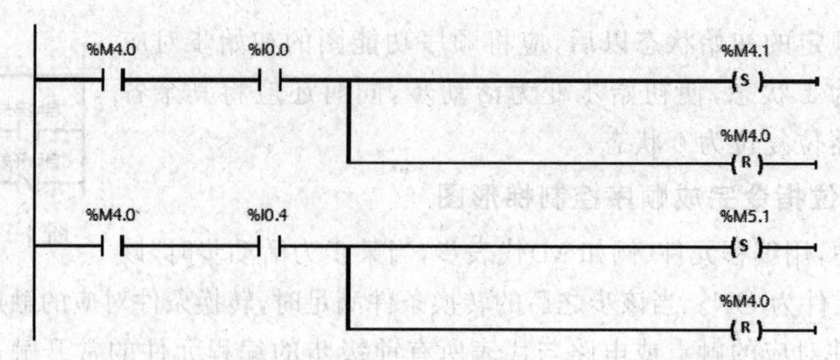

图 4-1-6　置位复位指令实现选择序列顺序功能图的梯形图

%M4.0
%I0.0
%I0.4
%M4.1
S
%M4.0
R
%M4.0
%I0.4
%I0.0
%M5.1
S
%M4.0
R

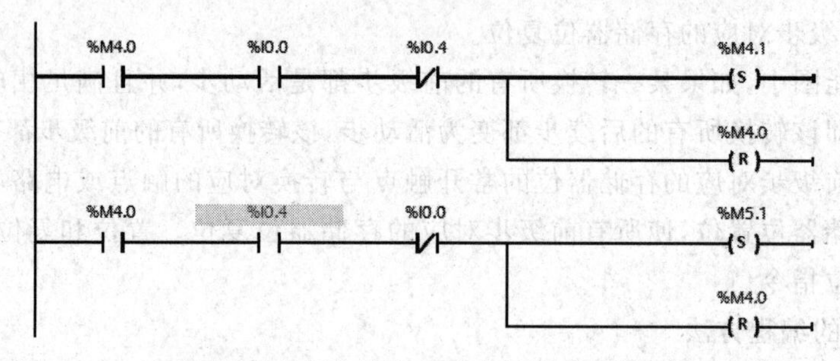

图 4-1-7　改进后的置位复位指令实现选择序列顺序功能图的梯形图

分支功能，假设前级步 M4.0 是活动步，在梯形图中，用 M4.0 和 I0.0 的常开触点组成的串联电路作为转换条件。当 I0.0 接通时，置位后续步 M4.1 和 M5.1，复位前级步 M4.0，实现并行分支功能的转换。梯形图如图 4-1-8 所示。

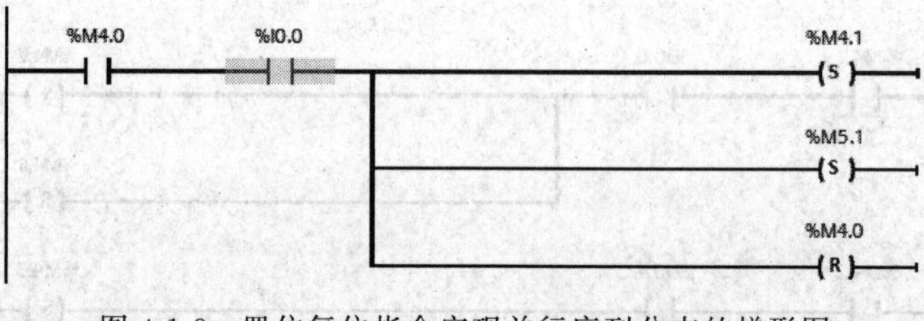

%M4.0
%I0.0
%M4.1
S
%M5.1
S
%M4.0
R

图 4-1-8　置位复位指令实现并行序列分支的梯形图

要实现并行合并功能，当两条分支 M4.3 和 M5.3 都处于活动步，且转换条件 I0.3 接通时，置位后续步 M4.4，复位前级步 M4.3 和 M5.3，实现并行合并功能的转换。梯形图如图 4-1-9 所示。

%M4.3
%M5.3
%I0.3
%M4.4
S
%M4.3
R
%M5.3
R

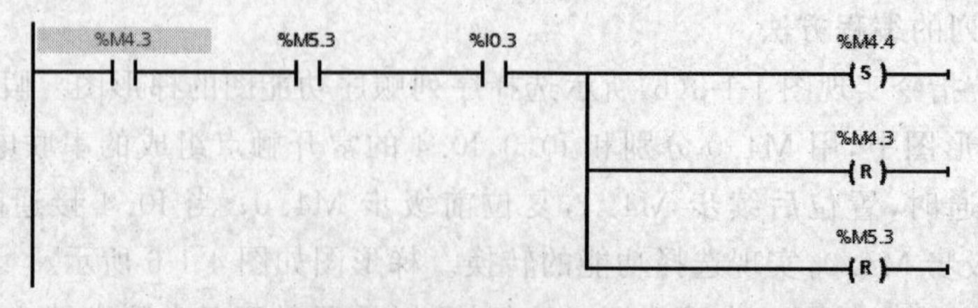

图 4-1-9　置位复位指令实现并行序列合并的梯形图

4）使用定时器作为转换条件的设计方法

在如图 4-1-10 所示梯形图中，用前级步的常开触点 M4.4 和定时器 DB1 组成的串联电路作为转换条件，置位后续步 M4.5，复位前级步 M4.4。

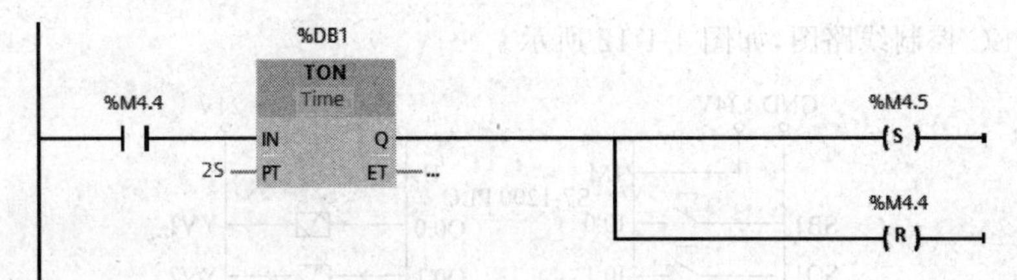

图 4-1-10　使用定时器作为转换条件的梯形图

5）输出电路的处理

如图 4-1-2 所示的顺序功能图，使用置位复位指令设计编程时，不能将输出位的线圈与置位指令和复位指令并联，原因是控制置位、复位的串联电路接通的时间很短，只有一个扫描周期。转换条件 I0.1 满足后，前级步 M4.1 被复位，下一个扫描循环周期 M4.1 和 I0.1 的常开触点组成的串联电路断开，而输出位 Q 的线圈至少应该在某一步对应的全部时间内被接通。所以应根据顺序功能图，用代表步的存储器位的常开触点或它们的并联电路来驱动输出位的线圈，得到图 4-1-11 所示梯形图。

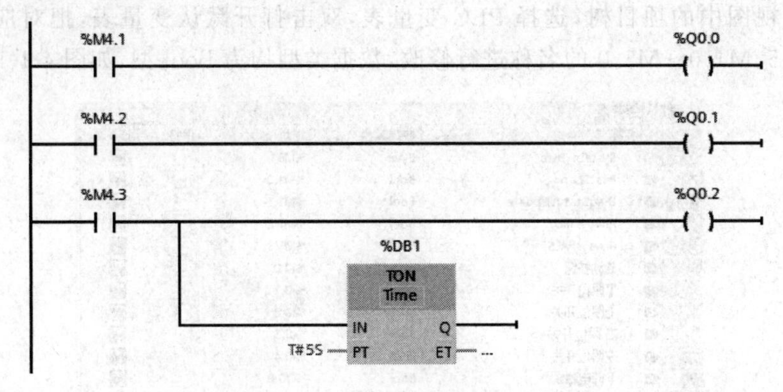

图 4-1-11　输出位的梯形图

【任务实施】

1. I/O 地址分配

绘制机械手 I/O 地址分配表如表 4-1-1 所示。

表 4-1-1　机械手 I/O 地址分配表

输入信号		输出信号	
名　称	地　址	名　称	地　址
启停按钮 SB1	I0.0	下降电磁阀 YV1	Q0.0
下限位开关 SQ1	I0.1	夹紧/放松电磁阀 YV2	Q0.1
上限位开关 SQ2	I0.2	上升电磁阀 YV3	Q0.2
右限位开关 SQ3	I0.3	右移电磁阀 YV4	Q0.3
左限位开关 SQ4	I0.4	左移电磁阀 YV5	Q0.4
		原点指示灯 HL	Q0.5

2. 绘制 PLC 控制线路图

绘制 PLC 控制线路图，如图 4-1-12 所示。

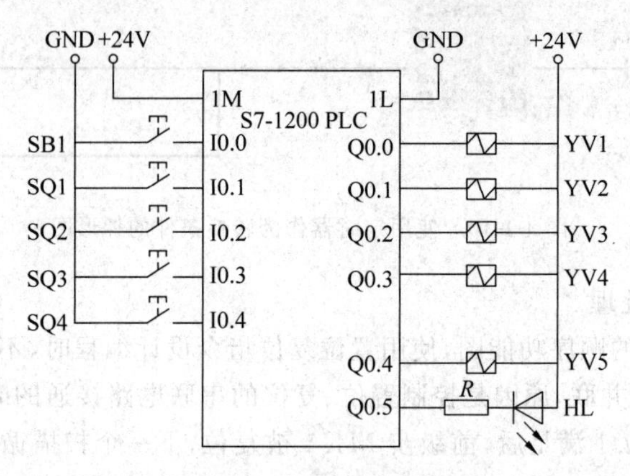

图 4-1-12　PLC 控制线路图

3. 编辑变量

在项目视图中的项目树，选择 PLC 变量表，双击打开默认变量表，把对应地址 I0.0、Q0.0～Q0.5、M4.0～M5.0 的名称进行修改，数据类型均为 Bool 型，如图 4-1-13 所示。

默认变量表

	名称	数据类型	地址	保持	可从...
1	System_Byte	Byte	%MB1	☐	☑
2	FirstScan	Bool	%M1.0	☐	☑
3	DiagStatusUpdate	Bool	%M1.1	☐	☑
4	AlwaysTRUE	Bool	%M1.2	☐	☑
5	AlwaysFALSE	Bool	%M1.3	☐	☑
6	启动按钮	Bool	%I0.0	☐	☑
7	下限位开关	Bool	%I0.1	☐	☑
8	上限位开关	Bool	%I0.2	☐	☑
9	右限位开关	Bool	%I0.3	☐	☑
10	左限位开关	Bool	%I0.4	☐	☑
11	下降电磁阀	Bool	%Q0.0	☐	☑
12	夹紧电磁阀	Bool	%Q0.1	☐	☑
13	上升电磁阀	Bool	%Q0.2	☐	☑
14	右移电磁阀	Bool	%Q0.3	☐	☑
15	左移电磁阀	Bool	%Q0.4	☐	☑
16	原位指示灯	Bool	%Q0.5	☐	☑
17	初始步	Bool	%M4.0	☐	☑
18	下降1	Bool	%M4.1	☐	☑
19	夹紧	Bool	%M4.2	☐	☑
20	上升1	Bool	%M4.3	☐	☑
21	右移	Bool	%M4.4	☐	☑
22	下降2	Bool	%M4.5	☐	☑
23	放松	Bool	%M4.6	☐	☑
24	上升2	Bool	%M4.7	☐	☑
25	左移	Bool	%M5.0	☐	☑

图 4-1-13　变量表

4. 编写程序

机械手 PLC 控制

编写顺序功能图如图 4-1-14 所示。根据顺序功能图编写梯形图程序如图 4-1-15 所示。

5. 下载与监视程序

在项目视图的项目树中选中站 PLC1，执行菜单中的“下载”命令，对程序块进行编译。

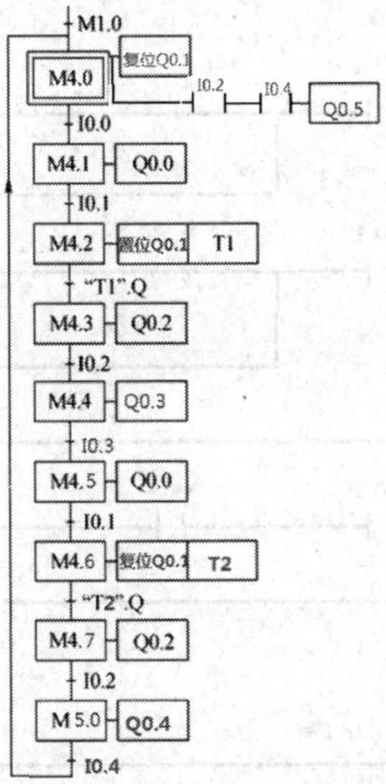

M1.0
M4.0　复位Q0.1
I0.2　I0.4　Q0.5
I0.0
M4.1　Q0.0
I0.1
M4.2　复位Q0.1　T1
"T1".Q
M4.3　Q0.2
I0.2
M4.4　Q0.3
I0.3
M4.5　Q0.0
I0.1
M4.6　复位Q0.1　T2
"T2".Q
M4.7　Q0.2
I0.2
M5.0　Q0.4
I0.4

图 4-1-14　顺序功能图

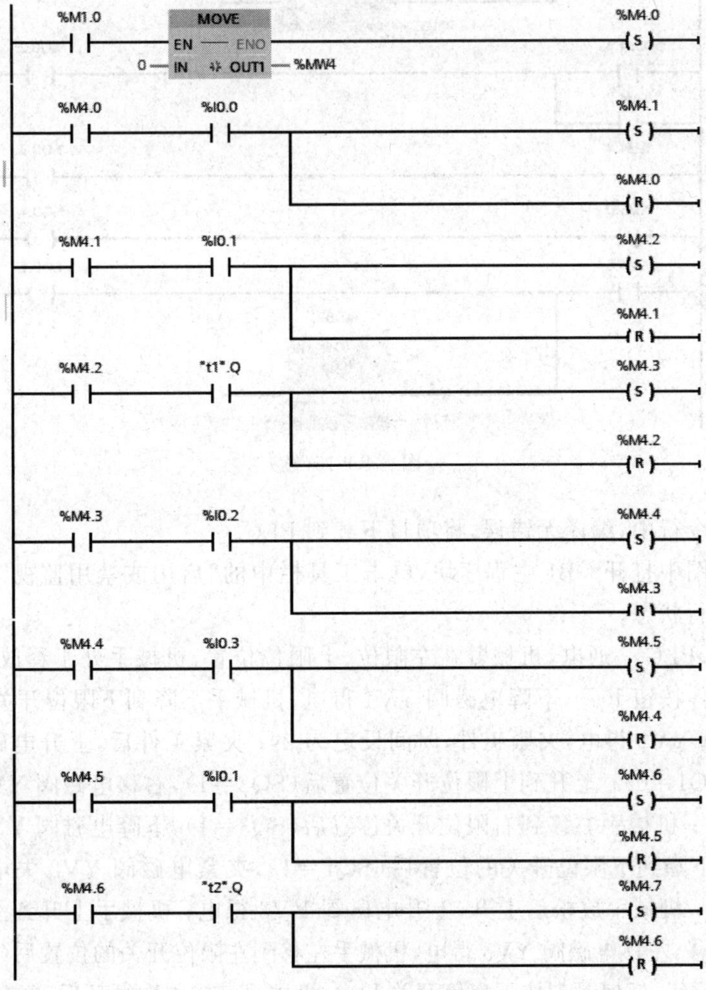

%M1.0　MOVE　EN　ENO　0　IN　OUT1　%MW4　%M4.0 (S)
%M4.0　%I0.0　%M4.1 (S)　%M4.0 (R)
%M4.1　%I0.1　%M4.2 (S)　%M4.1 (R)
%M4.2　"t1".Q　%M4.3 (S)　%M4.2 (R)
%M4.3　%I0.2　%M4.4 (S)　%M4.3 (R)
%M4.4　%I0.3　%M4.5 (S)　%M4.4 (R)
%M4.5　%I0.1　%M4.6 (S)　%M4.5 (R)
%M4.6　"t2".Q　%M4.7 (S)　%M4.6 (R)

图 4-1-15　PLC 梯形图

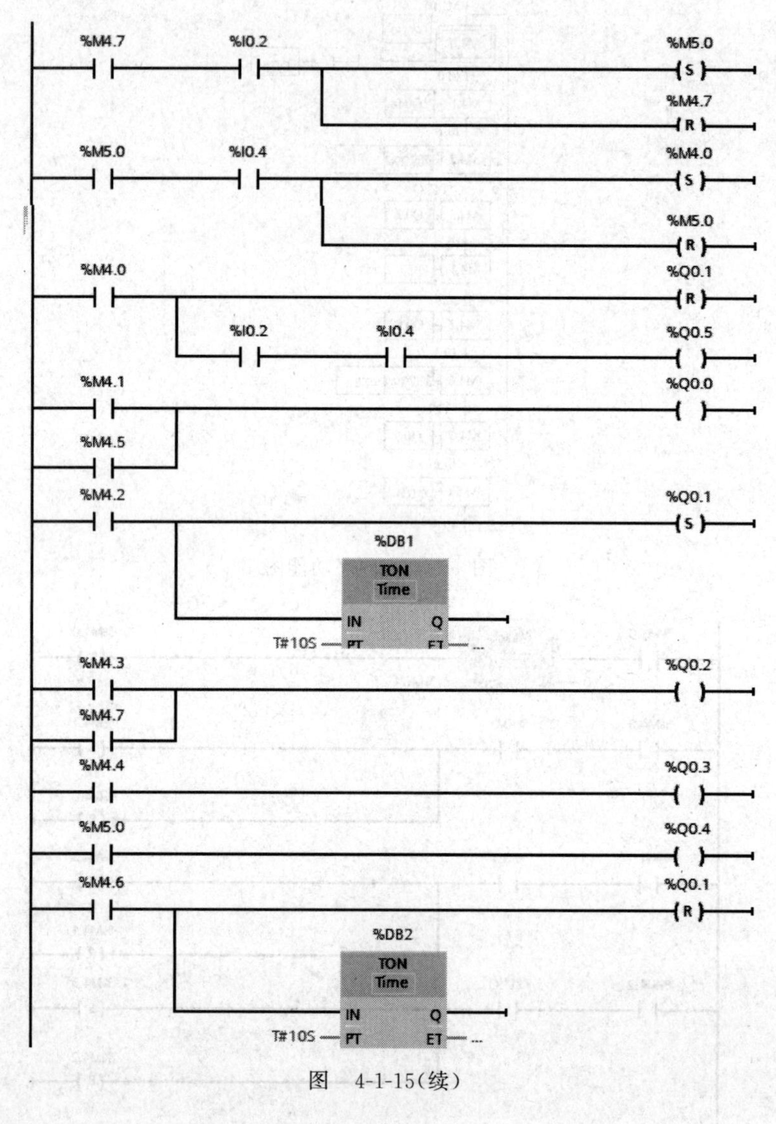

图 4-1-15(续)

结果显示在命令行中,编译无错误,将项目下载到PLC。

在项目视图中打开OB1主程序块,单击工具栏中的“启用或禁用监视”按钮,可以在线监视程序的运行状态。

可以看到,PLC一通电,机械臂在左限位、上限位位置,机械手处于释放状态,原点指示灯亮。按下启停按钮I0.0,下降电磁阀YV1得电,机械手下降到下限位开关的位置(SQ1=1),夹紧电磁阀YV2得电,夹紧工件,时间设定为2s;夹紧工件后,上升电磁阀YV3得电,机械手上升(SQ1=0);上升到上限位开关位置后(SQ2=1),右移电磁阀YV4得电,机械手右移(SQ4=0);机械手右移到右限位开关位置后(SQ3=1),下降电磁阀YV1得电,机械手下降;机械手下降到下限位开关的位置后(SQ1=1),夹紧电磁阀YV2失电,机械手放松,时间设定为2s;机械手放松后上升,上升电磁阀YV3得电;机械手上升到上限位开关位置后(SQ2=1)左移,左移电磁阀YV5得电,机械手左移到左限位开关的位置后(SQ4=1)回到原点,再次循环运行。任何时刻按下启停开关I0.0,机械手完成本次循环后,停在初始位置。

任务 4.2　大小球分拣控制系统设计与安装

【任务描述】

大小球分拣控制系统示意图如图 4-2-1 所示。

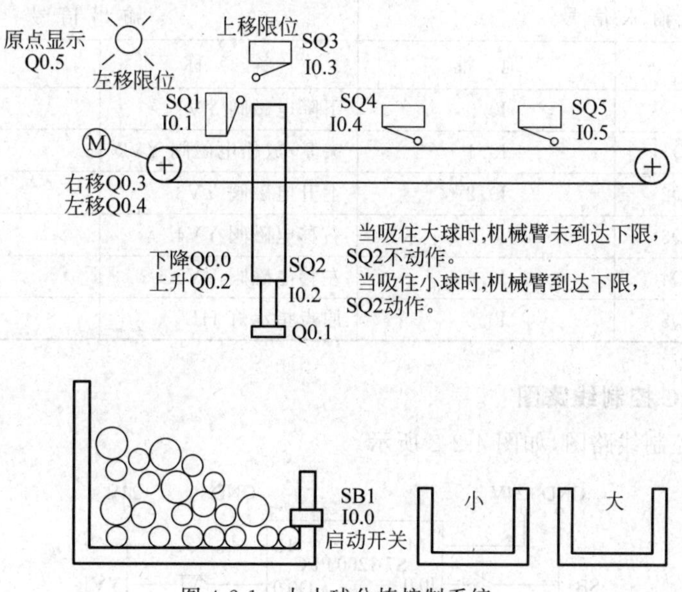

图 4-2-1　大小球分拣控制系统

控制要求如下。

机械臂左上为原点，机械臂的动作顺序依次为下降、吸住、上升、右行、下降、释放、上升、左行回到原点。

其中，机械臂下降时，当电磁铁压着大球时，下限位开关 SQ2(I0.2)断开；当电磁铁压着小球时，SQ2 接通，以此可判断吸住的是大球还是小球。

将球吸住后，上升至 SQ3 后开始右移，大、小球分别右移到 SQ5、SQ4 后开始下降，下降至 SQ2 后释放，然后重新上升、左移回原点，等待启动信号重新开始。

抓球和释放球的时间均为 1s；机械臂左移、右移分别由 Q0.4、Q0.3 控制；上升、下降分别由 Q0.2、Q0.0 控制；吸球电磁铁由 Q0.1 控制。

【任务分析】

机械臂的初始位置应满足左限位、上限位和释放状态，原点指示灯亮。

按下启动按钮，机械臂开始动作。顺序为先下降并延迟 2s，通过下限位开关 SQ2 的通断，判断抓取大小球，判断结果实现选择分支运行。吸住、上升、右行，根据右行的限位开关不同，分别在大球和小球框上方停止；然后下降、释放；上升、左行，回到原点位置，完成一个周期。

【任务实施】

1. I/O 地址分配

绘制大小球分拣控制系统 I/O 地址分配表如表 4-2-1 所示。

表 4-2-1　大小球分拣控制系统 I/O 地址分配表

输入信号		输出信号	
名　　称	地　址	名　　称	地　址
启停按钮 SB1	I0.0	下降电磁阀 YV1	Q0.0
左限位开关 SQ1	I0.1	夹紧/放松电磁阀 YV2	Q0.1
下限位开关 SQ2	I0.2	上升电磁阀 YV3	Q0.2
上限位开关 SQ3	I0.3	右移电磁阀 YV4	Q0.3
右限位开关 SQ4	I0.4	左移电磁阀 YV5	Q0.4
右限位开关 SQ5	I0.5	原点指示灯 HL	Q0.5

2. 绘制 PLC 控制线路图

绘制 PLC 控制线路图，如图 4-2-2 所示。

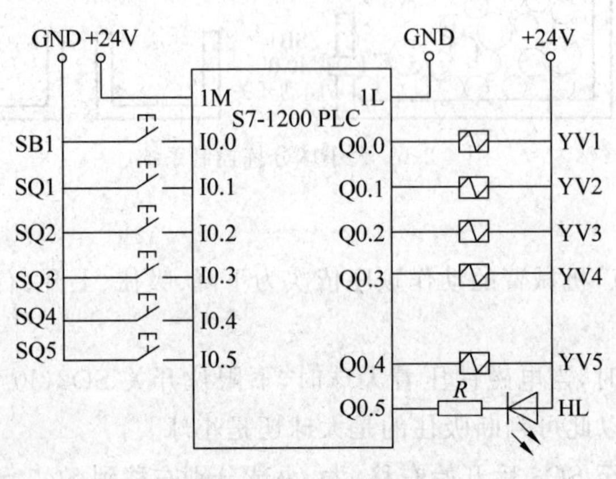

图 4-2-2　PLC 控制线路图

3. 编辑变量

在项目视图中的项目树，选择 PLC 变量表，双击打开默认变量表，把对应地址 I0.0～I0.5、Q0.0～Q0.5 的名称进行修改，数据类型均为 Bool 型，如图 4-2-3 所示。

4. 编写程序

编写顺序功能图程序如图 4-2-4 所示。

根据顺序功能图编写梯形图程序如图 4-2-5 所示。

大小工件分拣 PLC 控制

5. 下载与监视程序

在项目视图的项目树中选中站 PLC1，执行菜单中的"下载"命令，对程序块进行编译。结果显示在命令行中，编译无错误，将项目下载到 PLC。

默认变量表

		名称	数据类型	地址	保持	在 H...	可从...
1		System_Byte	Byte	%MB1	☐	☑	☑
2		FirstScan	Bool	%M1.0	☐	☑	☑
3		DiagStatusUpdate	Bool	%M1.1	☐	☑	☑
4		AlwaysTRUE	Bool	%M1.2	☐	☑	☑
5		AlwaysFALSE	Bool	%M1.3	☐	☑	☑
6		启停按钮	Bool	%I0.0	☐	☑	☑
7		左限位SQ1	Bool	%I0.1	☐	☑	☑
8		下限位SQ2	Bool	%I0.2	☐	☑	☑
9		上限位SQ3	Bool	%I0.3	☐	☑	☑
10		右限位SQ4	Bool	%I0.4	☐	☑	☑
11		右限位SQ5	Bool	%I0.5	☐	☑	☑
12		下降	Bool	%Q0.0	☐	☑	☑
13		加紧放松	Bool	%Q0.1	☐	☑	☑
14		上升	Bool	%Q0.2	☐	☑	☑
15		右移	Bool	%Q0.3	☐	☑	☑
16		左移	Bool	%Q0.4	☐	☑	☑
17		原点指示灯	Bool	%Q0.5	☐	☑	☑

图 4-2-3　变量表

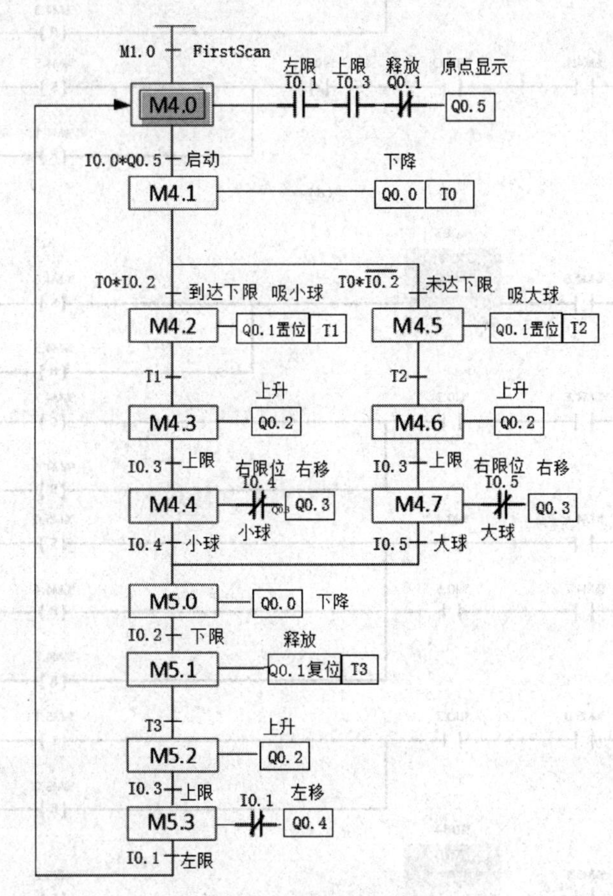

图 4-2-4　顺序功能图

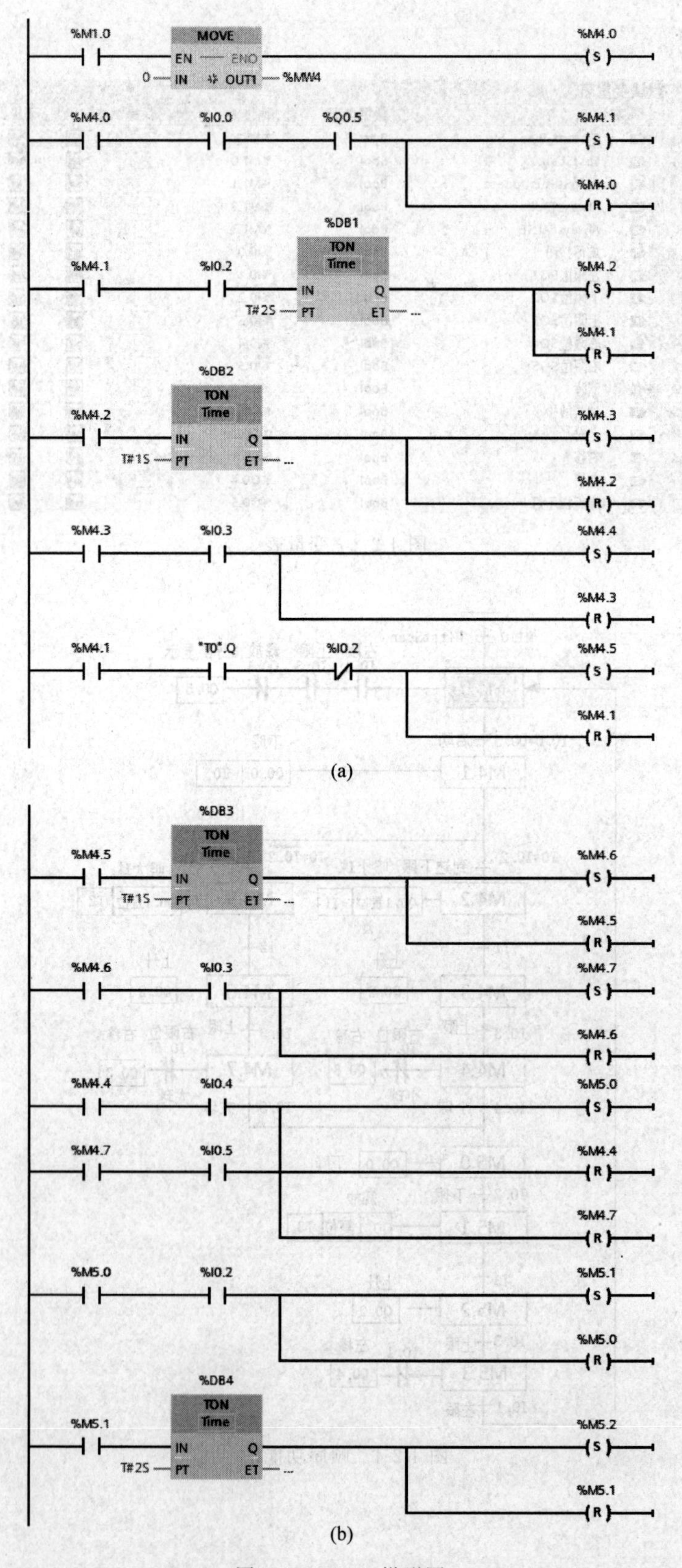

%M1.0
MOVE
EN
ENO
0
IN
OUT1
%MW4
%M4.0
S
%M4.0
%I0.0
%Q0.5
%M4.1
S
%M4.0
R
%DB1
TON
Time
%M4.1
%I0.2
IN
Q
T#2S
PT
ET
%M4.2
S
%M4.1
R
%DB2
TON
Time
%M4.2
IN
Q
T#1S
PT
ET
%M4.3
S
%M4.2
R
%M4.3
%I0.3
%M4.4
S
%M4.3
R
%M4.1
"T0".Q
%I0.2
%M4.5
S
%M4.1
R
(a)
%DB3
TON
Time
%M4.5
IN
Q
T#1S
PT
ET
%M4.6
S
%M4.5
R
%M4.6
%I0.3
%M4.7
S
%M4.6
R
%M4.4
%I0.4
%M5.0
S
%M4.7
%I0.5
%M4.4
R
%M4.7
R
%M5.0
%I0.2
%M5.1
S
%M5.0
R
%DB4
TON
Time
%M5.1
IN
Q
T#2S
PT
ET
%M5.2
S
%M5.1
R
(b)

图 4-2-5　PLC 梯形图

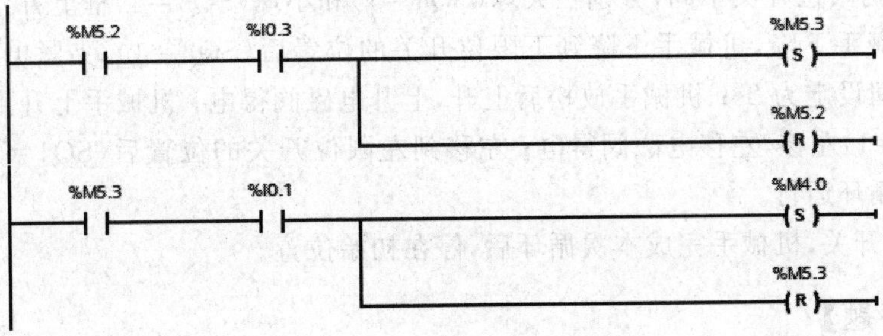

(c)

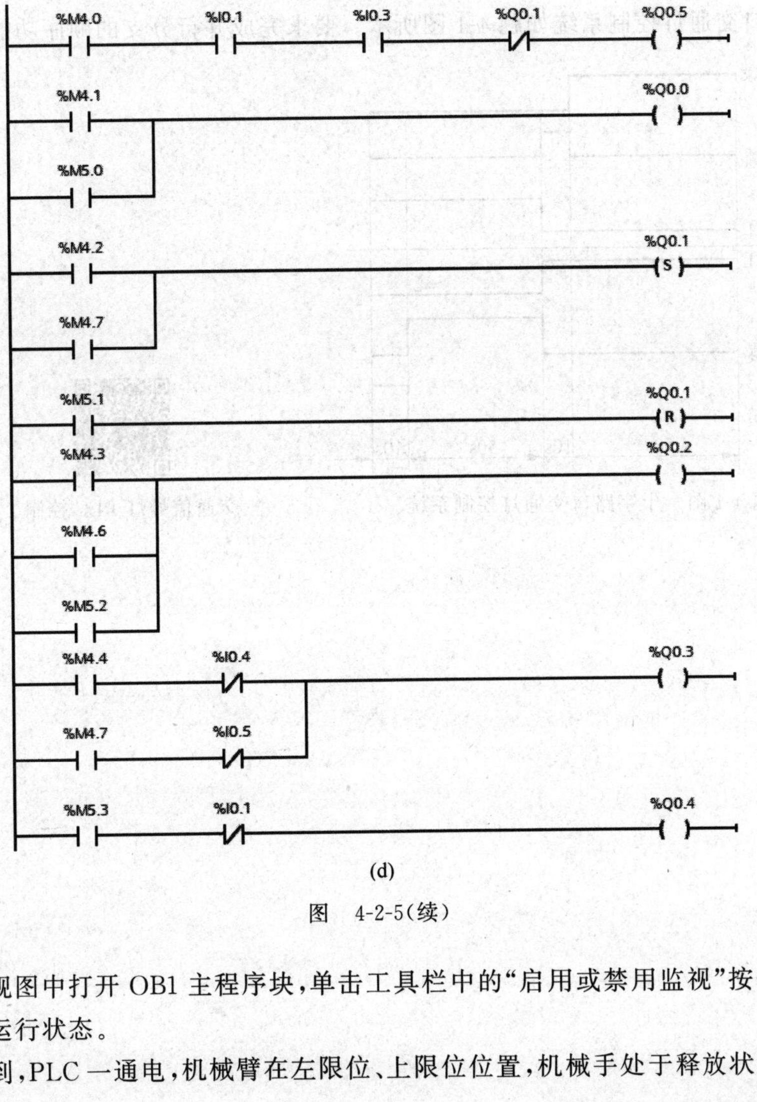

(d)

图　4-2-5(续)

在项目视图中打开 OB1 主程序块，单击工具栏中的"启用或禁用监视"按钮，可以在线监视程序的运行状态。

可以看到，PLC 一通电，机械臂在左限位、上限位位置，机械手处于释放状态，原点指示灯亮。

按下启动按钮 I0.0，下降电磁阀得电，机械手下降，并延迟 2s，下降到下限位开关的位置(SQ2=1)，夹紧电磁阀得电，抓取小球，时间设定为 1s；如果未下降到下限位开关的位置(SQ2=0)，夹紧电磁阀也得电，抓取大球，时间设定为 1s。抓取球后，上升电磁阀得电，机械手上升(SQ2=0)；上升到上限位开关位置后(SQ3=1)，右移电磁阀得电，机械手右移(SQ3=

0)；根据右行的限位开关不同，分别在大球(SQ4=1)和小球(SQ5=1)框上方停止。下降电磁阀得电，机械手下降，机械手下降到下限位开关的位置后(SQ2=1)，夹紧电磁阀失电，机械手放松，时间设定为2s；机械手放松后上升，上升电磁阀得电；机械手上升到上限位开关位置后(SQ3=1)左移，左移电磁阀得电；左移到左限位开关的位置后(SQ1=1)，机械手回到原点，再次循环运行。

按下启停开关，机械手完成本次循环后，停在初始位置。

【练习与思考题】

十字路口交通灯控制系统如题4-1图所示。要求完成并行分支的顺序功能图。

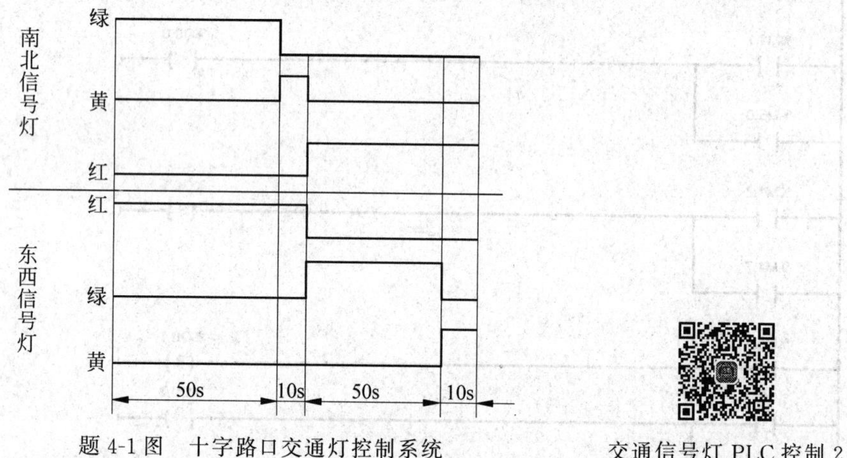

题4-1图　十字路口交通灯控制系统

交通信号灯 PLC 控制 2

项目5

SIMATIC HMI精简系列面板组态与应用

【项目目标】

序号	类　别	目　　标
1	知识目标	1. 掌握精简系列面板的组态与应用 2. 掌握 S7-1200 PLC 数学运算指令的用法 3. 掌握触摸屏控制液位混合系统的设计步骤
2	技能目标	1. 能进行触摸屏控制液位混合系统硬件接线 2. 能运用数学运算指令熟练进行编程并上机调试运行 3. 能运用精简系列面板触摸屏进行组态和控制
3	职业素养	1. 具有相互沟通能力及团队协作精神 2. 具有主动探究、分析问题和解决问题的能力 3. 具有遵守规范、严谨认真和精益求精的工匠精神 4. 增强文化自信,具有科技报国的家国情怀和使命担当 5. 系统设计施工中注重质量、成本、安全、环保等职业素养

任务 5.1　触摸屏控制的液位混合系统设计与安装

【任务描述】

使用精简系列面板 7in 显示屏 KTP700 Basic、西门子 CPU 1215C,创建一个液位控制系统,该系统有两路进水,一路出水,能分别进行流量控制,如图 5-1-1 所示。

【任务分析】

该液位控制系统有两路进水,一路出水,通过 PLC 程序和触摸屏组态实现以下功能:进水阀 1、进水阀 2 和出水阀分别由按钮控制,用相应指示灯显示其工作状态。两路进水和一路出水的流量均可调节,设置最高液位为 100L,最低液位为 0L,当进水阀打开并且液位低于最高液位时,可以进水,液位升高;当出水阀打开并且液位高于最低液位时,开始出水,液位降低。

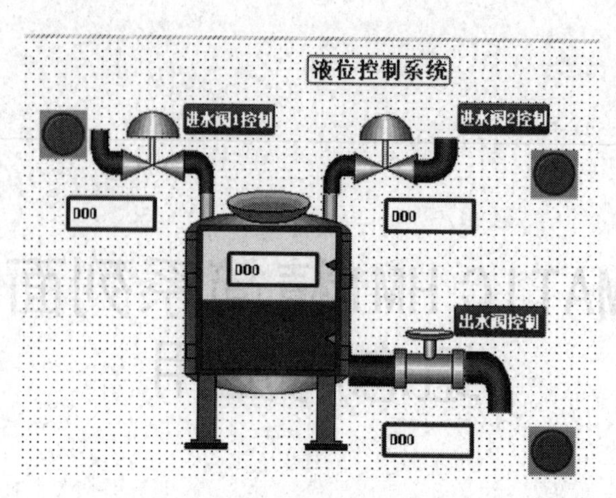

图 5-1-1 触摸屏控制的液位混合系统

【新知识学习】

5.1.1 精简系列面板触摸屏

1. 人机界面

在控制领域,人机界面(human macine interface,HMI)一般特指用于操作人员与控制系统之间进行对话和相互作用的专用设备。人机界面可以在恶劣的工业环境下长期连续运行,是 PLC 的最佳搭档。

人机界面可以用字符、图形、动画、输出域、量表、棒图等动态地显示现场数据(如转速、温度、时间等)和状态,操作人员可以通过人机界面控制现场的被控对象、控制过程的状态和信息,非常直观、醒目,易识别。

人机界面的工作原理:首先需要用计算机上运行的组态软件对人机界面组态,生成满足用户要求的画面。组态结束后将画面和组态信息编译并下载到人机界面的存储器中。

在控制系统运行时,人机界面和 PLC 之间通过通信来交换信息,从而实现人机界面的各种功能。需要对通信参数简单组态,即可以实现人机界面与 PLC 的通信,将画面中的图形对象与 PLC 变量表中的地址联系起来,实现控制系统运行时 PLC 与人机界面之间的自动数据交换。

此外,人机界面还有报警、用户管理、数据记录、趋势图、配方管理、通信等功能。

随着技术的发展和应用的普及,人机界面已经成为现代工业控制系统必不可少的设备之一。

2. 触摸屏

触摸屏是人机界面的发展方向,用户可以在触摸屏上生成满足自己要求的触摸式按键。

触摸屏使用直观方便,易于操作。画面上的按钮和指示灯可以取代相应的硬件元件,减少 PLC 需要的 I/O 点数,降低系统的成本,提高设备的性能和附加值。现在的触摸屏一般使用 TFT 液晶显示器。

3. 精简系列面板

西门子目前在产的 SIMATIC HMI 面板有:精彩系列面板 Smart Line、精简系列面板

Basic Panel、精智系列面板 Comfort Panel、移动系列面板 Mobile Pannel，如图 5-1-2 所示。

(a) 精彩系列面板 Smart Line

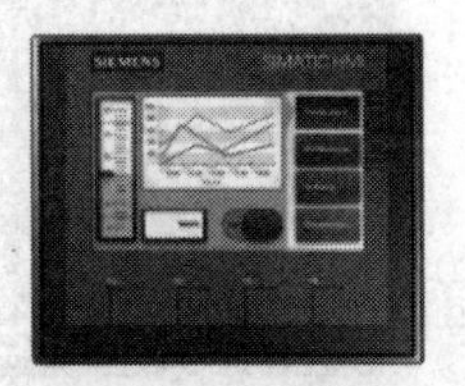

(b) 精简系列面板 Basic Panel

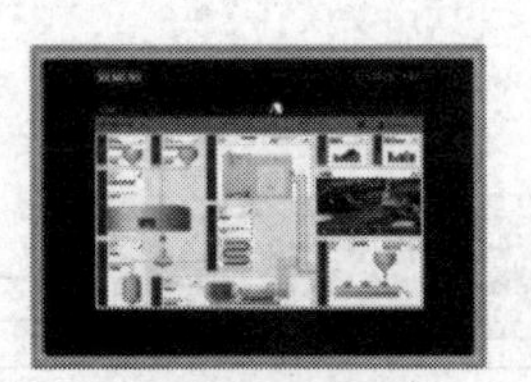

(c) 精智系列面板 Comfort Panel

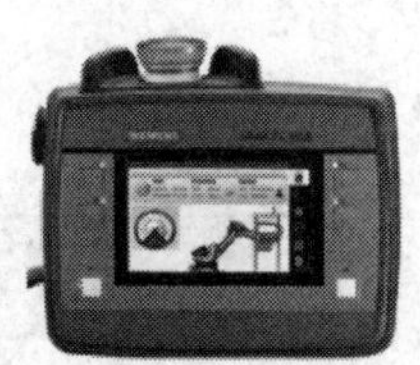

(d) 移动系列面板 Mobile Pannel

图 5-1-2 SIMATIC HMI 面板介绍

精简系列面板可以连接到以下 SIMATIC 控制器上，如 SIMATIC S7-200、SIMATIC S7-300/400、SIMATIC S7-1200 以及 SIMATIC S7-1500 等，本书主要与 S7-1200 PLC 配套使用。其型号以 KTP 开头，为带按键和触摸功能的面板，有很高的性价比。

第二代精简系列面板有 4.3in、7in、9in 和 12in 的高分辨率 64K 色宽屏显示器，支持垂直安装，用 TIA 博途 V13 或更高版本组态，采用 TFT 真彩液晶屏。有一个 RS-422/RS-485 接口或一个 RJ-45 以太网接口，还有一个 USB 2.0 接口。支持两种通信方式，PN 通信或 DP 通信。RJ-45 以太网接口的通信速率为 10M/100Mbit/s，用于与组态计算机或 S7-1200 PLC 通信。电源电压额定值为 24V DC。

第二代精简系列面板的主要性能指标如表 5-1-1 所示。

表 5-1-1 第二代精简系列面板的主要性能指标

参　数	KTP400 Basic PN	KTP700 Basic PN/KTP700 Basic DP	KTP900 Basic PN	KTP1200 Basic PN/KTP1200 Basic DP
显示器尺寸/in	4.3	7	9	12
分辨率(宽×高)/像素	480×272	800×480	800×480	1280×800
功能键个数	4	8	8	10
电流消耗典型值/mA	125	230	230	510/550
最大持续电流消耗值/mA	310	440/500	440	650/800

图 5-1-3 展示了 KTP700 Basic 的 PROFINET 设备结构。

KTP700 Basic 屏幕键盘：在操作设备的触摸屏上触摸操作对象时，如果需要输入内容，将会显示屏幕键盘。根据操作对象的类型和所需的输入内容，将会出现数字字母键盘或数字键盘，如图 5-1-4 所示。这两种键盘均有横向模式和纵向模式可选。针对横向模式的操作设备，数字字母键盘的布局与计算机英文键盘相同，也可以将此键盘切换为大写。

可以将带 PROFINET 接口的精简系列面板连接到 SIMATIC 控制器上，如图 5-1-5 所示。

4. 西门子的其他人机界面简介

精彩系列面板 Smart Line IE 产品不支持与 SIMATIC S7-300/400 通信，也不支持与 S7-1200/1500 通信，它是与 S7-200 和 S7-200 SMART 配套的触摸屏，不支持博途组态。有 7in 和 10in 两种显示器，有以太网接口和 RS-422/RS-485 接口。Smart 700 IE 具有很高的性能价格比。

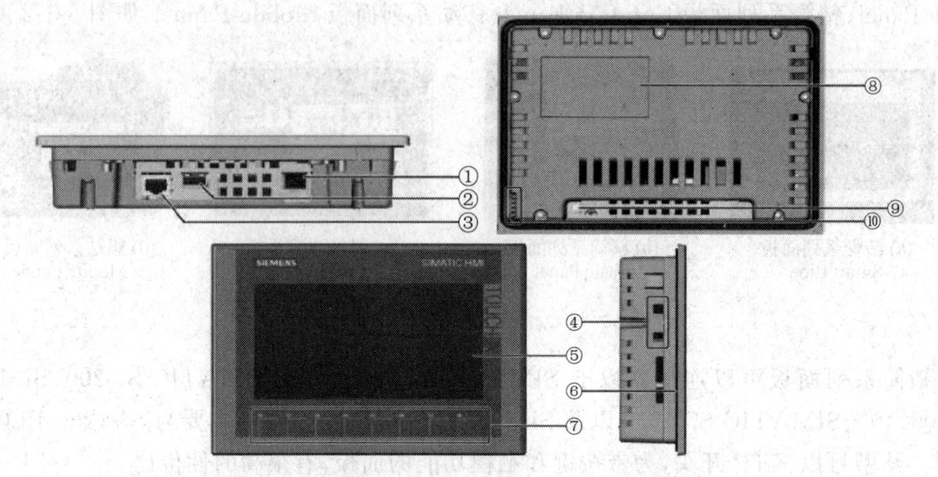

图 5-1-3　KTP700 Basic 的 PROFINET 设备结构

①电源接口；②USB 接口；③PROFINET 接口；④装配夹的开口；⑤显示屏/触摸屏；⑥嵌入式密封件；⑦功能键；⑧铭牌；⑨功能接地的接口；⑩标签条导槽

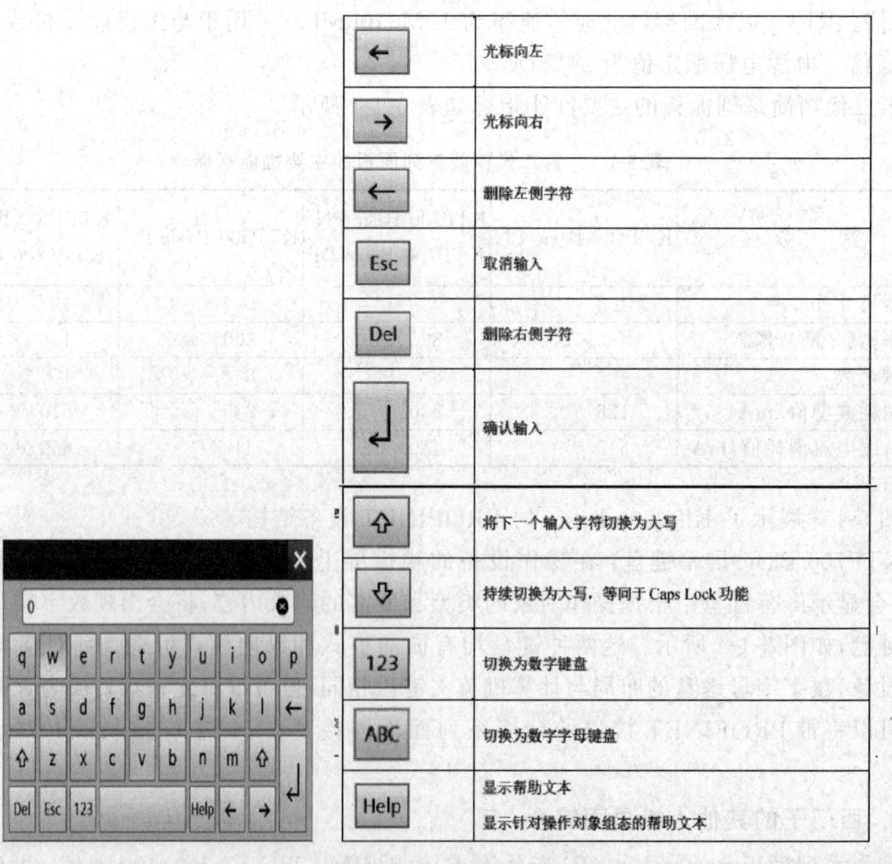

图 5-1-4　数字字母屏幕键盘及功能图

高性能的精智系列面板有显示器为 4in、7in、9in、12in 和 15in 的按键型和触摸型面板，还有 22in 的触摸型面板。它支持多种通信协议，有 PROFINET 接口和 USB 接口。

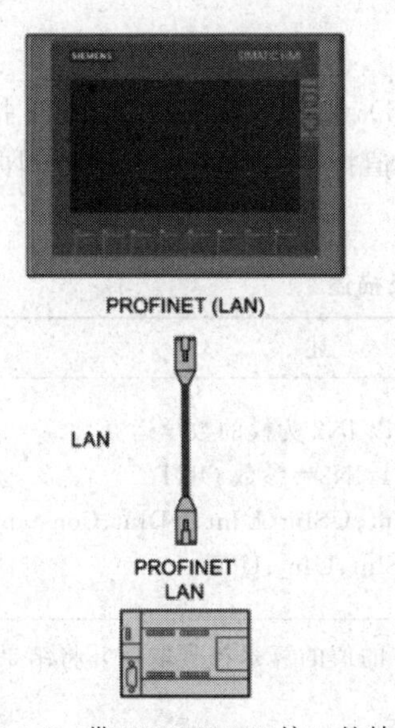

图 5-1-5　带 PROFINET 接口的精简系列面板连接 PLC

移动系列面板可以在不同的地点灵活应用。Mobile Panel 177 的显示器为 5.7in，Mobile Panel 277 的显示器有 8in 和 10in 两种规格。此外还有 8in 的无线移动面板。

5. 西门子操作面板的组态软件介绍

西门子操作面板的组态软件是 TIA Portal 软件的 WinCC，博途中的 WinCC 有 4 个版本，分别是标准版、精致版、高级版和专业版。

编程软件 STEP 7 内含的 WinCC Basic(标准版)可以用于精简系列面板的组态；TIA Portal 软件中的 WinCC Professional 可以对精彩系列面板之外的西门子 HMI 组态，精彩系列面板用 WinCC flexible 组态。

在 TIA Portal 软件下，S7-1200 PLC 与精简系列面板在同一项目中组态和编程，采用以太网接口通信，TIA Portal 不仅是软件，也是项目管理器。WinCC 的运行系统还可以对精简系列面板仿真，非常实用。

5.1.2　数学运算指令

1. 基本数学运算指令

基本数学运算指令(ADD、SUB、MUL 和 DIV)的梯形图如表 5-1-2 所示，分别可以实现加、减、乘、除运算。

表 5-1-2　基本数学运算指令的梯形图

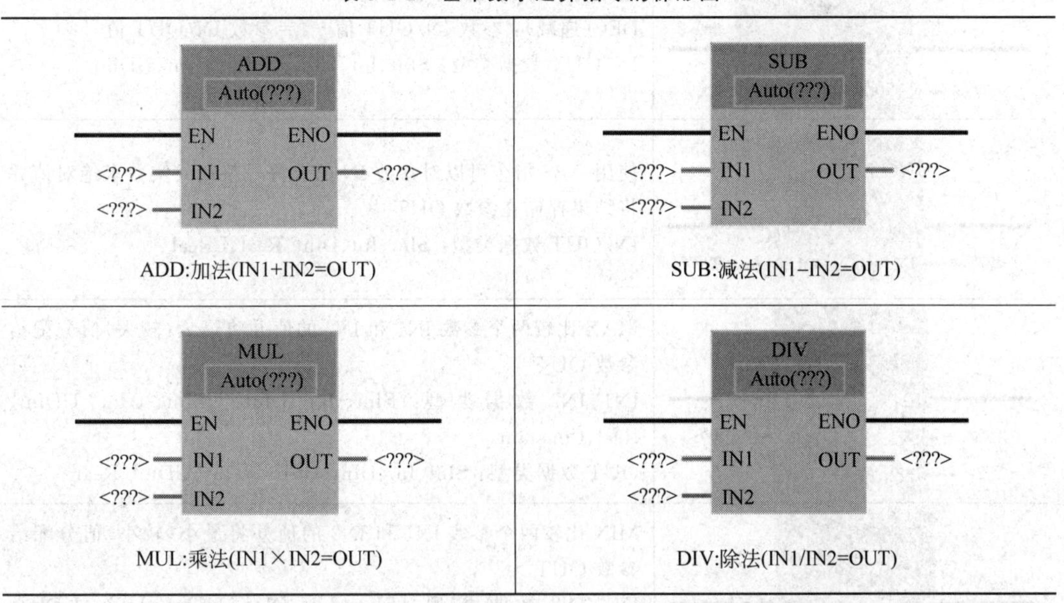

ADD:加法(IN1+IN2=OUT)　SUB:减法(IN1−IN2=OUT)

MUL:乘法(IN1×IN2=OUT)　DIV:除法(IN1/IN2=OUT)

ADD、SUB、MUL 和 DIV 指令可选多种整数和实数的数据类型，整数除法截尾取整。IN1 和 IN2 可以是常数，IN1、IN2 和 OUT 的数据类型应相同。ADD 和 MUL 指令可增加输入个数。

2. 其他整数运算指令

其他整数运算指令有求余指令(MOD)、取反指令(NEG)、加 1 指令(INC)、减 1 指令(DEC)、求绝对值指令(ABS)、求最大值指令(MAX)、求最小值指令(MIN)和参数范围内指令(LIMIT),其梯形图及描述如表 5-1-3 所示。

表 5-1-3 其他整数运算指令的梯形图及描述

梯形图	描述
MOD Auto(???) EN ENO <???> IN1 OUT <???> <???> IN2	MOD(求余)指令用于 IN1 除以 IN2 为模的数学运算 运算 IN1MODIN2=IN1−IN1/IN2=参数 OUT IN1 和 IN2 数据类型：Int、DInt、USInt、UInt、UDInt、Constant OUT 数据类型：Int、DInt、USInt、UInt、UDInt
NEG ??? EN ENO <???> IN OUT <???>	NEG(取反)指令可将参数 IN 的值的算术符号取反并将结果存储在参数 OUT 中 IN 数据类型：SInt、Int、DInt、Real、LReal、Constant OUT 数据类型：SInt、Int、DInt、Real、LReal
INC ??? EN ENO <???> IN/OUT	递增有符号或无符号整数值 INC(递增)：参数 IN/OUT 值+1=参数 IN/OUT 值 IN/OUT 数据类型：SInt、Int、DInt、USInt、UInt、UDInt
DEC ??? EN ENO <???> IN/OUT	递减有符号或无符号整数值 DEC(递减)：参数 IN/OUT 值−1=参数 IN/OUT 值 IN/OUT 数据类型：SInt、Int、DInt、USInt、UInt、UDInt
ABS ??? EN ENO <???> IN OUT <???>	使用 ABS 指令可以对参数 IN 的有符号整数或实数求绝对值并将结果存储在参数 OUT 中 IN/OUT 数据类型：SInt、Int、DInt、Real、LReal
MAX ??? EN ENO <???> IN1 OUT <???> <???> IN2	MAX 比较两个参数 IN1 和 IN2 的值并将最大(较大)值分配给参数 OUT IN1、IN2 数据类型：SInt、Int、DInt、USInt、UInt、UDInt、Real、Constant OUT 数据类型：SInt、Int、DInt、USInt、UInt、UDInt、Real
MIN ??? EN ENO <???> IN1 OUT <???> <???> IN2	MIN 比较两个参数 IN1 和 IN2 的值并将最小(较小)值分配给参数 OUT IN1、IN2 数据类型：SInt、Int、DInt、USInt、UInt、UDInt、Real、Constant OUT 数据类型：SInt、Int、DInt、USInt、UInt、UDInt、Real

续表

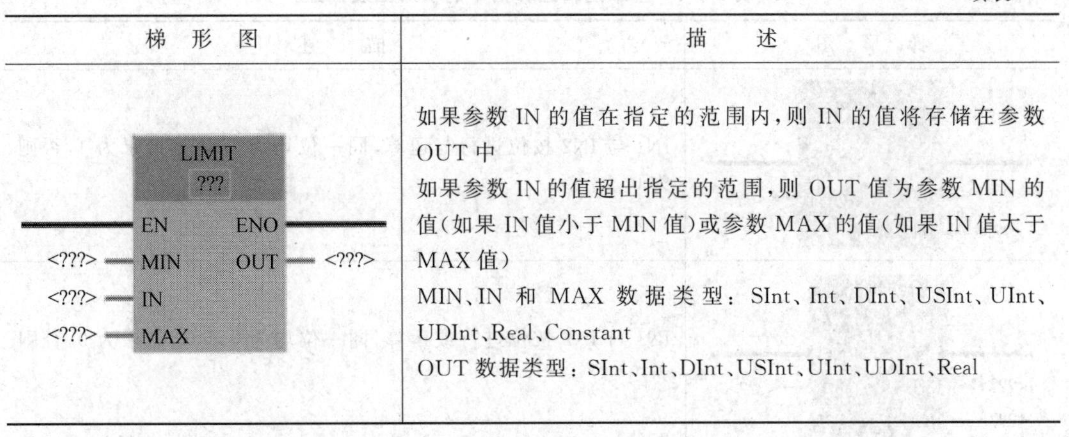

梯　形　图	描　　述
LIMIT	如果参数 IN 的值在指定的范围内，则 IN 的值将存储在参数 OUT 中 如果参数 IN 的值超出指定的范围，则 OUT 值为参数 MIN 的值（如果 IN 值小于 MIN 值）或参数 MAX 的值（如果 IN 值大于 MAX 值） MIN、IN 和 MAX 数据类型：SInt、Int、DInt、USInt、UInt、UDInt、Real、Constant OUT 数据类型：SInt、Int、DInt、USInt、UInt、UDInt、Real

1）求余指令（MOD）

除法指令（DIV）只能得到商数，可以使用求余指令（MOD），将输入 IN1 的值除以输入 IN2 的值，并通过输出 OUT 查询余数。

2）取反指令（NEG）

可以使用取反指令（NEG）更改输入 IN 中值的符号，并在输出 OUT 中查询结果。例如，如果输入 IN 为正值，则该值的负等效值将发送到输出 OUT。

3）加 1 指令（INC）、减 1 指令（DEC）

执行加 1 指令（INC）和减 1 指令（DEC）时，IN/OUT 端的操作数分别被加 1 和减 1。注意使用时应采用检测上升沿的指令，否则在 1 状态的每个扫描循环周期，都要执行加 1 和减 1。

4）求绝对值指令（ABS）

可以使用求绝对值指令（ABS）计算输入 IN 处指定的值的绝对值。指令结果被发送到输出 OUT。

5）求最大值指令（MAX）和求最小值指令（MIN）

求最大值指令（MAX）和求最小值指令（MIN）用来比较可用输入的值，并将最大或最小的值写入输出 OUT 中。在指令框中可以通过其他输入来扩展输入的数量。要执行该指令，最少需要指定 2 个输入，最多可以指定 100 个输入。

6）参数范围内指令（LIMIT）

可以使用参数范围内指令（LIMIT），将输入 IN 的值限制在输入 MIN 与 MAX 的值范围之间。如果 IN 输入的值满足条件 MIN≤IN≤MAX，则将其复制到 OUT 输出。如果不满足该条件且输入值 IN 低于下限 MIN，则将输出 OUT 设置为输入 MIN 的值。如果超出上限 MAX，则将输出 OUT 设置为输入 MAX 的值。

5.1.3　逻辑运算指令

1. 基本逻辑运算指令

基本逻辑运算指令有与指令（AND）、或指令（OR）、异或指令（XOR）、取反指令（INV）。其梯形图及描述如表 5-1-4 所示。

表 5-1-4　基本逻辑运算指令的梯形图及描述

梯　形　图	描　　述
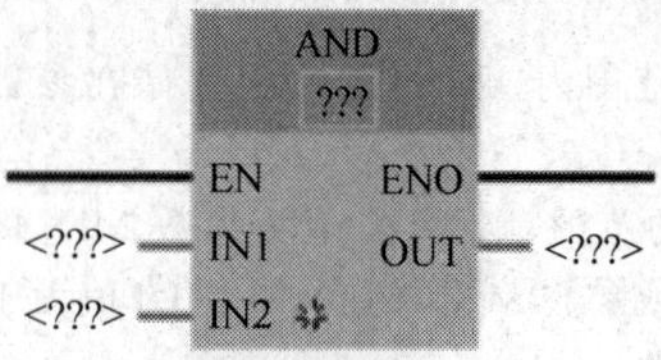 AND ??? EN　ENO <???> IN1　OUT <???> <???> IN2	IN1 与 IN2 按位进行与运算，同一位均为 1，运算结果为 1，否则为 0
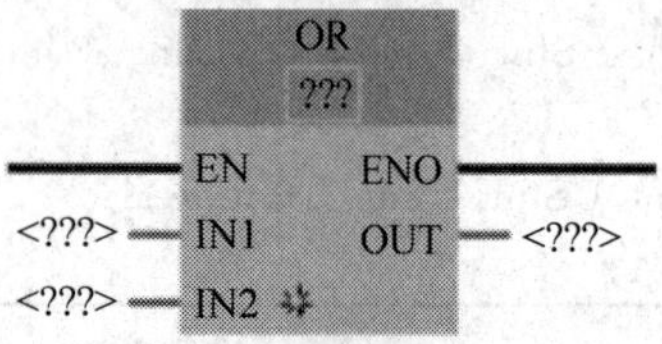 OR ??? EN　ENO <???> IN1　OUT <???> <???> IN2	IN1 与 IN2 按位进行或运算，同一位均为 0，运算结果为 0，否则为 1
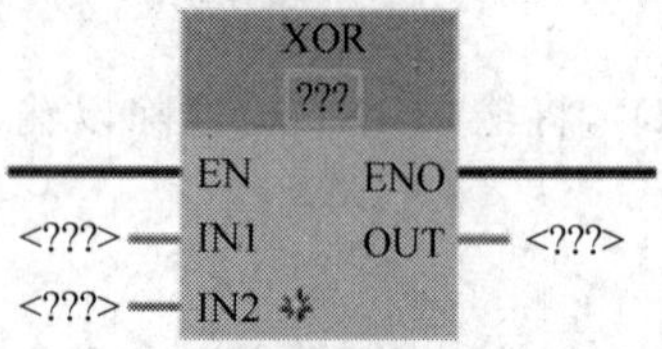 XOR ??? EN　ENO <???> IN1　OUT <???> <???> IN2	IN1 与 IN2 按位进行异或运算，同一位如果不相同(一个为 0，另一个为 1)，运算结果为 1，否则为 0
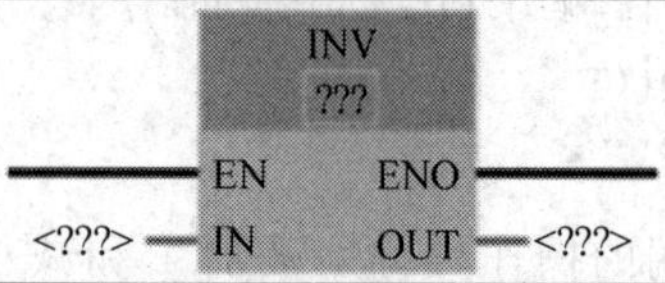 INV ??? EN　ENO <???> IN　OUT <???>	按位取反指令 IN、OUT 的数据类型相同：SInt、Int、DInt、USInt、UInt、UDInt、Byte、Word、DWord

2. 编码指令和解码指令

编码指令(ENCO)、解码指令(DECO)的梯形图及描述如表 5-1-5 所示。

表 5-1-5　编码指令和解码指令的梯形图及描述

梯　形　图	描　　述
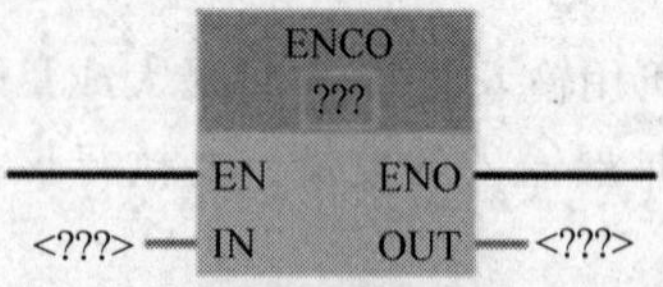 ENCO ??? EN　ENO <???> IN　OUT <???>	编码指令 ENCO 数据输入类型：Byte、Word、DWord 数据输出类型：Int
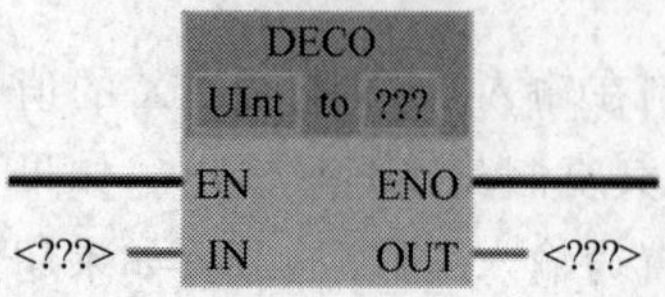 DECO UInt to ??? EN　ENO <???> IN　OUT <???>	解码指令 DECO 数据输入类型：UInt 数据输出类型：Byte、Word、DWord

1) 编码指令(ENCO)

可以使用编码指令读取输入值中最低有效位的位号，并将其发送到输出 OUT 的地址中。IN 端操作数的数据类型可选字节、字和双字，OUT 端操作数的数据类型为 Int。

例如，IN 端为 2＃00101000(16＃28)，OUT 端的编码结果为 3。

2）解码指令(DECO)

可以使用解码指令(DECO)将输入值指定的输出值中的某个位置位。解码指令读取输入 IN 的值，并将输出值中位号与读取值对应的那个位置位，输出值中的其他位以 0 填充。当输入 IN 的值大于 31 时，则将执行以 32 为模的指令。IN 端操作数的数据类型为 Int，OUT 端操作数的数据类型可选字节、字和双字。

如 IN 端的值为 0～7 时，OUT 端的数据类型为 8 位字节。

IN 端的值为 0～15 时，OUT 端的数据类型为 16 位的字。

IN 端的值为 0～31 时，OUT 端的数据类型为 32 位的双字。

例如，IN 端为 5，OUT 端的结果为 2＃00100000。

3. 选择指令和多路复用指令

选择指令(SEL)、多路复用指令(MUX)的梯形图及描述如表 5-1-6 所示。

表 5-1-6 选择指令和多路复用指令的梯形图及描述

梯形图	描述
SEL ??? EN ENO <???> G OUT <???> <???> IN0 <???> IN1	选择指令 G 的数据类型：Bool IN0、IN1、OUT 的数据类型：SInt、Int、DInt、USInt、UInt、UDInt、Real、Byte、Word、DWord、Time、Char
MUX ??? EN ENO <???> K OUT <???> <???> IN0 <???> IN1 … ELSE	多路复用指令 K 的数据类型：UInt IN0、IN1、OUT、ELSE 的数据类型：SInt、Int、DInt、USInt、UInt、UDInt、Real、Byte、Word、DWord、Time、Char

【任务实施】

1. 创建新项目

打开 TIA Portal V15，创建一个名为“液位控制”的新项目。

2. 组态控制器

1）添加 PLC

双击项目树中的“添加新设备”，先添加一个 PLC，为 CPU 1215C AC/DC/Rly 或 DC/DC/DC，如图 5-1-6 所示。启用系统和时钟存储器位。

2）编写 PLC 变量表

如图 5-1-7 所示，在 PLC 变量表中添加变量，M100.0、M100.1、M100.2 是人机界面上提供给 PLC 的控制信号；Q0.0、Q0.1、Q0.2 是 PLC 提供给人机界面指示灯信号；MD200、MD204、MD208 是人机界面上提供给 PLC 的输入、输出流量设定数据，数据类型为 Real；

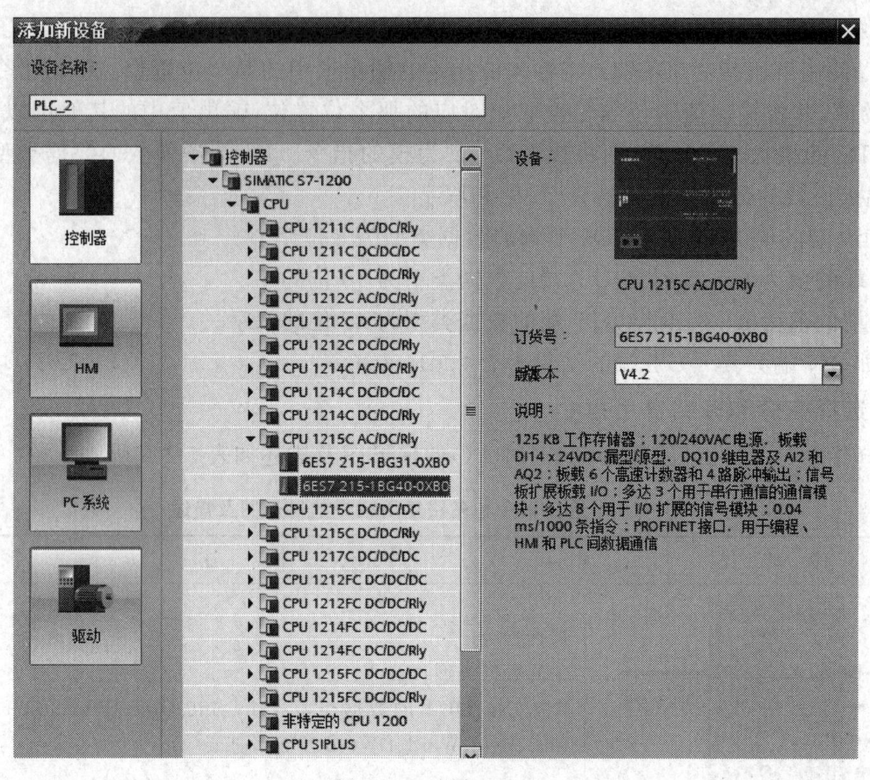

图 5-1-6　添加 PLC

默认变量表

	名称	数据类型	地址
1	System_Byte	Byte	%MB1
2	FirstScan	Bool	%M1.0
3	DiagStatusUpdate	Bool	%M1.1
4	AlwaysTRUE	Bool	%M1.2
5	AlwaysFALSE	Bool	%M1.3
6	Clock_Byte	Byte	%MB0
7	Clock_10Hz	Bool	%M0.0
8	Clock_5Hz	Bool	%M0.1
9	Clock_2.5Hz	Bool	%M0.2
10	Clock_2Hz	Bool	%M0.3
11	Clock_1.25Hz	Bool	%M0.4
12	Clock_1Hz	Bool	%M0.5
13	Clock_0.625Hz	Bool	%M0.6
14	Clock_0.5Hz	Bool	%M0.7
15	进水阀1控制	Bool	%M100.0
16	进水阀2控制	Bool	%M100.1
17	出水阀控制	Bool	%M100.2
18	进水阀1指示灯	Bool	%Q0.0
19	进水阀2指示灯	Bool	%Q0.1
20	出水阀1指示灯	Bool	%Q0.2
21	进水阀1流量调节	Real	%MD200
22	进水阀2流量调节	Real	%MD204
23	出水阀流量调节	Real	%MD208
24	液位	Real	%MD212

图 5-1-7　液位控制 PLC 变量表

MD212 是 PLC 提供给人机界面的数据信号，数据类型也为 Real。系统和时钟存储器字节分别为 MB1 和 MB0。

3）编写 PLC 程序

根据控制要求设计 PLC 程序，绘制 PLC 梯形图如图 5-1-8 所示。

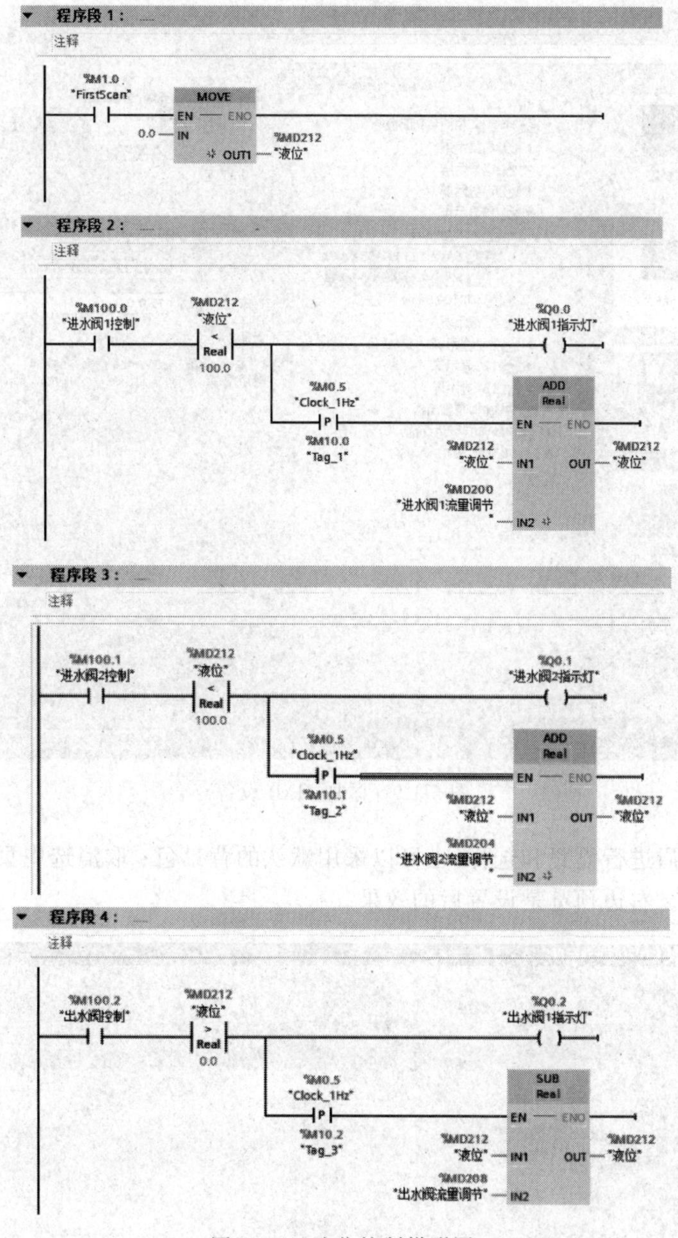

图 5-1-8　液位控制梯形图

3. 组态 HMI 设备

1）添加 HMI 设备

继续双击项目树中的“添加新设备”，再添加一个 HMI 设备，依次选择 HMI→“SIMATIC 精简系列面板”→“7″显示屏”→KTP700 Basic，如图 5-1-9 所示，选中供货号为 6AV2 123-2GB03-0AX0 的 HMI，单击“确定”按钮，生成名为 HMI_1 的面板。出现“HMI 设备向导：KTP700 Basic PN”对话框，如图 5-1-10 所示。

2）用 HMI 设备向导组态画面

在“HMI 设备向导：KTP700 Basic PN”对话框中，可进入“画面布局”对话框，可以对画

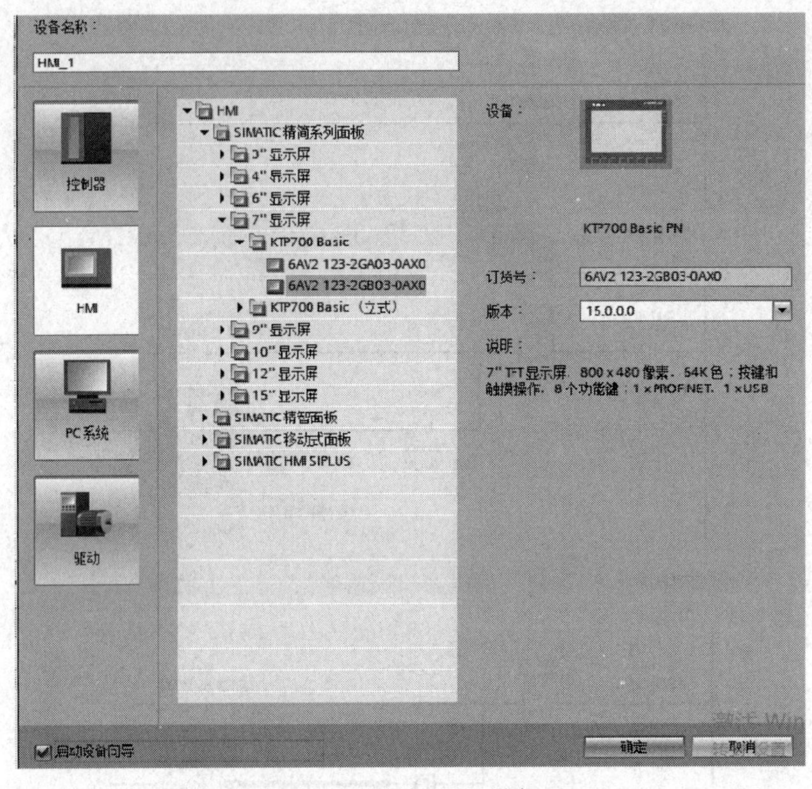

图 5-1-9　添加 HMI 设备

面的背景色和页眉进行设置和选择，也可以采用默认的背景色；取消选中页眉复选框，可以取消页眉的设置。右边预览是设置后的效果。

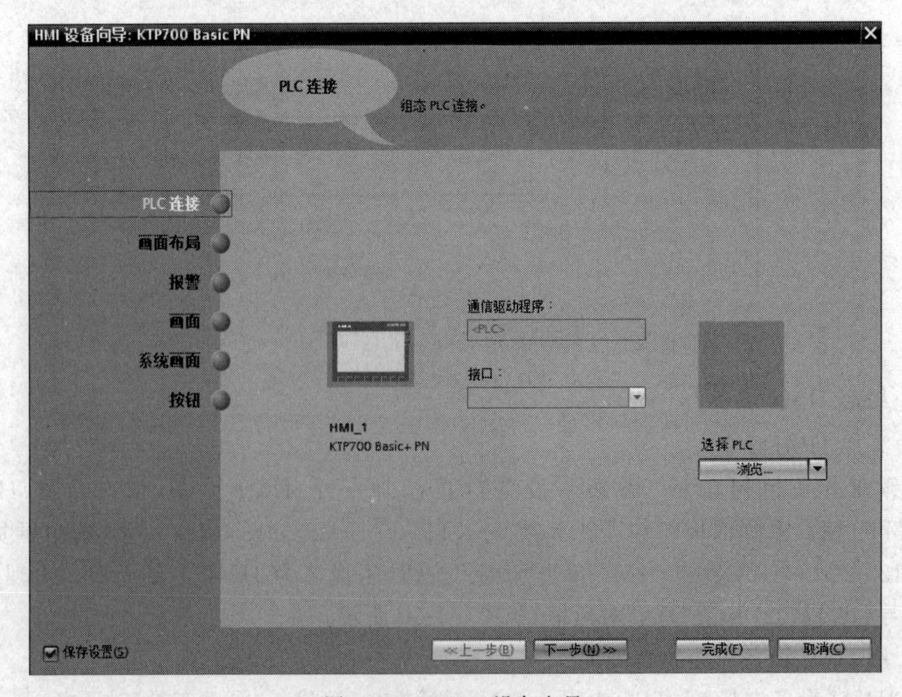

图 5-1-10　HMI 设备向导

选择图 5-1-10 中的“报警”选项进入“报警”对话框，在该对话框中有三个报警窗口可以选择，即未确认的报警、未决报警、未决的系统报警，可以通过选中左边复选框进行选择，右边为是否选择报警窗口的预览。单击“未确认的报警”和“未决的系统事件”，取消选中复选框，这时右边预览中只保留了“未决报警”窗口。

选择图 5-1-10 中的“画面”选项进入“画面”对话框，通过单击按钮添加新画面，也可以通过画面浏览里的工具条进行添加、删除、重命名、删除所有画面操作。

3）组态连接

双击“项目树”中的“设备和网络”，在“网络视图”工具栏中单击“连接”按钮，设置连接类型为“HMI 连接”。用拖曳的方法生成“PN/IE_1”，如图 5-1-11 所示。

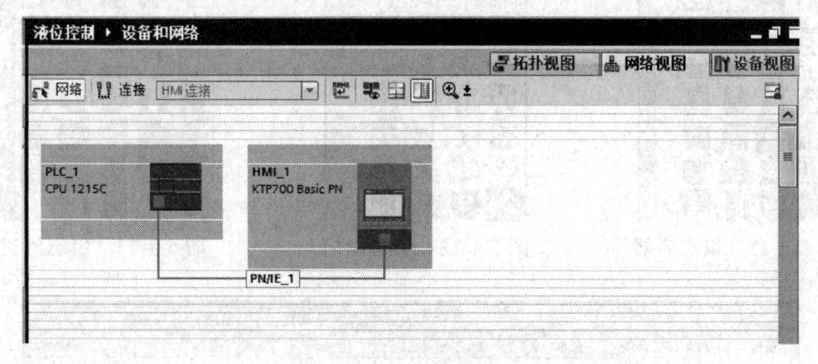

图 5-1-11　组态连接

4）液位监控界面组态

（1）组态液位监控界面

依次执行右边“工具箱”中的“图形”→“WinCC 图形文件夹”→Equipment→Other Equipment，再分别打开文件夹 Tanks（容器），选择需要的容器，如图 5-1-12 所示。

依次执行右边“工具箱”中的“图形”→“WinCC 图形文件夹”→Equipment→Other Equipment，再分别打开文件夹 Valves（阀门），选择需要的阀门，如图 5-1-13 所示。

依次执行右边“工具箱”中的“图形”→“WinCC 图形文件夹”→Equipment→Other Equipment，再分别打开文件夹 Pipes→Miscellaneous（管道）选择需要的管道，如图 5-1-14 所示。

用鼠标左键按住所需图形不放，同时移动光标，所选图形跟随光标（禁止放置）一起移动，移动到画面工作区时，放开鼠标左键。这时图形四周出现 8 个小正方形，图形上的光标变成“十”字光标，按住鼠标左键并移动，可以将选中的图形拖放到任意位置；也可以将光标移到图形角上的小正方形上，当光标变为 45°的双向箭头时，按住鼠标左键并移动，可以改变图形的大小。也可以双击所选图形，所选图形就出现在工作区的左上角，按照要求组态完成。

（2）用棒图对象显示液位

将工具箱元素组中的“棒图”图标拖放到水罐上，用鼠标调节其大小和位置。选中后打开下面的巡视窗口的“属性”选项卡，选中左边窗口的“常规”组，设置棒图连接的变量为“液位”，如图 5-1-15 所示。

选中“刻度”选项，取消选中“显示刻度”复选框，棒图刻度消失，如图 5-1-16 所示。

（3）组态 I/O 域

I/O 域属于 HMI 元素中的一种，主要用于显示和修改变量的数值（例如整数、浮点数、

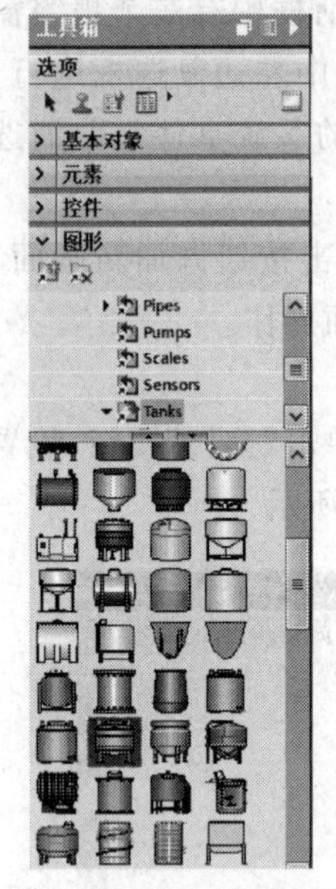

图 5-1-12 组态容器

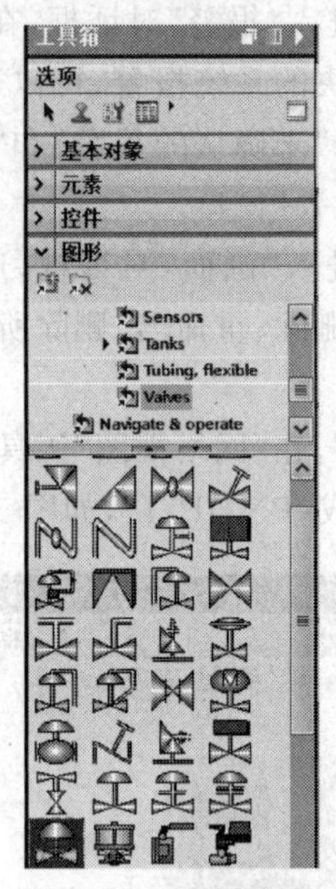

图 5-1-13 组态阀门

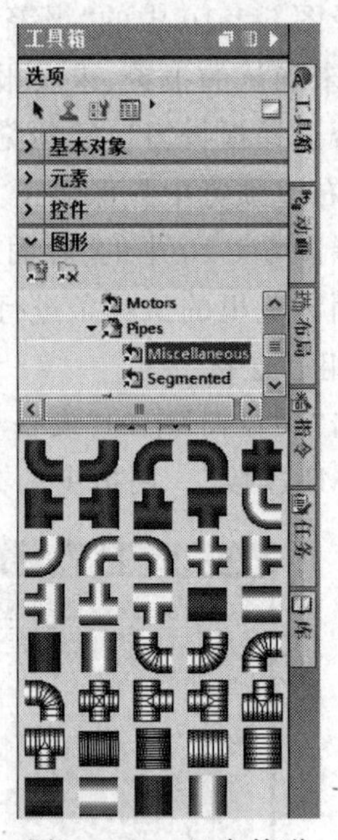

图 5-1-14 组态管道

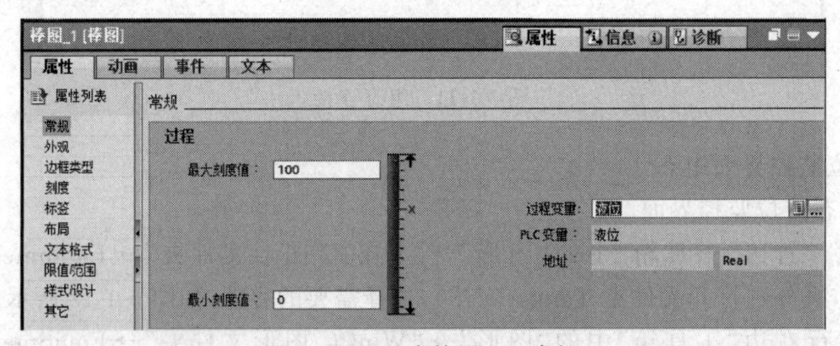

图 5-1-15 组态棒图——常规

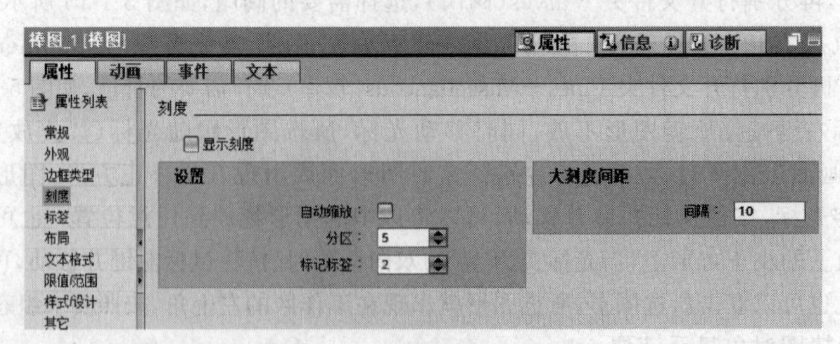

图 5-1-16 组态棒图——刻度

时间等数据类型)。

I/O 域的模式选项有三种,分别是输入模式、输出模式和输入/输出模式。输入模式在系统运行时只能输入值,即能设定数据;输出模式在系统运行时仅用于输出值,仅能显示数据;输入/输出模式在运行系统时可以在 I/O 字段中输入和输出值,既能显示又能设定。

如图 5-1-17 所示,选中生成的 I/O 域。选中巡视窗口中的"属性"→"常规",连接过程变量为“进水阀 1 流量调节”，设置 I/O 域的模式为“输入/输出”；在“格式”域，采用默认的显示格式“十进制”，设置“格式样式”为无符号数 999，小数点后的位数为 0。

用复制和粘贴的方法组态“进水阀 2 流量调节”“出水阀流量调节”及“液位”变量。其中“液位”变量的模式类型选择“输出”功能，如图 5-1-18 所示。

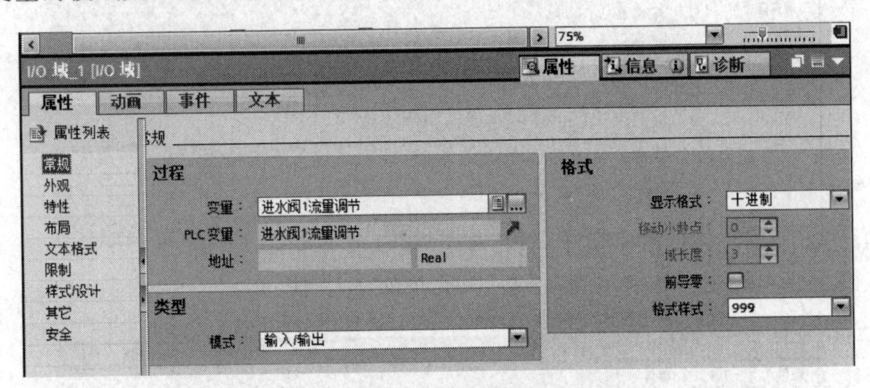

图 5-1-17　组态进水阀流量调节 I/O 域

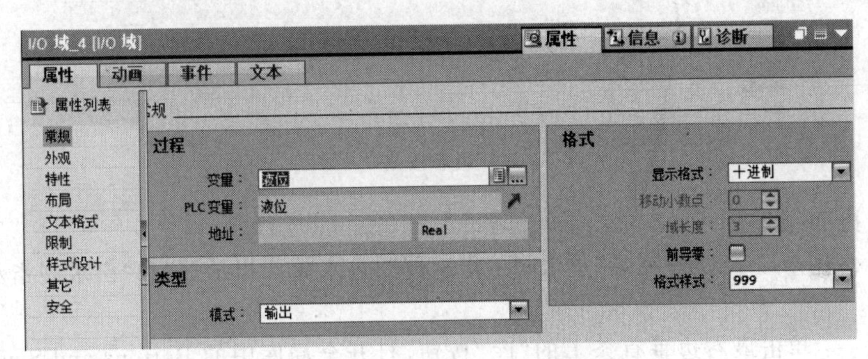

图 5-1-18　组态液位 I/O 域

（4）按钮组态

按钮属于 HMI 元素中的一种，也是制作 HMI 画面最常用的一种元素，用来将各种操作命令发送给 PLC，在 HMI 中，按钮的功能与开关的功能类似。按钮需要配合 HMI 的函数功能一起使用，通常用于对变量或事件进行操作。

将工具箱“元素”中的“按钮”图标拖放到画面上，调节其大小和位置，选中它后打开下面的巡视窗口中“属性”选项卡的“常规”组，在右边的对话框中，设置按钮的“模式”和“标签”均为文本，输入按钮未按下时显示的文本为“进水阀 1 控制”。如果选中“按钮‘按下’时显示的文本”复选框，可以分别设置未按下时和按下时显示的文本；如果未选中它时，按下和未按下时按钮上显示的文本相同，如图 5-1-19 所示。

根据需要，可进行“外观”“设计”“布局”等设计。

该任务中的按钮为自锁按钮。选择“事件”选项卡中的“单击”功能，在右边窗口中“<添加函数>”上单击，出现下拉选择符号和系统函数列表，继续单击“编辑位”，出现编辑位所有功能，选择“取反位”。连接的变量是“PLC 变量”表中的“进水阀 1 控制”，如图 5-1-20 所示。

选中该按钮，复制和粘贴生成两个按钮，将按钮的文本和连接的变量分别修改为“进水阀 2 控制”“出水阀控制”，就可完成另外两个按钮的组态。

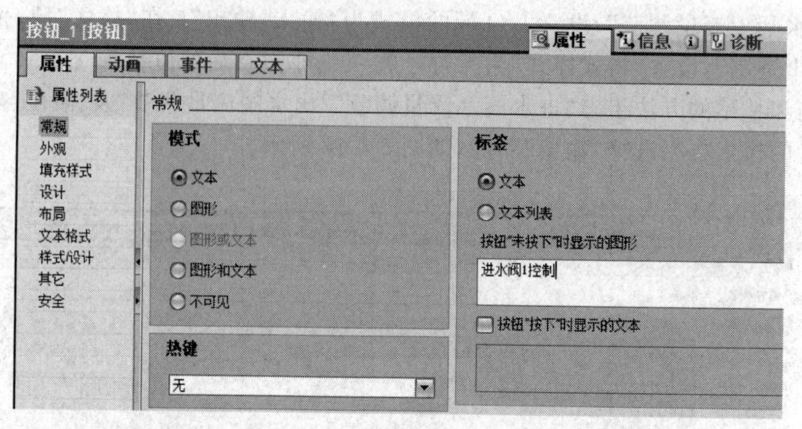

图 5-1-19 组态按钮——属性

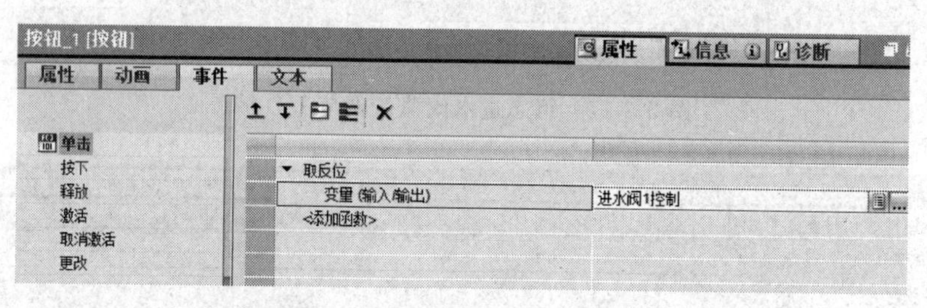

图 5-1-20 组态按钮——事件

(5) 指示灯组态

指示灯用来显示 Bool 变量“进水阀 1 指示灯”“进水阀 2 指示灯”和“出水阀指示灯”的状态。

方法一：单击最右边垂直条上的“库”按钮，打开全局库中的 Buttons-and-Switches→“主模板”→PilotLights 列表，用鼠标左键按住绿色指示灯 PilotLight_Round_G 不放，同时移动光标到合适位置松开鼠标，调整其大小和位置。

选中指示灯后，打开下面巡视窗口中的“属性”选项卡，在指示灯的“属性”选项卡的“常规”组中，选择 PLC 变量表里的变量为“进水阀 1 指示灯”，模式为“双状态”，如图 5-1-21 所示。

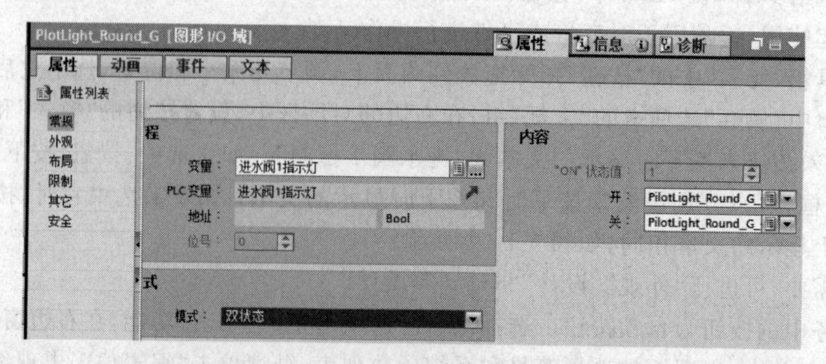

图 5-1-21 指示灯组态

方法二：将工具箱“基本对象”中的“圆”图标拖放到画面上，用鼠标调节其大小和位置，选中它后打开下面巡视窗口“属性”选项卡中的“外观”，可对圆的背景颜色及边框进行设置，设置圆的边框为默认的黑色，样式为实心，宽度为 3 个像素点，填充色为深绿色，填充图案为实心，如图 5-1-22 所示。

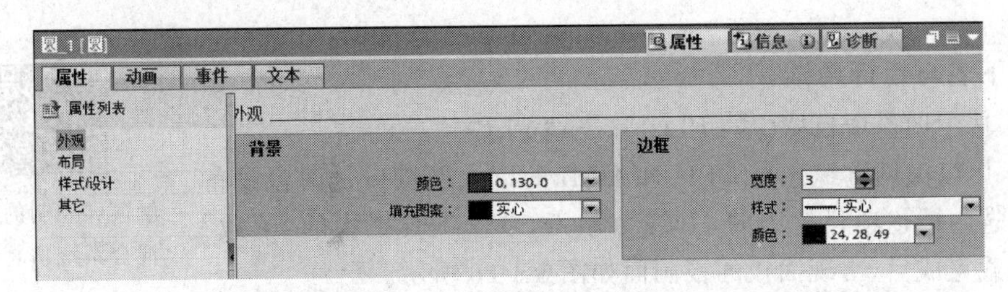

图 5-1-22 组态指示灯外观

选中巡视窗口中的“属性”→“动画”→“显示”，双击“添加新动画”，再双击出现的“添加动画”对话框中的“外观”。设置指示灯在 PLC 的位变量“进水阀 1 指示灯”的“范围”值为 0 和 1 时，背景色分别为深绿色和浅绿色，对应于指示灯熄灭和点亮，如图 5-1-23 所示。

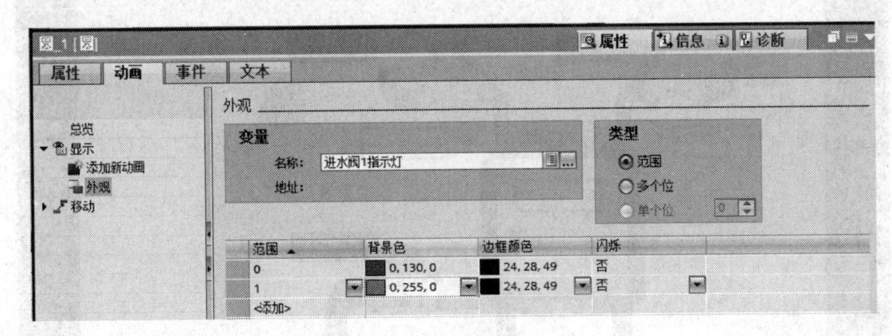

图 5-1-23 组态指示灯动画

选中组态好的“进水阀 1 指示灯”，复制和粘贴两个指示灯，调整好位置，分别修改连接 PLC 变量为“进水阀 2 指示灯”和“出水阀指示灯”。

(6) 文本域组态

将工具箱“基本对象”中的“文本域”图标拖放到画面上，选中它后打开下面巡视窗口的“属性”选项卡中的“常规”组，在右边的“文本”对话框中，把默认的 Text 修改为“液位控制系统”，如图 5-1-24 所示。

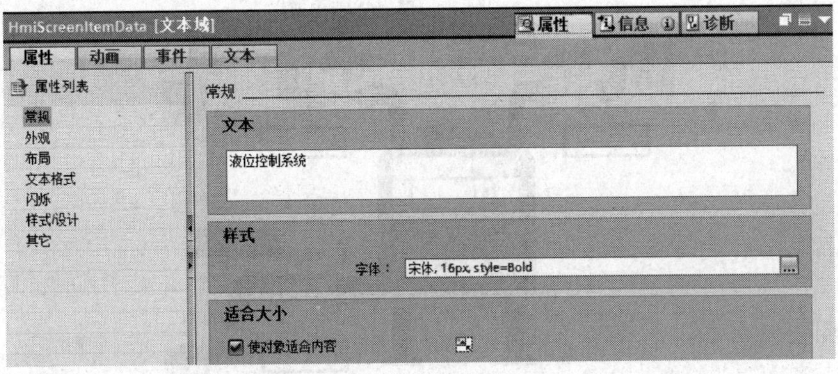

图 5-1-24 组态文本域

在样式中的"字体"文本框中可设置文字的字体、字形及大小。

选中"外观"组,可设置文本域的背景的颜色、文本的颜色、边框线的粗细、颜色和线型等。

4. 下载与运行调试

触摸屏控制的液位混合系统仿真调试

(1) 选中博途项目树中的 PLC_1,下载 PLC。

(2) 用以太网电缆连接 CPU 和 HMI 的以太网接口。两台设备通电后,选中博途项目树中的 HMI_1 站点,单击工具栏中的"下载"按钮,下载完成后,出现面板的根画面如图 5-1-25 所示。

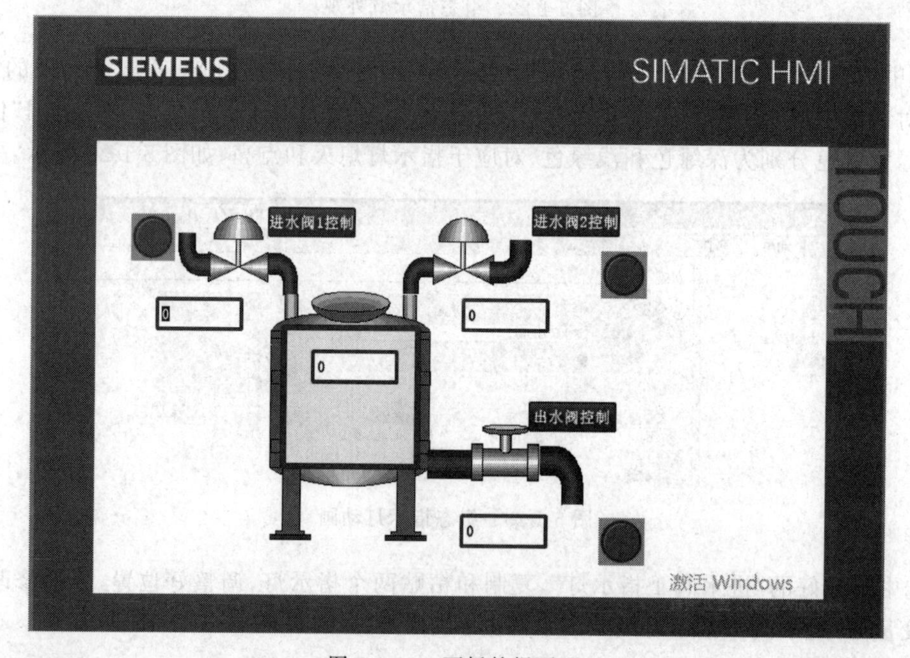

图 5-1-25　面板的根画面

(3) 如图 5-1-26 所示,分别单击进水阀 1 控制、进水阀 2 控制、出水阀控制;将进水阀 1 流量、进水阀 2 流量和出水阀流量调节到合适的数值,观察"液位"和棒图的变化。

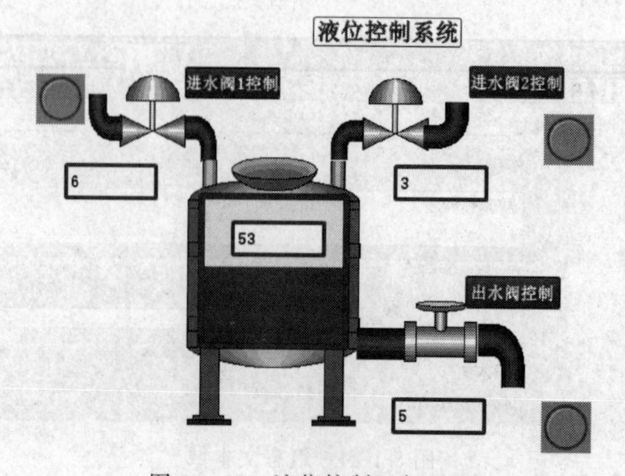

图 5-1-26　液位控制运行画面

任务 5.2　小车移动 HMI 控制系统设计与安装

【任务描述】

使用精简系列面板 7in 显示屏 KTP700 Basic、西门子 CPU 1215C，创建一个小车移动 HMI 控制系统。控制要求如下：按下“前进按钮”，小车向右前进运行，到轨道最右端自动停止；按下“后退按钮”，小车沿原路向左后退运行，到轨道最左端自动停止；在前进和后退的过程中，按下“停止按钮”，小车停在原地不动，如图 5-2-1 所示。

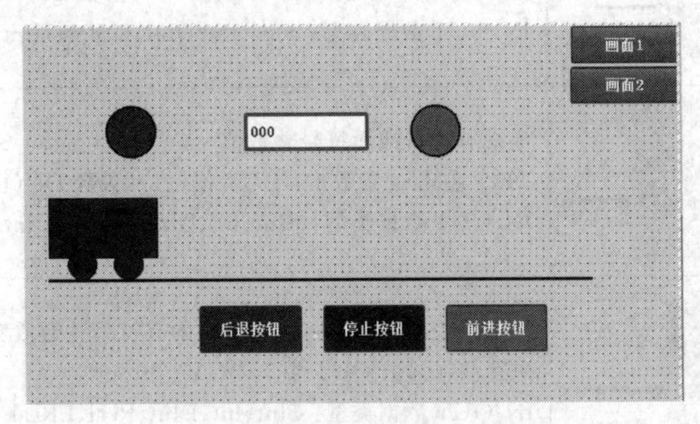

图 5-2-1　小车移动 HMI 控制系统

【任务分析】

小车的前进、后退、停止由触摸屏组态的“前进按钮”“后退按钮”和“停止按钮”实现。小车的移动可动画显示，前进和后退响应指示灯亮。I/O 域可以显示小车的当前位置。

【新知识学习】

5.2.1　整数运算指令

整数运算指令有求余指令（MOD）、取反指令（NEG）、加 1 指令（INC）、减 1 指令（DEC）、求绝对值指令（ABS）、求最小值指令（MIN）、求最大值指令（MAX）和参数范围内指令（LIMIT），其梯形图及描述如表 5-2-1 所示。

表 5-2-1　整数运算指令梯形图及描述

梯　形　图	描　　述
MOD Auto(???) EN　ENO <???> IN1　OUT <???> <???> IN2	MOD(求模)指令用于 IN1 除以 IN2 为模的数学运算 运算 IN1MODIN2＝IN1－(IN1/IN2)＝参数 OUT IN1 和 IN2 数据类型：Int、DInt、USInt、UInt、UDInt、Constant OUT 数据类型：Int、DInt、USInt、UInt、UDInt

续表

梯形图	描述
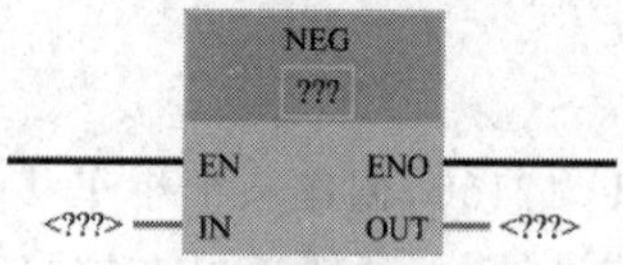 NEG ??? EN ENO <???> IN OUT <???>	NEG(取反)指令可将参数 IN 的值的算术符号取反并将结果存储在参数 OUT 中 IN 数据类型：SInt、Int、DInt、Real、LReal、Constant OUT 数据类型：SInt、Int、DInt、Real、LReal
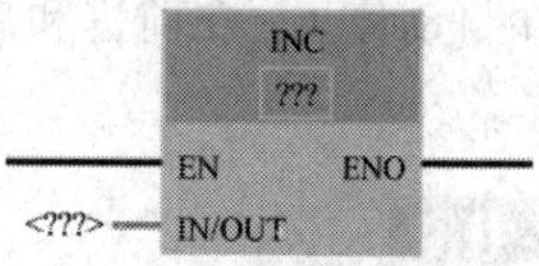 INC ??? EN ENO <???> IN/OUT	递增有符号或无符号整数值 INC(递增)：参数 IN/OUT 值+1=参数 IN/OUT 值 IN/OUT 数据类型：SInt、Int、DInt、USInt、UInt、UDInt
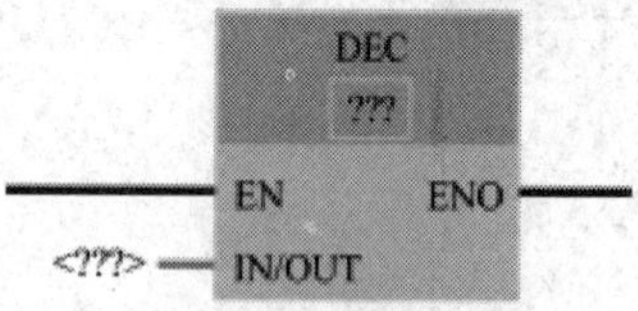 DEC ??? EN ENO <???> IN/OUT	递减有符号或无符号整数值 DEC(递减)：参数 IN/OUT 值−1=参数 IN/OUT 值 IN/OUT 数据类型：SInt、Int、DInt、USInt、UInt、UDInt
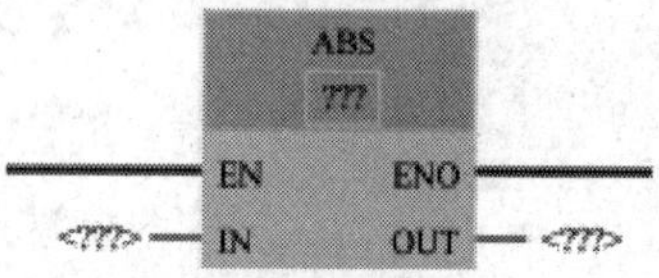 ABS ??? EN ENO <???> IN OUT <???>	使用 ABS 指令可以对参数 IN 的有符号整数或实数求绝对值并将结果存储在参数 OUT 中 IN/OUT 数据类型：SInt、Int、DInt、Real、LReal
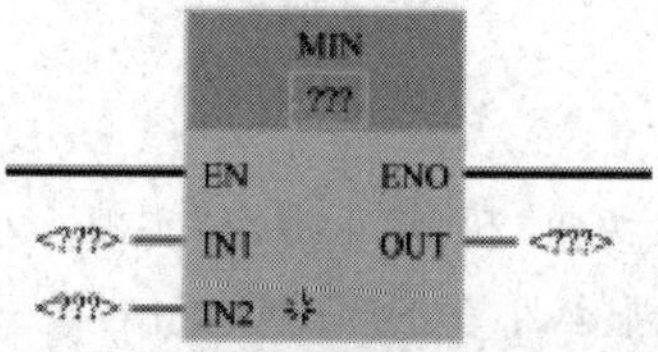 MIN ??? EN ENO <???> IN1 OUT <???> <???> IN2	MIN 比较两个参数 IN1 和 IN2 的值并将最小(较小)值分配给参数 OUT IN1、IN2 数据类型：SInt、Int、DInt、USInt、UInt、UDInt、Real、Constant OUT 数据类型：SInt、Int、DInt、USInt、UInt、UDInt、Real
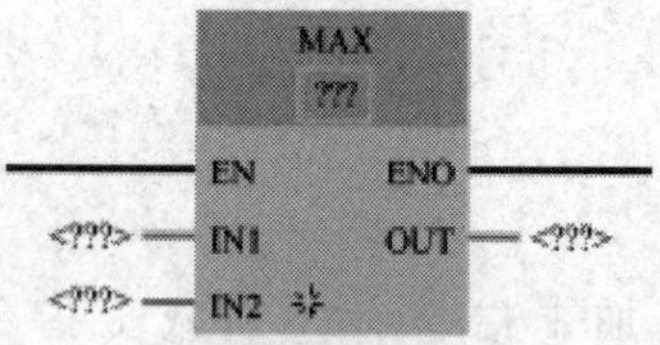 MAX ??? EN ENO <???> IN1 OUT <???> <???> IN2	MAX 比较两个参数 IN1 和 IN2 的值并将最大(较大)值分配给参数 OUT IN1、IN2 数据类型：SInt、Int、DInt、USInt、UInt、UDInt、Real、Constant OUT 数据类型：SInt、Int、DInt、USInt、UInt、UDInt、Real
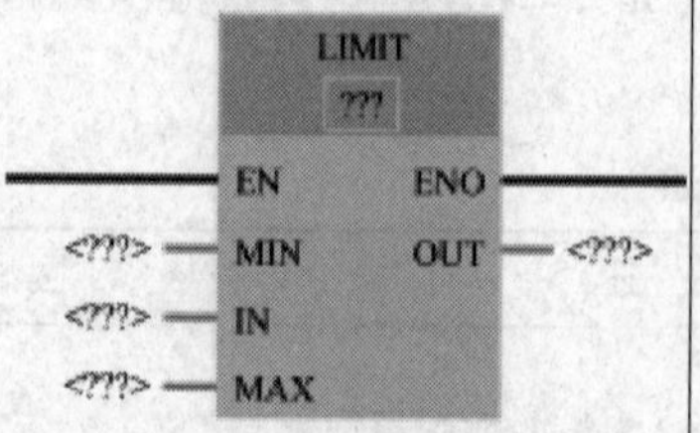 LIMIT ??? EN ENO <???> MIN OUT <???> <???> IN <???> MAX	如果参数 IN 的值在指定的范围内，则 IN 的值将存储在参数 OUT 中 如果参数 IN 的值超出指定的范围，则 OUT 值为参数 MIN 的值(如果 IN 值小于 MIN 值)或参数 MAX 的值(如果 IN 值大于 MAX 值) MIN、IN 和 MAX 数据类型：SInt、Int、DInt、USInt、UInt、UDInt、Real、Constant OUT 数据类型：SInt、Int、DInt、USInt、UInt、UDInt、Real

1. 求余指令(MOD)

除法指令(DIV)只能得到商数，可以使用求余指令(MOD)，将输入 IN1 的值除以输入 IN2 的值，并通过输出 OUT 查询余数。

2. 取反指令(NEG)

可以使用取反指令(NEG)更改输入 IN 中值的符号,并在输出 OUT 中查询结果。例如,如果输入 IN 为正值,则该值的负等效值将发送到输出 OUT。

3. 加 1 指令(INC)、减 1 指令(DEC)

执行加 1 指令(INC)和减 1 指令(DEC)时,IN/OUT 端的操作数分别被加 1 和减 1。注意使用时应采用检测上升沿的指令;否则,在 1 状态的每个扫描循环周期,都要执行加 1 和减 1。

4. 求绝对值指令(ABS)

可以使用求绝对值指令(ABS)计算输入 IN 处指定的值的绝对值。指令结果被发送到输出 OUT。

5. 求最大值指令(MAX)和求最小值指令(MIN)

求最大值指令(MAX)和求最小值指令(MIN)用来比较可用输入的值,并将最大或最小的值写入输出 OUT 中。在指令框中可以通过其他输入扩展输入的数量。要执行该指令,最少需要指定 2 个输入,最多可以指定 100 个输入。

6. 参数范围内指令(LIMIT)

可以使用参数范围内指令(LIMIT),将输入 IN 的值限制在输入 MIN 与 MAX 的值范围之间。如果 IN 输入的值满足条件 MIN≤IN≤MAX,则将其复制到 OUT 输出。如果不满足该条件且输入值 IN 低于下限 MIN,则将输出 OUT 设置为输入 MIN 的值。如果超出上限 MAX,则将输出 OUT 设置为输入 MAX 的值。

5.2.2　逻辑运算指令

1. 基本逻辑运算指令

基本逻辑运算指令有与指令(AND)、或指令(OR)、异或指令(XOR)、按位取反指令(INV)。其梯形图及描述如表 5-2-2 所示。

表 5-2-2　基本逻辑运算指令梯形图及描述

梯形图	描述
AND ??? EN ENO <???> IN1 OUT <???> <???> IN2	与指令 IN1 与 IN2 按位进行与运算。同一位均为 1,运算结果为 1;否则为 0
OR ??? EN ENO <???> IN1 OUT <???> <???> IN2	或指令 IN1 与 IN2 按位进行或运算。同一位均为 0,运算结果为 0;否则为 1
XOR ??? EN ENO <???> IN1 OUT <???> <???> IN2	异或指令 IN1 与 IN2 按位进行异或运算。同一位如果不相同(一个为 0,另一个为 1),运算结果为 1;否则为 0

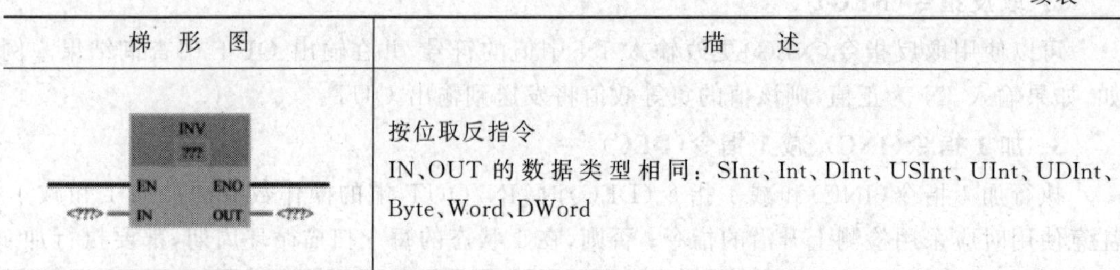

续表

梯 形 图	描 述
INV ??? EN ENO <???> IN OUT <???>	按位取反指令 IN、OUT 的数据类型相同：SInt、Int、DInt、USInt、UInt、UDInt、Byte、Word、DWord

2. 编码指令和解码指令

编码指令(ENCO)、解码指令(DECO)的梯形图及描述如表 5-2-3 所示。

表 5-2-3 ENCO 和 DECO 指令梯形图及描述

梯 形 图	描 述
ENCO ??? EN ENO <???> IN OUT <???>	编码指令 ENCO 数据输入类型：Byte、Word、DWord 数据输出类型：Int
DECO UInt to ??? EN ENO <???> IN OUT <???>	解码指令 DECO 数据输入类型：UInt 数据输出类型：Byte、Word、DWord

1）编码指令(ENCO)

可以使用编码指令读取输入值中最低有效位的位号，并将其发送到输出 OUT 的地址中。IN 端操作数的数据类型可选字节、字和双字，OUT 端操作数的数据类型为 Int。

例如，IN 端为 2＃00101000(16＃28)，OUT 端的编码结果为 3。

2）解码指令(DECO)

可以使用解码指令(DECO)将输入值指定的输出值中的某个位置位。解码指令读取输入 IN 的值，并将输出值中位号与读取值对应的那个位置位，输出值中的其他位以 0 填充。当输入 IN 的值大于 31 时，则将执行以 32 为模的指令。IN 端操作数的数据类型为 Int，OUT 端操作数的数据类型可选字节、字和双字。

如 IN 端的值为 0～7 时，OUT 端的数据类型为 8 位字节。

IN 端的值为 0～15 时，OUT 端的数据类型为 16 位的字。

IN 端的值为 0～31 时，OUT 端的数据类型为 32 位的双字。

例如，IN 端为 5，OUT 端的结果为 2＃00100000。

3. 选择指令和多路复用指令

选择指令(SEL)、多路复用指令(MUX)的梯形图及描述如表 5-2-4 所示。

表 5-2-4 选择指令和多路复用指令梯形图及描述

梯 形 图	描 述
SEL ??? EN ENO <??.?> G OUT <???> <???> IN0 <???> IN1	选择指令 G 的数据类型：BOOL IN0、IN1、OUT 的数据类型：SInt、Int、DInt、USInt、UInt、UDInt、Real、Byte、Word、DWord、Time、Char
MUX ??? EN ENO <???> K OUT <???> <???> IN0 <???> IN1 ... ELSE	多路复用指令 K 的数据类型：UInt IN0、IN1、OUT、ELSE 的数据类型：SInt、Int、DInt、USInt、UInt、UDInt、Real、Byte、Word、DWord、Time、Char

【任务实施】

1. 创建新项目

打开 TIA Portal V15，创建一个名为“小车移动 HMI 控制系统”的新项目。

2. 组态控制器

1）添加 PLC

双击项目树中的“添加新设备”，添加一个 PLC，为 CPU 1215C AC/DC/Rly，如图 5-2-2 所示，启用系统和时钟存储器位。

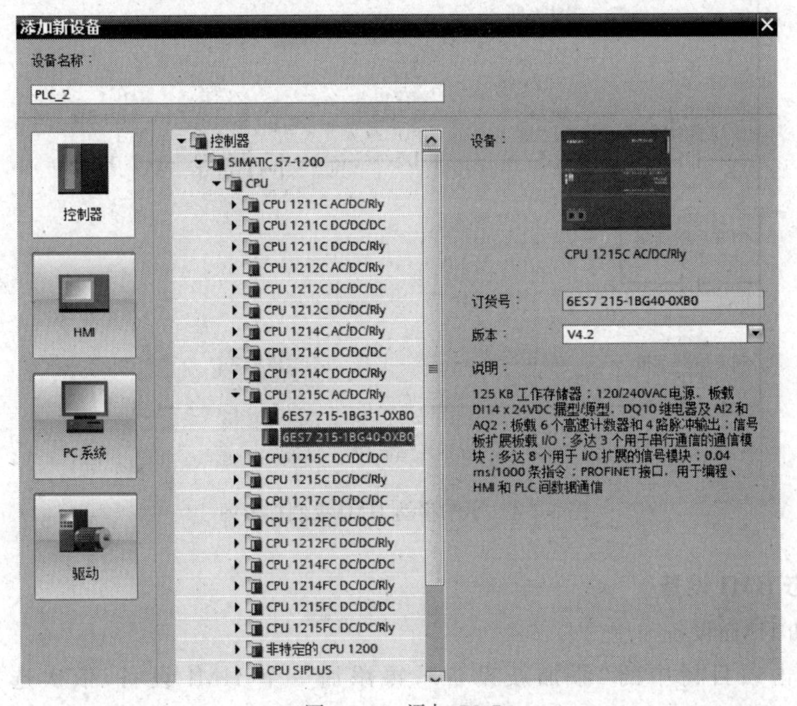

图 5-2-2 添加 PLC

2）编写 PLC 变量表

如图 5-2-3 所示，在 PLC 默认变量表中添加变量，其中，M2.0、M2.1、M2.2 是人机界面提供给 PLC 的控制信号；M10.0、M10.1 是 PLC 提供给人机界面指示灯的信号；MW20 是人机界面提供给 PLC 的当前位置设定数据，数据类型为 Int。

默认变量表

		名称	数据类型	地址
1		当前位置	Int	%MW20
2		前进按钮	Bool	%M2.0
3		停止按钮	Bool	%M2.1
4		后退按钮	Bool	%M2.2
5		小车前进标志指示灯	Bool	%M10.0
6		小车后退标志指示灯	Bool	%M10.1

图 5-2-3 小车移动控制 PLC 变量表

3）编写 PLC 程序

根据控制要求设计 PLC 程序，绘制小车移动 HMI 控制梯形图，如图 5-2-4 所示。

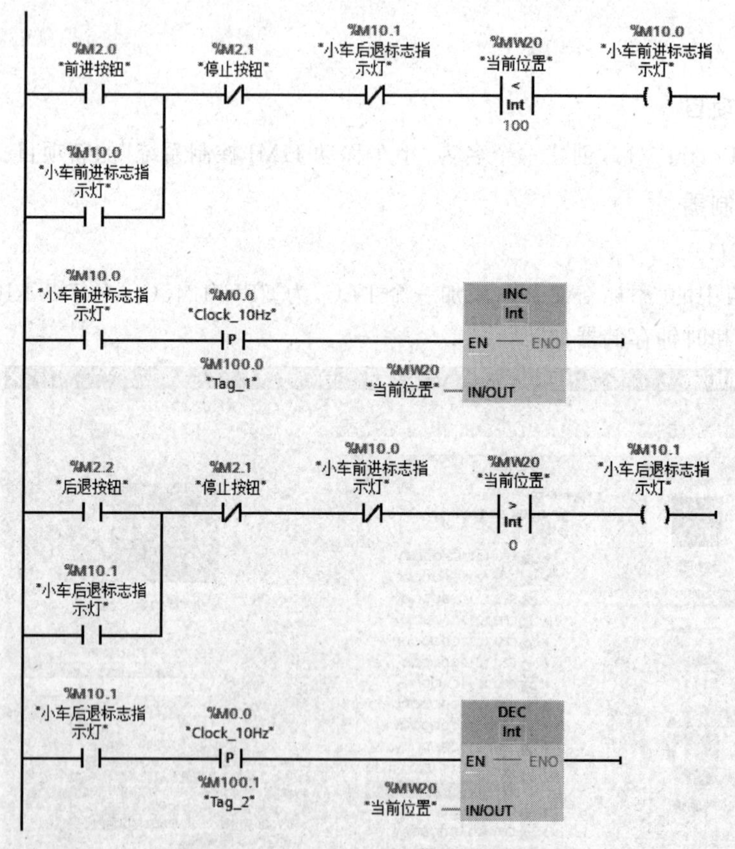

图 5-2-4 小车移动 HMI 控制梯形图

3. 组态 HMI 设备

1）添加 HMI 设备

继续双击项目树中的“添加新设备”，再添加一个 HMI 设备，依次选择 HMI→“SIMATIC 精简系列面板”→“7″显示屏”→KTP700 Basic，如图 5-2-5 所示，选中供货号为

6AV2 123-2GB03-0AX0 的 HMI，单击“确定”按钮，在项目树下生成名为 HMI_1 的面板。出现“HMI 设备向导：KTP700 Basic PN”对话框，单击“取消”按钮，出现“取消 HMI 设备向导”对话框，单击“确定”按钮，如图 5-2-6 所示。

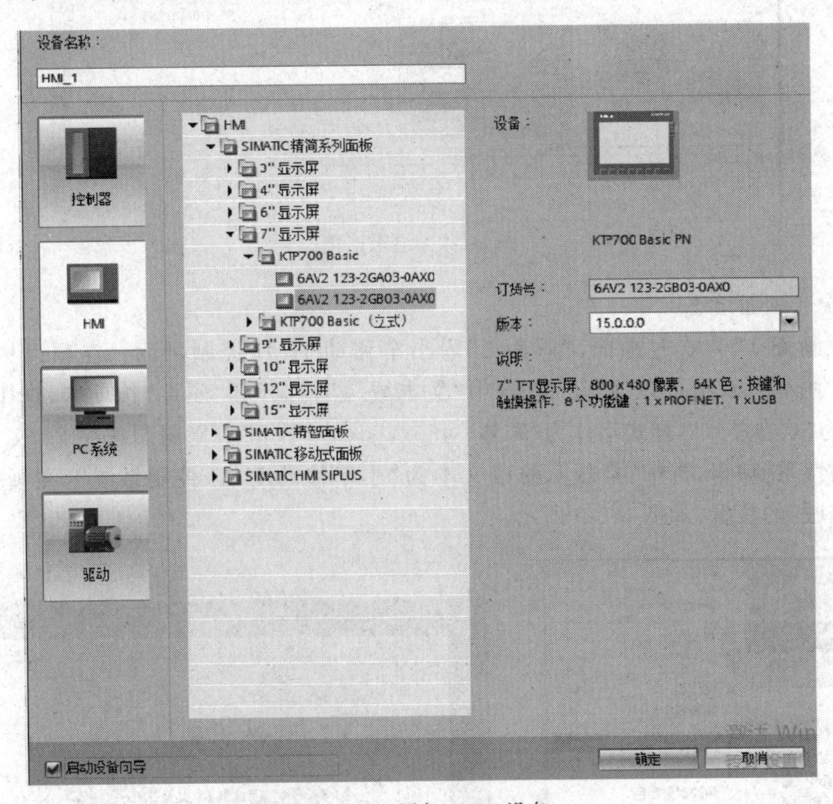

图 5-2-5　添加 HMI 设备

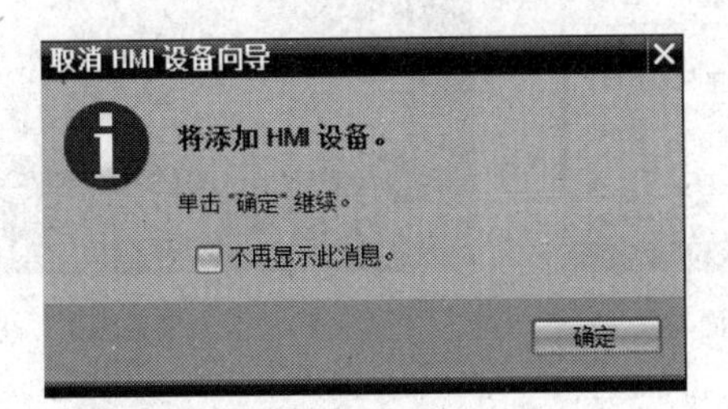

图 5-2-6　取消 HMI 设备向导

2）组态连接

双击“项目树”中的“设备和网络”，在“网络视图”工具栏中单击“连接”按钮，设置连接类型为“HMI 连接”。用拖曳的方法生成 PN/IE_1，如图 5-2-7 所示。

3）HMI 控制界面组态

（1）更换起始画面

在项目树下，展开 HMI_1→“画面”，双击“添加新画面”，生成“画面 2”；默认“画面 1”为起始画面，右击“画面 2”可以更换“画面 2”为起始画面，如图 5-2-8 所示。同样，右击“画面 1”，又更换“画面 1”为起始画面。

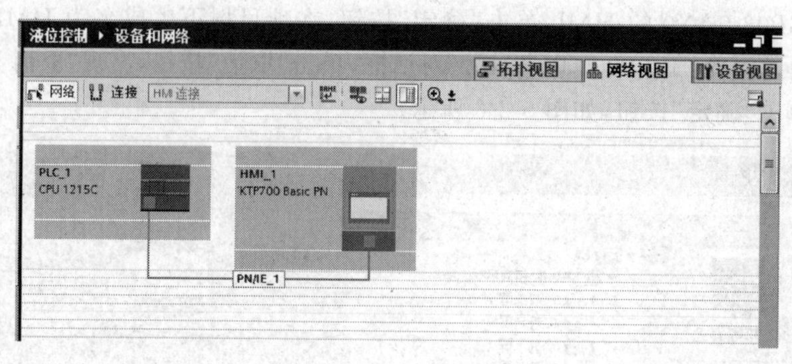

图 5-2-7　组态连接

(2) 欢迎画面组态

定义“画面 1”为欢迎画面,“画面 2”为小车移动 HMI 控制画面。在项目树下,展开 HMI_1→“画面”,双击打开“画面 1”,选中“文本域_1”,打开其“属性”选项卡,选中“常规”,修改文本为“欢迎进入”,样式字体为“宋体,48px,style=Bold”;复制制作一个“文本域_2”,打开其“属性”选项卡,选中“常规”,修改文本为“小车移动 HMI 控制系统”,在画面中调整两个“文本域”的位置,如图 5-2-9 所示。

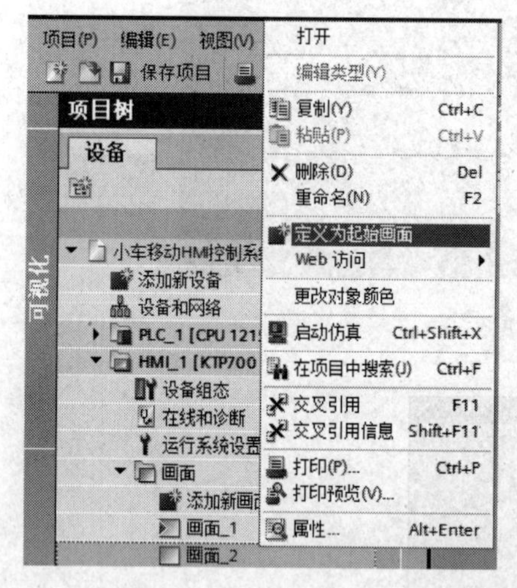

图 5-2-8　更换起始画面

图 5-2-9　欢迎画面组态

(3) 画面切换按钮组态

在“画面 1”中,选中“按钮_1”,打开其“属性”选项卡,选中“常规”,修改文本为“画面 1”,打开其“事件”选项卡,选中“单击”,添加函数为“画面”→“激活屏幕”,设定变量为“画面 1”,如图 5-2-10 所示。

复制制作一个“按钮_2”,打开其“属性”选项卡,选中“常规”,修改文本为“画面 2”,打开其“事件”选项卡,选中“单击”,添加函数为“画面”→“激活屏幕”,设定变量为“画面 2”。

复制“画面 1”中的“按钮_1”“按钮_2”,粘贴到“画面 2”中。这样两个画面可以自由切换。

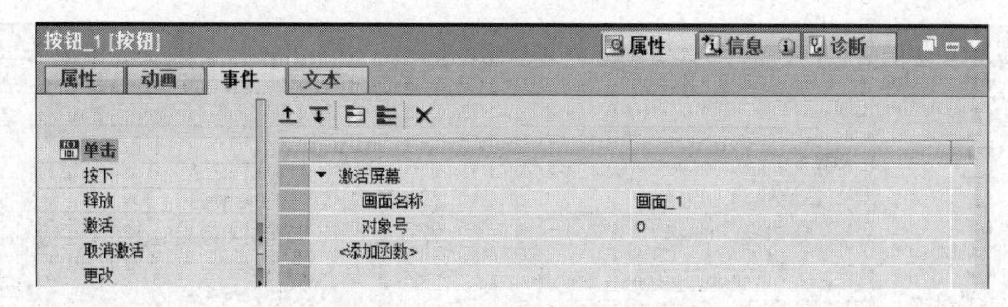

图 5-2-10 组态画面切换按钮

(4) 小车移动 HMI 控制画面组态

① 小车组态

展开“工具箱”→“基本对象”,选中“矩形”,然后在“操作界面”中选择合适的位置,生成一个“矩形_1”;选中该“矩形_1”,右击打开其“属性”选项卡,选中“外观”,修改背景颜色为蓝色“49,48,156”。其他属性保持默认。

选中“圆”,生成一个“圆_1”,选中该“圆_1”,打开其“属性”选项卡,选中“外观”,修改背景颜色为蓝色“49,48,156”,其他属性保持默认。

再在画面中选中该“圆_1”,复制粘贴,生成“圆_2”,完成“圆”图形的复制。

选中制作好的“矩形”框和两个“圆”,右击选择“组合”→“组合”命令,生成一个“Group组”,完成“小车”制作。

选中画面中制作好的“小车”,右击打开“属性”→“动画”选项卡,展开“移动”,双击“添加新动画”,弹出“添加动画”对话框,选中“水平移动”,其变量设定为“当前位置”,调整范围为0～100,起始位置 X 设定为 100,目标位置 X 设定为 600,如图 5-2-11 所示。

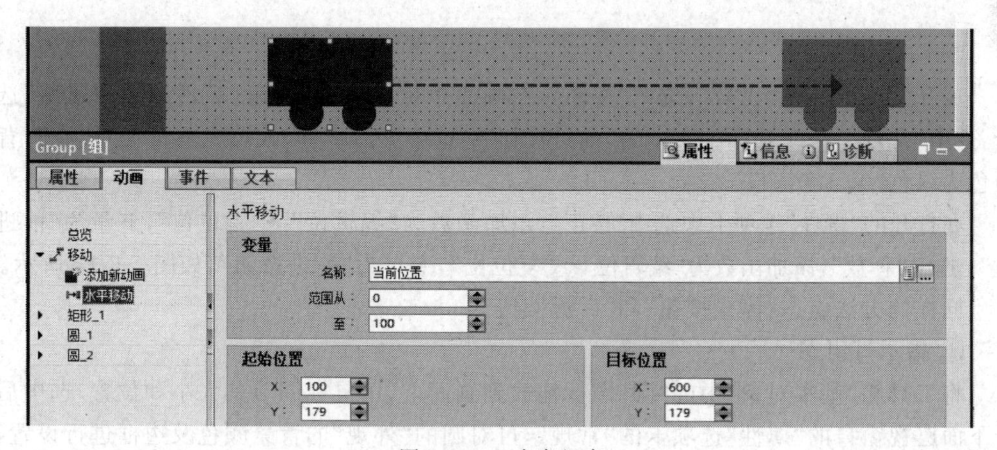

图 5-2-11 小车组态

在“操作界面”添加一个“I/O 域_1”,打开其“属性”→“常规”选项卡,设定过程变量为“当前位置”,类型模式为“输入/输出”,显示格式为“十进制”,格式样式为 3 位整数,如图 5-2-12 所示。

在项目树下,展开“HMI 变量”,双击打开“默认变量表”,修改“当前位置”的采样周期为 100ms。

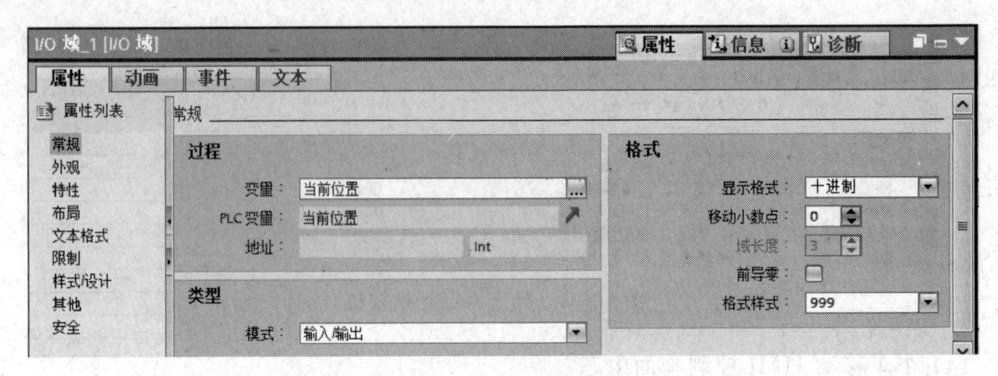

图 5-2-12　I/O 域组态

② 运行轨道组态

展开“工具箱”→“基本对象”，选中“线”，在画面中生成一根“线_1”，表示小车的运行轨道。选中“线_1”，打开其“属性”选项卡，选中“外观”，修改线宽度为 3；选中“布局”，起始位置 X 设定为 100，目标位置 X 设定为 700，如图 5-2-13 所示。

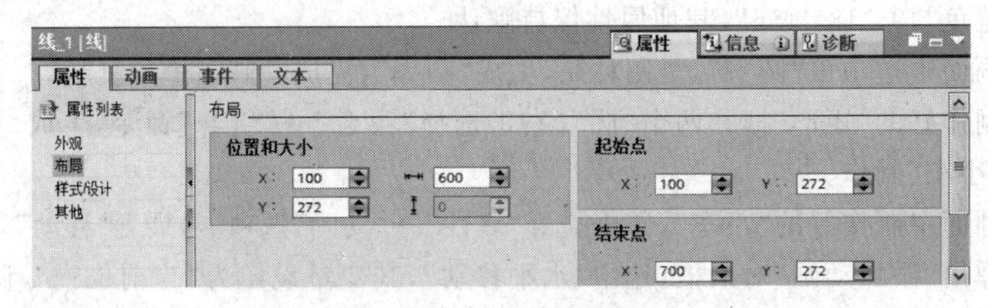

图 5-2-13　运行轨道组态

③ 按钮组态

展开“工具箱”→“元素”，选中“按钮”，在画面中生成一个“按钮_3”，打开其“属性”选项卡，选中“常规”，修改其标签文本为“前进按钮”；选中“外观”，修改填充图案为“实心”，背景颜色为绿色“0，130，0”。

在打开的“事件”选项卡中选中“按下”，添加函数为“编辑位”→“置位位”，变量为“前进按钮”；选中“释放”，添加函数为“编辑位”→“复位位”，变量为“前进按钮”，如图 5-2-14 所示。

同样的方法组态“停止按钮”和“后退按钮”。

④ 指示灯组态

将工具箱“基本对象”中的“圆”图标拖放到画面上，用鼠标调节其大小和位置，选中后打开下面巡视窗口的“属性”选项卡的“常规”，可对圆的“外观”的背景颜色及边框进行设置，设置圆的边框为默认的黑色，样式为实心，宽度为 2 个像素点，填充色为深绿色“0，130，0”，填充图案为实心，如图 5-2-15 所示。

选中巡视窗口的“属性”→“动画”→“显示”，双击“添加新动画”，再双击出现的“添加动画”对话框中的“外观”。设置指示灯在 PLC 的变量“小车前进标志指示灯”的“范围”值为 0 和 1 时，背景色分别为深绿色“0，130，0”和浅绿色“0，255，0”，对应于指示灯熄灭和点亮，如图 5-2-16 所示。

同样的方法组态“小车后退标志指示灯”。

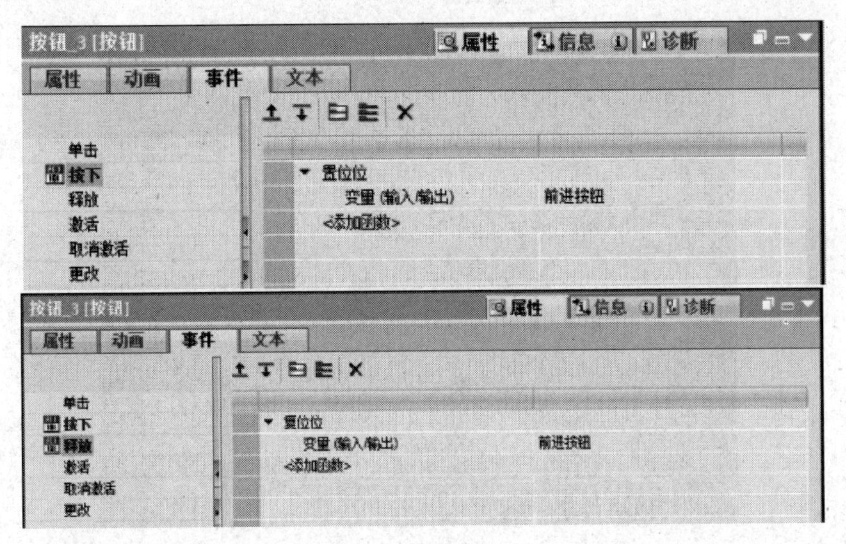

图 5-2-14 按钮组态

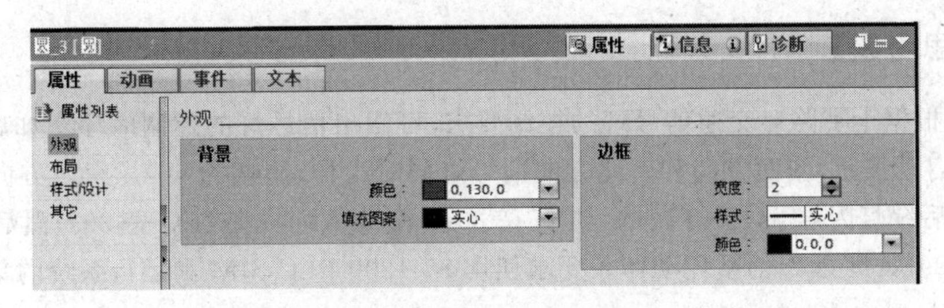

图 5-2-15 组态指示灯外观

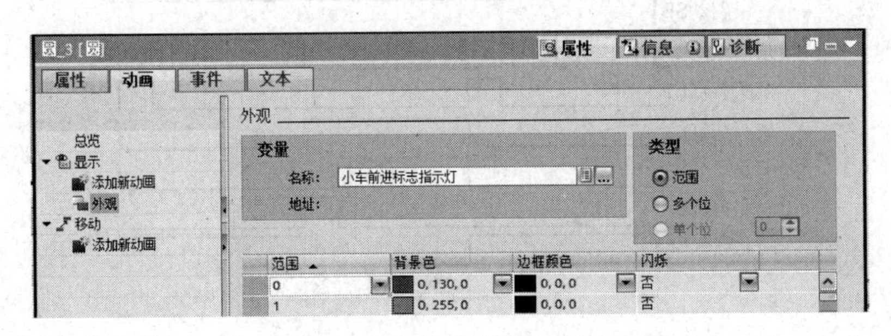

图 5-2-16 组态指示灯动画

4）仿真运行调试

小车移动 HMI 控制系统仿真调试

在没有连接 PLC、HMI 设备的前提下，用博途实现仿真运行调试。

（1）在项目树下，选中 PLC_1，单击工具栏中的“启动仿真”按钮，下载 PLC_1。

（2）在项目树下，选中 HMI_1 站点，单击工具栏中的“启动仿真”按钮，下载完成后，出现起始画面，如图 5-2-17 示。

（3）单击“画面 2”按钮，进入小车移动监控画面，分别单击“前进按钮”“停止按钮”和“后退按钮”，观察“小车”的运行方向和位置，以及“当前位置”的数值变化。

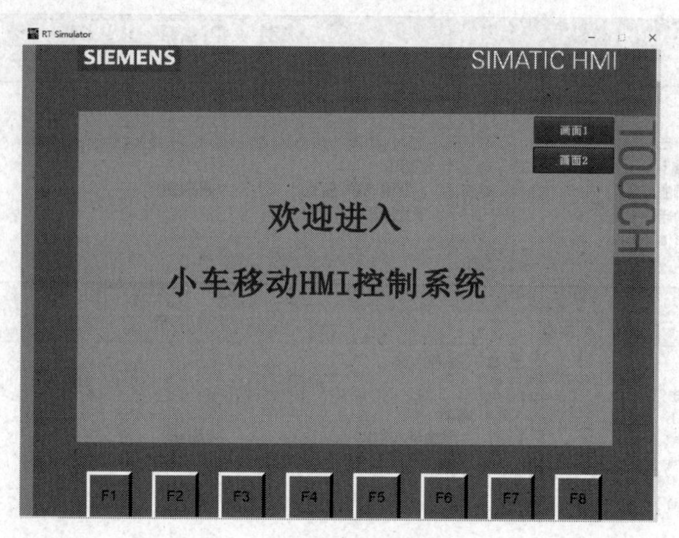

图 5-2-17　起始画面监控

【练习与思考题】

5-1　根据十字路口交通信号灯的控制要求,可做出信号灯的控制时序图如题 5-1 图所示。按下启动按钮,东西方向和南北方向信号灯同时工作,周期为 60s。东西方向先是绿灯亮 25s,然后绿灯闪烁 3s,黄灯亮 2s,红灯亮 30s;南北方向先是红灯亮 30s,然后是绿灯亮 25s,闪烁 3s,黄灯亮 2s。循环动作。要求使用 S7-1200 PLC SIM 和运行系统的集成仿真实现运行调试。

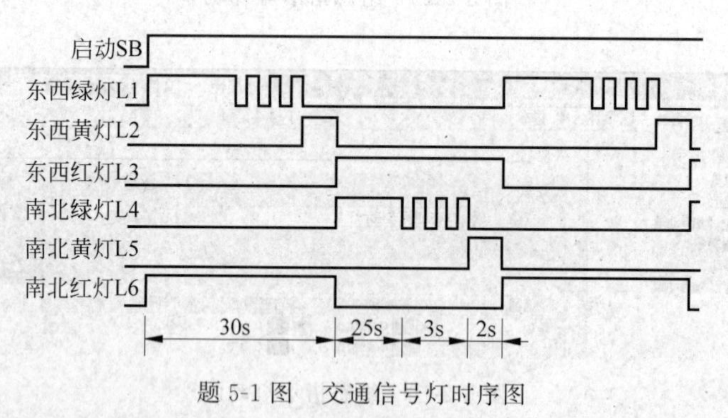

题 5-1 图　交通信号灯时序图

5-2　液体混合控制要求如下。

(1) 初始状态:容器是空的,所有阀门和搅拌机 M 均为 OFF,液位为 0。

(2) 操作控制:按下启动按钮,开始下列操作。

① 进水阀 1 打开,开始注入液体 A,至液面高度为 30L 时,进水阀 1 关闭。

② 同时进水阀 2 打开注入液体 B,当液面升至 80L 时,进水阀 2 关闭。

③ 进水阀 2 关闭后,立即开启搅拌机,搅拌混合时间为 6s。

④ 停止搅拌后打开出水阀放出混合液体,当液体高度降为 0 后,出水阀关闭。

混合控制完成后,如果没有按下停止按钮,进入第一步开始循环。任何时候按下停止按钮,立即停止,打开出水阀门将液体排出,液体排完后回到初始状态。

项目6

PLC与PLC之间的通信

【项目目标】

序号	类 别	目 标
1	知识目标	1. 了解 S7-1200 PLC 以太网通信的基本知识 2. 掌握 S7-1200 PLC 与 S7-1200 PLC 之间基于以太网的开放式用户通信的通信协议、指令及编程 3. 掌握 S7-1200 PLC 与 S7-1200 PLC 之间基于以太网的 S7 通信的通信协议、指令及编程
2	技能目标	1. 能实现 S7-1200 PLC 与 S7-1200 PLC 之间基于以太网的开放式用户通信的网络组态、编程及仿真运行调试 2. 能实现 S7-1200 PLC 与 S7-1200 PLC 之间基于以太网的 S7 通信的网络组态、编程及仿真运行调试
3	职业素养	1. 具有相互沟通能力及团队协作精神 2. 具有主动探究、分析问题和解决问题的能力 3. 具有遵守规范、严谨认真和精益求精的工匠精神 4. 增强文化自信,具有科技报国的家国情怀和使命担当 5. 系统设计施工中注重质量、成本、安全、环保等职业素养

任务 6.1　基于 S7-1200 PLC 的开放式用户通信

【任务描述】

实现 PLC 与 PLC 之间基于以太网的开放式用户通信。

(1) 将 PLC_1 的通信数据发送到 PLC_2 的接收数据中。要求将 PLC_1 的发送数据区数据块中 10 个整数数据发送到 PLC_2 的接收数据区数据块中。

(2) 将 PLC_2 的通信数据发送到 PLC_1 的接收数据中。要求将 PLC_2 的发送数据区数据块中 10 个整数数据发送到 PLC_1 的接收数据区数据块中。

【任务分析】

以太网通信程序设计步骤如下。

(1) 建立硬件通信物理连接：连接两个 CPU。两个 CPU 可以直接连接，不需要使用交换机。

(2) 配置硬件设备：在“设备视图”中配置硬件组态。

(3) 配置 IP 地址：为两个 CPU 配置不同的且在同一个网段的固定 IP 地址。

(4) 在网络连接中建立两个 CPU 间的逻辑网络连接。

(5) 编程配置连接及发送、接收数据参数。在两个 CPU 里分别调用 TSEND_C 或 TSEND、TRCV_C 或 TRCV 通信指令，并配置参数，使能双边通信。

(6) 下载及运行调试。

【新知识学习】

6.1.1 S7-1200 PLC 的以太网通信基本知识

S7-1200 PLC 的 CPU 集成的 PROFINET 接口是 10M/100Mbit/s 的 RJ-45 以太网口，可以使用标准的或交叉的以太网电缆，支持 TCP、ISO-on-TCP、UDP 和 S7 通信协议，使用这个接口可以实现 S7-1200 PLC 与编程设备、HMI 与 PLC、PLC 与 PLC 之间的通信。

西门子 S7-1200 PLC 的 CPU 的 PROFINET 连接一般有两种以太网通信连接方法。

一种是直接连接通信：在连接单个 PLC 的编程设备、HMI 或另一个 PLC 时，通常采用这种直接连接通信，如图 6-1-1 所示。

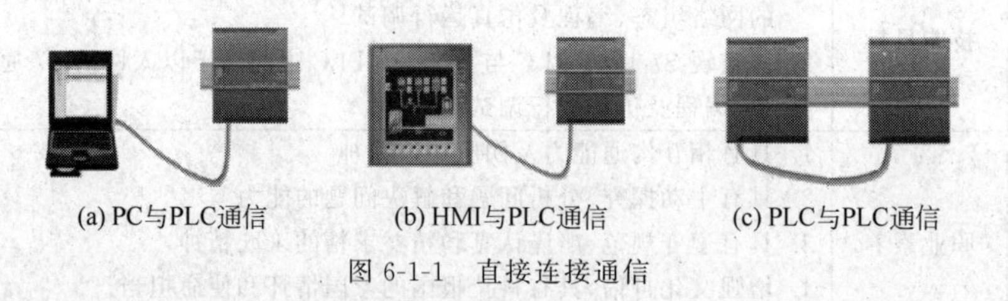

图 6-1-1 直接连接通信

另一种是网络连接通信：在连接两个或两个以上设备时，采用 S7-1200 PLC 专用交换机 CSM1277 进行网络连接通信，如图 6-1-2 所示。

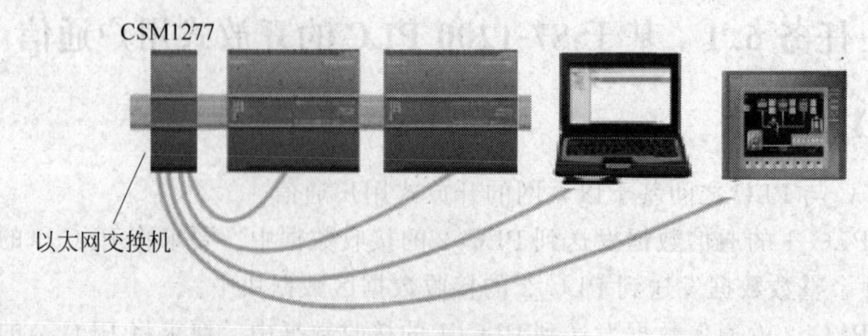

图 6-1-2 网络连接通信

6.1.2　开放式用户通信

基于CPU集成的PN接口的开放式用户通信(open user communication)是一种程序控制的通信方式。这种通信只受用户程序的控制,可以用程序建立和断开事件驱动的通信连接,且在运行期间也可以修改连接。

西门子S7-1200 PLC在开放式用户通信中,用函数块建立和断开通信连接,发送和接收数据。如图6-1-3所示,使用的通信指令为TSEND_C和TRCV_C,指令同时具有建立、断开连接和发送、接收数据的功能。对开放式用户通信方式,S7-1200 PLC之间基于ISO-on-TCP和TCP协议通信。

如果在程序块中选择通信指令TCON、TSEND_C或TRCV_C,创建类型为TCP或ISO-on-TCP的连接并分配参数,则可使用连接参数分配功能。在程序编辑器的巡视窗口中,可进行连接参数分配。

1. TSEND_C指令:建立连接并发送数据指令

如图6-1-4所示,使用TSEND_C指令设置和建立通信连接。设置并建立连接后,CPU会自动保持和监视该连接。

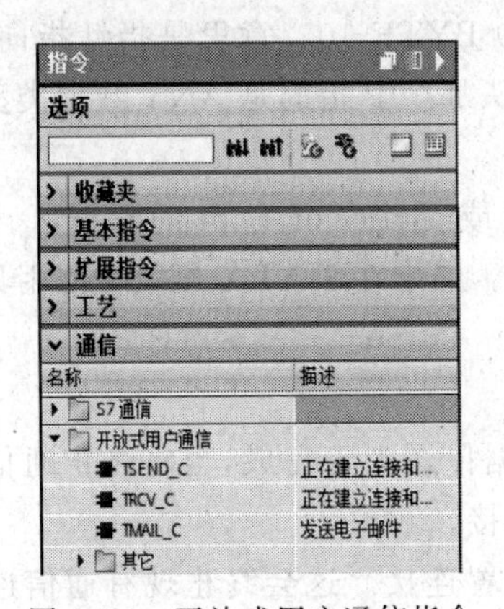

图6-1-3　开放式用户通信指令

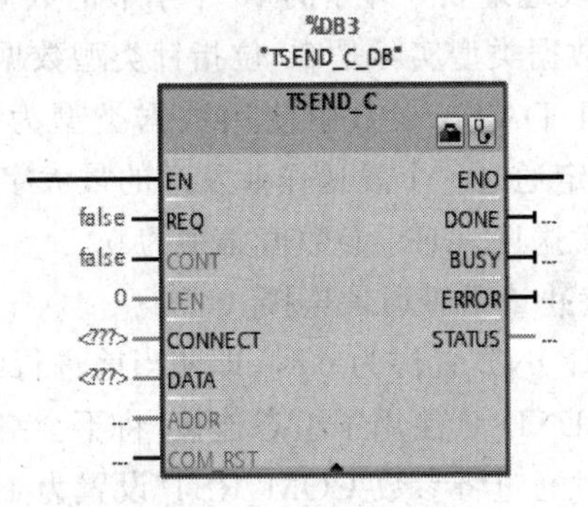

图6-1-4　TSEND_C指令

1) TSEND_C发送指令输入接口参数

TSEND_C发送指令输入接口参数及说明如表6-1-1所示。

表6-1-1　TSEND_C发送指令输入接口参数及说明

参　数	取　值	说　明
EN	—	使能端
REQ	M0.3	使用2Hz的时钟脉冲,上升沿激活,启动发送数据任务
CONT	TRUE	CONT=1(TRUE):建立并保持通信连接; CONT=0:断开通信连接
LEN	0	可选参数,要通过作业发送的最大字节数。 如果在DATA参数中使用具有优化访问权限的发送区,LEN参数值必须为0
CONNECT	PLC1_SEND_DB	指向连接描述的指针,该指令自动生成的通信连接数据块

续表

参　数	取　值	说　明
DATA	P ♯ DB1. DBX0. 0 BYTE 10	发送数据区的数据，如使用指针寻址时，DB块要选用绝对寻址。用参数DATA定义所有数据（是发送区的起始地址和最大的数据长度）

该指令异步执行且具有以下功能。

(1) 设置并建立通信连接。

通过 CONT=1 设置并建立通信连接。参数 CONNECT 中指定的连接描述用于设置通信连接。

CPU 进入 STOP 模式后，将终止现有连接并移除已设置的连接。要再次设置并建立该连接，需要再次执行 TSEND_C。

(2) 通过现有的通信连接发送数据。

在参数 REQ 中检测到上升沿时执行发送作业。如上所述，首先建立通信连接。

用户使用参数 DATA 指定发送区，该发送区包括要发送数据的地址和长度。传送结构时，发送端和接收端的结构必须相同。

特别说明，指针寻址格式为 P♯DB2. DBX0. 0 BYTE 10。意思是指针指向 DB2 数据块，从 DB 块地址 0.0 开始的 10 个字节的数据，开头那个 P 指的是 ANY 数据类型的表示方式，ANY 数据类型实际是 80 位指针类型数据。

请勿在 DATA 参数中使用数据类型为 Bool 或 Array of Bool 的数据区。使用参数 LEN 可指定通过一个发送作业发送的最大字节数。如果在 DATA 参数中使用具有优化访问权限的发送区，LEN 参数值必须为 0。

(3) 终止或重置通信连接。

参数 CONT 置位为 0 时，即使当前进行的数据传送尚未完成，也将终止通信连接。但如果对 TSEND_C 使用了组态连接，将不会终止连接。

可随时通过将参数 COM_RST 设置为 1 来重置连接。这会终止现有通信连接并建立新连接。如果此时正在传送数据，则可能会丢失数据。

2) TSEND_C 发送指令输出接口参数

TSEND_C 发送指令输出接口参数及说明如表 6-1-2 所示。

表 6-1-2　TSEND_C 发送指令输出接口参数及说明

参　数	说　明
DONE	任务执行完成并且没有错误，该位置 1
BUSY	该位为 1，代表任务未完成，不能激活新任务
ERROR	通信过程中有错误发生，该位置 1
STATUS	有错误发生时，会显示错误信息代码

部分参数说明如下。

(1) DONE：状态参数，为 0 时作业未启动或仍在执行；为 1 时作业已执行，且无任何错误，完成后会自动复位，需要自己锁存状态来判断连接情况。

(2) BUSY：状态参数，为 0 时作业未启动或已完成；为 1 时作业执行中，无法开始新作业。

(3) ERROR：错误参数，为 0 时无错误，为 1 时有错误报警。

2. TRCV_C 指令：建立连接并接收数据指令

如图 6-1-5 所示，该指令建立 TCP、ISO-on-TCP 或 UDP 连接并接收数据。

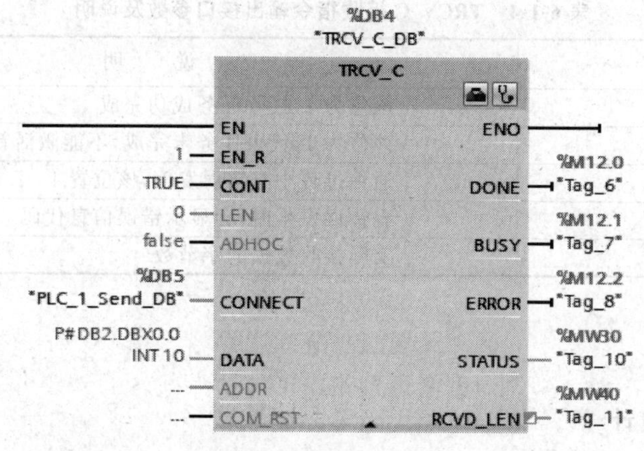

图 6-1-5　TRCV_C 指令

1) TRCV_C 接收指令输入接口参数

TRCV_C 接收指令输入接口参数及说明如表 6-1-3 所示。

表 6-1-3　TRCV_C 接收指令输入接口参数及说明

参　数	示　　例	说　　明
EN_R	TRUE	EN_R＝TRUE，表示准备好接收数据
CONT	TRUE	控制通信连接。 0：断开通信连接。 1：建立通信连接并在接收数据后保持该连接
LEN	0	接收数据长度。如果在 DATA 参数中使用具有优化访问权限的接收区，LEN 参数值必须为 0。LEN 设置为 65535 可以接收变长数据
CONNECT	PLC1_RECEIVE_DB	指向连接描述的指针，该指令自动生成的接收通信连接数据块
DATA	QB0	接收数据区的地址。可以是地址指针，如 P＃DB2. DBX0. 0 BYTE 10

TRCV_C 接收指令异步执行并按顺序实施以下功能。

(1) 设置并建立通信连接。

通过 CONT＝1 设置并建立通信连接。参数 CONNECT 中指定的连接描述用于设置通信连接。

CPU 进入 STOP 模式后，将终止现有连接并移除已设置的连接。要再次设置并建立该连接，需要再次执行 TRCV_C。

(2) 通过现有的通信连接接收数据。

参数 EN_R 设置为值 1 时，启用数据接收。接收到的数据将输入接收区中。根据所用的协议选项，接收区长度通过参数 LEN 指定(如果 LEN 不等于 0)，或者通过参数 DATA

的长度信息来指定(如果 LEN=0)。如果在参数 DATA 中使用纯符号值,则 LEN 参数的值必须为 0。

2）TRCV_C 接收指令输出接口参数

TRCV_C 接收指令输出接口参数及说明如表 6-1-4 所示。

表 6-1-4　TRCV_C 接收指令输出接口参数及说明

参　数	说　明
NDR	该位为 1,接收任务成功完成
BUSY	该位为 1,代表任务未完成,不能激活新任务
ERROR	通信过程中有错误发生,该位置 1
STATUS	有错误发生时,会显示错误信息代码
RCVD_LEN	实际接收数据的字节数

【任务实施】

1. 硬件电路设计

1）硬件选择

硬件选择如表 6-1-5 所示。

表 6-1-5　硬件选择

名　称	型　号
PLC_1	CPU 1215C DC/DC/DC
PLC_2	CPU 1215C DC/DC/DC

2）电气原理图

电气原理图如图 6-1-6 所示。

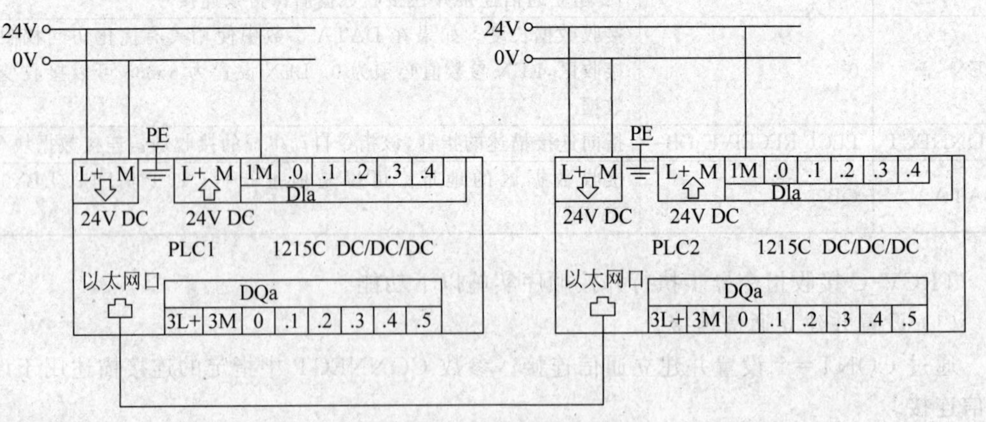

图 6-1-6　电气原理图

2. 软件电路设计

1）创建新项目

打开 STEP7 V15 软件,在 STEP7 V15 的“Portal 视图”中选择“创建新项目”,创建一个名为“S7-1200 PLC 开放式用户通信”的新项目。

2）添加硬件并命名 PLC

进入“项目视图”后，在“项目树”下双击“添加新设备”，在“添加新设备”对话框中选择所使用的 S7-1200 CPU 添加到机架上，命名为 PLC_1。同样方法再添加通信伙伴的另一个 S7-1200 CPU，命名为 PLC_2。两台 PLC 都为 CPU 1215C DC/DC/DC，如图 6-1-7 所示。

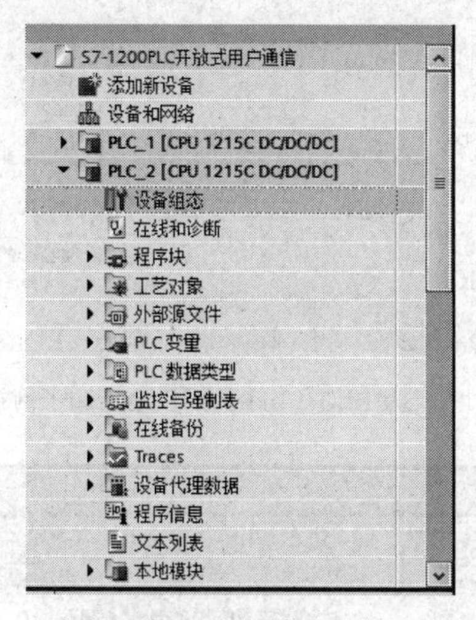

图 6-1-7 组态 PLC

3）为 PROFINET 通信口分配以太网地址

在 PLC_1“设备视图”的“常规”选项卡的“以太网地址”下，分配 IP 地址为 192.168.0.1，子网掩码为 255.255.255.0，并采用默认选项“自动生成 PROFINET 设备名称”，如图 6-1-8 所示。

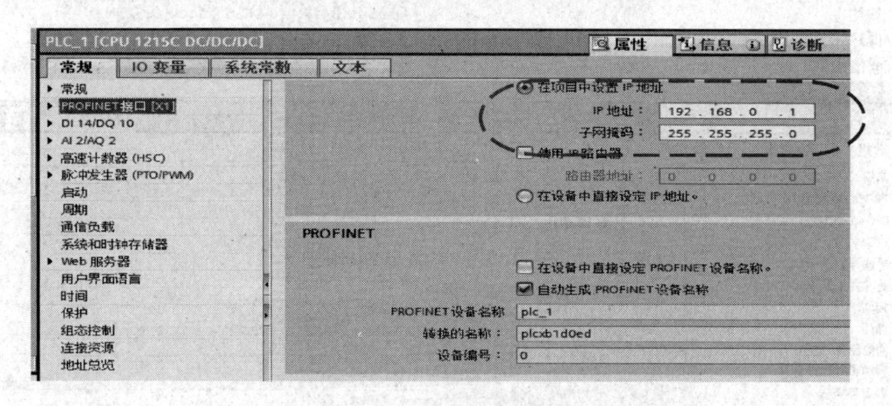

图 6-1-8 为 PLC_1 分配的 IP 地址和子网掩码

同样为另一台 S7-1200 CPU 分配 IP 地址为 192.168.0.2，子网掩码为默认的 255.255.255.0，如图 6-1-9 所示。

分别启用两台 PLC 的 MB0 作为它们的时钟存储器字节，如图 6-1-10 所示。

4）组态 CPU 之间的网络通信连接

配置完 CPU 的硬件后，在“项目树”→“设备和网络” →“网络视图”下，创建两个设备的

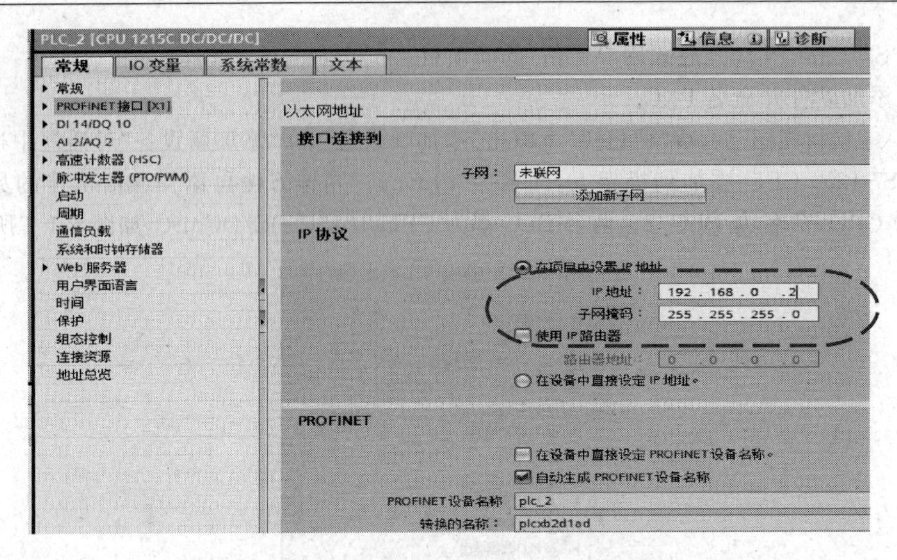

图 6-1-9 为 PLC_2 分配的 IP 地址和子网掩码

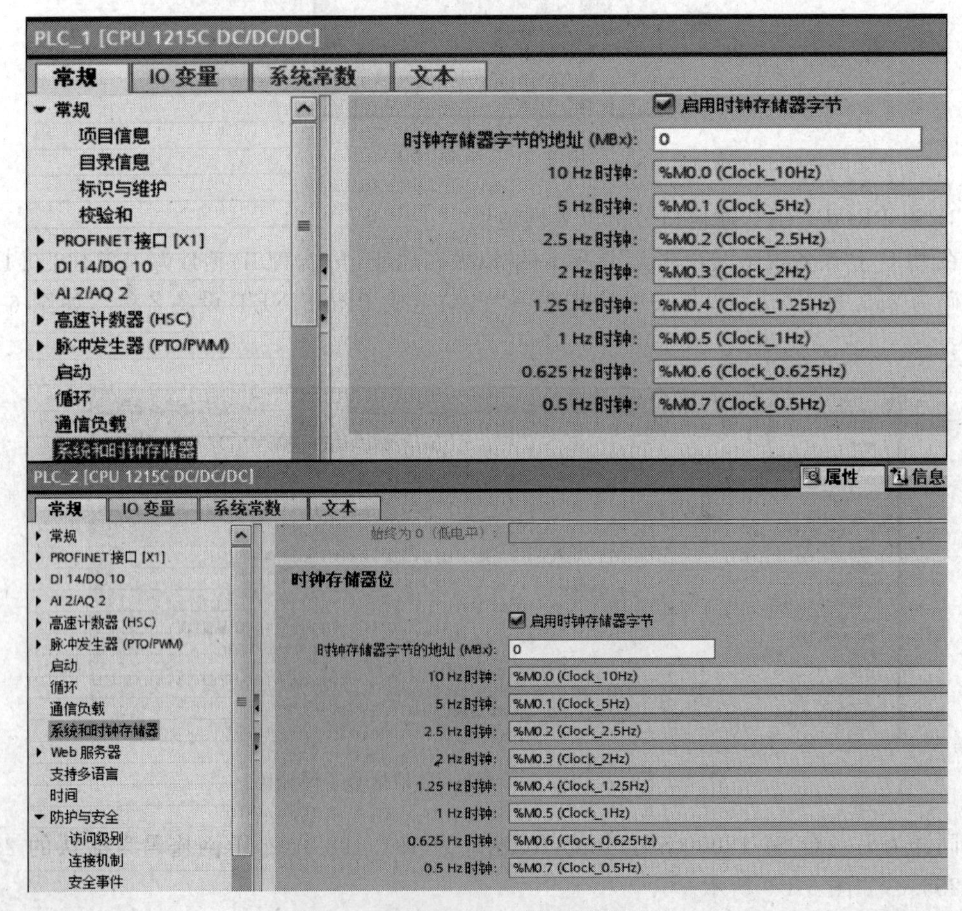

图 6-1-10 启用 MB0 时钟存储器字节

连接。单击选中 PLC_1 上 PROFINET 通信口的绿色小方框，然后拖曳出一条线，到 PLC_2 上的 PROFINET 通信口上松开鼠标，出现绿色的以太网线和名称为 PN/IE_1 的连接，即可建立连接,如图 6-1-11 所示。

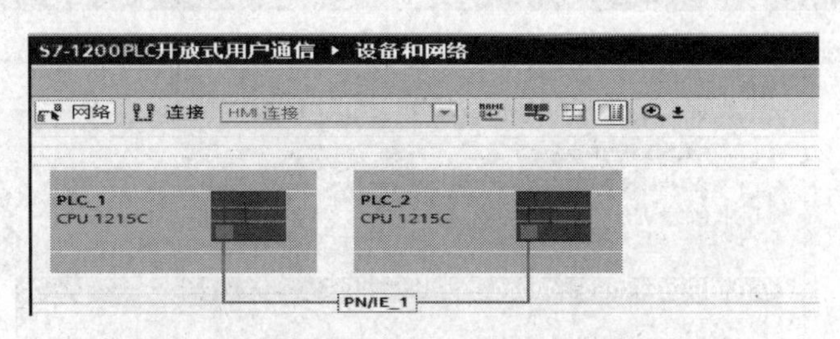

图 6-1-11　组态两台 CPU 之间的网络通信连接

5) PLC_1 软件设计

(1) 创建并定义 PLC_1 的发送数据块 DB1

执行"项目树"→PLC_1→"程序块"→"添加新块"→"数据块",创建发送数据块 DB1,如图 6-1-12 所示。

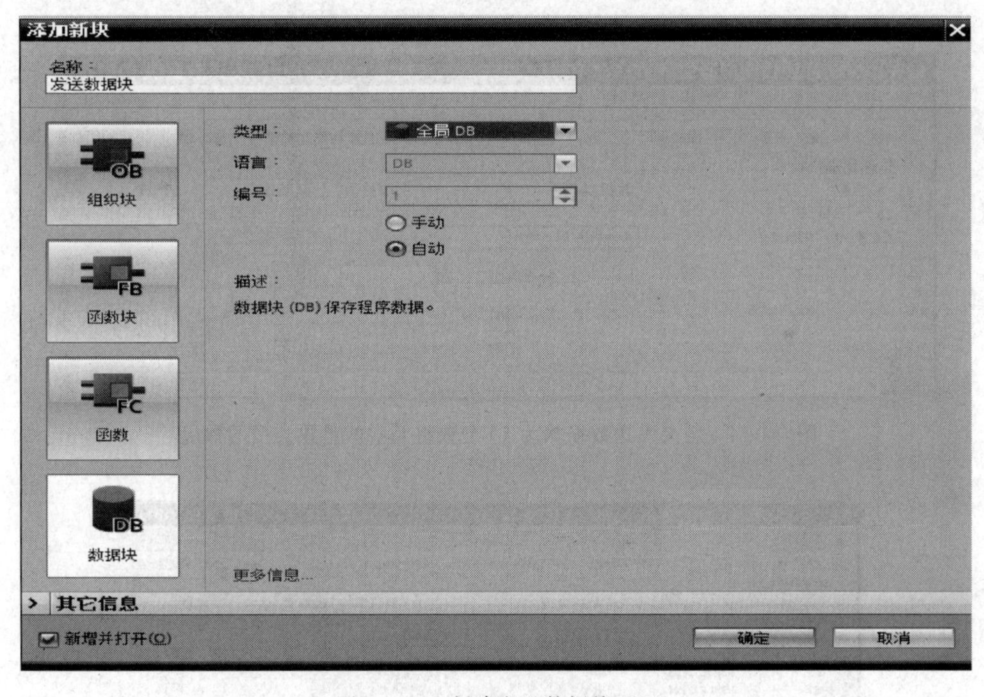

图 6-1-12　创建发送数据块 DB1

注意:对于双边编程通信的 CPU,如果通信数据区使用 DB 块,既可以将 DB 块定义成符号寻址,也可以将其定义成绝对寻址。使用指针寻址方式,必须创建绝对寻址的 DB 块,即在 DB 块的属性设置中要去掉"优化的块访问"选择项。

右击发送数据块 DB1。选中"属性",打开"属性"对话框。去掉"优化的块访问"属性,如图 6-1-13 所示。

在打开的发送数据块 DB1 对话框中,定义发送数据区为 TOPLC-2,数据类型为 10 个数组元素的整数类型的数组,如图 6-1-14 所示。

编译"发送数据块 DB1",10 个数组元素的整数类型的数组偏移量如图 6-1-15 所示。

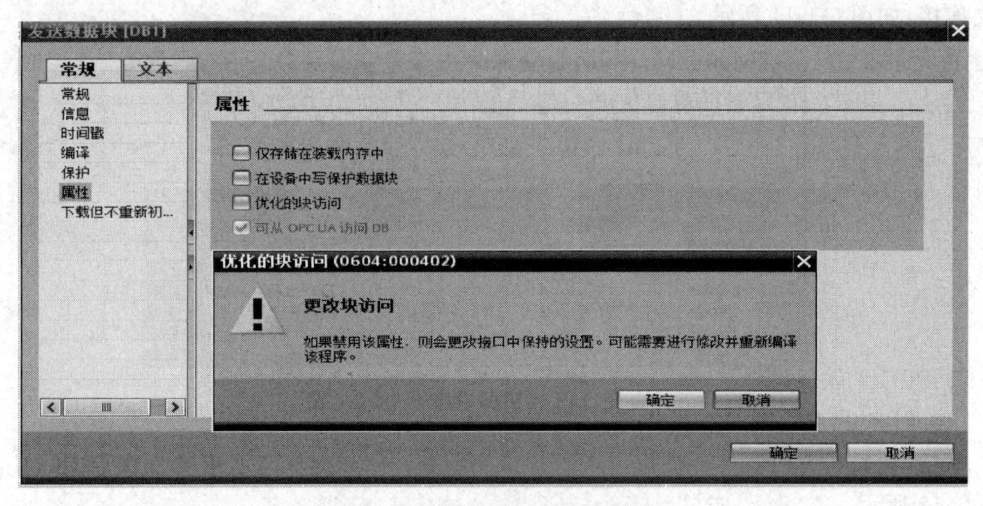

图 6-1-13　更改数据块访问属性

S7-1200PLC开放式用户通信 ▸ PLC_1 [CPU 1215C DC/DC/DC] ▸ 程序块 ▸ 发送数据块 [DB1]

保持实际值　快照　将快照值复制到起始值中　将起始值加载

发送数据块

	名称	数据类型	偏移量	起始值	保持
1	▼ Static				
2	▸ TOPLC-2	Array[0..9] of Int	0.0		

数据类型：Int

数组限值：0..9

示例：0..99 或 0..99；0..10

图 6-1-14　定义发送数据块为 10 个数组元素的整数类型的数组

S7-1200PLC开放式用户通信 ▸ PLC_1 [CPU 1215C DC/DC/DC] ▸ 程序块 ▸ 发送数据块 [DB1]

保持实际值　快照　将快照值复制到起始值中　将起始值加

发送数据块

	名称	数据类型	偏移量	起始值	保持
1	▼ Static				
2	▼ TOPLC-2	Array[0..9] of Int	0.0		
3	TOPLC-2[0]	Int	0.0	0	
4	TOPLC-2[1]	Int	2.0	0	
5	TOPLC-2[2]	Int	4.0	0	
6	TOPLC-2[3]	Int	6.0	0	
7	TOPLC-2[4]	Int	8.0	0	
8	TOPLC-2[5]	Int	10.0	0	
9	TOPLC-2[6]	Int	12.0	0	
10	TOPLC-2[7]	Int	14.0	0	
11	TOPLC-2[8]	Int	16.0	0	
12	TOPLC-2[9]	Int	18.0	0	

图 6-1-15　编译发送数据块 DB1

(2) 创建并定义 PLC_1 的接收数据块 DB2

执行“项目树”→PLC_1→“程序块”→“添加新块”→“数据块”，创建接收数据块 DB2，同样定义接收数据区为 FromPLC-2，为 10 个数组元素的整数类型的数组。去掉“优化的块访问”属性，如图 6-1-16 所示。

S7-1200PLC开放式用户通信 ▸ PLC_1 [CPU 1215C DC/DC/DC] ▸ 程序块 ▸ 接收数据块 [DB2]

保持实际值　快照　将快照值复制到起始值中　将起始值加

接收数据块

	名称	数据类型	偏移量	起始值	保持	可从 HMI/...
1	▼ Static					
2	▼ FromPLC-2	Array[0..9] o...	0.0		☐	☑
3	FromPLC-2[0]	Int	0.0	0	☐	☑
4	FromPLC-2[1]	Int	2.0	0	☐	☑
5	FromPLC-2[2]	Int	4.0	0	☐	☑
6	FromPLC-2[3]	Int	6.0	0	☐	☑
7	FromPLC-2[4]	Int	8.0	0	☐	☑
8	FromPLC-2[5]	Int	10.0	0	☐	☑
9	FromPLC-2[6]	Int	12.0	0	☐	☑
10	FromPLC-2[7]	Int	14.0	0	☐	☑
11	FromPLC-2[8]	Int	16.0	0	☐	☑
12	FromPLC-2[9]	Int	18.0	0	☐	☑

图 6-1-16　创建并编译接收数据块 DB2

(3) 初始化程序 OB100 设计

执行“项目树”→ PLC_1 →“程序块”→“添加新块”→“组织块”→ Startup，创建 OB100，如图 6-1-17 所示。OB100 为启动组织块，用于系统初始化，即 CPU 从 STOP 切换到 RUN 时，执行一次启动组织块。

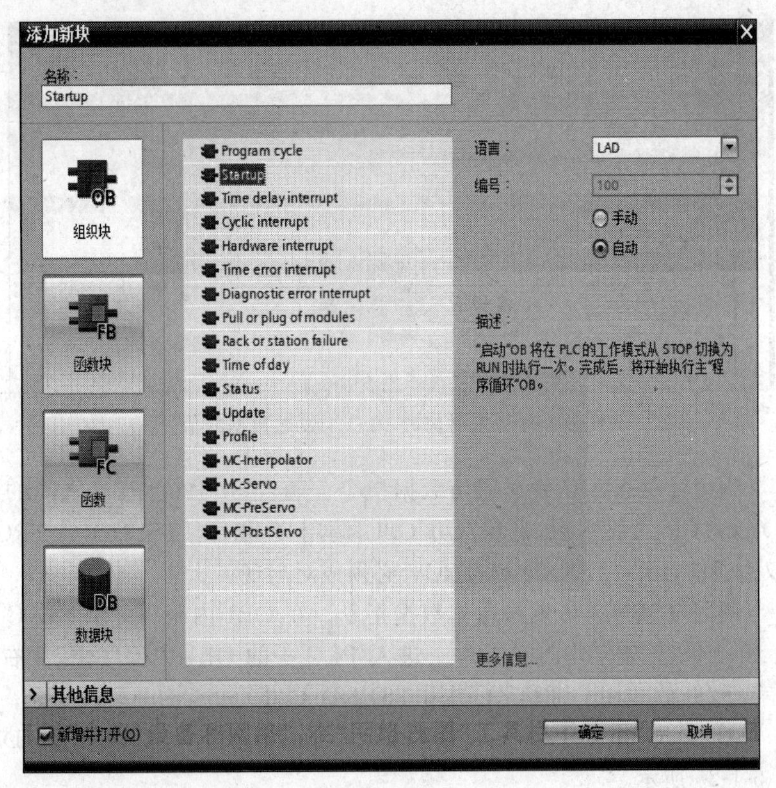

图 6-1-17　添加初始化组织块

在 OB100 中，用填充指令 FILL_BLK 将 PLC_1 中 DB1 要发送的 10 个整数初始化为 16#1111；用填充指令 FILL_BLK 将 PLC_1 中保存接收数据的 DB2 的 10 个整数清零，如图 6-1-18 所示。

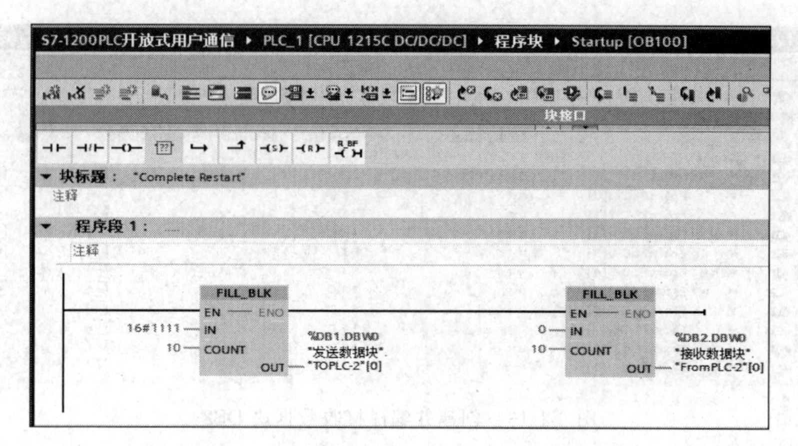

图 6-1-18　PLC_1 初始化程序 OB100 设计

(4) 主程序 OB1 设计

① 定时修改发送数据的值。在 PLC_1 的 OB1 中，用周期为 2s 的时钟存储器位 M0.7 的上升沿，将要发送的第一个整数 DB1.DBW0 加 1，如图 6-1-19 所示。

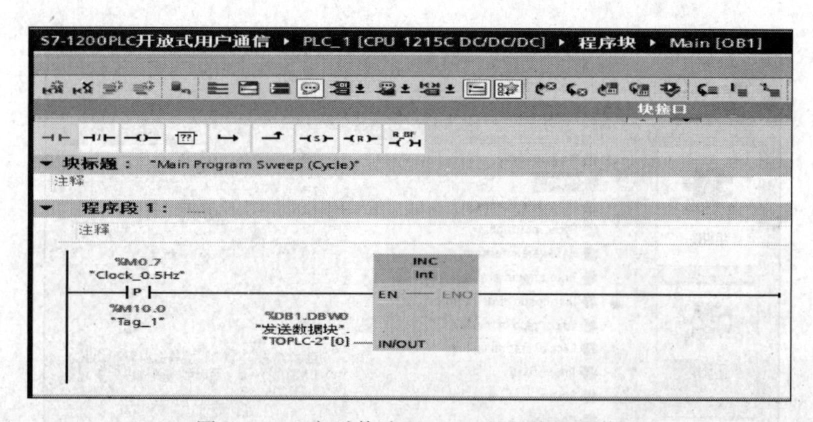

图 6-1-19　定时修改 PLC_1 发送数据的值

② PLC_1 调用 TSEND_C 发送通信数据指令。两台 S7-1200 PLC 之间的以太网通信可以通过 ISO-on-TCP 协议实现，是在双方 CPU 调用 T-block (TSEND_C、TRCV_C)指令。通信方式为双边通信，因此 TSEND 和 TRCV 必须成对出现。

a. PLC_1 调用 TSEND_C 发送通信数据指令。在 OB1 内调用 TSEND_C 发送通信数据指令，发送 10 个整数数据到 PLC_2 中。进入 PLC_1 的 OB1 主程序中，从右侧窗口“指令树”→“通信”→“开放式用户通信”下调用 TSEND_C 指令。

b. 添加 TSEND_C 指令后，会要求为该指令添加背景数据块 TSEND_C_DB，生成背景数据块，如图 6-1-20 所示。

c. 定义 PLC_1 的连接参数。打开 TSEND_C 指令在梯形图编辑区下方的该指令“属性”窗口，配置 PLC_1 的连接参数，如图 6-1-21 所示。

如果在左侧“连接类型”选择 ISO-on-TCP，则需要设置 TSAP 地址（ASCII 码形式），“本地”栏可以设置 PLC_1，“伙伴”栏可以设置 PLC_2，TSAP ID 自动生成，其他栏目设置如前述所示，具体设置如图 6-1-22 所示。

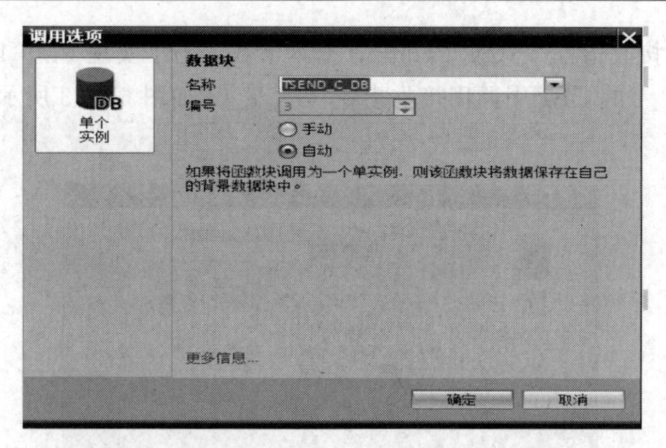

图 6-1-20 调用 TSEND_C 发送通信数据指令

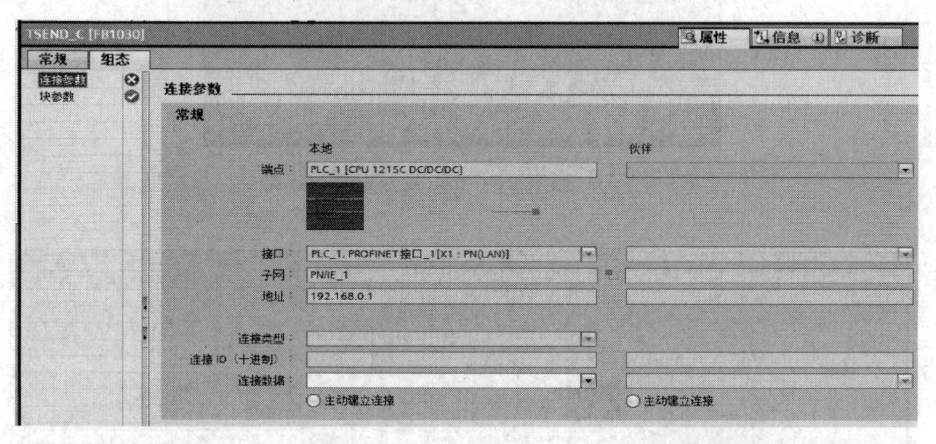

图 6-1-21 配置 PLC_1 TSEND_C 指令的连接参数界面

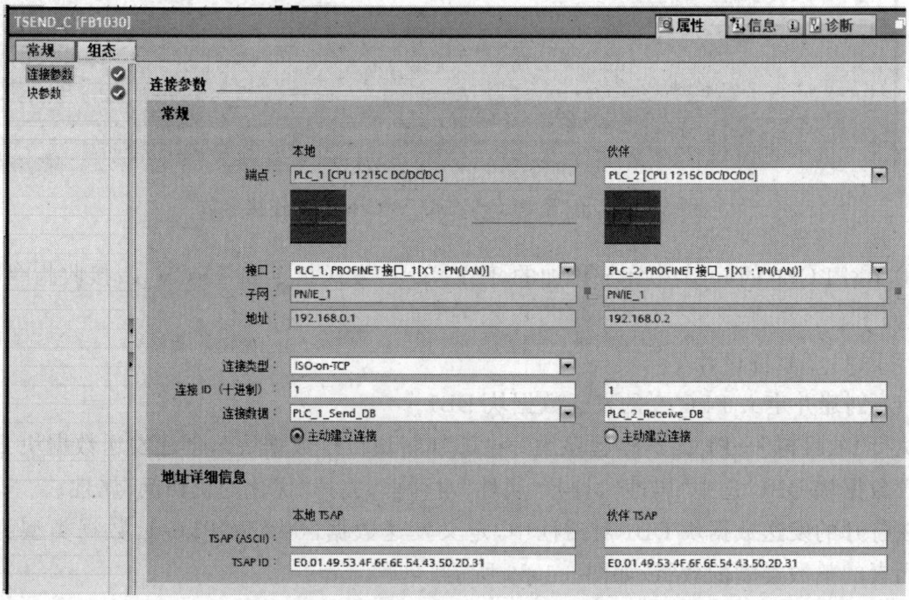

TSEND_C [FB1030]
属性
信息
诊断
常规
组态
连接参数
块参数
连接参数
常规
本地
伙伴
端点：
PLC_1 [CPU 1215C DC/DC/DC]
PLC_2 [CPU 1215C DC/DC/DC]
接口：
PLC_1, PROFINET接口_1[X1 : PN(LAN)]
PLC_2, PROFINET接口_1[X1 : PN(LAN)]
子网：
PN/IE_1
PN/IE_1
地址：
192.168.0.1
192.168.0.2
连接类型：
ISO-on-TCP
连接 ID（十进制）：
1
1
连接数据：
PLC_1_Send_DB
PLC_2_Receive_DB
主动建立连接
主动建立连接
地址详细信息
本地 TSAP
伙伴 TSAP
TSAP (ASCII)：
TSAP ID：
E0.01.49.53.4F.6F.6E.54.43.50.2D.31
E0.01.49.53.4F.6F.6E.54.43.50.2D.31

图 6-1-22 配置 PLC_1 TSEND_C 指令的连接参数

③ PLC_1 的接收指令 TRCV_C 并配置基本参数。为了实现 PLC_1 接收来自 PLC_2 的数据，则在 PLC_1 的 OB1 中调用接收指令 TRCV_C，如图 6-1-23 所示，并配置基本参数如图 6-1-24 所示。

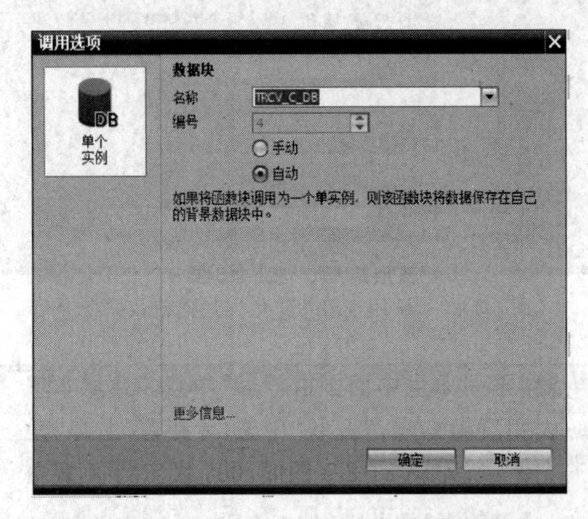

图 6-1-23　调用 TRCV_C 发送通信数据指令

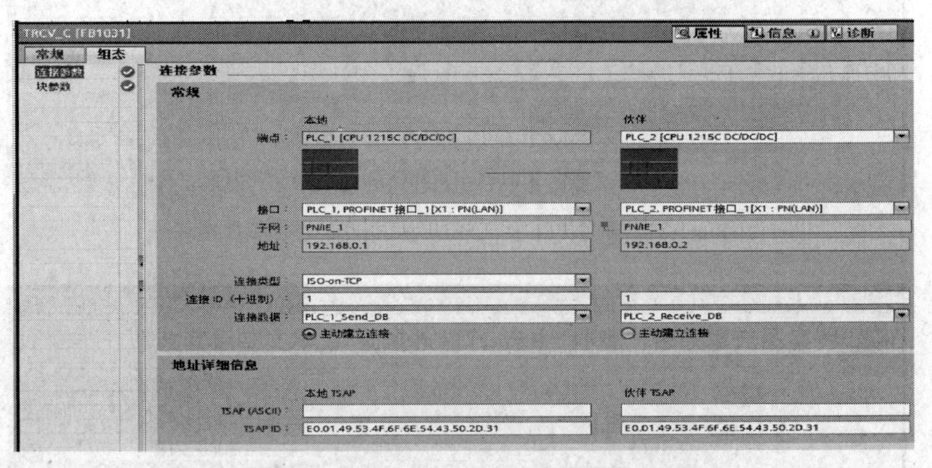

图 6-1-24　配置 PLC_1 TRCV_C 指令的连接参数

④ 在 PLC_1 的 OB1 中完成添加的 TSEND_C 发送指令和 TRCV_C 接收指令程序的编写，如图 6-1-25 所示。

6）PLC_2 软件设计

（1）创建并定义 PLC_2 的发送数据块 DB1。

执行“项目树”→PLC_2→“程序块”→“添加新块”→“数据块”，创建发送数据块 DB1，右击发送数据块 DB1，选中“属性”，打开“属性”对话框，去掉“优化的块访问”属性。

在打开的发送数据块 DB1 对话框中，定义发送数据区为 TOPLC-1，数据类型为 10 个数组元素的整数类型的数组，如图 6-1-26 所示。

（2）创建并定义 PLC_2 的接收数据块 DB2。

执行“项目树”→PLC_2→“程序块”→“添加新块”→“数据块”，创建接收数据块 DB2，同

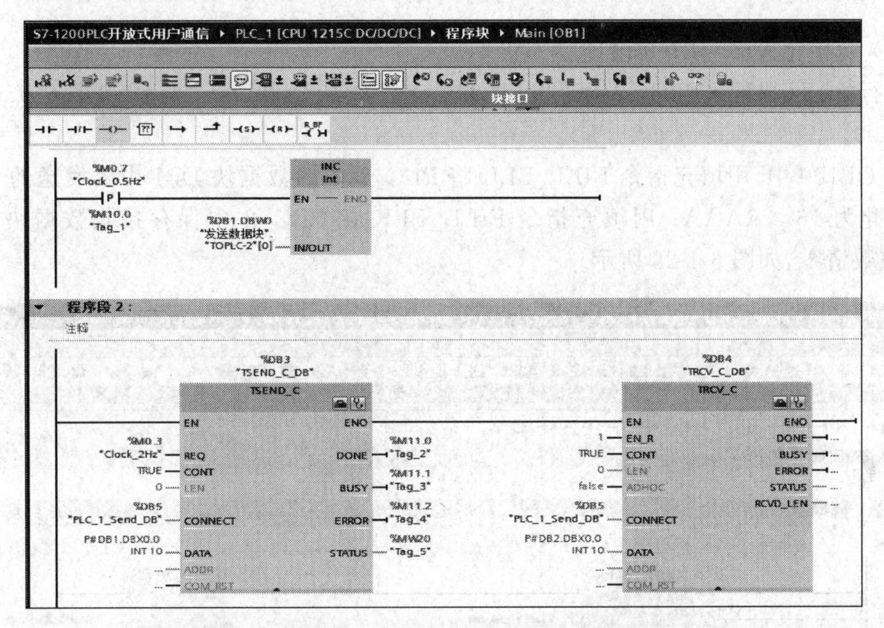

图 6-1-25　编写 PLC_1 通信程序

s7-1200PLC开放式用户通信 ▸ PLC_2 [CPU 1215C DC/DC/DC] ▸ 程序块 ▸ 发送数据块 [DB1]

保持实际值　快照　将快照值复制到起始值中　将起始值加载为实际值

发送数据块

	名称	数据类型	偏移量	起始值	保持	从 HMI/OPC...	从 H...	在 HMI ...
1	▼ Static					☐	☐	☐
2	▼ TOPLC-1	Array[0..9] of Int	0.0		☐	☑	☑	☑
3	TOPLC-1[0]	Int	0.0	0	☐	☑	☑	☑
4	TOPLC-1[1]	Int	2.0	0	☐	☑	☑	☑
5	TOPLC-1[2]	Int	4.0	0	☐	☑	☑	☑
6	TOPLC-1[3]	Int	6.0	0	☐	☑	☑	☑
7	TOPLC-1[4]	Int	8.0	0	☐	☑	☑	☑
8	TOPLC-1[5]	Int	10.0	0	☐	☑	☑	☑
9	TOPLC-1[6]	Int	12.0	0	☐	☑	☑	☑
10	TOPLC-1[7]	Int	14.0	0	☐	☑	☑	☑
11	TOPLC-1[8]	Int	16.0	0	☐	☑	☑	☑
12	TOPLC-1[9]	Int	18.0	0	☐	☑	☑	☑

图 6-1-26　PLC_2 发送数据块 DB1

样定义接收数据区为 FromPLC-1，为 10 个数组元素的整数类型的数组，去掉“优化的块访问”属性，如图 6-1-27 所示。

s7-1200PLC开放式用户通信 ▸ PLC_2 [CPU 1215C DC/DC/DC] ▸ 程序块 ▸ 接收数据块 [DB2]

保持实际值　快照　将快照值复制到起始值中　将起始值加载为实际值

接收数据块

	名称	数据类型	偏移量	起始值	保持	从 HMI/OPC...	从 H...	在 HMI ...
1	▼ Static					☐	☐	☐
2	▼ FromPLC-1	Array[0..9] of Int	0.0		☐	☑	☑	☑
3	FromPLC-1[0]	Int	0.0	0	☐	☑	☑	☑
4	FromPLC-1[1]	Int	2.0	0	☐	☑	☑	☑
5	FromPLC-1[2]	Int	4.0	0	☐	☑	☑	☑
6	FromPLC-1[3]	Int	6.0	0	☐	☑	☑	☑
7	FromPLC-1[4]	Int	8.0	0	☐	☑	☑	☑
8	FromPLC-1[5]	Int	10.0	0	☐	☑	☑	☑
9	FromPLC-1[6]	Int	12.0	0	☐	☑	☑	☑
10	FromPLC-1[7]	Int	14.0	0	☐	☑	☑	☑
11	FromPLC-1[8]	Int	16.0	0	☐	☑	☑	☑
12	FromPLC-1[9]	Int	18.0	0	☐	☑	☑	☑

图 6-1-27　PLC_2 接收数据块 DB2

(3) 初始化程序 OB100 设计。

执行“项目树”→PLC_2 →“程序块”→“添加新块”→“组织块”→Startup，创建 OB100。

在 OB100 中，用填充指令 FILL_BLK 将 PLC_2 中的数据块 DB1 中要发送的 10 个整数初始化为 16＃AAAA；用填充指令 FILL_BLK 将 PLC_2 中保存接收数据块 DB2 的 10 个整数清零，如图 6-1-28 所示。

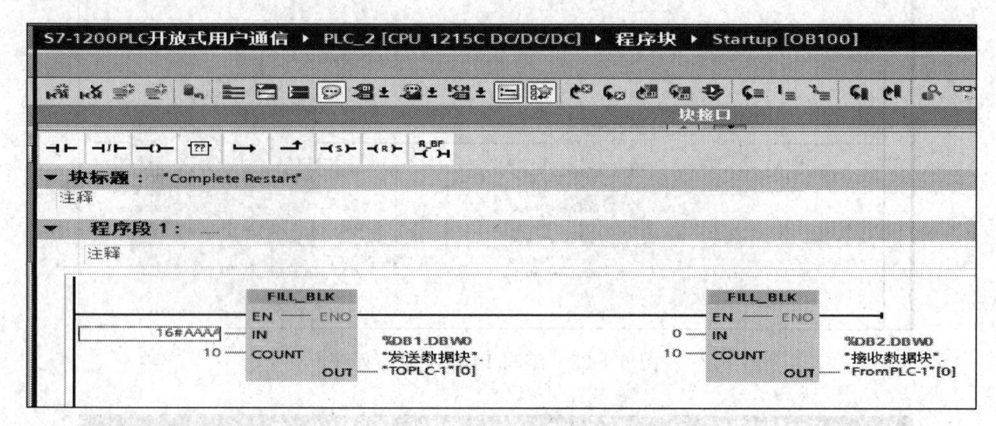

图 6-1-28　PLC_2 初始化程序 OB100 设计

(4) 主程序 OB1 设计

① 定时修改发送数据的值。在 PLC_2 的 OB1 中，用周期为 2s 的时钟存储器位 M0.7 的上升沿，将要发送的第一个整数 DB1.DBW0 减 1，如图 6-1-29 所示。

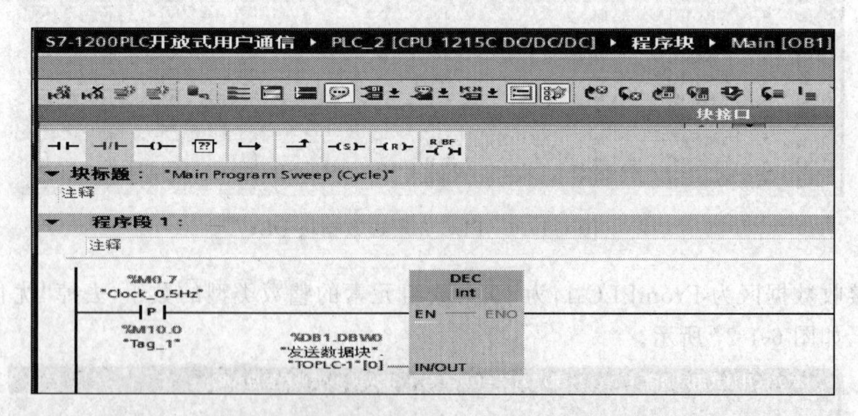

图 6-1-29　定时修改 PLC_2 发送数据的值

② PLC_2 调用发送通信数据指令。

a. PLC_2 调用 TSEND_C 发送通信数据指令。在 OB1 内调用 TSEND_C 发送通信数据指令，发送 10 个整数数据到 PLC_1 中。进入 PLC_2 的 OB1 主程序中，从右侧窗口“指令树”→“通信”→“开放式用户通信”下调用 TSEND_C 指令。

b. 添加 TSEND_C 指令后，会要求为该指令添加背景数据块 TSEND_C_DB，生成背景数据块 TSEND_C_DB。

c. 定义 PLC_2 的连接参数。打开 TSEND_C 指令在梯形图编辑区下方的该指令“属性”窗口，配置 PLC_2 的连接参数。具体设置如图 6-1-30 所示。

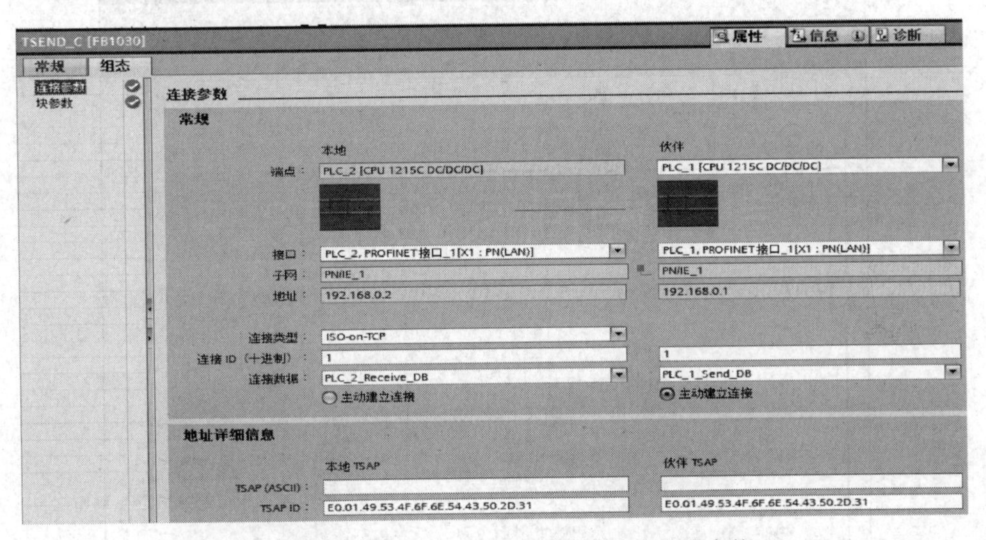

图 6-1-30　配置 PLC_2 TSEND_C 指令的连接参数

③ PLC_2 的接收指令 TRCV_C 并配置基本参数。为了实现 PLC_1 接收来自 PLC_2 的数据，在 PLC_2 的 OB1 中调用接收指令 TRCV_C 并配置基本参数如图 6-1-31 所示。

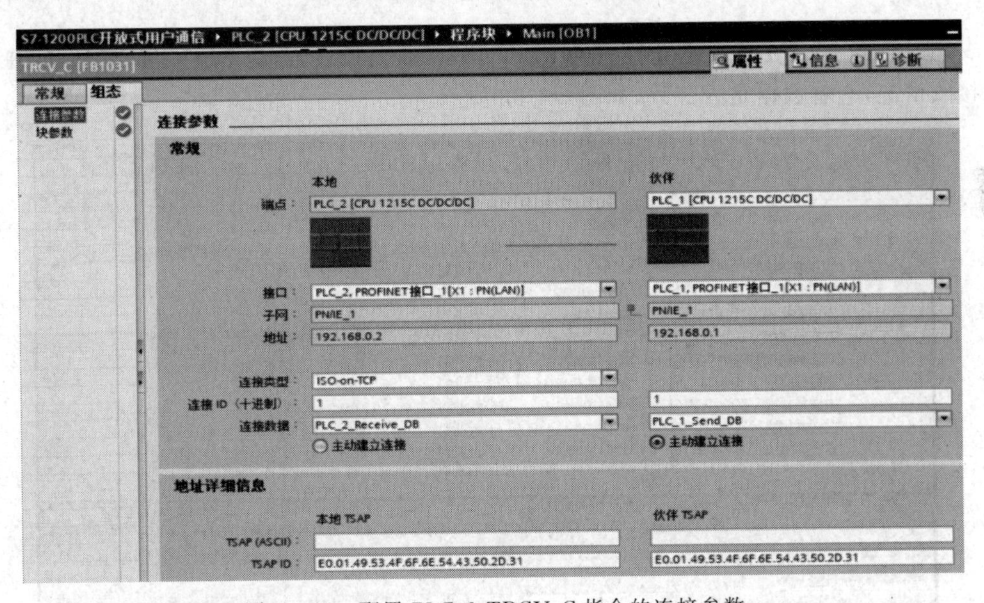

图 6-1-31　配置 PLC_2 TRCV_C 指令的连接参数

④ 在 OB1 中完成添加的 TSEND_C 发送指令和 TRCV_C 接收指令程序的编写，如图 6-1-32 所示。

3. 运行调试

选中项目树中的 PLC_1，单击工具栏中的“下载”按钮，将程序和组态数据下载到 PLC；选中 PLC_2，单击工具栏中的“下载”按钮，将程序和组态数据下载到 PLC，两者均被切换到 RUN 模式。

基于 S7-1200 PLC 的开放式用户通信

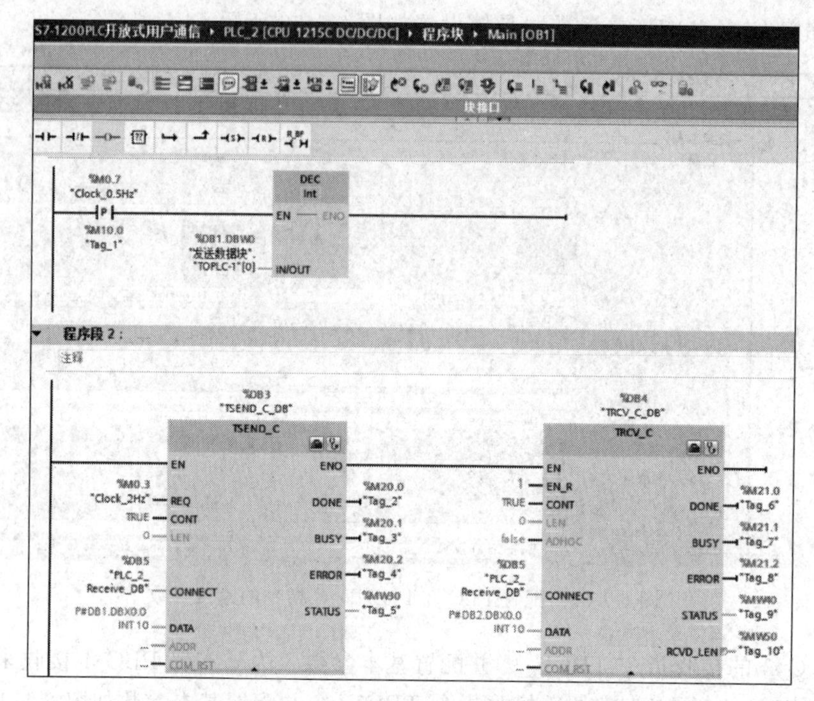

图 6-1-32　编写 PLC_2 通信程序

同时打开 PLC_1 的发送监控表和 PLC_2 的接收监控表，监控 PLC_1 的发送和 PLC_2 的接收情况，查看数据是否一致，如图 6-1-33 所示。

...用户通信 ▸ PLC_1 [CPU 1215C DC/DC/DC] ▸ 监控与强制表 ▸ PLC1发送数据块监控表

	i	名称	地址	显示格式	监视值	修改值
1		"发送数据块"."TOPLC-2"...	%DB1.DBW0	十六进制	16#1259	
2		"发送数据块"."TOPLC-2"[1]	%DB1.DBW2	十六进制	16#1111	
3		"发送数据块"."TOPLC-2"[2]	%DB1.DBW4	十六进制	16#1111	
4		"发送数据块"."TOPLC-2"[3]	%DB1.DBW6	十六进制	16#1111	
5		"发送数据块"."TOPLC-2"[4]	%DB1.DBW8	十六进制	16#1111	
6		"发送数据块"."TOPLC-2"[5]	%DB1.DBW10	十六进制	16#1111	
7		"发送数据块"."TOPLC-2"[6]	%DB1.DBW12	十六进制	16#1111	
8		"发送数据块"."TOPLC-2"[7]	%DB1.DBW14	十六进制	16#1111	
9		"发送数据块"."TOPLC-2"[8]	%DB1.DBW16	十六进制	16#1111	

...用户通信 ▸ PLC_2 [CPU 1215C DC/DC/DC] ▸ 监控与强制表 ▸ PLC2接收数据块监控表

	i	名称	地址	显示格式	监视值	修改值
1		"接收数据块"."FromPLC-1...	%DB2.DBW0	十六进制	16#1259	
2		"接收数据块"."FromPLC-1"[1]	%DB2.DBW2	十六进制	16#1111	
3		"接收数据块"."FromPLC-1"[2]	%DB2.DBW4	十六进制	16#1111	
4		"接收数据块"."FromPLC-1"[3]	%DB2.DBW6	十六进制	16#1111	
5		"接收数据块"."FromPLC-1"[4]	%DB2.DBW8	十六进制	16#1111	
6		"接收数据块"."FromPLC-1"[5]	%DB2.DBW10	十六进制	16#1111	
7		"接收数据块"."FromPLC-1"[6]	%DB2.DBW12	十六进制	16#1111	
8		"接收数据块"."FromPLC-1"[7]	%DB2.DBW14	十六进制	16#1111	
9		"接收数据块"."FromPLC-1"[8]	%DB2.DBW16	十六进制	16#1111	

图 6-1-33　PLC_1 的发送监控表和 PLC_2 的接收监控表

同时打开 PLC_1 的接收监控表和 PLC_2 的发送监控表，监控 PLC_2 发送和 PLC_1 接收到的数据是否一致，如图 6-1-34 所示。

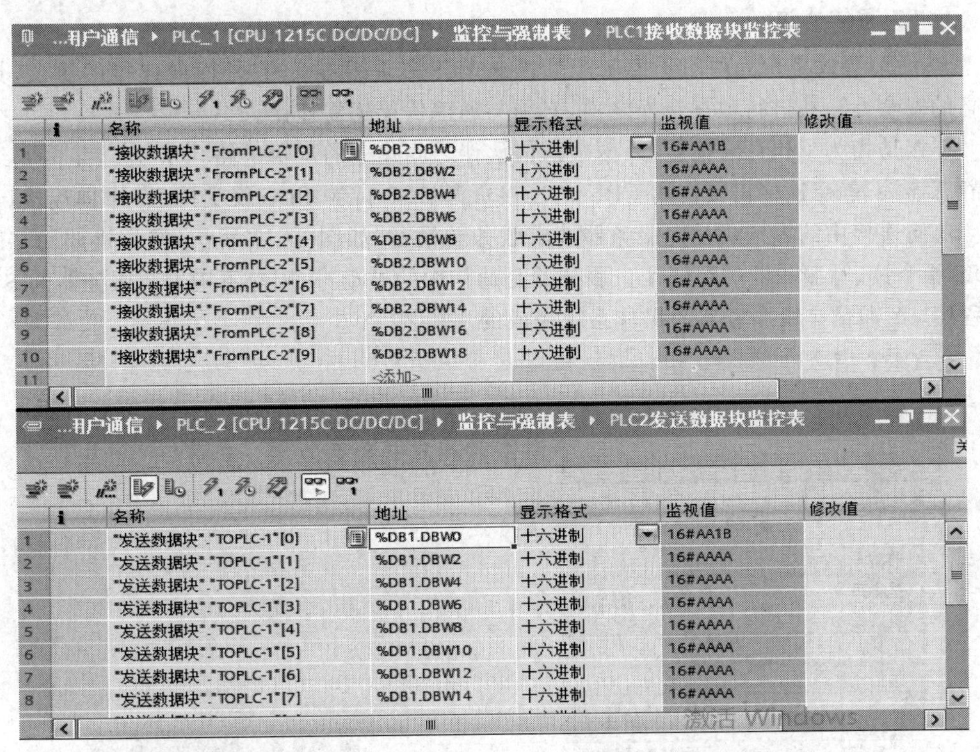

图 6-1-34　PLC_2 的发送监控表和 PLC_1 的接收监控表

任务 6.2　基于 S7-1200 PLC 的 S7 通信

【任务描述】

以 S7-1200 PLC_1 作为客户机，S7-1200 PLC_2 作为服务器，实现 S7 通信。

具体地，将 PLC_1 通信数据块 DB1 中的 10 个整数数据，发送到 PLC_2 的接收数据区 DB4；同时 PLC_1 的接收数据块 DB2 接收来自 PLC_2 发送数据块 DB3 的 10 个整数数据。

【任务分析】

S7 通信设计步骤如下。

（1）建立硬件通信物理连接：连接两个 CPU，它们可以直接连接，不需要使用交换机。

（2）配置硬件设备：在“设备视图”中配置硬件组态。

（3）配置 IP 地址：为两个 CPU 配置不同的且在同一个网段的固定 IP 地址。

（4）在网络连接中建立两个 CPU 间的逻辑网络连接。

（5）编程配置连接及发送、接收数据参数。在客户机 CPU 里调用 GET 和 PUT 通信指令，并配置参数，使能双边通信。

【新知识学习】

1. S7 通信协议

S7 通信协议是专为西门子控制产品优化设计的通信协议，它是面向连接的协议，具有较高的安全性。在进行数据交换之前，必须与通信伙伴建立连接。

连接是指为了执行通信服务，两个通信伙伴之间建立的逻辑电路。S7 连接是需要组态的静态连接，静态连接需要占用 CPU 的连接资源。S7-1200 PLC 仅支持 S7 单向连接。

单向连接中的客户机是向服务器请求服务的设备，如图 6-2-1 所示，客户机调用 GET/PUT 指令读、写服务器的存储区。服务器是通信中的被动方，用户不用编写服务器的 S7 通信程序，S7 通信是由服务器的操作系统完成的。

2. GET 指令

(1) 如图 6-2-2 所示为 GET 指令，从远程 CPU 读取数据指令。

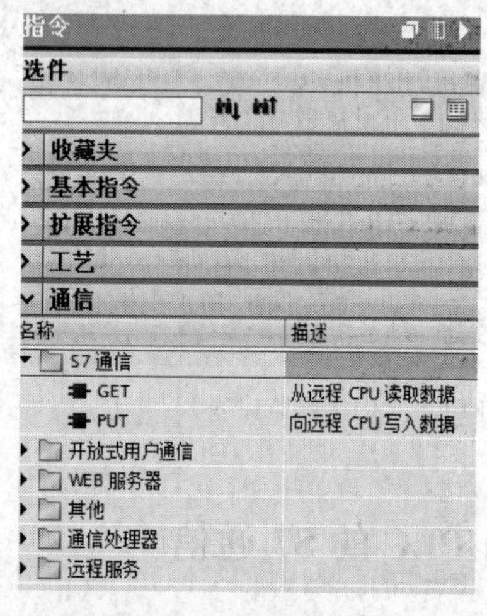

图 6-2-1 S7 通信协议

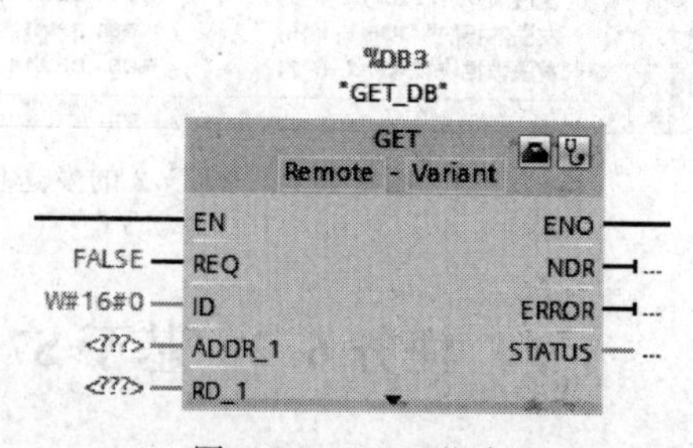

图 6-2-2 GET 指令

(2) GET 读取数据指令的输入参数及含义如表 6-2-1 所示。

表 6-2-1 GET 读取数据指令的输入参数及含义

参数	示例	说明
EN		使能端
REQ	M0.5	使用 1Hz 的时钟脉冲，上升沿激活，启动读取数据任务
ID	W＃10＃101	用于指定与伙伴 CPU 连接的寻址参数
ADDR_1	P＃M10.0 INT 1	指向伙伴 CPU 上待读取区域的指针。 指针 REMOTE 访问某个数据块时，必须始终指定该数据块。 示例：P＃DB10.DBX5.0 字节 10
RD_1	P＃M10.0 INT 1	指向本地 CPU 上用于输入已读数据的区域的指针

(3) GET 读取数据指令的输出参数及含义如表 6-2-2 所示。

表 6-2-2　GET 读取数据指令的输出参数及含义

参　数	说　明
ENO	使能输出端
NDR	状态参数 NDR。 0：作业未启动，或仍在执行。 1：作业已成功完成
ERROR STATUS	状态参数 ERROR 和 STATUS，错误代码。 ERROR＝0　STATUS 的值为 0000H：既无警告也无错误。 <>0000H：警告，详细信息请参见 STATUS。 ERROR＝1　出错。 STATUS 提供了有关错误类型的详细信息

(4) 使用 GET 指令，可以从远程 CPU 读取数据。

在控制输入 REQ 的上升沿启动指令，要读出的区域的相关指针(ADDR_i)随后会发送给伙伴 CPU。伙伴 CPU 则可以处于 RUN 模式或 STOP 模式。

如果状态参数 NDR 的值变为 1，则表示该动作已经完成。

只有在前一读取过程已经结束之后，才可以再次激活读取功能。如果读取数据时访问出错，或如果未通过数据类型检查，则会通过 ERROR 和 STATUS 输出错误和警告。

GET 指令不会记录伙伴 CPU 上所寻址到的数据区域中的变化。

(5) 使用 GET 指令的要求如下。

已在伙伴 CPU 属性的“保护”(protection)中激活“允许借助 PUT/GET 通信从远程伙伴访问”(permit access with PUT/GET communication from remote partner)函数。

确保由参数 ADDR_i 和 RD_i 定义的区域在数量、长度和数据类型等方面匹配，待读取的区域(ADDR_i 参数)不能大于存储数据的区域(RD_i 参数)。

3. PUT 指令

(1) 如图 6-2-3 所示为将数据写入远程 CPU 的 PUT 指令。PUT 指令输入接口参数及含义如表 6-2-3 所示。

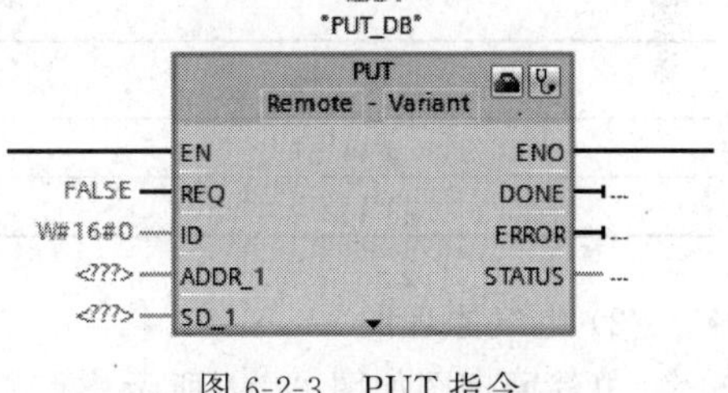

图 6-2-3　PUT 指令

表 6-2-3　PUT 指令输入接口参数及含义

参　数	示　　例	说　　明
EN		使能端
REQ	M0.5	使用 1Hz 的时钟脉冲，上升沿激活，启动读取数据任务
ID	W#10#101	用于指定与伙伴 CPU 连接的寻址参数
ADDR_1	P#M10.0 INT 1	指向伙伴 CPU 上用于写入数据的区域的指针。 指针 REMOTE 访问某个数据块时，必须始终指定该数据块。 示例：P#DB10.DBX5.0 字节 10。 传送数据结构(例如 Struct)时，参数 ADDR_i 处必须使用数据类型 CHAR
SD_1	P#M10.0 INT 1	指向本地 CPU 上包含要发送数据的区域的指针

PUT 指令输出接口参数与 GET 读取数据指令的输出参数含义相同，此处不再赘述。

(2) 使用 PUT 指令将数据写入一个远程 CPU。

在控制输入 REQ 的上升沿启动指令。写入区指针(ADDR_i)和数据(SD_i)随后会发送给伙伴 CPU。伙伴 CPU 则可以处于 RUN 模式或 STOP 模式。

从已组态的发送区域中(SD_i)复制待发送的数据。伙伴 CPU 将发送的数据保存在该数据提供的地址之中，并返回一个执行应答。

如果没有出现错误，下一次指令调用时会使用状态参数 DONE＝1 进行标识。上一作业已经结束之后，才可以再次激活写入过程。

如果写入数据时访问出错，或如果未通过执行检查，则会通过 ERROR 和 STATUS 输出错误和警告。

(3) 使用 PUT 指令的要求如下。

已在伙伴 CPU 属性的“保护”(protection)中激活“允许借助 PUT/GET 通信从远程伙伴访问”(permit access with PUT/GET communication from remote partner)函数。

确保由参数 ADDR_i 和 SD_i 定义的区域在数量、长度和数据类型等方面匹配，待写入区域(ADDR_i 参数)必须与发送区域(SD_i 参数)一样大。

【任务实施】

1. 硬件电路设计

1) 硬件选择

硬件选择如表 6-2-4 所示。

表 6-2-4 硬件选择

名称	型号
PLC_1	CPU 1215C DC/DC/DC
PLC_2	CPU 1215C DC/DC/DC

2) 电气原理图

电气原理图如图 6-2-4 所示。

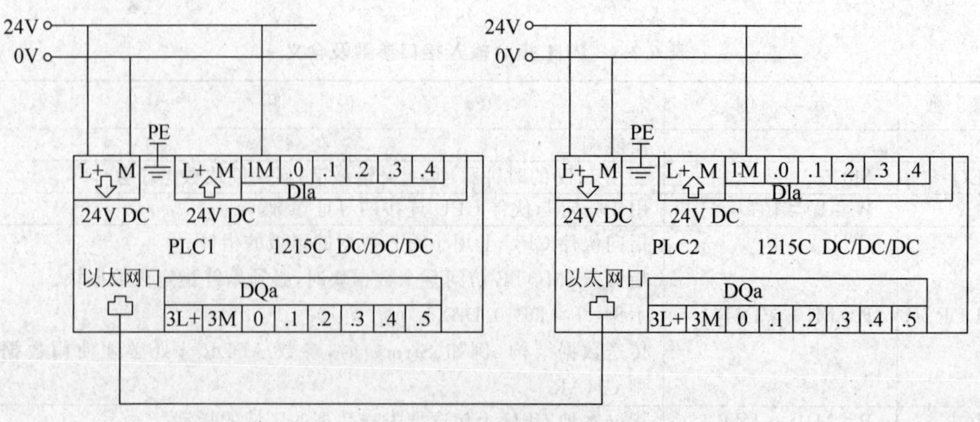

图 6-2-4 电气原理图

2. 软件电路设计

1）新建项目

打开 STEP7 V15 软件，在 STEP7 V15 的“Portal 视图”中选择“创建新项目”，创建一个名为“S7-1200 PLC S7 通信”的新项目。

2）添加硬件并命名 PLC

切换到“项目视图”下，在“项目树”下双击“添加新设备”，在“添加新设备”对话框中选择 S7-1200 CPU 1215C DC/DC/DC，添加到机架上，命名为 PLC_1，为客户机；使用同样的方法再添加另一个 S7-1200 CPU 1215C DC/DC/DC，命名为 PLC_2，为服务器。

3）为 PROFINET 通信口分配以太网地址

在 PLC_1“设备视图”中“常规”选项卡的“以太网地址”下，分配 IP 地址为 192.168.0.1，子网掩码为默认的 255.255.255.0，并采用默认选项“自动生成 PROFINET 设备名称”，如图 6-2-5 所示。

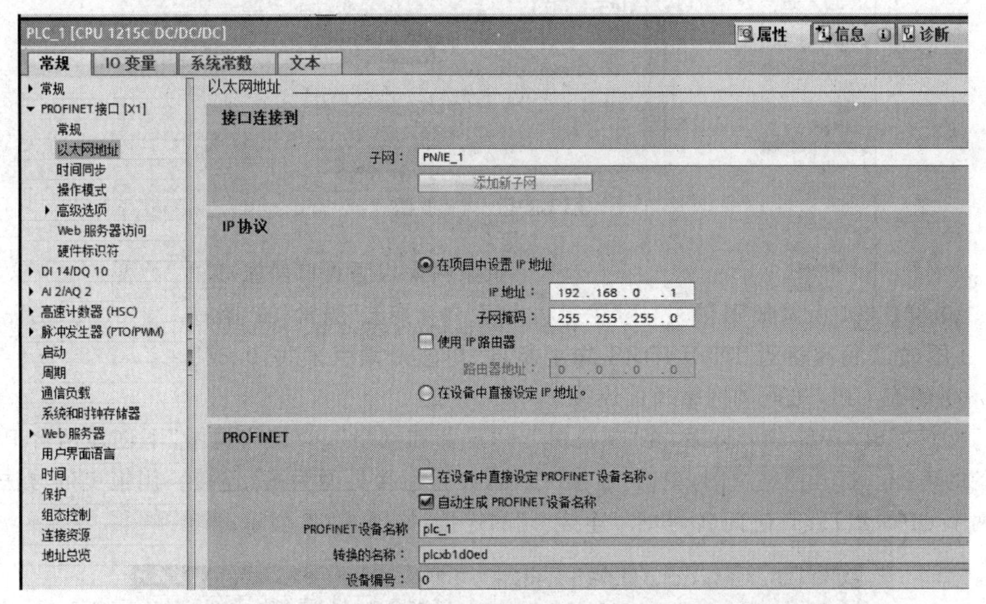

图 6-2-5　为 PLC_1 PROFINET 通信口分配以太网地址

同样，在同一个项目里为 PLC_2 分配 IP 地址为 192.168.0.2，如图 6-2-6 所示。

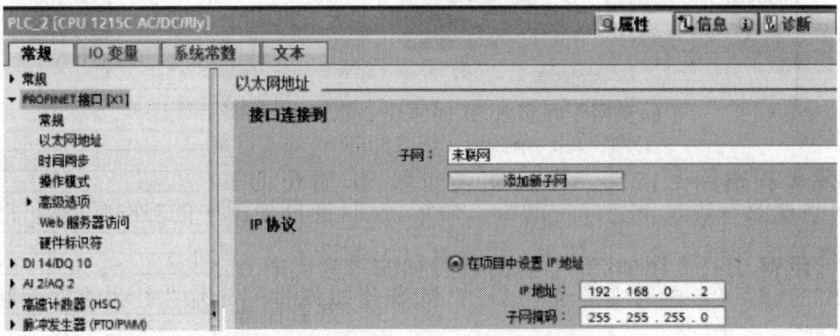

图 6-2-6　为 PLC_2 PROFINET 通信口分配以太网地址

两台 PLC 同时启用 MB0 作为它们的时钟存储器字节，如图 6-2-7 所示。

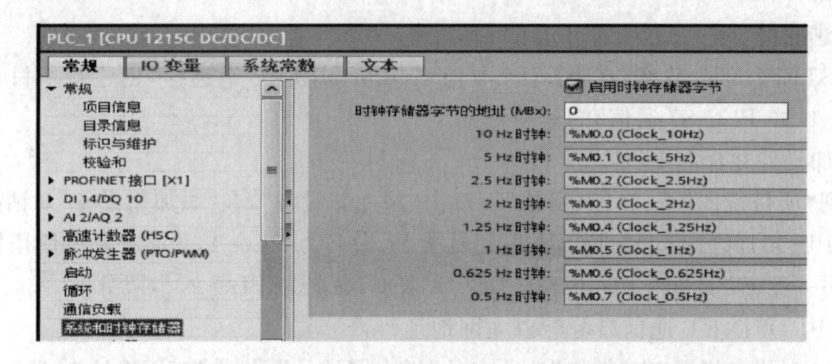

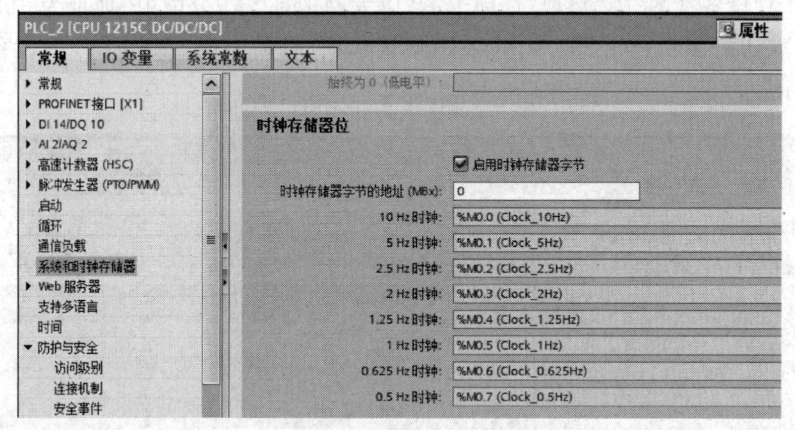

图 6-2-7 启用 MB0 时钟存储器字节

4）组态 CPU 之间的网络通信连接

配置完成 CPU 的硬件后，在“项目树”→“设备和网络”→“网络视图”下创建两台 PLC 设备的连接。打开网络视图，单击“连接”按钮，设置连接类型为 S7 连接。用拖曳的方法建立两个 CPU PN 接口之间名为“S7_连接_1”的连接，如图 6-2-8 所示。

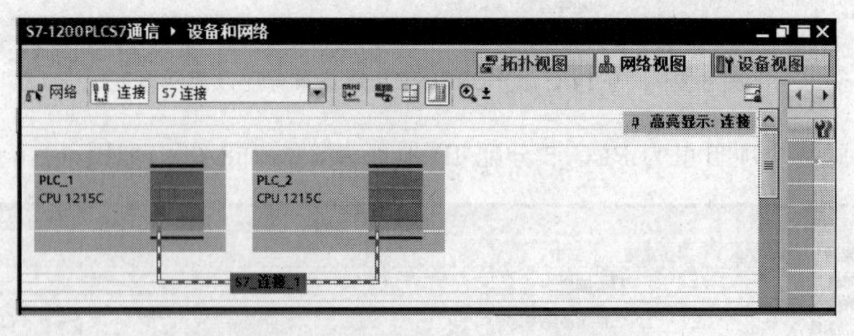

图 6-2-8 组态 CPU 之间的 S7 通信连接

单击网络视图右边竖条上向左的小三角形按钮，选择视图中的“连接”选项卡，可以看到生成的 S7 连接的详细信息。连接 ID 为 16＃100，如图 6-2-9 所示。

选中“S7_连接_1”，再选中巡视窗口的“特殊连接属性”，选中“主动建立连接”复选框，如图 6-2-10 所示。

可通过巡视窗口查看本地 ID 的块参数，如图 6-2-11 所示。

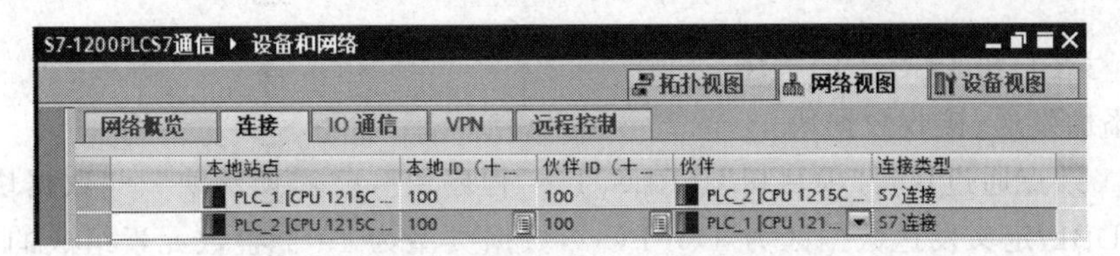

图 6-2-9　S7 连接的详细信息

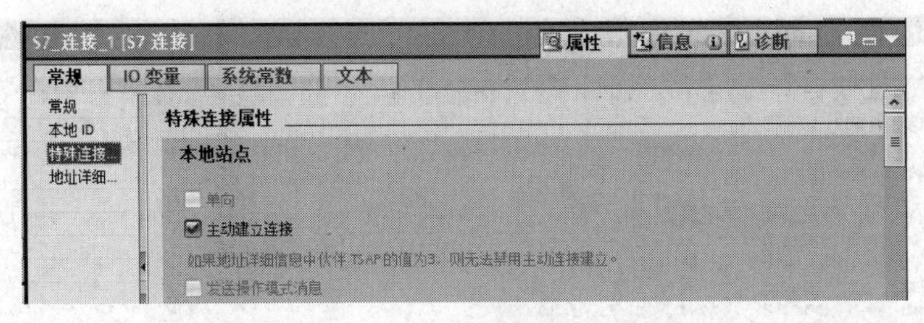

图 6-2-10　S7_连接_1 的特殊连接属性

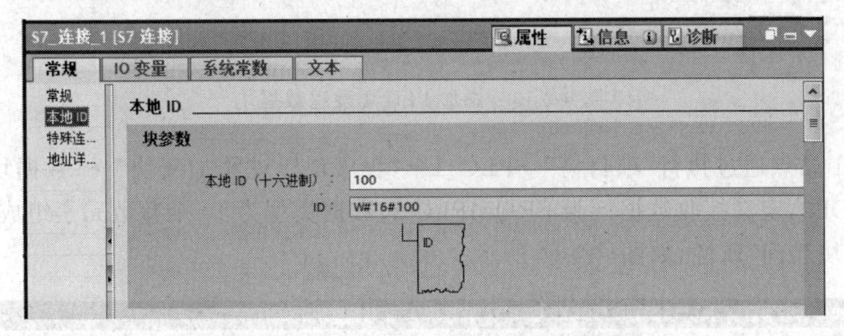

图 6-2-11　S7_连接_1 的本地 ID 块参数

使用固件版本为 V4.0 及以上的 S7-1200 CPU 作为 S7 通信的服务器，需要选中服务器设备视图中的 CPU，再选中巡视窗口中的“防护与安全”的“连接机制”，选中“允许来自远程对象的 PUT/GET 通信访问”复选框，如图 6-2-12 所示。若不完成此步骤，客户机是不能和服务器通信的。

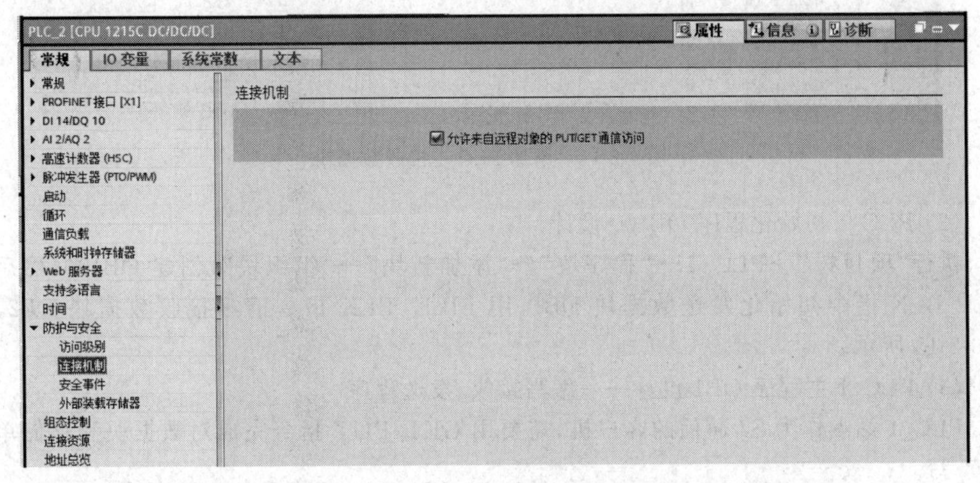

图 6-2-12　服务器允许来自远程对象的 PUT/GET 通信访问

5）编写客户机 PLC_1 的程序

（1）添加发送、接收数据块

PLC_1 站点通过执行“项目树”→PLC_1→“程序块”→“添加新块”→“数据块”，创建发送数据块 DB1，定义发送数据区为 TOPLC-2，数据类型为 10 个整数元素组成的数组，去掉“优化的块访问”属性，如图 6-2-13 所示。

S7-1200PLCS7通信 ▸ PLC_1 [CPU 1215C DC/DC/DC] ▸ 程序块 ▸ 发送数据块 [DB1]

保持实际值　快照　将快照值复制到起始值中　将起始值加载为实际值

发送数据块

	名称	数据类型	偏移量	起始值	保持	可从 HMI/...	从 H...	在 HMI ...	设定值
1	▼ Static				☐	☐	☐	☐	☐
2	▼ TOPLC-2	Array[0..9] o...	0.0		☐	☑	☑	☑	☐
3	TOPLC-2[0]	Int	0.0	0	☐	☑	☑	☑	☐
4	TOPLC-2[1]	Int	2.0	0	☐	☑	☑	☑	☐
5	TOPLC-2[2]	Int	4.0	0	☐	☑	☑	☑	☐
6	TOPLC-2[3]	Int	6.0	0	☐	☑	☑	☑	☐
7	TOPLC-2[4]	Int	8.0	0	☐	☑	☑	☑	☐
8	TOPLC-2[5]	Int	10.0	0	☐	☑	☑	☑	☐
9	TOPLC-2[6]	Int	12.0	0	☐	☑	☑	☑	☐
10	TOPLC-2[7]	Int	14.0	0	☐	☑	☑	☑	☐
11	TOPLC-2[8]	Int	16.0	0	☐	☑	☑	☑	☐
12	TOPLC-2[9]	Int	18.0	0	☐	☑	☑	☑	☐

图 6-2-13　添加 PLC_1 发送数据块

PLC_1 站点通过执行“项目树”→PLC_1→“程序块”→“添加新块”→“数据块”，创建接收数据块 DB2，定义接收数据区为 FROMPLC-2，数据类型为 10 个整数元素组成的数组，去掉“优化的块访问”属性，如图 6-2-14 所示。

S7-1200PLCS7通信 ▸ PLC_1 [CPU 1215C DC/DC/DC] ▸ 程序块 ▸ 接收数据块 [DB2]

保持实际值　快照　将快照值复制到起始值中　将起始值加载为实际值

接收数据块

	名称	数据类型	偏移量	起始值	保持	可从 HMI/...	从 H...	在 HMI ...	设定值
1	▼ Static				☐	☐	☐	☐	☐
2	▼ FROMPLC-2	Array[0..9] o...	0.0		☐	☑	☑	☑	☐
3	FROMPLC-2[0]	Int	0.0	0	☐	☑	☑	☑	☐
4	FROMPLC-2[1]	Int	2.0	0	☐	☑	☑	☑	☐
5	FROMPLC-2[2]	Int	4.0	0	☐	☑	☑	☑	☐
6	FROMPLC-2[3]	Int	6.0	0	☐	☑	☑	☑	☐
7	FROMPLC-2[4]	Int	8.0	0	☐	☑	☑	☑	☐
8	FROMPLC-2[5]	Int	10.0	0	☐	☑	☑	☑	☐
9	FROMPLC-2[6]	Int	12.0	0	☐	☑	☑	☑	☐
10	FROMPLC-2[7]	Int	14.0	0	☐	☑	☑	☑	☐
11	FROMPLC-2[8]	Int	16.0	0	☐	☑	☑	☑	☐
12	FROMPLC-2[9]	Int	18.0	0	☐	☑	☑	☑	☐

图 6-2-14　添加 PLC_1 接收数据块

（2）PLC_1 初始化程序 OB100 设计

执行“项目树”→PLC_1→“程序块”→“添加新块”→“组织块”，创建 OB100，然后用 FILL_BLK 指令初始化发送数据块 DB1，用 FILL_BLK 指令清零接收数据块 DB2，如图 6-2-15 所示。

（3）PLC_1 主程序 OB1 设计——编写接收、发送程序

PLC_1 站点作为 S7 通信的客户机，需要用 GET/PUT 指令完成对数据块和存储单元的读/写。

① 定时修改发送数据的值。在 PLC_1 的 OB1 中，用周期为 1s 的时钟存储器位 M0.5

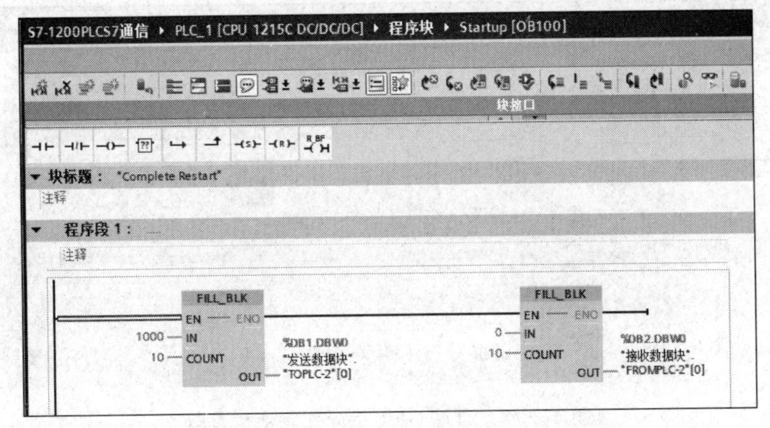

图 6-2-15 PLC_1 初始化程序 OB100 设计

的上升沿，将要发送的第一个整数 DB1. DBW0 做加 5 处理，如图 6-2-16 所示。

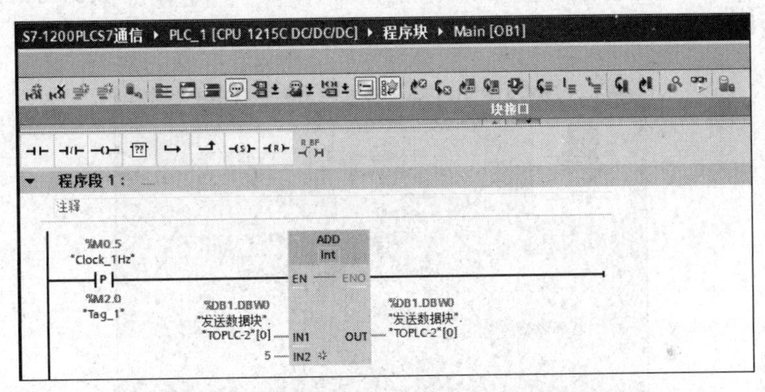

图 6-2-16 PLC_1 定时修改发送数据的值

② 用 GET 指令读取服务器的数据，用 PUT 指令向服务器发送数据。

a. PLC_1 调用 GET 指令，从远程 CPU 读取数据指令。为了实现 PLC_1 接收来自 PLC_2 的数据，在 PLC_1 的 OB1 中调用 GET 指令，如图 6-2-17 所示。从远程 CPU 读取数据指令，并配置连接参数，如图 6-2-18 所示。

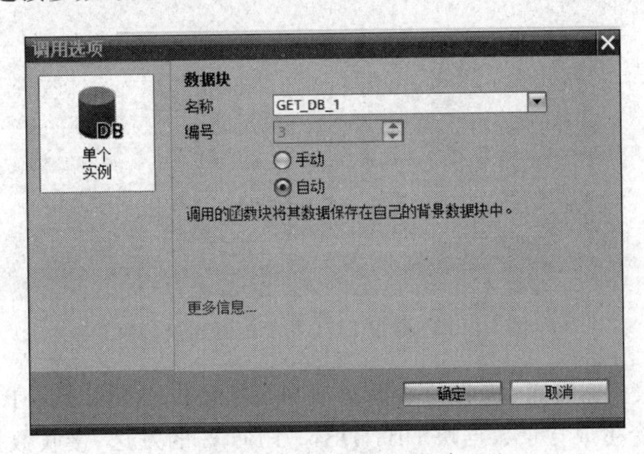

图 6-2-17 调用 GET 指令

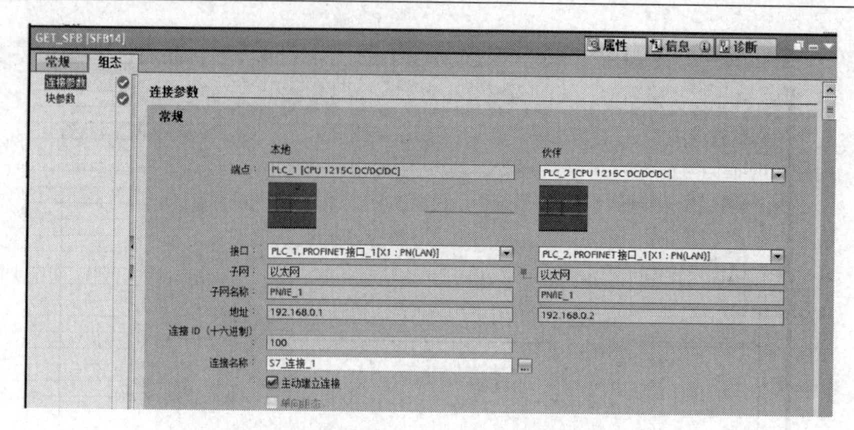

图 6-2-18　通过 GET 指令配置连接参数

b. PLC_1 的 PUT 指令：将数据写入远程 CPU 指令。如图 6-2-19 所示，为了实现 PLC_1 的数据写入 PLC_2，在 PLC_1 的 OB1 中调用 PUT 指令，将数据写入远程 CPU 指令，并配置连接参数，如图 6-2-20 所示。

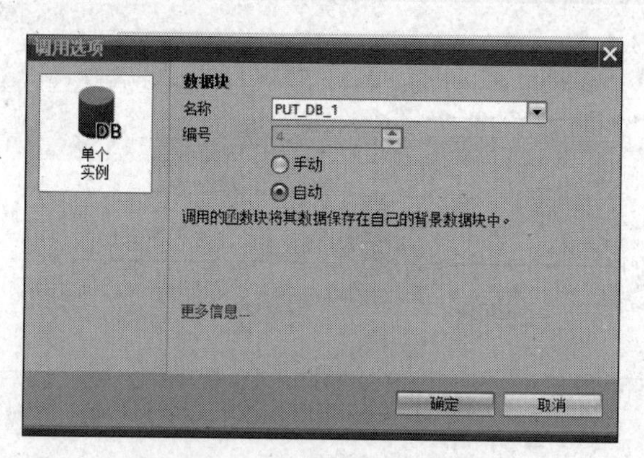

图 6-2-19　调用 PUT 指令

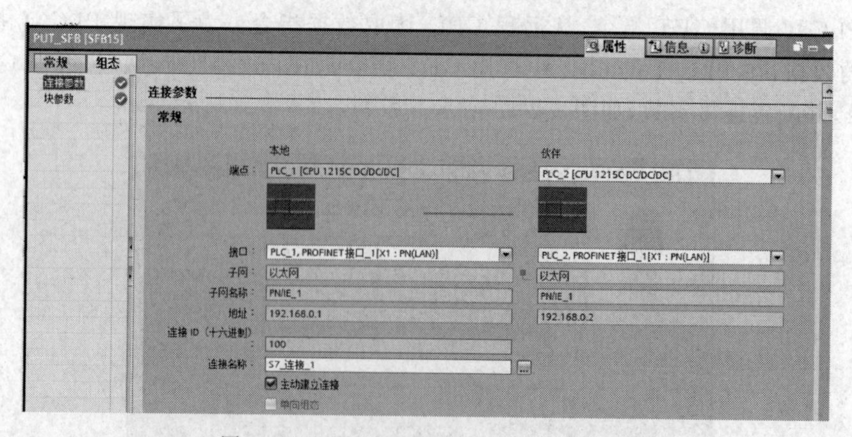

图 6-2-20　通过 PUT 指令配置连接参数

c. 客户机和服务器发送、接收的数据类型和数据长度必须一致。PLC_1 站点主程序中，GET/PUT 指令生成背景数据块 DB3/DB4。PLC_2 的发送、接收数据块用 DB3/DB4。用 GET/PUT 指令完成对数据块和存储单元的读/写。

如图 6-2-21 所示，在时钟脉冲 M0.5 的上升沿，GET 指令每 1s 读取 PLC_2 的 DB3 中的 10 个整数，用本机的 DB2 保存；PUT 指令每 1s 将本机 DB1 中的 10 个整数写入 PLC_2 的 DB4。

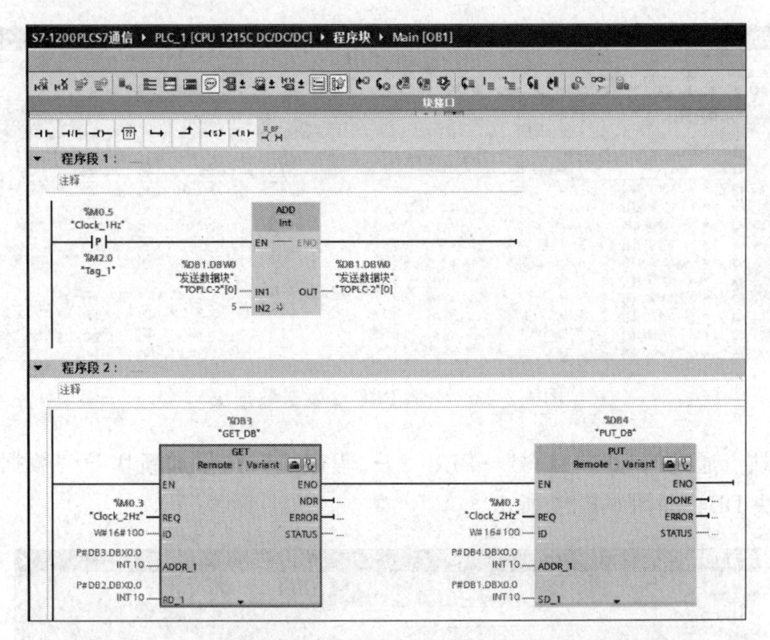

图 6-2-21　PLC_1 用 GET/PUT 指令完成对数据块和存储单元的读/写

6）编写服务器 PLC_2 的程序

（1）添加发送、接收数据块

PLC_2 站点通过执行“项目树”→PLC_2→“程序块”→“添加新块”→“数据块”，手动创建发送数据块 DB3，如图 6-2-22 所示。

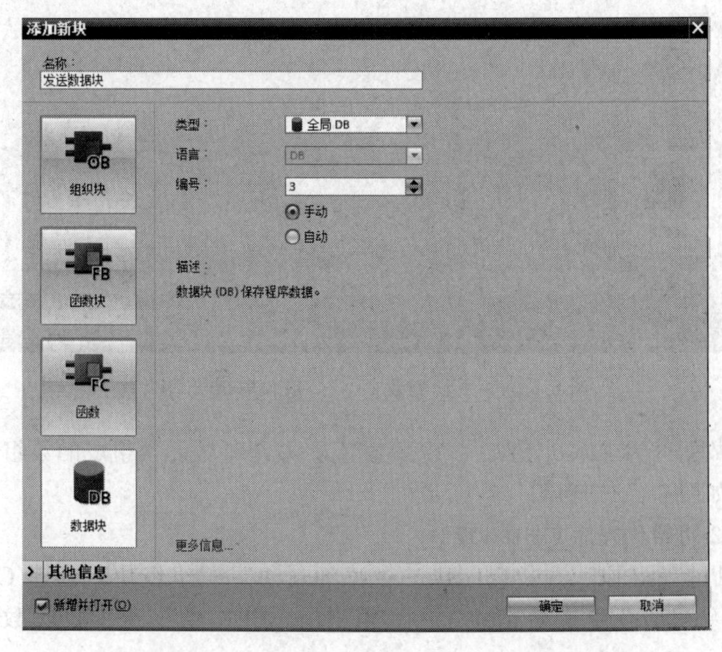

图 6-2-22　手动创建 PLC_2 发送数据块 DB3

定义发送数据区为 TOPLC-1,数据类型为 10 个整数元素组成的数组,去掉“优化的块访问”属性,如图 6-2-23 所示。

S7-1200PLCS7通信 ▸ PLC_2 [CPU 1215C DC/DC/DC] ▸ 程序块 ▸ 发送数据块 [DB3]

保持实际值 快照 将快照值复制到起始值中 将起始值加载为实际值

发送数据块

#	名称	数据类型	偏移量	起始值	保持	可从 HMI/...	从 H...	在 HMI ...	设定值
1	▼ Static				☐	☐	☐	☐	☐
2	▼ TOPLC-1	Array[0..9] o...	0.0		☐	☑	☑	☑	☐
3	TOPLC-1[0]	Int	0.0	0	☐	☑	☑	☑	☐
4	TOPLC-1[1]	Int	2.0	0	☐	☑	☑	☑	☐
5	TOPLC-1[2]	Int	4.0	0	☐	☑	☑	☑	☐
6	TOPLC-1[3]	Int	6.0	0	☐	☑	☑	☑	☐
7	TOPLC-1[4]	Int	8.0	0	☐	☑	☑	☑	☐
8	TOPLC-1[5]	Int	10.0	0	☐	☑	☑	☑	☐
9	TOPLC-1[6]	Int	12.0	0	☐	☑	☑	☑	☐
10	TOPLC-1[7]	Int	14.0	0	☐	☑	☑	☑	☐
11	TOPLC-1[8]	Int	16.0	0	☐	☑	☑	☑	☐
12	TOPLC-1[9]	Int	18.0	0	☐	☑	☑	☑	☐

图 6-2-23 添加 PLC_2 发送数据块

PLC_2 站点通过执行“项目树”→PLC_2→“程序块”→“添加新块”→“数据块”,手动创建接收数据块 DB4,如图 6-2-24 所示。

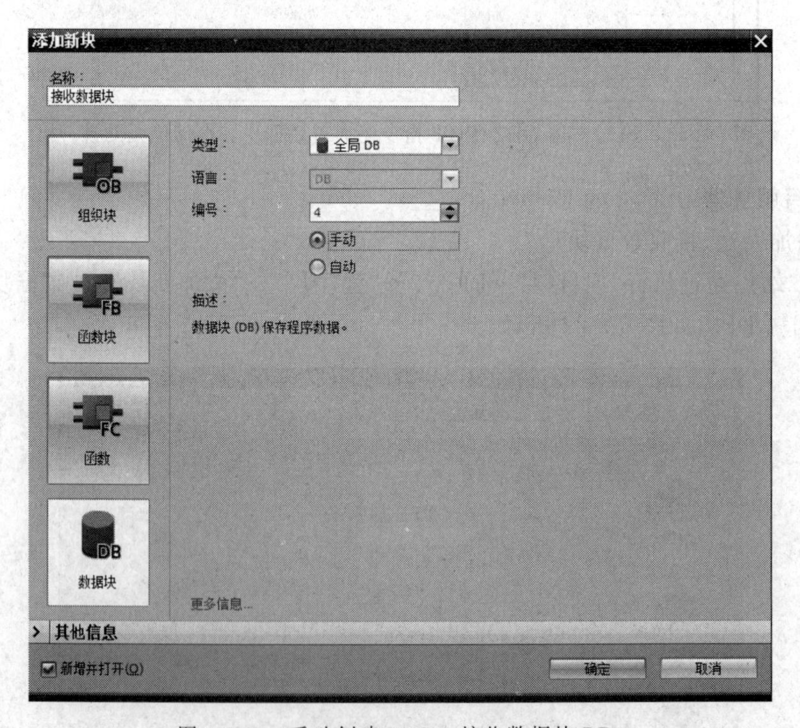

图 6-2-24 手动创建 PLC_2 接收数据块 DB4

定义接收数据区为 FROMPLC-1,数据类型为 10 个整数元素组成的数组,去掉“优化的块访问”属性,如图 6-2-25 所示。

(2) PLC_2 初始化程序 OB100 设计

执行“项目树”→PLC_2→“程序块”→“添加新块”→“组织块”,创建 OB100,然后用 FILL_BLK 指令初始化发送数据块 DB3,用 FILL_BLK 指令清零接收数据块 DB4,如图 6-2-26 所示。

S7-1200PLCS7通信 ▸ PLC_2 [CPU 1215C DC/DC/DC] ▸ 程序块 ▸ 接收数据块 [DB4]

保持实际值　快照　将快照值复制到起始值中　将起始值加载为实际值

接收数据块

	名称	数据类型	偏移量	起始值	保持	可从 HMI/...	从 H...	在 HMI...	设定值
1	▼ Static				☐	☐	☐	☐	☐
2	▼ FROMPLC-1	Array[0..9] of Int	0.0		☐	☑	☑	☑	☐
3	FROMPLC-1[0]	Int	0.0	0	☐	☑	☑	☑	☐
4	FROMPLC-1[1]	Int	2.0	0	☐	☑	☑	☑	☐
5	FROMPLC-1[2]	Int	4.0	0	☐	☑	☑	☑	☐
6	FROMPLC-1[3]	Int	6.0	0	☐	☑	☑	☑	☐
7	FROMPLC-1[4]	Int	8.0	0	☐	☑	☑	☑	☐
8	FROMPLC-1[5]	Int	10.0	0	☐	☑	☑	☑	☐
9	FROMPLC-1[6]	Int	12.0	0	☐	☑	☑	☑	☐
10	FROMPLC-1[7]	Int	14.0	0	☐	☑	☑	☑	☐
11	FROMPLC-1[8]	Int	16.0	0	☐	☑	☑	☑	☐
12	FROMPLC-1[9]	Int	18.0	0	☐	☑	☑	☑	☐

图 6-2-25　添加 PLC_2 接收数据块

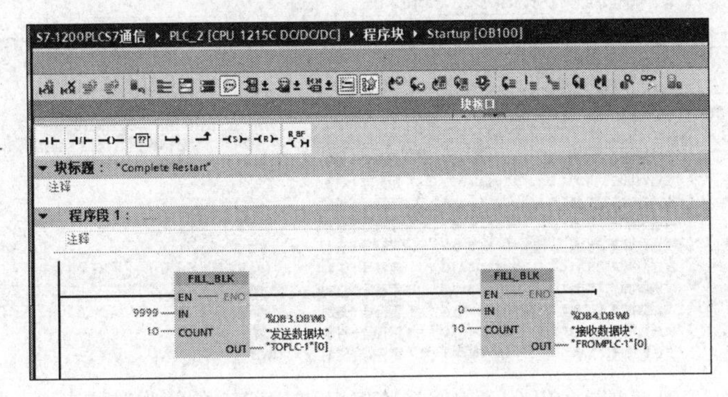

图 6-2-26　PLC_2 初始化程序 OB100 设计

（3）PLC_2 主程序 OB1 设计

PLC_2 在 S7 通信中作服务器，不用编写调用指令 GET 和 PUT 的程序，只需定时修改发送数据的值即可。

在 PLC_2 的 OB1 中，用周期为 1s 的时钟存储器位 M0.5 的上升沿，将要发送的第一个整数 DB3.DBW0 做加 2 处理，如图 6-2-27 所示。

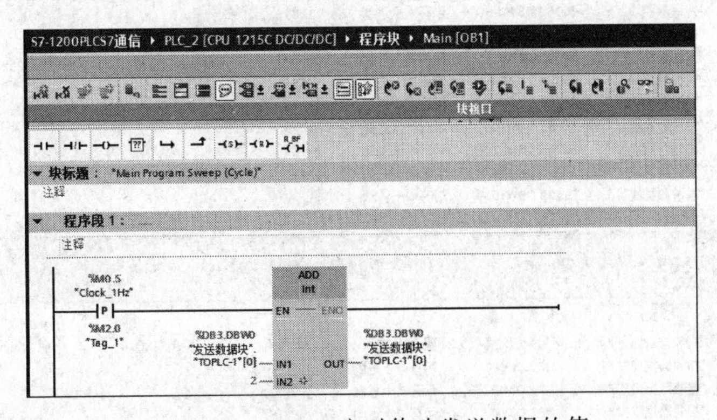

图 6-2-27　PLC_2 定时修改发送数据的值

3. 运行调试

基于 S7-1200 PLC 的 S7 通信

选中项目树中的 PLC_1，单击工具栏中的"下载"按钮，将程序和组态数据下载到 PLC；选中 PLC_2，单击工具栏中的"下载"按钮，将程序和组态数据下载到 PLC，二者被切换到 RUN 模式。

同时打开 PLC_1 的发送监控表和 PLC_2 的接收监控表，监控 PLC_1 的发送和 PLC_2 的接收情况，观察数据是否一致，如图 6-2-28 所示。

S7-1200PLCS7通信 ▸ PLC_2 [CPU 1215C DC/DC/DC] ▸ 监控与强制表 ▸ 接收监控表-2

	i	名称	地址	显示格式	监视值	修改值		注释
1		"接收数据块"...	%DB4.DBW0	带符号十进制	2180			
2		"接收数据块"."F...	%DB4.DBW2	带符号十进制	1000			
3		"接收数据块"."F...	%DB4.DBW4	带符号十进制	1000			
4		"接收数据块"."F...	%DB4.DBW6	带符号十进制	1000			
5		"接收数据块"."F...	%DB4.DBW8	带符号十进制	1000			
6		"接收数据块"."F...	%DB4.DBW10	带符号十进制	1000			
7		"接收数据块"."F...	%DB4.DBW12	带符号十进制	1000			
8		"接收数据块"."F...	%DB4.DBW14	带符号十进制	1000			
9		"接收数据块"."F...	%DB4.DBW16	带符号十进制	1000			
10		"接收数据块"."F...	%DB4.DBW18	带符号十进制	1000			

S7-1200PLCS7通信 ▸ PLC_1 [CPU 1215C DC/DC/DC] ▸ 监控与强制表 ▸ 发送监控表

	i	名称	地址	显示格式	监视值	修改值	
1		"发送数据块"."TOPLC-2...	%DB1.DBW0	带符号十进制	2180		
2		"发送数据块"."TOPLC-2...	%DB1.DBW2	带符号十进制	1000		
3		"发送数据块"."TOPLC-2...	%DB1.DBW4	带符号十进制	1000		
4		"发送数据块"."TOPLC-2...	%DB1.DBW6	带符号十进制	1000		
5		"发送数据块"."TOPL...	%DB1.DBW8	带符号十进制	1000		
6		"发送数据块"."TOPLC-2...	%DB1.DBW10	带符号十进制	1000		
7		"发送数据块"."TOPLC-2...	%DB1.DBW12	带符号十进制	1000		
8		"发送数据块"."TOPLC-2...	%DB1.DBW14	带符号十进制	1000		
9		"发送数据块"."TOPLC-2...	%DB1.DBW16	带符号十进制	1000		
10		"发送数据块"."TOPLC-2...	%DB1.DBW18	带符号十进制	1000		

图 6-2-28 PLC_1 的发送监控表和 PLC_2 的接收监控表

同时打开 PLC_1 的接收监控表和 PLC_2 的发送监控表，监控 PLC_2 发送和 PLC_1 接收到的数据是否一致，如图 6-2-29 所示。

S7-1200PLCS7通信 ▸ PLC_2 [CPU 1215C DC/DC/DC] ▸ 监控与强制表 ▸ 发送监控表_1

	i	名称	地址	显示格式	监视值	修改值		注释
1		"发送数据块"."T...	%DB3.DBW0	带符号十进制	12845			
2		"发送数据块"."T...	%DB3.DBW2	带符号十进制	9999			
3		"发送数据块"."T...	%DB3.DBW4	带符号十进制	9999			
4		"发送数据块"."T...	%DB3.DBW6	带符号十进制	9999			
5		"发送数据块"."T...	%DB3.DBW8	带符号十进制	9999			
6		"发送数据块"."T...	%DB3.DBW10	带符号十进制	9999			
7		"发送数据块"."T...	%DB3.DBW12	带符号十进制	9999			
8		"发送数据块"."T...	%DB3.DBW14	带符号十进制	9999			
9		"发送数据块"."T...	%DB3.DBW16	带符号十进制	9999			

S7-1200PLCS7通信 ▸ PLC_1 [CPU 1215C DC/DC/DC] ▸ 监控与强制表 ▸ 接收监控表

	i	名称	地址	显示格式	监视值	修改值		注释
1		"接收数据块"."FR...	%DB2.DBW0	带符号十进制	12835			
2		"接收数据块"."FR...	%DB2.DBW2	带符号十进制	9999			
3		"接收数据块"."FR...	%DB2.DBW4	带符号十进制	9999			
4		"接收数据块"."FR...	%DB2.DBW6	带符号十进制	9999			
5		"接收数据块"."FR...	%DB2.DBW8	带符号十进制	9999			
6		"接收数据块"."FR...	%DB2.DBW10	带符号十进制	9999			
7		"接收数据块"."FR...	%DB2.DBW12	带符号十进制	9999			
8		"接收数据块"."FR...	%DB2.DBW14	带符号十进制	9999			
9		"接收数据块"."FR...	%DB2.DBW16	带符号十进制	9999			
10		"接收数据块"."...	%DB2.DBW18	带符号十进制	9999			

图 6-2-29 PLC_2 的发送监控表和 PLC_1 的接收监控表

【练习与思考题】

两台 S7-1200 PLC 实现 S7 通信。有一台设备，由 2 台 CPU 1215C 控制，一台做客户机，一台做服务机，要求当按下客户机的按钮 SB1，启动服务机上的采集指示灯，同时采集服务机的模拟量，并传送到客户机，按下停止按钮 SB2，服务机上的采集指示灯，停止采集服务机的模拟量。

项目7

运动控制系统应用

【项目目标】

序号	类　别	目　　标
1	知识目标	1. 熟悉步进电动机的结构和工作原理 2. 掌握步进驱动器外部端子的功能 3. 掌握步进驱动器细分数的设置与其运动控制的关系 4. 掌握步进电动机控制系统接线、编程技巧
2	技能目标	1. 具有步进电动机运行控制的编程技能 2. 具有电气元件选型技能 3. 具有步进驱动器细分数设置技能 4. 能实现 S7-1200 PLC 对步进电动机驱动系统的运动控制,包括 PLC 对步进电动机的启停控制、正反转控制,以及位置和速度控制
3	职业素养	1. 具有相互沟通能力及团队协作精神 2. 具有主动探究、分析问题和解决问题的能力 3. 具有遵守规范、严谨认真和精益求精的工匠精神 4. 增强文化自信,具有科技报国的家国情怀和使命担当 5. 系统设计施工中注重质量、成本、安全、环保等职业素养

任务 7.1　步进电动机控制系统设计与安装

【任务描述】

设计一个步进电动机的 PLC 控制系统,要求:使用 S7-1200 PLC 控制步进电动机以指定速度运行,按下正(反)转启动按钮,步进电动机以慢速 1r/s、中速 2r/s、快速 5r/s 的三挡速度分别正(反)转运行 6 圈后停止;按下停止按钮,步进电动机停止运行。

【任务分析】

通过对步进电动机控制系统的设计训练,掌握步进电动机运行控制的编程技能、电气元件选型技能及步进驱动器细分数设置技能。实现 S7-1200 PLC 对步进电动机驱动系统的运动控制，包括 PLC 对步进电动机的启停控制、正反转控制，以及位置和速度控制。

【新知识学习】

7.1.1　步进电动机及步进驱动器原理

1. 步进电动机

1）概述

步进电动机又称脉冲电动机，它是将电脉冲信号转变为角位移或线位移的执行机构。当步进驱动器接收到一个脉冲信号，它就驱动步进电动机按设定的方向转动一个固定的角度（称为步距角），由于它的旋转是以固定的角度一步一步运行的，所以称为步进电动机。图 7-1-1 所示为几种常见步进电动机外形。

图 7-1-1　常见步进电动机

步进电动机可以作为一种控制用的特种电动机，利用其没有积累误差（精度为 100%）的特点，广泛应用于各种开环控制，是现代数字程序控制系统中的主要执行元件。

2）步进电动机结构与工作原理

步进电动机主要由定子和转子两部分构成。定子、转子的铁心由软磁材料或硅钢片叠成凸极结构，定子、转子磁极上均有小齿。图 7-1-2 所示为二相步进电动机的工作原理示意图，它有 A 相和 B 相两相绕组。当一个绕组通电后，其定子磁极产生磁场，将转子吸合到此磁极处。若绕组在控制脉冲的作用下，通电方向顺序按照 $A\overline{A}\rightarrow B\overline{B}\rightarrow \overline{A}A\rightarrow \overline{B}B$ 四个状态周而复始进行变化，电动机可顺时针转动；若通电时序为 $A\overline{A}\rightarrow \overline{B}B\rightarrow \overline{A}A\rightarrow B\overline{B}$ 时，电动机就逆时针转动。控制脉冲每作用一次，通电方向就变化一次，使电动机转动一步，即 90°。4 个脉冲，电动机转动一圈。脉冲频率越高，电动机转动越快，实际电动机的结构要更复杂，并且每转一步，一般为 1.8°，即电动机运动一周需要 200 步。

步进电动机的角位移量或线位移量与电脉冲数成正比，即步进电动机可通过控制脉冲个数来控制角位移量，从而达到准确定位的目的；同时可以通过控制脉冲频率来控制电动机转动的速度和加速度，从而达到调速的目的；转向由方向信号决定，通过改变脉冲顺序，改变步进电动机的转动方向。

3）步进电动机指标术语

（1）步距角：步进电动机通过一个电脉冲信号，转子转过的角度，用 θ_s 表示。

$$\theta_s = \frac{360^\circ}{Z_r N}$$

式中：Z_r 为转子齿数；N 为一个周期的运行拍数，即通电状态循环一周需要改变的次数。

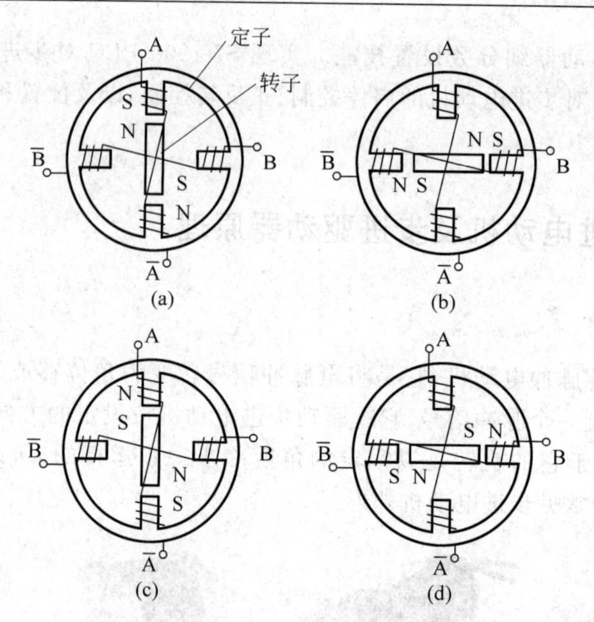

图 7-1-2　步进电动机的工作原理示意图

例如：$Z_r=40$，$N=3$ 时，$\theta_s=\frac{360°}{40\times 3}=3°$。

（2）转速：步进电动机每分钟转过的圆周数，转速为

$$n=\frac{60f}{Z_r N}=\frac{60f\times 360°}{360°Z_r N}=\frac{\theta_s}{6°}f$$

（3）相数：电动机内部的线圈组数，目前常用的有二相、三相、四相、五相步进电动机。电动机相数不同，其步距角也不同，一般二相电动机的步距角为 0.9°/1.8°，三相电动机的步距角为 0.75°/1.5°，五相电动机的步距角为 0.36°/0.72°。在没有细分驱动器时，用户主要靠选择不同相数的步进电动机来满足自己对步距角的要求。如果使用细分驱动器，则步距角将变得没有意义，用户只需在驱动器上改变细分数，就可以改变步距角。

表 7-1-1 所示为二相四线步进电动机的主要技术参数，其中四根引出线的含义：黑色为 A+，绿色为 A−，红色为 B+，蓝色为 B−，接线时应与步进驱动器一一对应。

表 7-1-1　二相四线步进电动机的主要技术参数

参　数	数值（内容）
电机型号	42BYG34-401A 插线式
电流	1.5A
输出力矩	2.28N·m
机身长度	约 34mm
出轴长度	约 23mm
出轴轴径	5mm
出轴方式	单出轴（单扁丝）
出线方式	二相四根线（黑线 A+、绿线 A−、红线 B+、蓝线 B−）插线式

步距角一定时，通电状态的切换频率越高，即脉冲频率越高时，步进电动机的转速越高。脉冲频率一定时，步距角越大，即转子旋转一周所需的脉冲数越少时，步进电动机的转速越高。

4）步进电动机的分类

（1）按结构形式分类

比较常用的步进电动机包括反应式步进电动机（VR）、永磁式步进电动机（PM）和混合式步进电动机（HB）等。

（2）按定子绕组分类

按定子绕组分类，可分为二相步进电动机、三相步进电动机、四相步进电动机、五相步进电动机。

其中二相步进电动机的绕组有二相，约占90％以上的市场份额，性价比高，配上细分驱动器后效果良好。该种电动机的基本步距角为1.8°/步。

（3）按机座号分类

步进电动机横截面都是正方形（或者四边倒角的正方形），以边长的长度尺寸（单位：mm）作为步进电动机的分类，这个长度尺寸就是机座号系列。按机座号可分为28、35、42、57、86、110、130步进电动机。

2. 步进驱动器

1）TB6600步进驱动器

步进驱动器完成由弱电到强电的转换和放大，也就是将逻辑电平信号变换成电动机绕组所需的具有一定功率的电流脉冲信号。步进驱动器就是为步进电动机分时供电的多相时序控制器。

以TB6600步进驱动器为例，这是一款二相步进电动机驱动器，电源电压为DC 9～42V，可实现正反转控制，通过3位拨码开关选择7挡细分控制（1、2/A、2/B、4、8、16、32），通过3位拨码开关选择8挡电流控制（0.5A、1A、1.5A、2A、2.5A、2.8A、3.0A、3.5A）。适合驱动57型、42型二相混合式步进电动机，能达到低振动、低噪声、高速度的效果驱动电动机。

如图7-1-3所示，PUL＋/PUL－为脉冲接线端子，DIR＋/DIR－为方向控制信号接线端子，ENA＋/ENA－为脱机信号接线端子。

图7-1-3　TB6600步进驱动器

2）步进驱动器接线分类

步进驱动器的外部信号输入分为共阳极接法和共阴极接法两种。共阳极接法如图 7-1-4 所示，此时输入信号为负脉冲方式；共阴极接法如图 7-1-5 所示，此时输入信号为正脉冲方式。

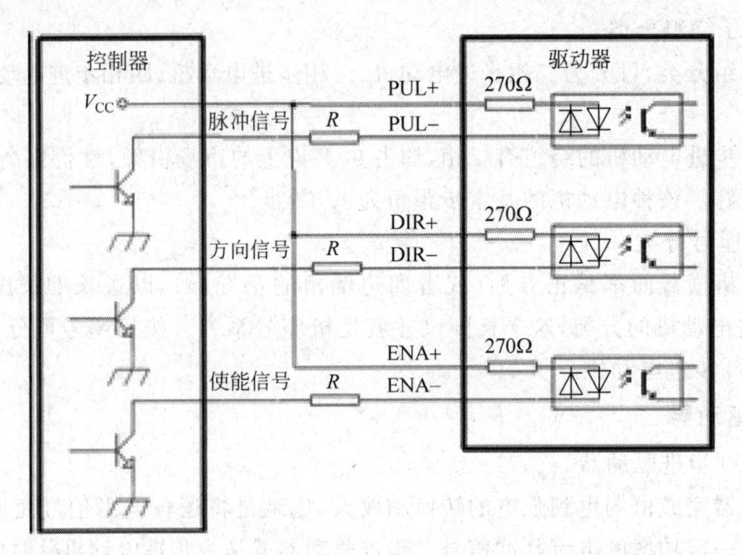

图 7-1-4 共阳极接法

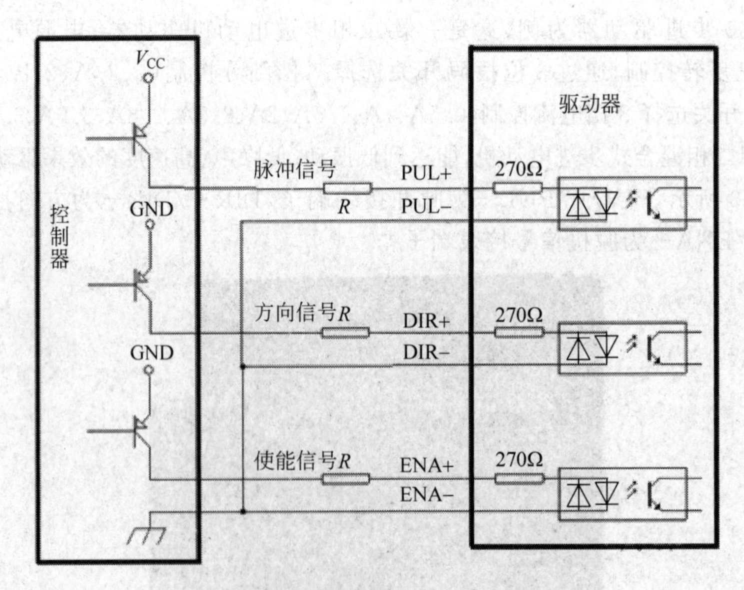

图 7-1-5 共阴极接法

可以根据所使用的 PLC 类型来选择步进驱动器的接线方式。

西门子 PLC 输出信号为高电平信号，应采用共阴极接法；而三菱 PLC 输出信号为低电平信号，应采用共阳极接法。

注意：一般 PLC 不能与步进驱动器直接相连，因为驱动器的控制信号是＋5V，而 PLC 的输出信号为＋24V。解决的方法是在 PLC 与步进驱动器之间串联一只 2kΩ 或 1/4W 的电阻,起分压作用。

3）步进驱动器细分及设置

为了提高步进电动机控制的精度,步进驱动器都有细分的功能。

所谓细分,就是通过驱动器中电路的方法把步距角减小。细分数是以驱动板上的拨码开关选择设定的,在断电情况下,用户可根据驱动器外盒上细分选择表的数据设定细分数。

设定细分后,步进电动机的步距角按下列方法计算：步距角＝电动机固有步距角/细分数。

例如,一台固定步距角为1.8°的步进电动机,在4细分下步距角为1.8°/4＝0.45°。也就是原来一步可以走完的,设置4细分后需要走4步。

表7-1-2所示为TB6600步进驱动器细分表,驱动板上拨码开关1、2、3分别对应S1、S2、S3,实现细分的设置。

表7-1-2　TB6600步进驱动器细分表

细分	脉冲/转	S1状态	S2状态	S3状态
NC	NC	ON	ON	ON
1	200	ON	ON	OFF
2/A	400	ON	OFF	ON
2/B	400	OFF	ON	ON
4	800	ON	OFF	OFF
8	1600	OFF	ON	OFF
16	3200	OFF	OFF	ON
32	6400	OFF	OFF	OFF

4）步进驱动器电流设置

表7-1-3所示为TB6600步进驱动器电流设置表,驱动器上拨码开关4、5、6分别对应S4、S5、S6,实现电流设置。

表7-1-3　TB6600步进驱动器电流设置表

电流/A	S4状态	S5状态	S6状态
0.5	ON	ON	ON
1.0	ON	OFF	ON
1.5	ON	ON	OFF
2.0	ON	OFF	OFF
2.5	OFF	ON	ON
2.8	OFF	OFF	ON
3.0	OFF	ON	OFF
3.5	OFF	OFF	OFF

7.1.2　S7-1200 PLC控制步进电动机

1. 运动控制系统

运动控制(motion control)是自动化生产实践中的重要环节,运动控制系统主要由控制器、驱动器或放大器、反馈传感器、执行器等部件组成。

控制器是运动控制系统的主要部件,可以是 PLC、运动控制卡或是单片机,可实现运动的位置、速度、加速度、转矩等的精确控制;驱动器或放大器用来将控制器的控制信号(如速度信号)转化为更高功率的电流或电压信号;反馈传感器(如光电编码器等)用以反馈执行器的实际位置,并将其传送到控制器,实现位置和速度的闭环控制;执行器可选择步进电动机、伺服电动机或变频器等,用来驱动负载。图 7-1-6 所示为步进控制系统的组成。

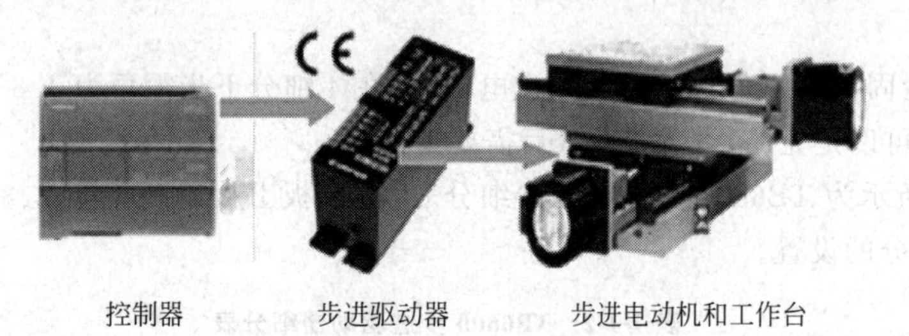

控制器　　步进驱动器　　步进电动机和工作台

图 7-1-6　步进控制系统

运动控制主要实现速度控制和定位控制。定位控制是指当控制器发出控制后运动件(如机床工作台)按指定速度完成指定方向上的指定位移。定位控制是运动控制的一种,又称为位置控制。定位控制只关注位置,不关注运动轨迹。

2. S7-1200 PLC 控制步进电动机的控制方式

S7-1200 PLC 控制步进电动机的控制方式采用 PTO 控制方式。

PTO 控制方式是所有版本的 CPU 都支持的一种控制方式,该控制方式由 CPU 向轴驱动器发送高速脉冲信号和方向信号来实现对步进电动机或伺服电动机位置和速度的控制。

PTO 控制方式可以采用单脉冲、脉冲 A+方向 B、脉冲上升沿 A+脉冲下降沿 B、A/B 相移、A/B 相移-四倍频等方式,为开环控制方式。用得最多的是脉冲 A+方向 B 控制,其中脉冲 A 用来产生高速脉冲信号,方向 B 则是发出方向信号。

PTO 控制方式按照发送脉冲方式又分为 PTO 和 PWM 两种控制方式。

所谓 PTO 方式,是指周期固定,占空比为 50%的脉冲方式;而 PWM 方式是指周期固定,占空比不定的脉冲方式。

3. S7-1200 PLC 轴资源及输出脉冲频率

在 PTO 控制方式中,对 S7-1200 PLC 来说,一台 PLC 最多可以控制 4 台步进电动机,如图 7-1-7 所示。

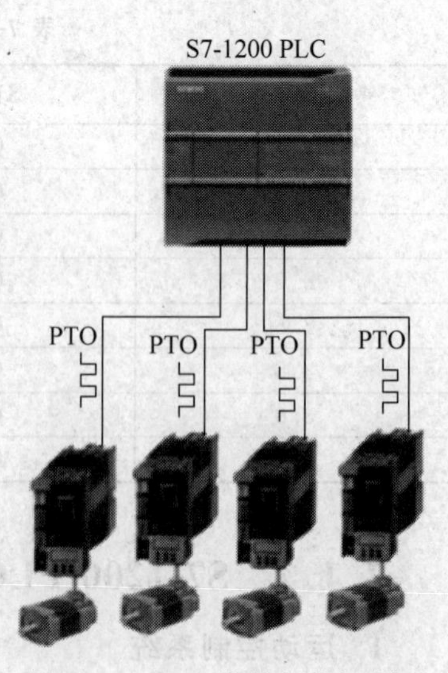

图 7-1-7　PLC 控制步进电动机

选择 S7-1200 PLC 输出类型为晶体管输出的 CPU,可以通过板载输出,也可以通过扩展信号板实现 PTO 脉冲的输出;若选择继电器输出的 CPU ,只能通过扩展信号板实现 PTO 脉冲的输出。

不论是使用板载 I/O 还是信号板 I/O,最多可控制

4 个 PTO 输出,使用时脉冲发生器可以任意分配数字量输出端,但不能分配到 SM 信号模块上或是分布式远程 I/O 模块上。在不同模式下,CPU 所支持的轴资源不一样,以 CPU 1215C 为例,各种模式下支持的轴资源数如表 7-1-4 所示。

表 7-1-4　CPU 支持的轴资源数

CPU 1215C			不同模式支持的最大轴资源数			
PLC 类型	信号板 SB	订货号	单脉冲	脉冲+方向	A/B 相移	A/B 相移-四倍频
DC	不加信号板		4	4	4	4
	DQ4×24V DC	6ES7 222-1BD30-0XB0	4	4	4	4
	DQ4×5V DC	6ES7 222-1AD30-0XB0				
	DI2/DQ2×24V DC	6ES7 223-0BD30-0XB0	4	4	4	4
	DI2/DQ2×24V DC	6ES7 223-3BD30-0XB0				
	DI2/DQ2×5V DC	6ES7 223-3AD30-0XB0				
RLY	不加信号板		0	0	0	0
	DQ4×24V DC	6ES7 222-1BD30-0XB0	4	2	2	2
	DQ4×5V DC	6ES7 222-1AD30-0XB0				
	DI2/DQ2×24V DC	6ES7 223-0BD30-0XB0	2	1	1	1
	DI2/DQ2×24V DC	6ES7 223-3BD30-0XB0				
	DI2/DQ2×5V DC	6ES7 223-3AD30-0XB0				

PLC 各输出端支持脉冲频率也有所不同,表 7-1-5 所示为 PLC 各系列 CPU 的最大输出脉冲频率;表 7-1-6 所示为不同信号板类型的最大输出脉冲频率。

表 7-1-5　PLC 各系列 CPU 最大脉冲输出频率

CPU	CPU 输出通道	脉冲+方向类型	A/B 相移类型
CPU 1211C	Qa.0 到 Qa.3	100kHz	100kHz
CPU 1212C	Qa.0 到 Qa.3	100kHz	100kHz
	Qa.4 到 Qa.5	20kHz	20kHz
CPU 1214C CPU 1215C	Qa.0 到 Qa.3	100kHz	100kHz
	Qa.4 到 Qb.1	20kHz	20kHz
CPU 1217C	DQa.0 到 DQa.3 (.0+,.0-到.3+,.3-)	1MHz	1MHz
	DQa.4 到 DQb.1	100kHz	100kHz

表 7-1-6　不同信号板类型的最大输出脉冲频率

SB 信号板类型		订　货　号	脉冲频率/kHz	高速脉冲输出点数
DQ	DQ4×24V DC	6ES7 222-1BD30-0XB0	200	可提供 4 个高速脉冲输出点
	DQ4×5V DC	6ES7 222-1AD30-0XB0	200	可提供 4 个高速脉冲输出点
DI/DQ	DI2/DQ2×24V DC	6ES7 223-0BD30-0XB0	20	可提供 2 个高速脉冲输出点
	DI2/DQ2×24V DC	6ES7 223-3BD30-0XB0	200	可提供 2 个高速脉冲输出点
	DI2/DQ2×5V DC	6ES7 223-3AD30-0XB0	200	可提供 2 个高速脉冲输出点

7.1.3 运动控制指令

轴组态完成并通过轴调试面板调试正常后,用户就可以根据工艺要求,编写控制程序实现自动控制,在“工艺”选项卡中的 Motion Control 选项卡中包含了需要使用的运动控制指令,如图 7-1-8 所示。

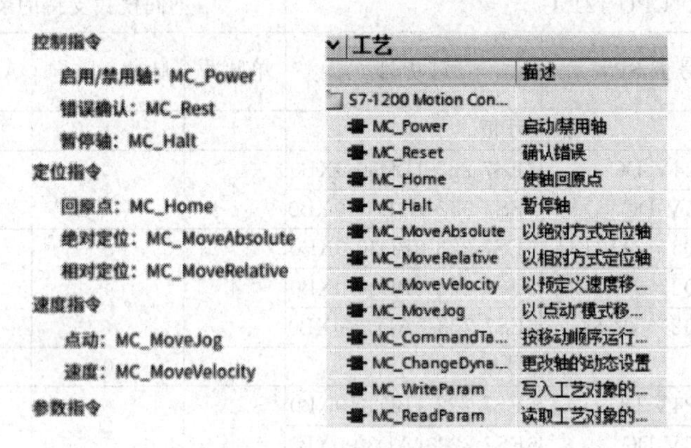

图 7-1-8 运动控制指令

运动控制指令包含控制指令、定位指令、速度指令等,使用时选择相应的指令即可。

1. 控制指令

控制指令包括启动/禁用轴指令(MC_Power)、错误确认指令(MC_Reset)和停止轴运行指令(MC_Halt)。

1) 启动/禁用轴指令(MC_Power)

图 7-1-9 所示为启动/禁用轴指令(MC_Power),用于实现对运动轴的启动或禁用。MC_Power 指令必须在程序里一直调用,并保证 MC_Power 指令在其他运动控制指令的前面调用并使能。

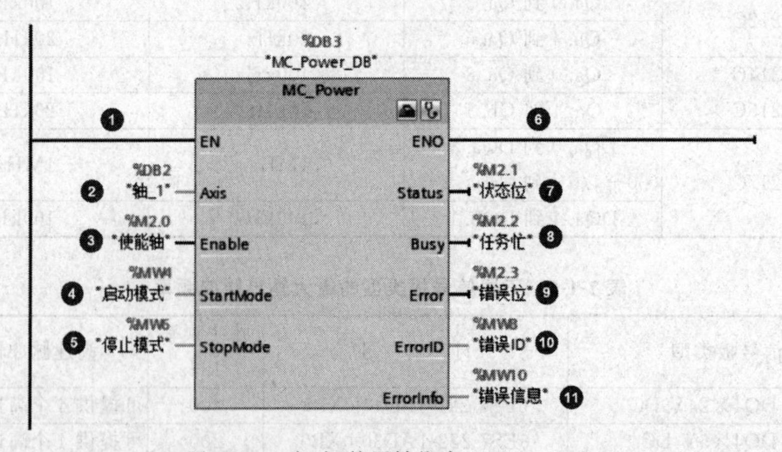

图 7-1-9 启动/禁用轴指令(MC_Power)

启动/禁用轴指令输入端各引脚及其功能如下。

(1) EN:该输入端是 MC_Power 指令的使能端,不是轴的使能端。

(2) Axis：轴名称。轴名称可以采用以下几种方式输入。

① 用鼠标直接从Portal软件左侧项目树中拖曳轴的工艺对象。

② 用键盘输入字符，则Portal软件会自动显示出可以添加的轴对象，如图7-1-10所示。

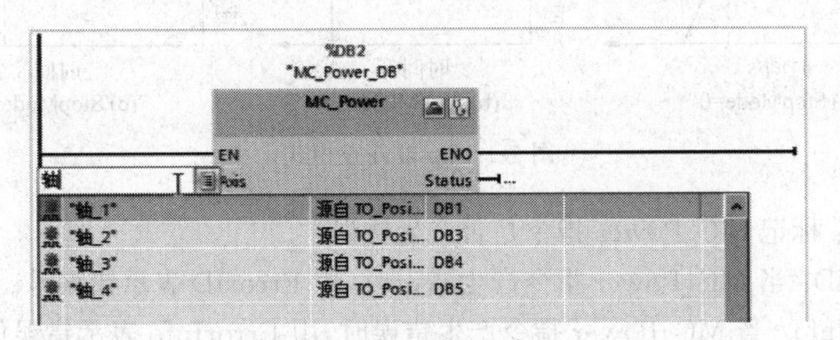

图7-1-10 轴名称输入方式(1)

③ 双击Aixs，系统会出现右边带可选按钮的白色长条框，这时单击“选择”按钮，就会出现图7-1-11中的列表。

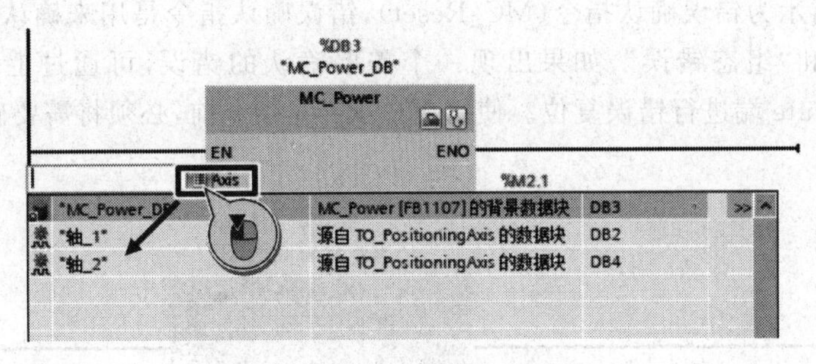

图7-1-11 轴名称输入方式(2)

(3) Enable：轴使能端。

Enable＝0：根据StopMode设置的模式停止当前轴的运行。

Enable＝1：如果组态了轴的驱动信号，则Enable＝1时将接通驱动器的电源，运动轴控制启用。

(4) StartMode：轴控制模式选择。

StartMode＝0：速度控制。

StartMode＝1：位置控制。

(5) StopMode：轴停止模式。

StopMode＝0：紧急停止。按照轴工艺对象参数中的“急停”速度或时间停止轴，如图7-1-12所示。

StopMode＝1：立即停止。PLC立即停止发脉冲，如图7-1-12所示。

StopMode＝2：带有加速度变化率控制的紧急停止。如果用户组态了加速度变化率，则轴在减速时会把加速度变化率考虑在内，减速曲线变得平滑，如图7-1-12所示。

输出端各引脚及其功能。

(1) ENO：使能输出。

(2) Status：轴的使能状态。0为轴禁用；1为轴已启用。

(3) Busy：标记MC_Power指令是否处于活动状态。

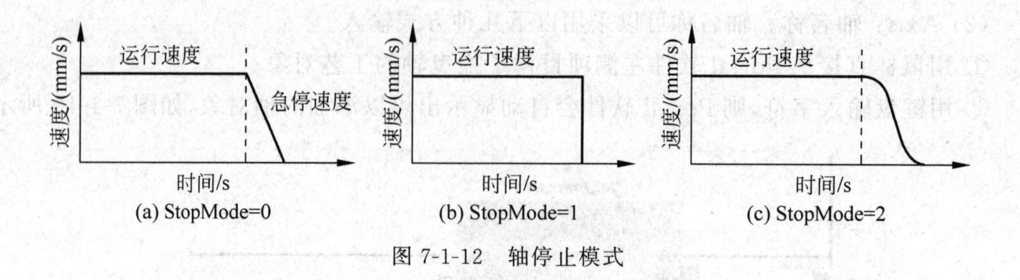

图 7-1-12 轴停止模式

（4）Error：标记 MC_Power 指令是否产生错误。

（5）ErrorID：当 MC_Power 指令产生错误时，用 ErrorID 表示错误号。

（6）ErrorInfo：当 MC_Power 指令产生错误时，用 ErrorInfo 表示错误信息。

结合 ErrorID 和 ErrorInfo 数值，查看手册或是 Portal 软件帮助信息中的说明，得到错误原因。

2）错误确认指令（MC_Reset）

图 7-1-13 所示为错误确认指令（MC_Reset），错误确认指令是用来确认“伴随轴停止出现的运行错误”和“组态错误”，如果出现一个需要确认的错误，可通过上升沿激活 MC_Reset 块的 Execute 端进行错误复位。使用 MC_Reset 指令前，必须将需要确认的未决组态错误的原因消除。

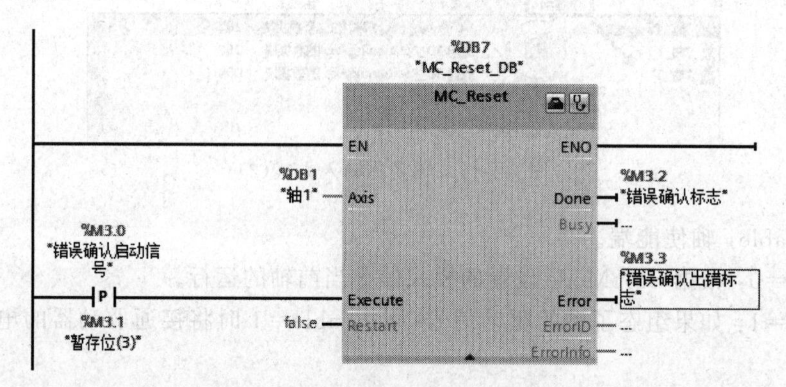

图 7-1-13 错误确认指令（MC_Reset）

错误确认指令（MC_Reset）输入端各引脚及其功能如下。

（1）EN：MC_Reset 指令的使能端。

（2）Axis：轴名称。

（3）Execute：MC_Reset 指令的启动位，用上升沿触发。

（4）Restart。

Restart=0：用来确认错误。

Restart=1：将轴的组态从装载存储器下载到工作存储器（只有在禁用轴的时候才能执行该命令）。

错误确认指令（MC_Reset）输出端各引脚及其功能如下。

Done：表示轴的错误已确认。除了 Done 指令，其他输出引脚同 MC_Power 指令，这里不再赘述。

3）停止轴运行指令（MC_Halt）

图 7-1-14 所示为停止轴运行指令（MC_Halt），停止轴运行指令可停止所有运行并以组态的减速度停止轴，停止时停止的位置未定义，该指令使用时，必须先启用轴。常用 MC_Halt 指令来停止通过 MC_MoveVelocity 指令触发的轴的运行。

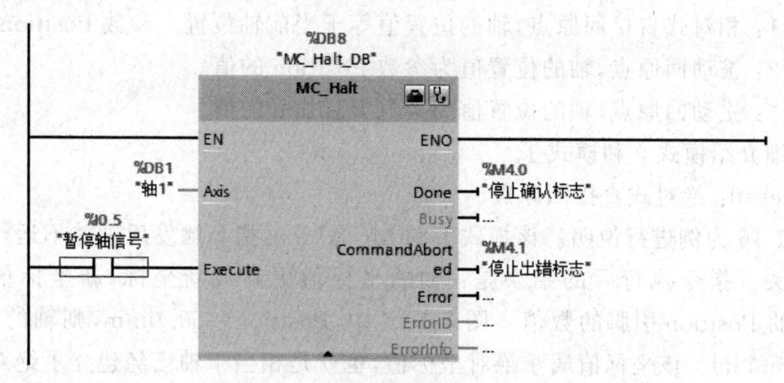

图 7-1-14 停止轴运行指令（MC_Halt）

（1）Execute：MC_Halt 指令的启动位，用上升沿触发。

（2）Done：当速度为 0 时，该位为 1。

其他输入/输出引脚不再具体介绍，请参考 MC_Power 指令中的说明。

2. 定位指令

定位指令包括回原点指令（MC_Home）、绝对定位指令（MC_MoveAbsolute）和相对定位指令（MC_MoveRelative）。

1）回原点指令（MC_Home）

图 7-1-15 所示为回原点指令（MC_Home），使用回原点指令可将轴坐标与实际物理驱动器位置匹配，使用绝对定位时需要执行回原点功能，为了使用 MC_Home 指令，必须先执行启用轴指令。

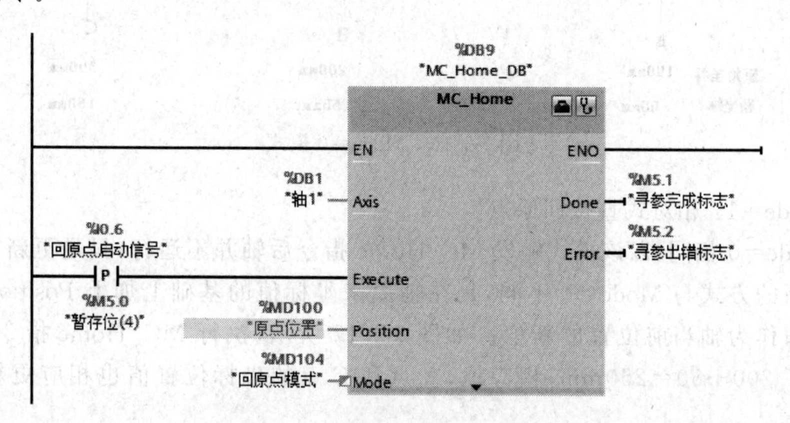

图 7-1-15 回原点指令（MC_Home）

部分输入端引脚及其功能如下。

（1）Execute：MC_Home 指令的启动位，需要回原点时，通过上升沿激活 Execute 端。

（2）Position：位置值。根据回原点的模式不一样，表示也不一样。

Position＝1 时：对当前轴位置的修正值。

Position＝0,2,3 时：轴的绝对位置值。

(3) Mode：回原点模式值。

Mode＝0：绝对式直接回原点，轴的位置值为参数 Position 的值。

Mode＝1：相对式直接回原点，轴的位置值等于当前轴位置＋参数 Position 的值。

Mode＝2：被动回原点，轴的位置值为参数 Position 的值。

Mode＝3：主动回原点，轴的位置值为参数 Position 的值。

下面详细介绍模式 0 和模式 1。

① Mode＝0：绝对式直接回原点。

以图 7-1-16 为例进行说明。该模式下的 MC_Home 指令触发后轴并不运行，也不会去寻找原点开关。指令执行后的结果是：轴的坐标值更新成新坐标，新坐标值就是 MC_Home 指令的 Position 引脚的数值。图 7-1-16 中，Position＝50.0mm，则轴的当前坐标值也就更新成 50mm。该坐标值属于绝对坐标值，也就是相当于轴已经建立了绝对坐标系，可以进行绝对运动。

优点：MC_Home 的该模式可以让用户在没有原点开关的情况下，进行绝对运动操作。

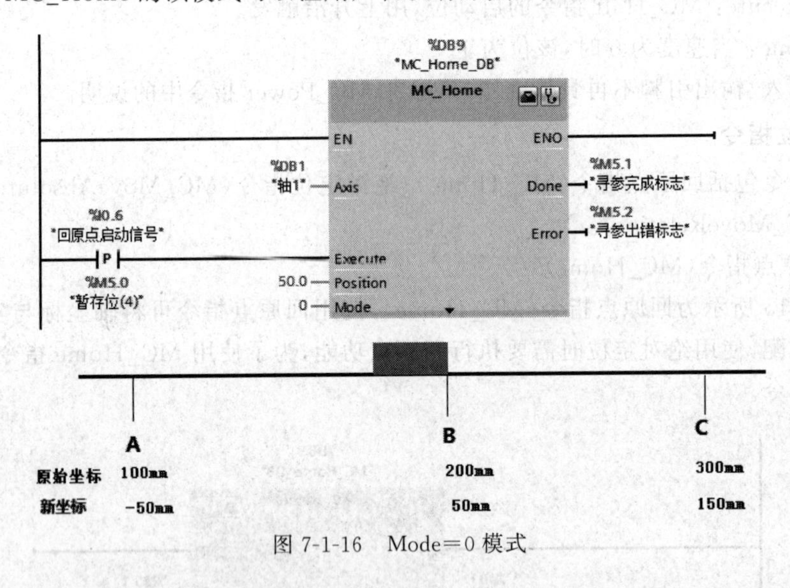

图 7-1-16　Mode＝0 模式

② Mode＝1：相对式直接回原点。

与 Mode＝0 相同，以该模式触发 MC_Home 指令后轴并不运行，只是更新轴的当前位置值。更新的方式与 Mode＝0 不同，是在轴原来坐标值的基础上加上 Position 数值后得到的坐标值作为轴当前位置的新值。如图 7-1-17 所示，执行 MC_Home 指令后，轴的位置值变成了 200＋50＝250mm，相应地，A 点和 C 点的坐标位置值也相应更新成新的坐标值。

③ 当 Mode＝2 和 Mode＝3 时参见回原点。

注意：用户可以通过对变量 <轴名称>.StatusBits.HomingDone＝TRUE 与运动控制指令 MC_Home 的输出参数 Done＝TRUE 进行与运算，从而检查轴是否已回原点。

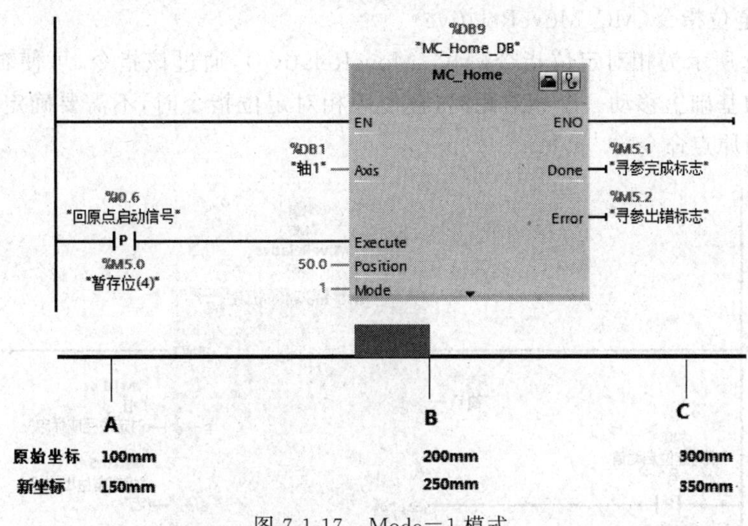

图 7-1-17　Mode=1 模式

2) 绝对定位指令(MC_MoveAbsolute)

如图 7-1-18 所示为绝对定位指令(MC_MoveAbsolute)。通过该指令可使轴以某一速度进行绝对定位。所谓绝对定位,是指以原点为参考点进行定位。因此,在使用绝对定位时,需要先确定原点。

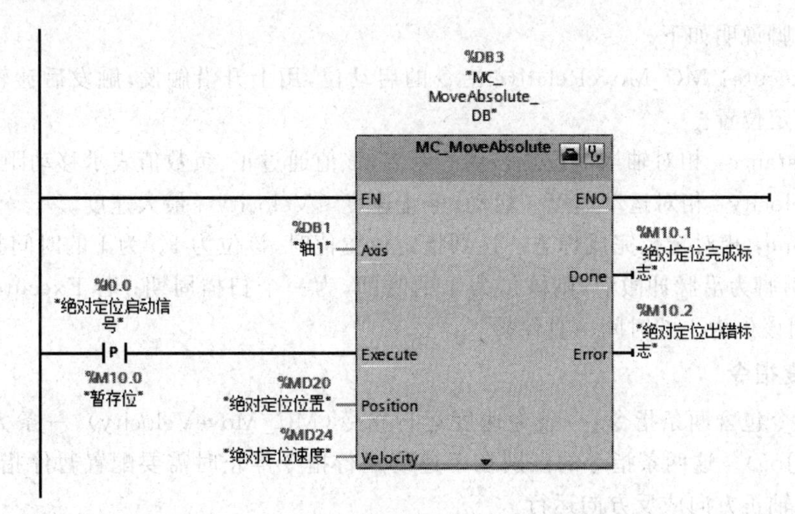

图 7-1-18　绝对定位指令(MC_MoveAbsolute)

部分输入引脚说明如下。

(1) Execute:MC_MoveAbsolute 指令的启动位,用上升沿触发,触发后让轴以指定速度移动到指定位置。

(2) Position:绝对定位目标位置值。即相对于原点的位置。

(3) Velocity:绝对运动速度。启动/停止速度≤Velocity≤最大速度。

(4) Done:绝对定位完成标志。达到绝对目标位置值时,该位为 1。为 1 的时间长短取决于引脚,若该引脚为沿脉冲激活,则该位为 1 的时间,为一个扫描周期;若 Execute 引脚一直保持为 1,则该位为 1 的时间一直保持。

3）相对定位指令（MC_MoveRelative）

图 7-1-19 所示为相对定位指令（MC_MoveRelative），通过该指令，可使轴以某一速度在当前位置的基础上移动一个相对距离，在使用相对定位指令时，不需要确定原点，所以不需要轴执行回原点命令。

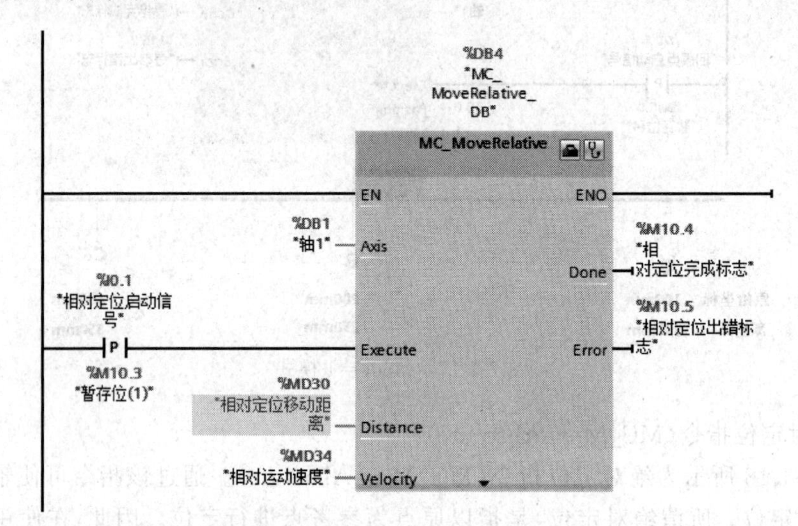

图 7-1-19 相对定位指令（MC_MoveRelative）

部分引脚说明如下。

（1）Execute：MC_MoveRelative 指令的启动位，用上升沿触发，触发后让轴以指定速度移动到指定位置。

（2）Distance：相对轴当前位置移动的距离，该值通过正、负数值表示移动距离和方向。

（3）Velocity：相对运动速度。启动/停止速度≤Velocity≤最大速度。

（4）Done：相对定位完成标志。达到指定位置值时，该位为 1。为 1 的时间长短取决于引脚，若该引脚为沿脉冲激活，则该位为 1 的时间，为一个扫描周期；若 Execute 引脚一直保持为 1，则该位为 1 的时间一直保持。

3. 速度指令

速度指令包含两条指令，一条为速度运行指令（MC_MoveVelocity），一条为点动指令（MC_MoveJog）。这两条指令的区别在于速度运行指令停止时需要配置暂停指令，点动指令可以控制轴正方向或反方向运行。

1）速度运行指令（MC_MoveVelocity）

图 7-1-20 所示为速度运行指令（MC_MoveVelocity），通过该指令，可使轴以预设的速度运行，运行方向可通过 Direction 的引脚指定，若要停止时，可通过 MC_Halt 指令停止。

部分引脚说明如下。

（1）Execute：速度运行指令（MC_MoveVelocity）的启动位，用上升沿触发，触发后让轴以指定速度和方向运行。

（2）Velocity：轴的运行速度。启动/停止速度≤Velocity≤最大速度。

（3）Direction：方向设置数值。

Direction＝0：旋转方向取决于参数 Velocity 值的符号。

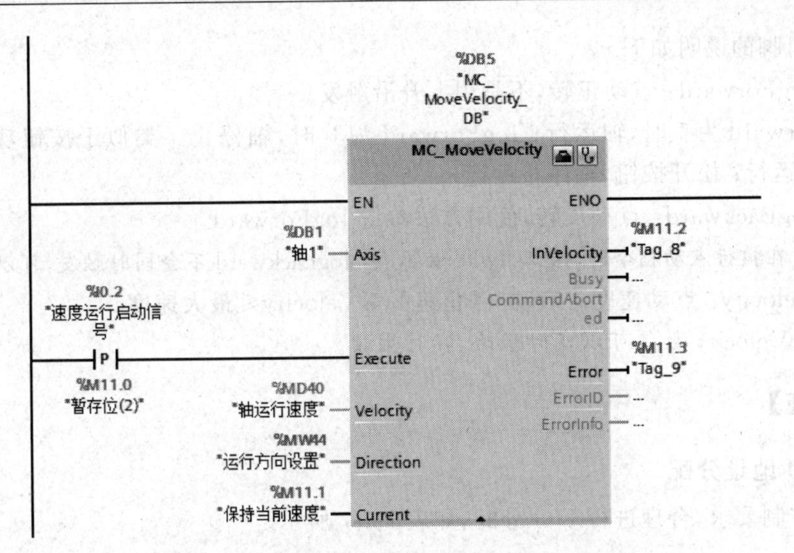

图 7-1-20　速度运行指令(MC_MoveVelocity)

Direction=1：正方向旋转，忽略参数 Velocity 值的符号。

Direction=2：负方向旋转，忽略参数 Velocity 值的符号。

(4) Current：保持当前速度，当轴继续以当前速度运行时，参数 Velocity 返回值 TRUE。

Current=0：轴按照参数 Velocity 和 Direction 值运行。

Current=1：轴忽略参数 Velocity 和 Direction 值，轴以当前速度运行。

注意：可以设定 Velocity 数值为 0.0，触发指令后轴会以组态的减速度停止运行。相当于 MC_Halt 指令。

2) 点动运行指令(MC_MoveJog)

图 7-1-21 所示为点动运行指令(MC_MoveJog)，在点动(手动)模式下以指定的速度连续移动轴。

注意：使用时正向移动和反向移动不能同时接通。

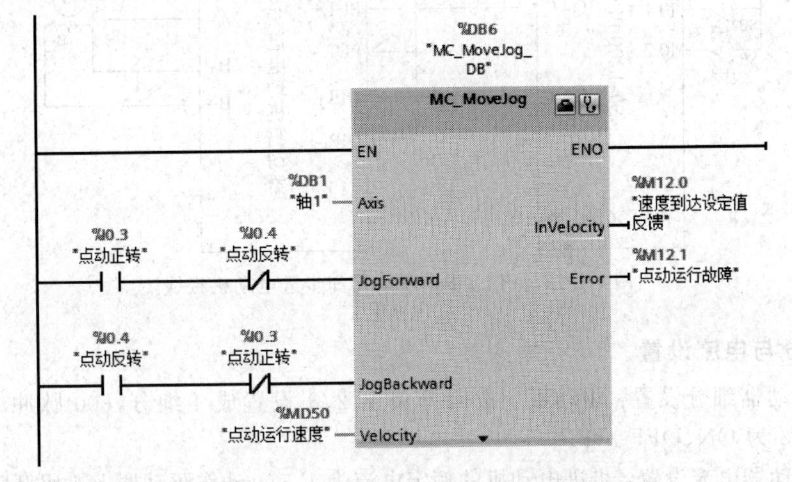

图 7-1-21　点动运行指令(MC_MoveJog)

部分引脚的说明如下。

(1) JogForward：点动正转，不是用上升沿触发。

JogForward 为 1 时，轴运行；JogForward 为 0 时，轴停止。类似于按钮功能，按下按钮，轴开始运行；松开按钮，轴停止运行。

(2) JogBackward：点动反转，使用方法参考 JogForward。

注意：*在执行点动指令时，保证 JogForward 和 JogBackward 不会同时触发，可以进行互锁。*

(3) Velocity：点动速度。启动/停止速度≤Velocity≤最大速度。

注意：*Velocity 数值可以实时修改，实时生效。*

【任务实施】

1. I/O 地址分配

根据控制要求，合理进行 I/O 分配，如表 7-1-7 所示。

表 7-1-7 I/O 地址分配

输入			输出		
设备	地址	功能	设备	地址	功能
SB1	I0.0	正转启动按钮	PUL＋	Q4.0	脉冲信号
SB2	I0.1	反转启动按钮	DIR＋	Q4.1	方向信号
SB3	I0.2	停止按钮			

2. PLC、步进驱动器和步进电动机接线

绘制 PLC、步进驱动器和步进电动机的接线如图 7-1-22 所示，并按照接线图完成硬件接线。

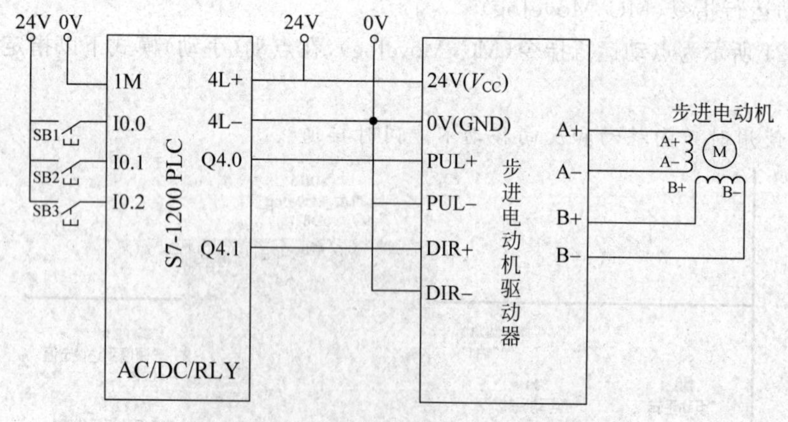

图 7-1-22 PLC、步进驱动器和步进电动机接线

3. 细分与电流设置

步进驱动器细分设置：驱动板上拨码开关 1、2、3 设置成 4 细分，800 脉冲/转，分别对应 S1、S2、S3 为 ON、OFF、OFF。

步进驱动器电流设置：步进电动机的额定电流为 1.5A，动作驱动器上拨码开关 4、5、6，分别对应 S4、S5、S6 为 ON、ON、OFF。

4. 设计控制程序

设计控制程序步骤流程图如图 7-1-23 所示。

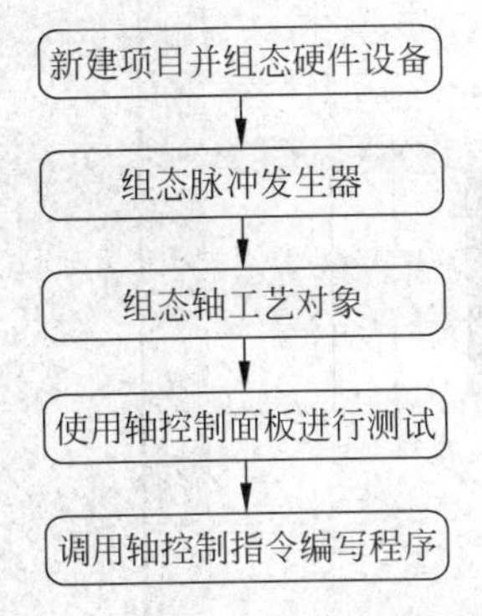

图 7-1-23　设计控制程序步骤流程图

1）新建项目并组态硬件设备

（1）新建名为“步进电动机的 PLC 控制系统”的项目，并组态 CPU 如图 7-1-24 所示。

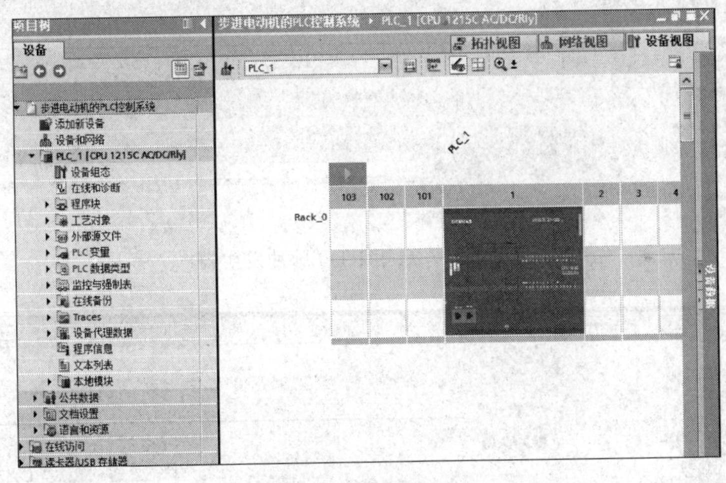

图 7-1-24　组态 CPU

（2）组态信号板如图 7-1-25 所示。

2）组态脉冲发生器

要想让 PLC 发送脉冲信号，需要配置脉冲发生器。执行 CPU→“属性”→“常规”→“脉冲发生器”选项，可以看到有四路脉冲输出口，选择第一路脉冲发生器，在常规选项中，选中“启用该脉冲发生器”复选框，如图 7-1-26 所示。

如图 7-1-27 所示，在参数分配选项中，可选择不同的信号类型，这里选择“PTO(脉冲 A 和方向 B)”的信号类型；分配硬件输出点，脉冲输出 Q4.0，方向输出 Q4.1；PTO 通道的硬件标识符是自动匹配的，保持默认即可。

3）配置工艺对象

对步进驱动器除了实现速度控制外，还可以实现位置控制，如绝对定位控制、相对定位控制、回原点控制等，配置完脉冲发生器后，还需要配置工艺对象。

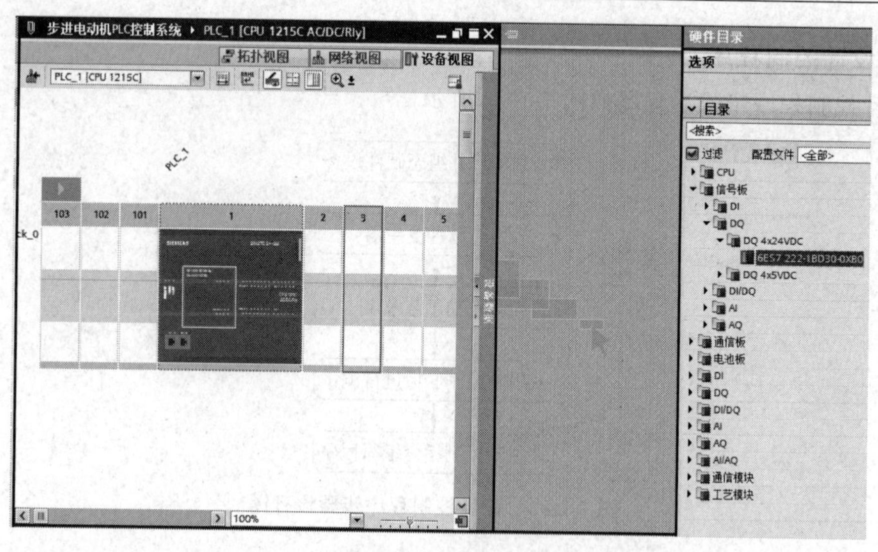

图 7-1-25　组态信号板

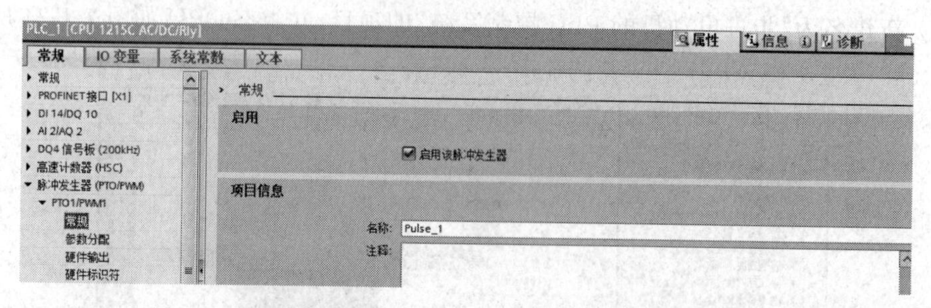

图 7-1-26　启用 PTO 脉冲发生器

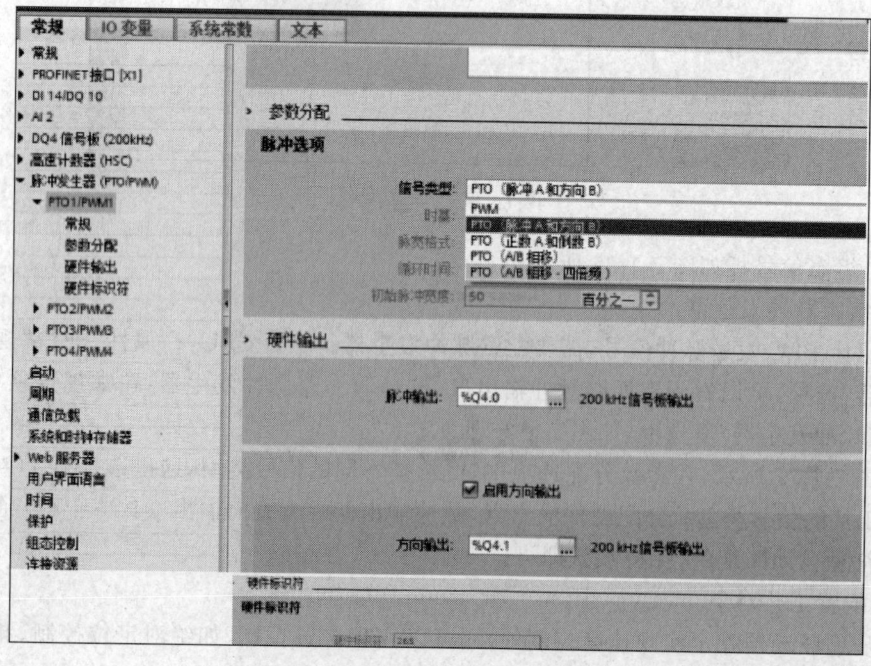

图 7-1-27　组态脉冲发生器

（1）添加轴工艺对象

方法是：执行“项目树”→“工艺对象”→新增名称为“轴_1”的运动轴工艺对象，如图 7-1-28 所示。

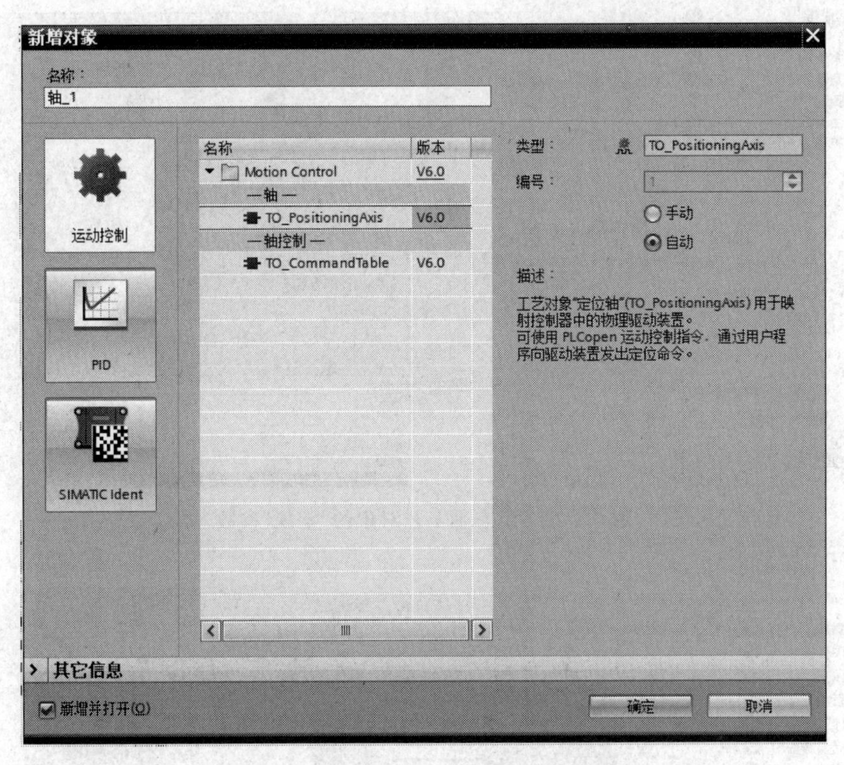

图 7-1-28　配置运动轴的工艺对象

（2）组态轴工艺对象参数

在运动轴工艺对象的组态中，需要组态基本参数和扩展参数两部分。

注意：在组态参数页面，每个参数都有状态标记，提示用户轴参数设置情况。

蓝色对号：表示参数配置正确，为系统默认配置，用户没有修改。

绿色对号：表示参数配置正确，不是系统默认配置，用户做过修改。

叉号：表示参数配置没有完成或是有错误。

感叹号：表示参数组态正确，但是有报警。

① 组态基本参数

在基本参数的“常规”参数配置中，可设置 mm（毫米）、m（米）、in（英寸）、ft（英尺）、脉冲、°（度）等测量单位。本任务设置测量单位为“°”，如图 7-1-29 所示。

配置“驱动器”参数如图 7-1-30 所示。选择 Pulse_1 脉冲发生器，则信号的类型、脉冲输出和方向输出自动生成。“使能输出”即 PLC 发送给驱动器的信号，“就绪输入”即驱动器将准备好的信号发送给 PLC，在“就绪输入”栏中选择 TRUE。

② 组态扩展参数

“机械”参数中，根据选择的细分，设置电动机每转的脉冲数及电动机每转的负载位移。

本任务若设置 4 细分数，计算步进电动机每转脉冲数为 200×4＝800（脉冲/转），电动

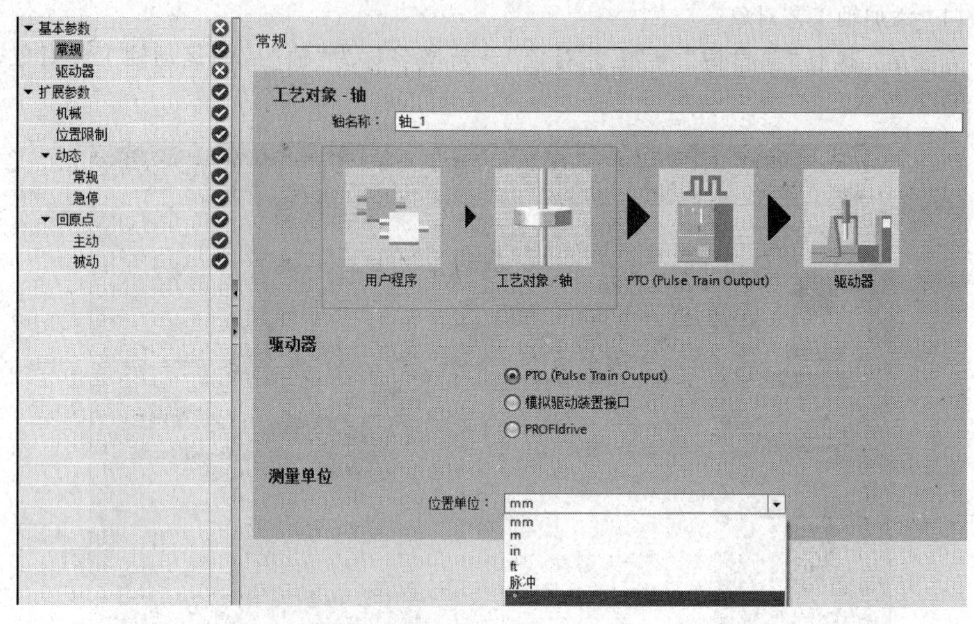

图 7-1-29 组态轴工艺对象的“常规”参数

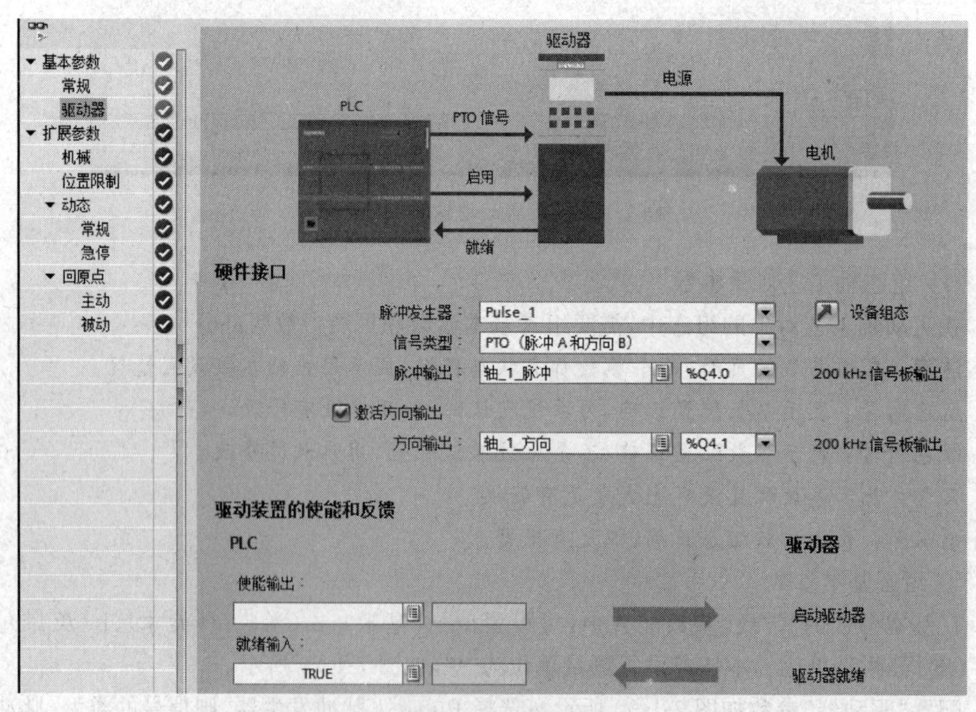

图 7-1-30 组态轴工艺对象的“驱动器”参数

机每转的负载位移量为 360°，如图 7-1-31 所示。

“位置限制”参数如图 7-1-32 所示，选中“启用硬限位开关”复选框，设置下限位开关和上限位开关。选择有效电平为“高电平”或“低电平”。若是“高电平”，表示行程开关的常开触点接入 PLC；若是“低电平”，表示行程开关的常闭触点接入 PLC，信号消失后，电平为 0，

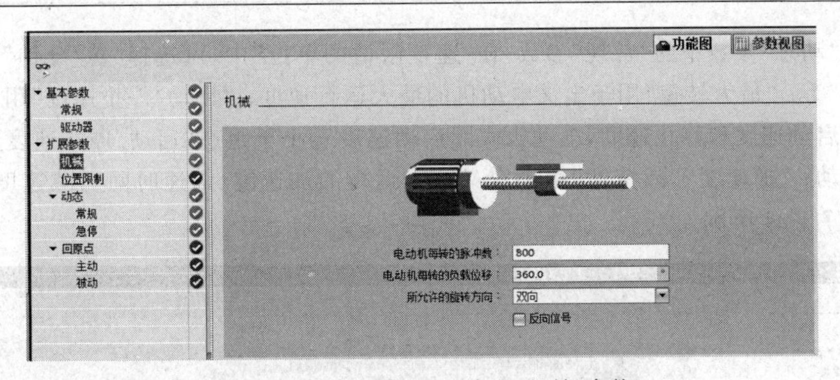

图 7-1-31　组态轴工艺对象的“机械”参数

说明碰到了行程开关。

选中“启用软限位开关”复选框，可设置软限位开关下限位置和上限位置，这两个位置一般要在硬限位开关范围内，以便在硬限位开关动作之前电动机停止运行。

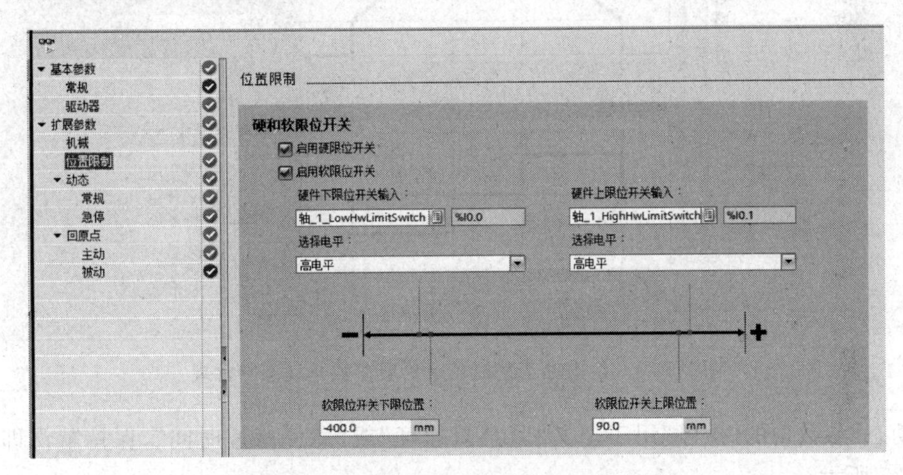

图 7-1-32　组态轴工艺对象的“位置限制”参数

本任务“位置限制”参数保持默认值，如图 7-1-33 所示。

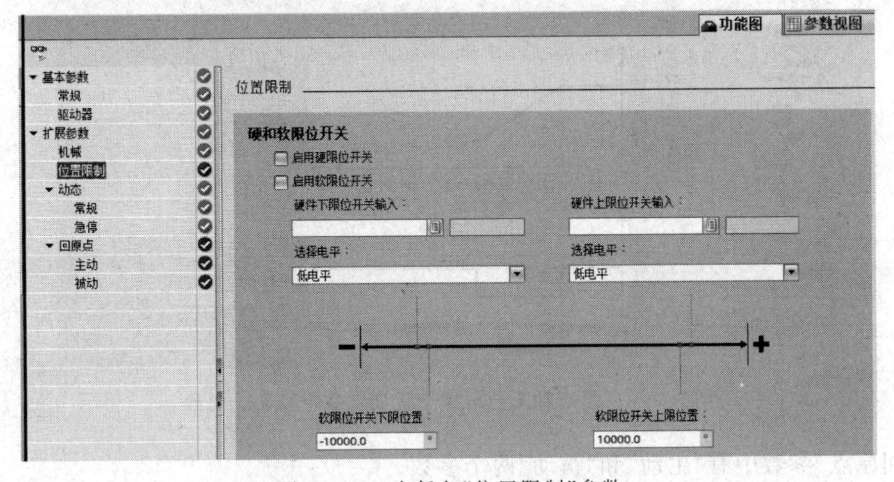

图 7-1-33　本任务“位置限制”参数

组态“动态”参数中的“常规”参数，在“速度限值的单位”中，可选择“转/分钟”“脉冲/s”“毫米/秒”等；“最大转速”用于定义电动机的最大运行速度；“启动/停止速度”用于定义系统运行的启动速度和停止速度，电动机实际启动速度若小于组态“启动/停止速度”，则电动机不能启动；“加速度”“减速度”用于定义系统运行的加速度(加速时间)、减速度(减速时间)，如图 7-1-34 所示。

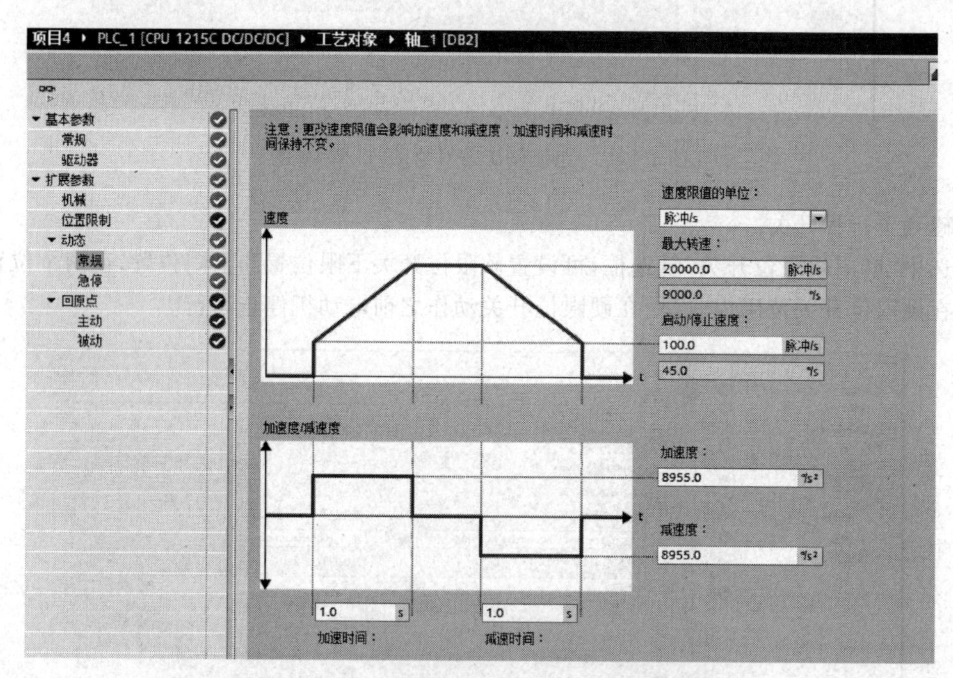

图 7-1-34 组态轴工艺对象→扩展参数→动态→常规

“动态”参数中的“急停”用于定义“紧急减速度”或“急停减速时间”，保持默认即可，如图 7-1-35 所示。

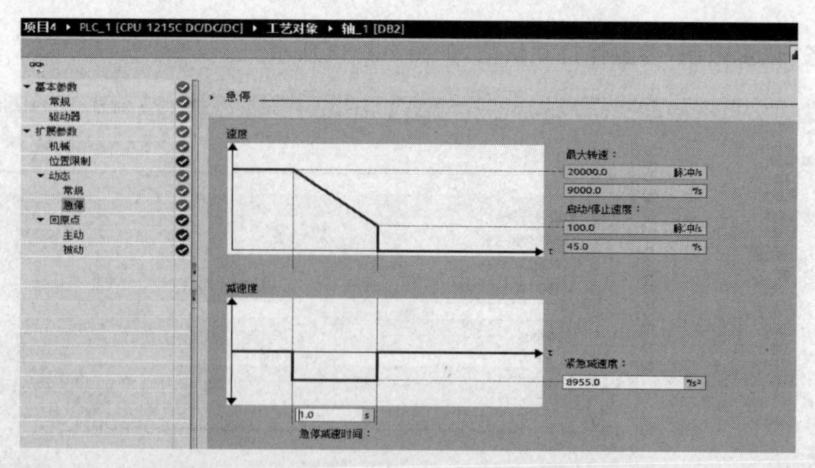

图 7-1-35 组态轴工艺对象→扩展参数→动态→急停

“回原点”参数中有“主动”和“被动”两个参数。

在“主动”参数中，进行主动回原点设置，即运动机构搜索到原点开关后，停留在原点开关附近，并将该位置作为系统的参考原点。

如图 7-1-36 所示，“输入原点开关”用于设置返回原点开关。

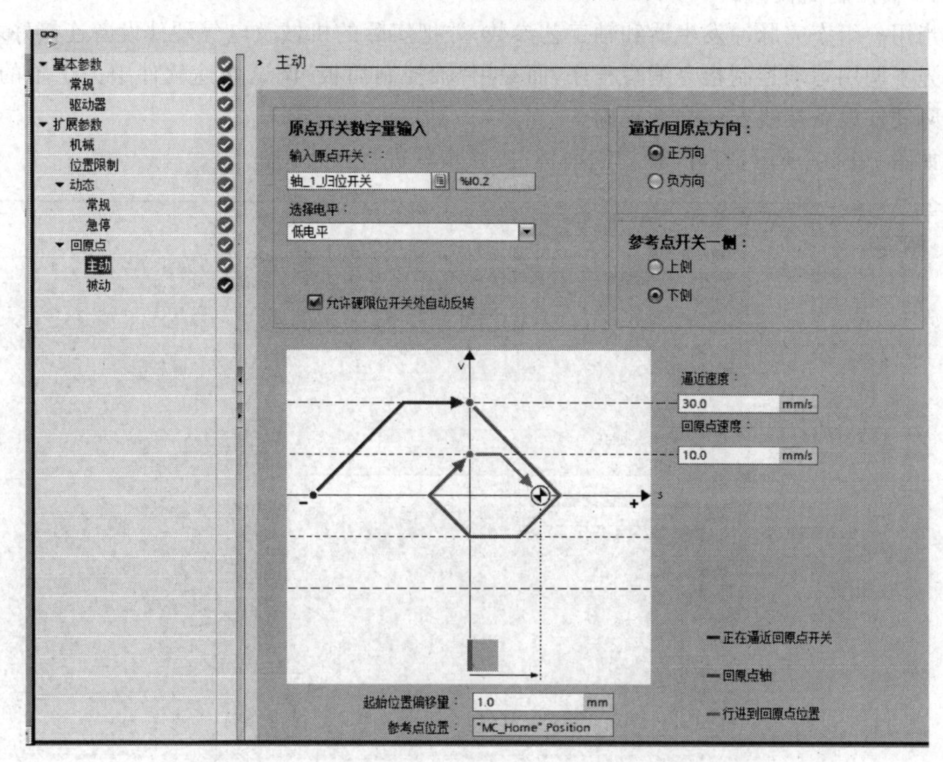

图 7-1-36　组态轴工艺对象→扩展参数→回原点→主动

“选择电平”用于设置轴行程撞块碰到原点开关时，该原点开关对应的输入点是高电平有效，还是低电平有效。若选择低电平有效，即原点开关采用常闭触点接入 PLC，没有碰到原点开关时是高电平，碰到原点开关时是低电平。安全起见，一般原点开关选择低电平。

“逼近/回原点方向”用于选择主动回原点时，轴首先向那个运动方向运行。

选中“允许硬限位开关处自动反转”复选框，则轴在回原点过程中，没有碰到原点开关前，若先碰到硬件行程限位开关，系统会认为原点开关在反方向，立即按照组态好的减速曲线停止并反转运行去寻找原点开关；若未选中，则轴在回原点过程中，若先碰到硬件行程限位开关，则回原点的过程会产生错误而终止，系统急停。选中该复选框更安全。

“参考点开关一侧”用于设置回原点结束后，行程撞块与原点开关的相对位置。“上侧”指行程撞块刚离开原点开关的瞬间位置；“下侧”指行程撞块刚碰到原点开关的瞬间位置。

“逼近速度”是指系统刚开始回原点时的速度，这个速度会一直保持到系统碰到原点开关为止。“回原点速度”是指系统碰到原点开关后的速度，这个速度会一直保持到回原点过程结束为止。

注意：一般情况下，参考速度＜逼近速度＜最大速度。

“起始位置偏移量”用来设置实际原点位置与期望原点位置的差值。有时因为机械安装位置冲突的问题，期望原点位置无法安装原点开关，因此只能在其他位置安装原点开关，导致产生“起始位置偏移量”。

“参考点位置”是指系统保存参考点位置值的变量名称。

4）轴控制面板调试

当用户组态完脉冲发生器和轴工艺参数，并把实际的机械及电气硬件设备连接好之后，可以先不调用运动控制指令编写程序，而是用“轴控制面板”调试博途软件中关于轴的参数和实际硬件设备接线安装是否正确。

如图 7-1-37 所示，打开“轴控制面板”按照步骤进行在线调试。

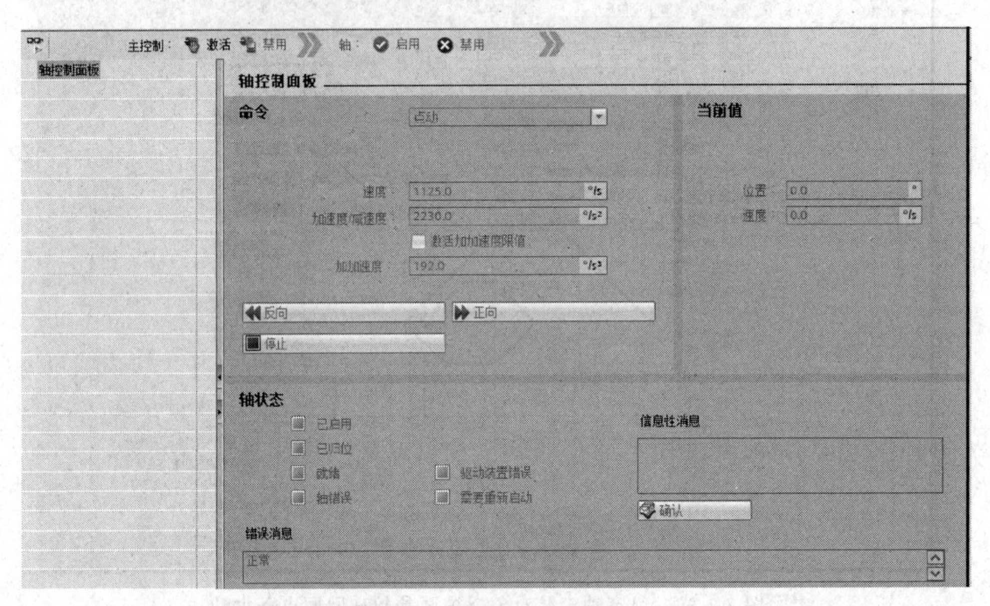

图 7-1-37 轴控制面板调试

首先，在主控制栏中单击“激活”按钮，弹出“激活主控制”警示框，单击“是”按钮，如图 7-1-38 所示。

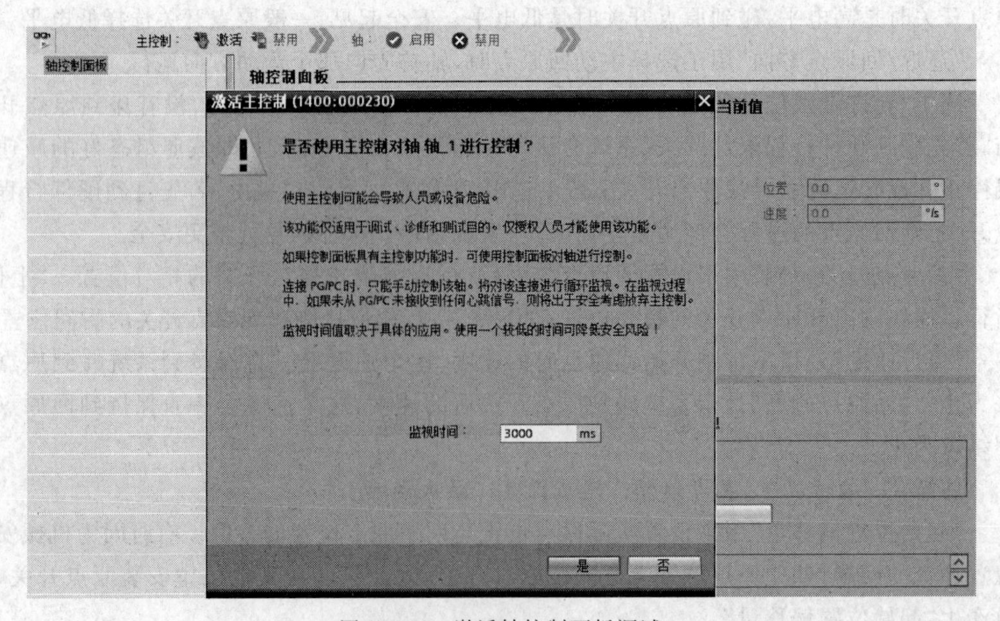

图 7-1-38 激活轴控制面板调试

控制面板激活后，系统自动转入在线监控状态，单击主控制栏中的“启用”按钮，进入在线调试状态，如图 7-1-39 所示，命令选项中有“点动”“定位”“回原点”三个选项。

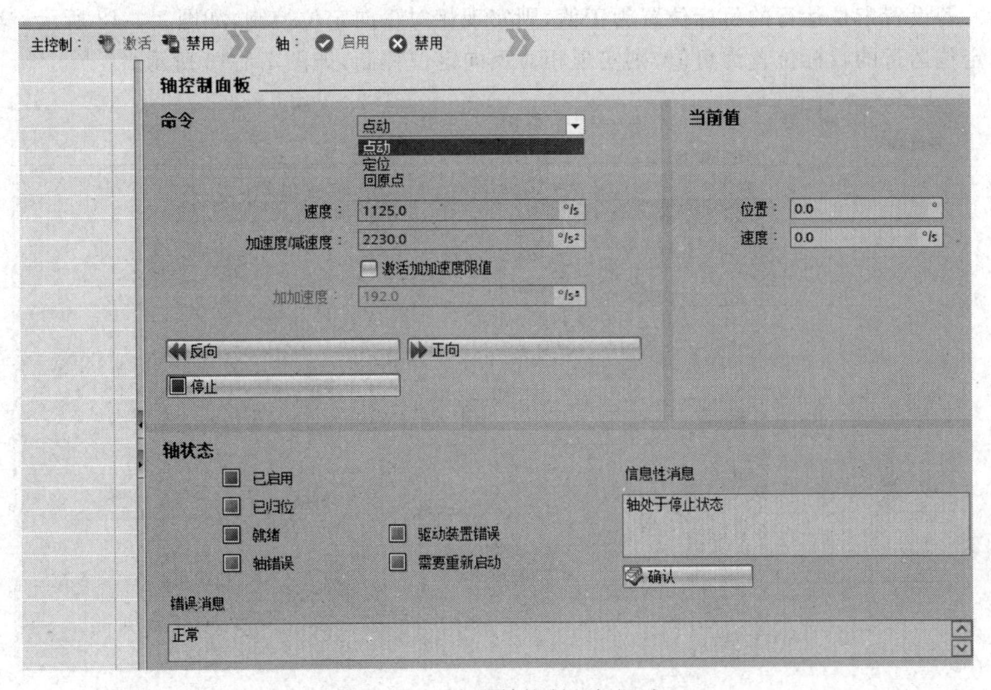

图 7-1-39　启用轴控制面板调试

选择“点动”命令，可设置点动运行的速度、加减速度，按住“正向”或“反向”按钮，步进电动机以当前速度逆时针或顺时针转动，位移值连续增大或减小，如图 7-1-40 所示。

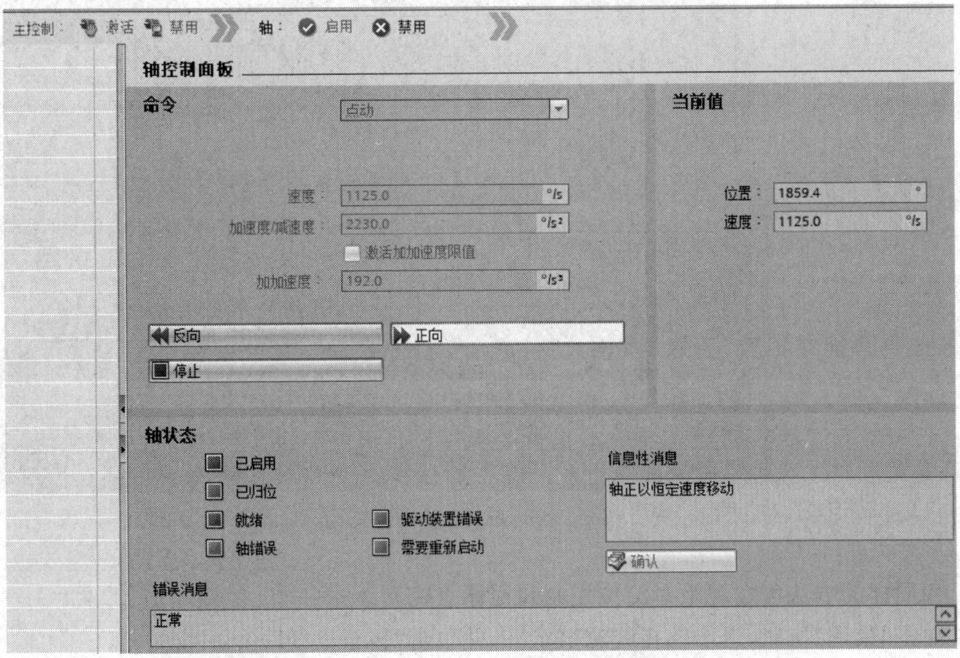

图 7-1-40　点动控制

如图 7-1-41 所示，选择“定位”命令，设置定位运行的目标位置及速度，按下“相对”按钮，步进电动机以设定速度转动相应位移量。

若设置定位运行的目标位置为正值，则实现相对正向定位控制，如图 7-1-42 所示；若设置定位运行的目标位置为负值，则实现相对反向定位控制，如图 7-1-43 所示。

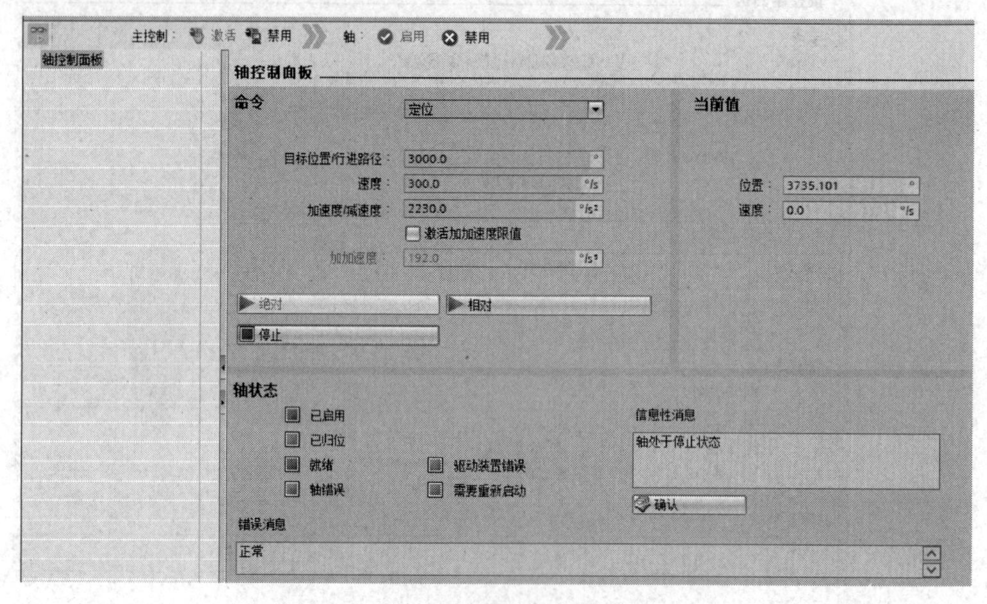

图 7-1-41　定位控制

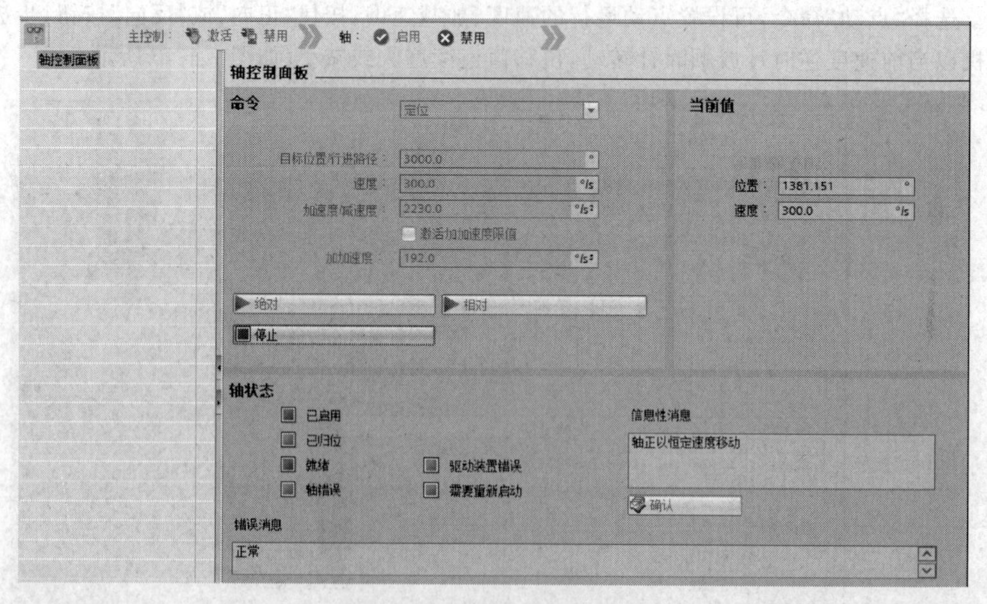

图 7-1-42　相对正向定位控制

用同样的方法可实现绝对定位控制和回原点控制。

单击“禁用”按钮，退出轴在线调试状态，并单击“转至离线”。

通过控制面板调试完成后，证明系统组态正确，硬件接线无误，然后就可以根据工艺要

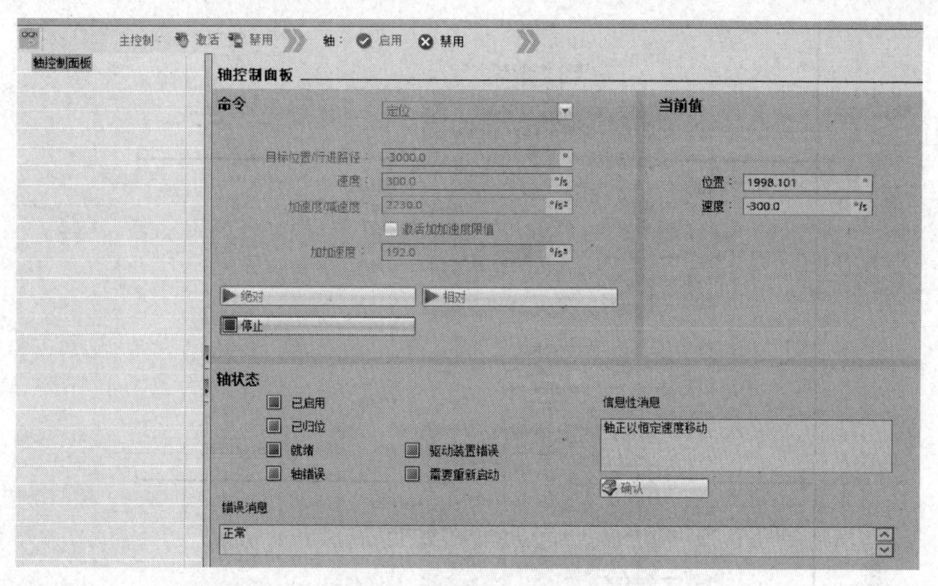

图 7-1-43　相对反向定位控制

求编写控制程序了。

5）编写程序

根据控制要求设计 PLC 控制程序，如图 7-1-44 所示。

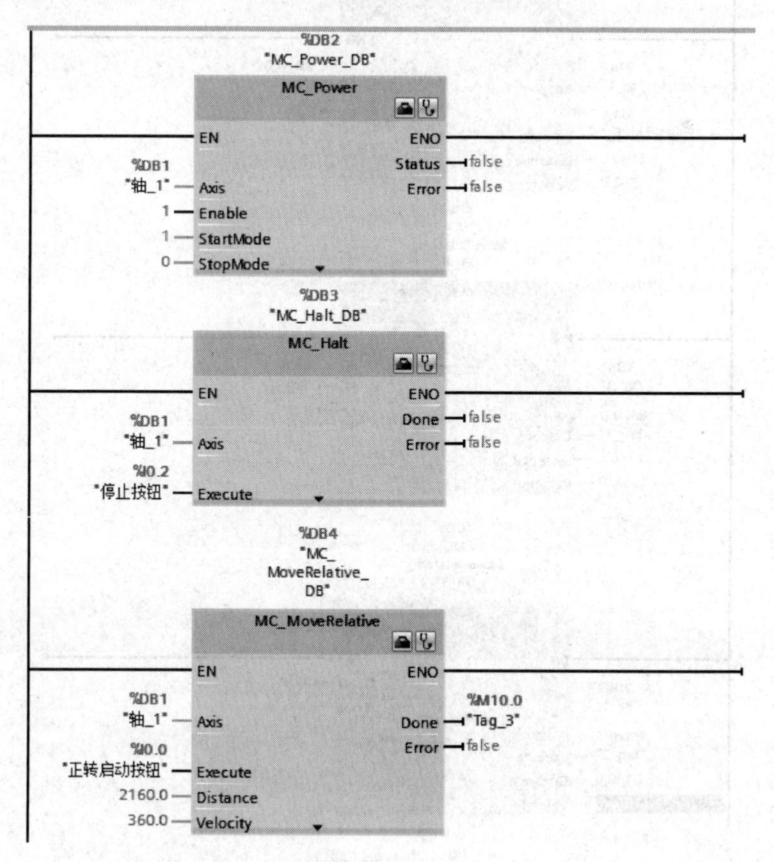

图 7-1-44　梯形图

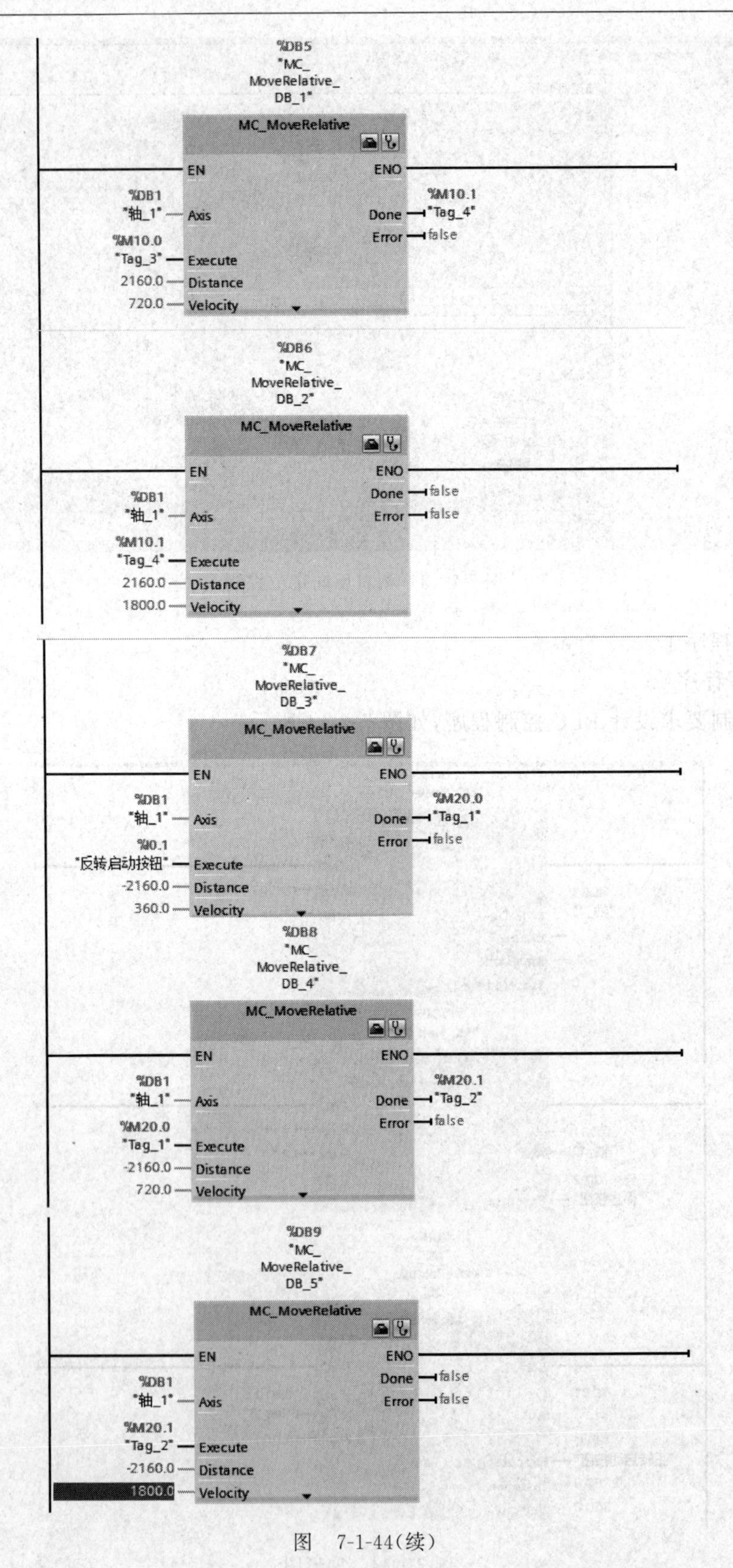
%DB5
"MC_
MoveRelative_
DB_1"
MC_MoveRelative
EN
ENO
%DB1
"轴_1"
Axis
%M10.1
Done
"Tag_4"
Error
false
%M10.0
"Tag_3"
Execute
2160.0
Distance
720.0
Velocity
%DB6
"MC_
MoveRelative_
DB_2"
MC_MoveRelative
EN
ENO
Done
false
Error
false
%DB1
"轴_1"
Axis
%M10.1
"Tag_4"
Execute
2160.0
Distance
1800.0
Velocity
%DB7
"MC_
MoveRelative_
DB_3"
MC_MoveRelative
EN
ENO
%DB1
"轴_1"
Axis
%M20.0
Done
"Tag_1"
Error
false
%I0.1
"反转启动按钮"
Execute
-2160.0
Distance
360.0
Velocity
%DB8
"MC_
MoveRelative_
DB_4"
MC_MoveRelative
EN
ENO
%DB1
"轴_1"
Axis
%M20.1
Done
"Tag_2"
Error
false
%M20.0
"Tag_1"
Execute
-2160.0
Distance
720.0
Velocity
%DB9
"MC_
MoveRelative_
DB_5"
MC_MoveRelative
EN
ENO
Done
false
Error
false
%DB1
"轴_1"
Axis
%M20.1
"Tag_2"
Execute
-2160.0
Distance
1800.0
Velocity

图 7-1-44(续)

6）运行调试

编译无误，下载完成后，按下正转启动按钮，步进电动机以慢速 1r/s、中速 2r/s、快速 5r/s 的三挡速度分别正转运行 6 圈后停止；按下反转启动按钮，步进电动机以慢速 1r/s、中速 2r/s、快速 5r/s 的三挡速度分别反转运行 6 圈后停止；任何时刻按下停止按钮，步进电动机停止运行。

【练习与思考题】

7-1　使用 S7-1200 PLC 控制步进电动机以指定频率运行，按下正(反)转启动按钮，步进电动机以慢速 1r/s、中速 2r/s、快速 10r/s 的三挡速度分别正(反)转运行 10 圈后停止；按下停止按钮，步进电动机停止运行。

7-2　利用 PLC 控制步进电动机顺时针转 2 周，停 5s；逆时针转 1 周，停 10s；如此循环进行，按下停止按钮，电动机马上停止(电动机的轴锁住)。

项目8

PLC与G120变频器综合控制应用

【项目目标】

序号	类 别	目 标
1	知识目标	1. 掌握G120变频器的端子含义及硬件接线 2. 掌握G120变频器参数含义 3. 掌握在博途软件下G120变频器组态与参数设置 4. 掌握变频器控制系统的设计步骤
2	技能目标	1. 能进行G120变频器数字量控制系统设计及运行调试 2. 能进行G120变频器模拟量控制系统设计及运行调试 3. 能进行G120变频器通信控制系统设计及运行调试
3	职业素养	1. 具有相互沟通能力及团队协作能力 2. 具有主动探究、分析问题和解决问题的能力 3. 具有遵守规范、严谨认真和精益求精的工匠精神 4. 增强文化自信,具有科技报国的家国情怀和使命担当 5. 系统设计施工中注重质量、成本、安全、环保等职业素养

任务8.1 手动控制G120变频器多段速运行

【任务描述】

有一台G120变频器,手动设置多段速运行,获得－200r/min、－300r/min、－500r/min、200r/min、300r/min、500r/min的速度,要求用博途设置变频器参数。

【任务分析】

G120变频器的数字量输入端主要用于电动机的启停、正反转及多段速控制。本任务通过按钮开关的通断,接通和断开相应的数字量输入端,获得需要的速度。

【新知识学习】

8.1.1 变频器概述

1. 认识变频器

变频器是一种将固定频率的交流电变换成频率、电压连续可调的交流电，以供给电动机运转的电源装置。变频器是工控系统的重要组成设备，安装在电动机前端以实现调速和节能。用变频器控制三相异步电动机调速，具有节能、高效、操作灵活的特点。

2. 变频器的工作原理

三相交流异步电动机的异步转速为 $n=(1-s)60f/p$，即可通过变极、变转差率和变频进行调速。在转差率 s 变化不大的情况下，电动机的转速 n 与电源频率 f 成正比，若均匀地改变电源频率 f，则能平滑地改变电动机的转速 n。通过改变频率，达到改变电动机转速的目的的装置称为变频器。

3. 变频器的产生与发展

成立于20世纪60年代的芬兰瓦萨控制系统有限公司于1967年开发出世界上第一台变频器，开创了世界商用变频器的先河。

长期以来，异步电动机在调速方面一直处于性能不佳的状态。异步电动机诞生于19世纪80年代，而变频调速技术迅速普及是在20世纪80年代。

是什么原因使变频调速技术从愿望到实现经历了长达百年之久呢?

首先，从目前迅速普及的“交—直—交”变频器的基本结构来看，“交→直”(由交流变直流)的整流技术很早就解决了，而“直→交”(由直流变交流)的逆变过程实际是不同组合的开关交替地接通和关断的过程，它必须依赖于满足一定条件的开关器件。

变频器发展经历了以下三个阶段。

(1) 20世纪70年代，电力晶体管(GTR)开发成功，它比较好地满足了上述条件，从而为变频调速技术的开发、发展和普及奠定了基础。

(2) 20世纪80年代，绝缘栅双极型晶体管(IGBT)开发成功，其工作频率比GTR提高了一个数量级，从而使变频调速技术又向前迈进了一步。目前，中小容量的新系列变频器中的逆变部分，已基本被IGBT垄断了。

(3) 现在高性能的变频器配备了各种控制功能，如PID调节、PLC控制、PG闭环速度控制等，为变频器和生产机械组成的各种开、闭环调速系统的可靠工作提供了技术支持。

4. 变频器分类

1) 按变频器的原理分类

(1) 交—交变频器

交—交变频器是将频率固定的交流电直接变换成频率电压连续可调的三相交流电，又称为直接式变频器。它主要用于大功率低速交流传动系统中，如鼓风机、破碎机、卷扬机等设备。这种变频器可用于异步电动机，也可用于同步电动机的调速控制。

(2) 交—直—交变频器

交—直—交变频器是先将频率固定的交流电整流后变成直流，再经过逆变电路，把直流电逆变成频率连续可调的三相交流电，又称为间接式变频器。由于把直流电逆变成交流电较易控制，因此在频率的调节范围以及变频后电动机特性的改善等方面，都具有明显的优势，是目前应用较广泛的通用变频器。

2）按直流电源性质分类

（1）电压型变频器

电压型变频器的特点是中间直流环节的储能元件采用大电容作为储能环节，缓冲负载的无功功率，直流电压比较平稳，直流电源内阻较小，相当于电压源，故称电压型变频器，常用于负载电压变化较大的场合。这种变频器应用广泛。

（2）电流型变频器

电流型变频器的特点是中间直流环节采用大电感作为储能环节，缓冲无功功率，扼制电流的变化，使电压接近正弦波，由于该直流内阻较大，故称电流型变频器。电流型变频器的优点是能扼制负载电流频繁而急剧的变化。常用于负载电流变化较大的场合。

3）按控制方式分类

（1）V/f 控制变频器

V/f 控制就是保证输出电压跟频率成正比的控制，低端变频器都采用这种控制方式。

（2）VC 控制变频器

VC 控制变频器通过测量和控制异步电动机定子电流矢量，根据磁场定向原理分别对异步电动机的励磁电流和转矩电流进行控制，从而达到控制异步电动机转矩的目的。一般应用在精度要求较高的场合。

（3）直接转矩控制

直接转矩控制将交流电动机等效为直流电动机进行控制。

（4）SF 控制变频器（转差频率控制）

SF 控制变频器通过控制转差频率控制转矩和电流，是高精度的闭环控制。其通用性较差，一般用于车辆控制。

4）按电压等级分类

（1）高压变频器：3kV、6kV、10kV。

（2）中压变频器：660V、1140V。

（3）低压变频器：220V、380V。

5）按变频器的生产厂家分类

目前我国的变频器市场被国内和国外品牌共同占有，国内品牌有超过 200 家企业，知名厂家有汇川、英威腾、台达、森兰、信捷等，国外品牌主要有 ABB、西门子、三菱、欧姆龙、安川、施耐德等。

5. 变频器的应用

变频器在变频恒压供水控制、风机、中央空调、电梯、印刷机械、纺织机械、食品包装机械设备、汽车零部件生产及装配线等领域得到广泛应用。

8.1.2 西门子 G120 变频器

1. G120 变频器的结构

西门子 G120 变频器是一种经济、节能和易于操作的变频器，主要适用于泵、风机和压缩机等设备。西门子 G120 变频器是一个模块化的变频器系统，由控制单元（CU）、功率模块(PM)和操作面板(IOP＝智能型操作面板,或 BOP-2 基本操作面板)组成。

如图 8-1-1 所示,将控制单元安装在功率模块上。如图 8-1-2 所示,将 BOP-2 面板安装在控制单元上。

(a) 安装控制单元

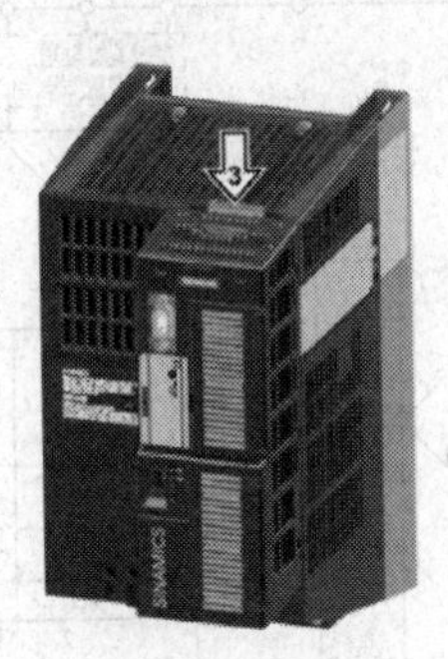

(b) 取下控制单元

图 8-1-1 安装或取下控制单元

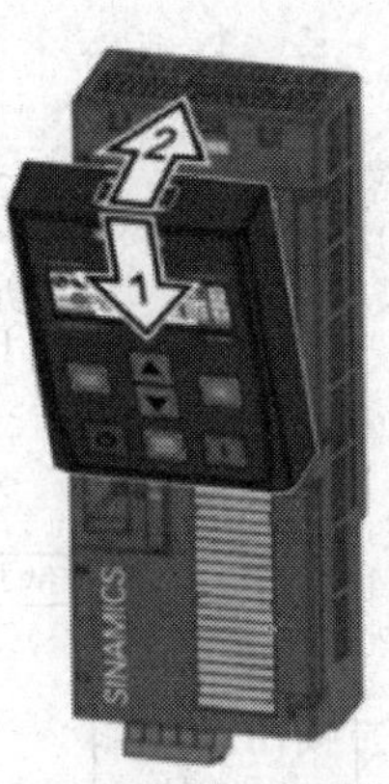

(a) 插入BOP-2

(b) 取出BOP-2

图 8-1-2 安装或取下 BOP-2 面板

控制单元(CU)可以为变频器提供闭环控制功能,通过控制单元,可与本地控制器以及监视设备进行通信。图 8-1-3 为常用的几种控制单元类型。

CU2##T-2FB(-F)

2##
230: 风机水泵
240: 通用型
250: 高性能

T:工艺
B:基本型
E:经济型
S:高级型
P:风机水泵类

FB:总线类型
DP:PROFIBUS DP
PN:PROFINET
IP:Ethernet IP
DEV:Devicenet
CAN:CANOPEN

-F:
故障安全型

-2: SINAMICS开发平台
不带-2为GP开发平台

图 8-1-3 控制单元(CU)的类型

功率模块(PM)支持的电动机的功率范围为 0.37～250kW。功率模块由控制单元中的微处理器进行控制。

本项目的 G120 变频器采用的功率模块为 PM240-2、功率 0.55kW、单相 220V 输入;控制单元为 CU240E-2 PN;基本操作面板 BOP-2。

2. G120 变频器硬件电路接线

1) 功率模块接线

PM240 功率模块接线如图 8-1-4 所示。

如果是三相输入,功率模块的输入 U1、V1、W1、PE 端接 380V 三相四线制电源;如果是单相输入,功率模块的输入端接 220V 电源。

三相异步电动机采用星形或三角形接线,如图 8-1-5 所示,接到功率模块的输出端 U2、V2、W2 端。

2) 控制单元接线

控制单元的接口、连接器、开关、端子排和 LED 如图 8-1-6 所示。

如图 8-1-7 所示为 CU240E-2 控制单元接线图。表 8-1-1 为 CU240E-2 控制单元的接线端子。

控制单元包括数字量输入、数字量输出、模拟量输入、模拟量输出及内部、外部 24V 直流电源端子。

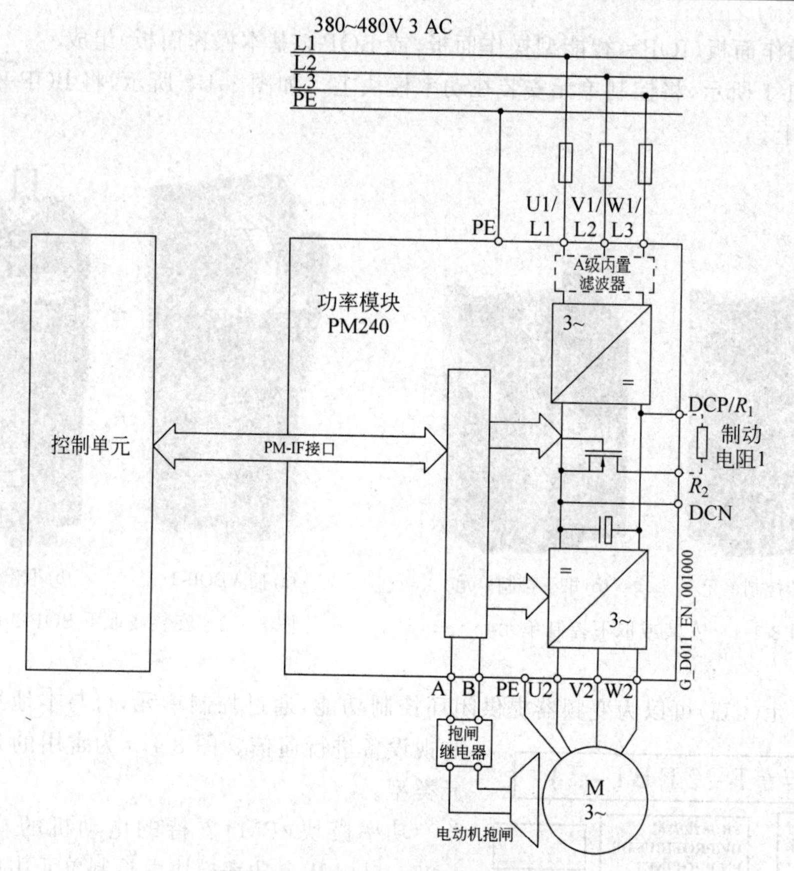

图 8-1-4　PM240 功率模块接线图

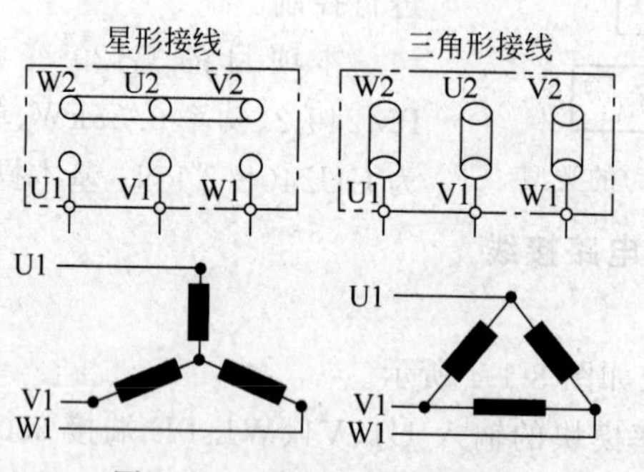

图 8-1-5　星形/三角形接线

其中数字量输入端 DI 应用于电动机的启停控制、正反转、多段速控制，使用时需要把28、34、69 号端子短接。控制单元 CU240B-2 提供 4 路数字量输入，CU240E-2 提供 6 路数字量输入，CU250S-2 提供 11 路数字量输入和 4 路可作为输入/输出的数字量端子。

模拟量输入端 AI 应用于速度给定。CU240E-2 提供 2 路模拟量输入。

数字量输出端 DO 应用于报警设置。CU240E-2 提供 3 路数字量输出。

模拟量输出端 AO 应用于检测变频器的转速、电流、电压等。

31、32 号是外部 24V 电源端子；9 号、28 号是内部 24V 电源端子正负极。

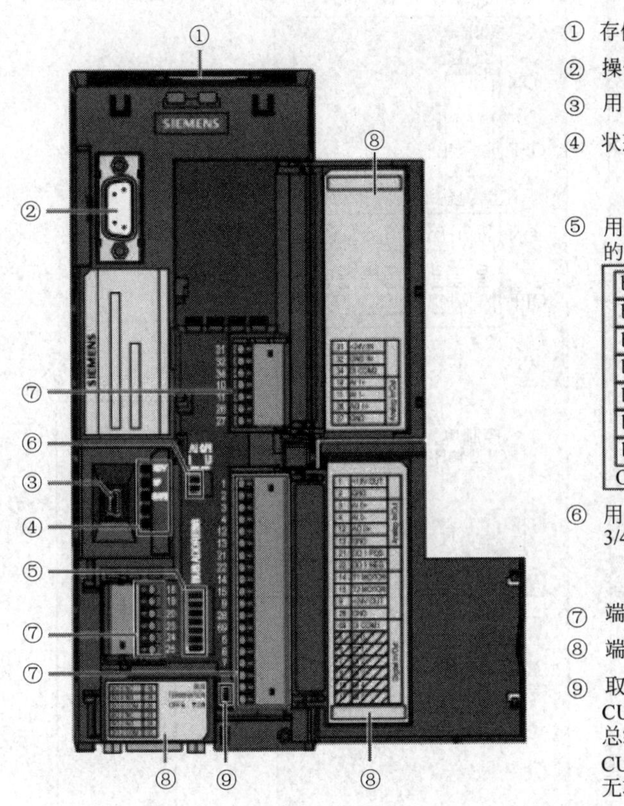

① 存储卡插槽(MMC卡或SD卡)

② 操作面板(IOP或BOP-2)接口

③ 用于连接STARTER的USB接口

④ 状态LED RDY BF SAFE

⑤ 用于设置现场总线地址的DIP开关

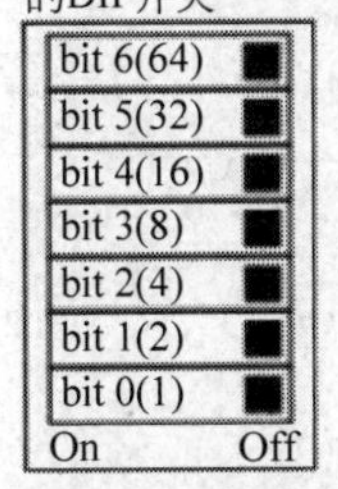

示例:
地址=10
(=2+8)

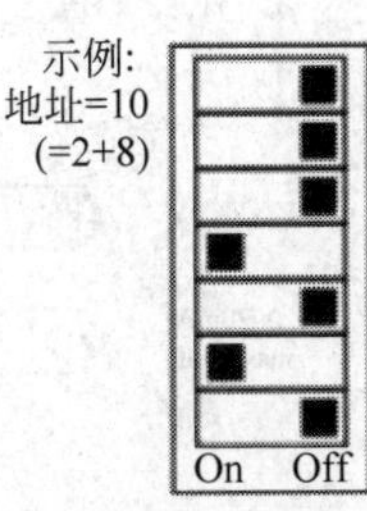

⑥ 用于设置AI0和AI1(端子3/4和I0/I1)的DIP开关

⑦ 端子排

⑧ 端子名称

⑨ 取决于现场总线:
CU240B-2、CU240E-2、CU240E-2 F
总线接口

CU240B-2 DP、CU240E-2 DP、CU240E-2 DP-F
无功能

CU240B-2、CU240E-2、CU240E-2 F

RS-485插头,用于和现场总线系统进行通信

CU240B-2 DP、CU240E-2 DP、CU240E-2 DP-F

SUB-D插座,用于PROFIBUS DP通信

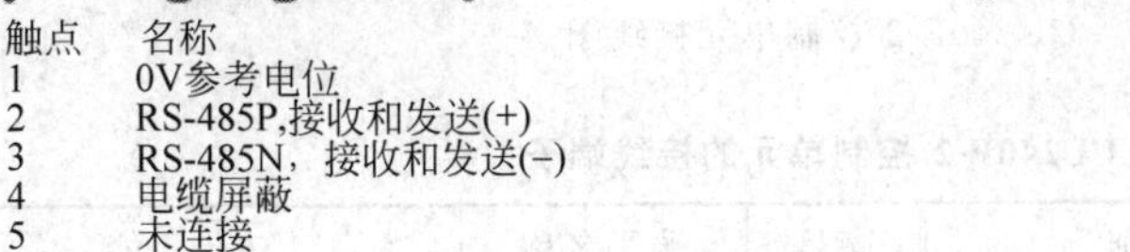

触点	名称
1	0V参考电位
2	RS-485P,接收和发送(+)
3	RS-485N,接收和发送(-)
4	电缆屏蔽
5	未连接

图 8-1-6 控制单元的接口、连接器、开关、端子排和 LED

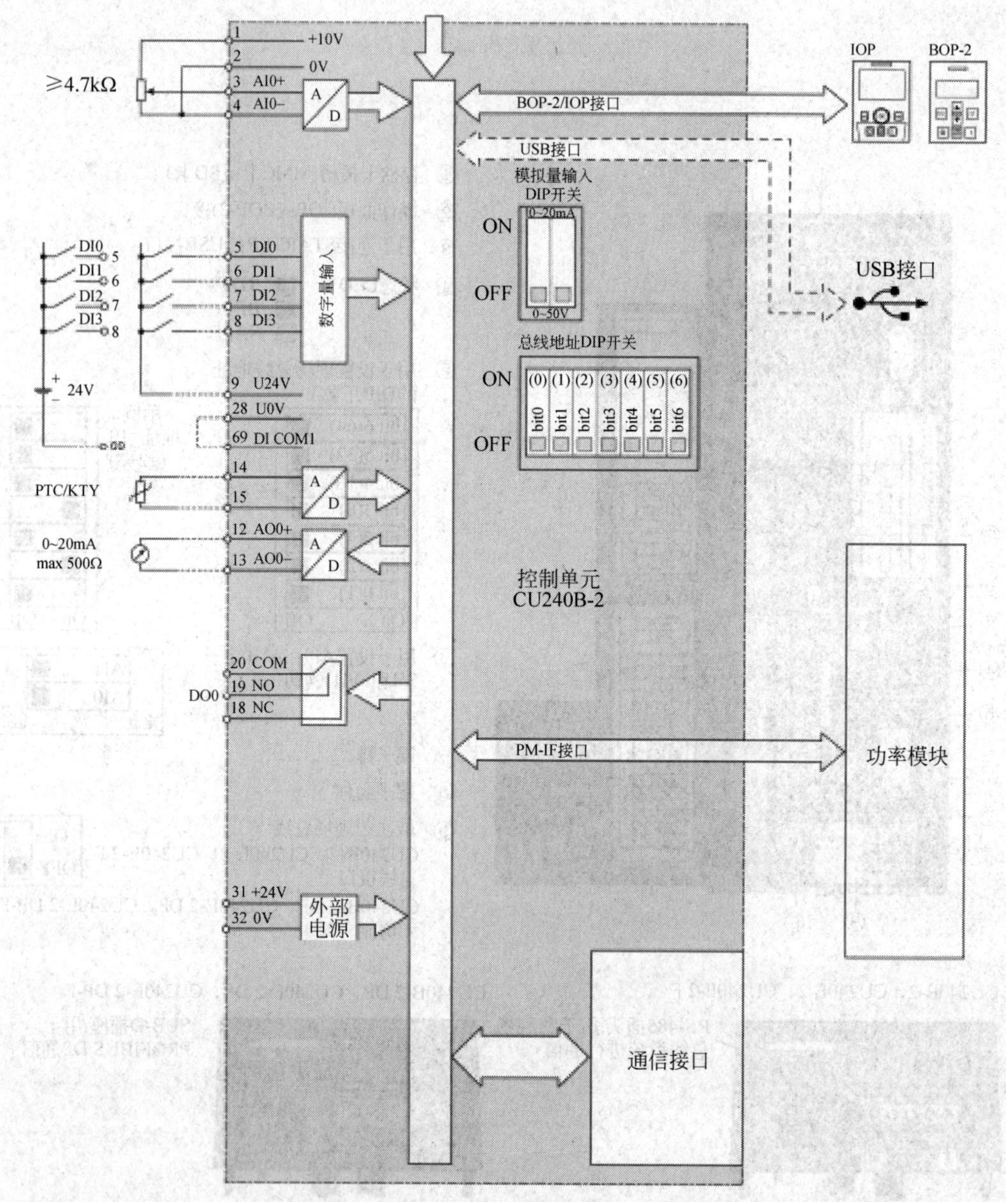

图 8-1-7 CU240E-2 控制单元接线图

表 8-1-1 CU240E-2 控制单元的接线端子

序号	端子名称	功　能	序号	端子名称	功　能
1	＋10V OUT	输出＋10V	7	DI2	数字输入 2
2	GND	输出 0V	8	DI3	数字输入 3
3	AI0＋	模拟输入 0(＋)	9	＋24V OUT	隔离输出＋24V
4	AI0－	模拟输入 0(－)	10	AI1＋	模拟输入 1(＋)
5	DI0	数字输入 0	11	AI1－	模拟输入 1(－)
6	DI1	数字输入 1	12	AO0＋	模拟输出 0(＋)

续表

序号	端子名称	功　能	序号	端子名称	功　能
13	AO0－	模拟输出 0(－)	23	DO2 NC	数字输出 2 常闭触点
14	T1 MOTOR	连接 PTC/KTY	24	DO2 NO	数字输出 2 常开触点
15	T1 MOTOR	连接 PTC/KTY	25	DO2 COM	数字输出 2 公共点
16	DI4	数字输入 4	26	AO1＋	模拟输出 1(＋)
17	DI5	数字输入 5	27	AO1－	模拟输出 1(－)
18	DO0 NC	数字输出 0 常闭触点	28	0V	隔离输出 GND
19	DO0 NO	数字输出 0 常开触点	31	＋24V	外部电源
20	DO0 COM	数字输出 0 公共点	32	GND	外部电源
21	DO1 POS	数字输出 1	34	DICOM2	公共端子 2
22	DO1 NEG	数字输出 1	69	DICOM1	公共端子 1

3. G120 变频器基本操作

1）BOP-2 面板显示

图 8-1-8 所示为 G120 变频器基本操作面板 BOP-2，BOP-2 用于显示参数的序号和数值、报警和故障信息以及该参数的设定值和实际值。BOP-2 不能存储参数的信息。BOP-2 按键功能描述如表 8-1-2 所示，表 8-1-3 为 BOP-2 面板图标描述。

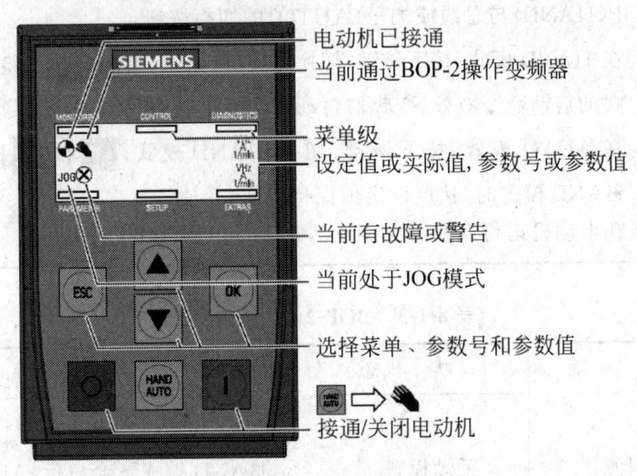

图 8-1-8　G120 变频器基本操作面板(BOP-2)

表 8-1-2　BOP-2 按键功能描述

按　键	功能描述
OK	① 在菜单选择时，表示确认所选的菜单项； ② 当参数选择时，表示确认所选的参数和参数值设置，并返回上一级菜单； ③ 在故障诊断画面，使用该按钮可以清除故障信息
▲	① 在菜单选择时，表示返回上一级菜单； ② 当参数修改时，表示改变参数号或参数值； ③ 在 HAND 模式、点动运行方式下，长时间同时按▲和▼可以实现以下功能：若在正向运行状态，则切换为反向状态；若在停止状态，则切换为运行状态

续表

按　键	功能描述
▼	① 在菜单选择时,表示进入下一级的菜单; ② 当参数修改时,表示改变参数号或参数值
ESC	① 若按该按钮 2s 以下,表示返回上一级菜单,或表示不保存所修改的参数值; ② 若按该按钮 3s 以上,将返回监控菜单; 在参数修改模式下,此按钮表示不保存所修改的参数值,除非之前已经按 OK 键
I	① 在 AUTO 模式下,该按键不起作用; ② 在 HAND 模式下,表示启动命令
O	① 在 AUTO 模式下,该按键不起作用; ② 在 HAND 模式下,若连续按两次,将 OFF2 自由停车; ③ 在 HAND 模式下若按一次,将 OFF1 即按 P1121 的下降时间停车
HAND AUTO	BOP(HAND)与总线或端子(AUTO)的切换按钮: ① 在 HAND 模式,按下该键,切换 AUTO 模式,I 和 O 按键不起作用。若自动模式的启动命令有效,变频器自动切换 AUTO 模式下的速度给定值; ② 在 AUTO 模式,按下该键,切换 HAND 模式,I 和 O 按键将起作用。切换 HAND 模式时,速度设定值保持不变; ③ 在电动机运行期间可以实现 AUTO 和 HAND 模式的切换

表 8-1-3　BOP-2 面板图标描述

图　标	功　能	状　态	描　述
	控制源	手动模式	HAND 模式下会显示,AUTO 模式下没有
	变频器状态	运行状态	表示变频器处于运行状态,该图标是静止的
JOG	JOG 功能	点动功能激活	—
	故障和报警	静止表示报警 闪烁表示故障	故障状态下会闪烁,变频器会自动停止。静止图标表示处于报警状态

举例：BOP-2手动模式设置。

通过BOP-2面板上的 HAND AUTO 手动/自动切换键可以切换变频器的手动/自动模式。手动模式下面板上会显示符号。手动模式有两种操作方式：启停操作和点动操作。

(1) 启停操作：按一下 I 键启动变频器，并以SETPOINT功能中设定的速度运行，按一下 I 键停止变频器。

(2)点动操作：长按 I 键变频器按照点动速度运行，释放 O 键变频器停止运行，点动速度在P1058中设置。

2) BOP-2菜单结构

BOP-2菜单有6种功能，其功能描述如表8-1-4所示。

表8-1-4　BOP-2菜单功能描述

菜　单	功能描述
MONIITOR	监视菜单：运行速度、电压和电流值显示
CONTROL	控制菜单：使用BOP-2面板控制变频器
DIAGNOS	诊断菜单：故障报警和控制字、状态字的显示
PARAMS	参数菜单：查看或修改参数
SETUP	调试向导：快速调试
EXTRAS	附加菜单：设备的工厂复位和数据备份

图8-1-9(a)所示为BOP-2的菜单结构。

在BOP-2面板CONTROL菜单下提供了3个功能。

(1) SETPOINT：设置变频器启停操作的运行速度。

(2) JOG：使能点动控制。

(3) REVERSE：设定值反向。

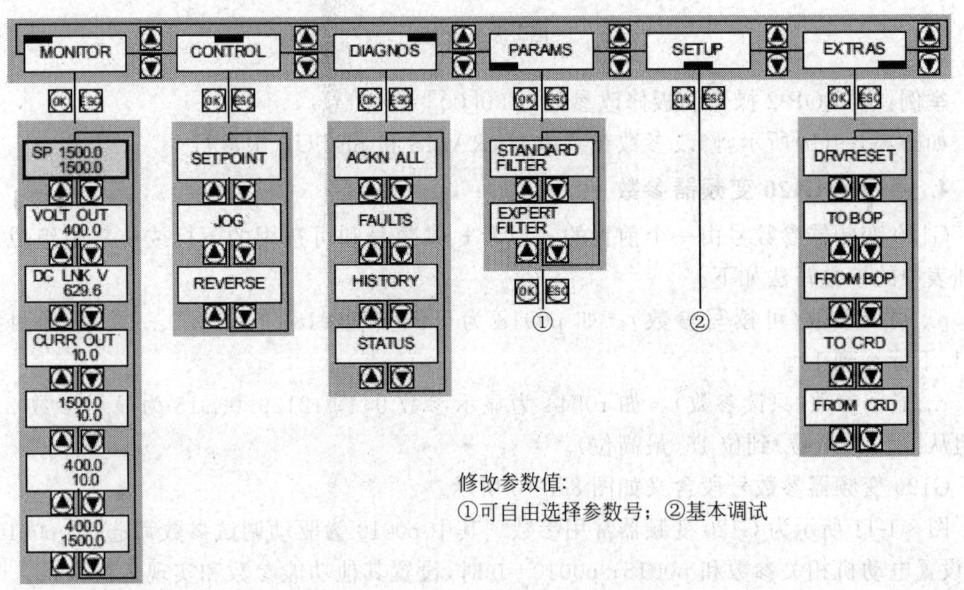

(a)

图8-1-9　BOP-2菜单结构和修改参数

1. 按▲或▼键将光标移动到PARAMS。

2. 按OK键进入PARAMS菜单。

3. 按▲或▼键选择EXPERT FILTER功能。

4. 按OK键进入，面板显示r或p参数，并且参数号不断闪烁，按▲或▼键选择所需的参数p700。

5. 按OK键焦点移动到参数下标[00]，[00]不断闪烁，按▲或▼键可以选择不同的下标。本例选择下标[00]。

6. 按OK键焦点移动到参数值，参数值不断闪烁，按▲或▼键调整参数数值。

7. 按OK键保存参数值，画面返回到步骤4的状态。

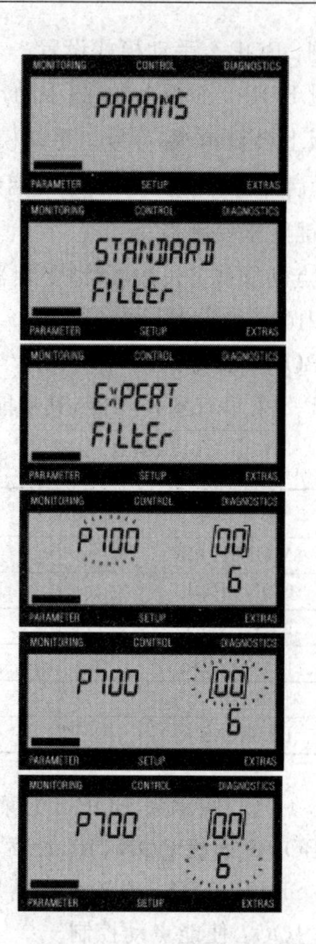

(b)

图 8-1-9(续)

举例：用 BOP-2 操作面板修改参数 p700[00]=6。

如图 8-1-9(b)所示，修改参数在菜单 PARAMS 和 SETUP 中进行。

4. 西门子 G120 变频器参数

G120 变频器参数号由一个前置的 p 或者 r、参数号和可选用的下标或位数组组成。参数列表中的参数写法如下。

p...可调参数(可读写参数)。如 p0918 为可调参数 918；p2051[0...13]为可调参数 2051，下标 0 到 13。

r...显示参数(只读参数)。如 r0944 为显示参数 944；r2129.0...15 为显示参数 2129，数组从位 0(最低位)到位 15(最高位)。

G120 变频器参数号段含义如图 8-1-10 所示。

图 8-1-11 所示为 G120 变频器常用参数。其中 p0010 为驱动调试参数筛选，当 p0010=1 时，设置电动机相关参数和 p0015；p0010=0 时，设置其他功能参数和实现运行调试。

G120 变频器常用的电动机相关参数如图 8-1-12 所示。

G120 变频器的设定值通道参数如图 8-1-13 所示。

参数范围（部分）		说明
0000	0099	显示与操作
0300	0399	电动机
0900	0999	PROFIBUS/PROFIdrive
1000	1199	设定值通道（例如斜坡函数发生器）
0700	0799	控制单元端子、测量插口
8900	8999	工业以太网，PROFINET，CBE20

图 8-1-10　G120 变频器参数号段含义

序号	参数	说明	
1	p0003	存取权限级别	3: 专家 4: 维修
2	p0010	驱动调试参数筛选	0: 就绪 1: 快速调试 2: 功率单元调试 3: 电动机调试
3	p0015	宏文件驱动设备	执行相应的宏文件
4	p1900	电动机数据检测及旋转检测/电动机检测和转速测量	0:禁用 1:静止电动机数据检测，旋转电动机数据检测 2:静止电动机数据检测 3:旋转电动机数据检测

图 8-1-11　G120 变频器常用参数

序号	参数	说明	
1	p0100	电动机标准 IEC/NEMA	0: 欧洲 50(Hz) 1：NEMA电动机（60 Hz，US 单位） 2：NEMA电动机（60 Hz，SI 单位）
2	p0304	电动机额定电压(V)	
3	p0305	电动机额定电流(A)	
4	p0307	电动机额定功率(kW)	
5	p0310	电动机额定频率(Hz)	
6	p0311	电动机额定转速(r/min)	

图 8-1-12　G120 变频器常用的电动机相关参数

序号	参数	名称	说明
1	p1000	转速设定值选择	0:无主设定值 1:电动电位计 2:模拟设定值 3:转速固定 6:现场总线
2	p1001	转速固定设定值 1	
3	p1002	转速固定设定值 2	
4	p1003	转速固定设定值 3	
5	p1004	转速固定设定值 4	
6	p1058	JOG 1 转速设定值	
7	p1059	JOG 2 转速设定值	
1	p1020	BI：转速固定设定值选择位0 。如设为r722.2，表示将DI2作为固定值1的选择信号	
2	p1021	BI：转速固定设定值选择位1 。如设为r722.3，表示将DI3作为固定值2的选择信号	
3	p1022	BI：转速固定设定值选择位2。如设为r722.4，表示将DI4作为固定值3的选择信号	
4	p1080	最小转速［RPM］，r/min	
5	p1082	最大转速［RPM］，r/min	
6	p1070	主设定值	选择允许的设置： 755[0]：AI 0值 1024：固定设定值 1050：电动电位器 2050[1]：现场总线的 PZD 2

图 8-1-13　G120 变频器的设定值通道参数

5. G120 变频器的 BICO 和宏

1）G120 变频器的 BICO 功能

BICO 功能即二进制/模拟量互联，就是将变频器输入/输出功能联系在一起的设置方法，是西门子变频器特有的功能。

名称前面有字符“BI:”“BO:”“CI:”“CO:”“CO/BO:”的参数都是 BICO 参数。可以通过 BICO 参数确定功能块输入信号的来源，确定功能块从哪个模拟量接口或二进制接口读取或者输入信号，这样可以按照要求互联设备内各种功能块。图 8-1-14 展示了五种 BICO 参数。

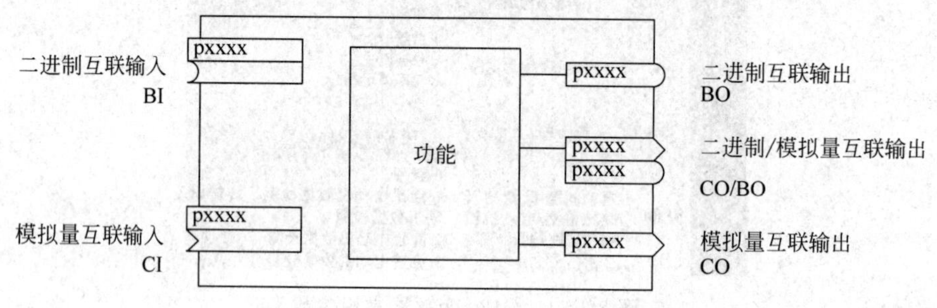

图 8-1-14 G120 变频器的 BICO 功能

BI：二进制互联输入，即参数作为某个功能的二进制输入接口。通常与“p 参数”对应。

BO：二进制互联输出，即参数作为二进制输出信号。通常与“r 参数”对应。

CI：模拟量互联输入，即参数作为某个功能的模拟量输入接口。通常与“p 参数”对应。

CO：模拟量互联输出，即参数作为模拟量输出信号。通常与“r 参数”对应。

CO/BO：模拟量/二进制互联输出，即将多个二进制信号合并成一个“字”的参数。该字中的每一位都表示一个二进制互联输出信号，16 位合并在一起表示一个模拟量互联输出信号。

BICO 功能举例如表 8-1-5 所示。

表 8-1-5 BICO 功能举例

参数号	参数值	功 能	说 明
p0840	722.0	数字输入 DI0 作为启动信号	p0840：BI 参数，ON/OFF 命令 r0722.0：CO/BO 参数，数字输入 DI0 状态
p1070	755.0	模拟量输入 AI0 作为主设定值	p1070：CI 参数，主设定值 r0755.0：CO 参数，模拟量输入 AI0 的输入值

2）G120 变频器的预定义接口宏的概念

所谓宏，就是预定义接线端子（数字量、模拟量）完成特定功能（如多段速度）。

G120 变频器为满足不同的接口定义提供了多种预定义接口宏。利用预定义接口宏可以方便地设置变频器的命令源和设定值源。可以通过参数 p0015 修改宏。

在选用宏功能时要注意：如果其中一种宏定义的接口方式完全符合需要，那么按照该宏的接线方式设计原理图，并在调试时选择相应的宏功能即可方便地实现控制要求。

如果宏定义的接口方式都不能完全符合需要，那么选择与布线比较接近的接口宏，然后根据需要调整输入/输出的配置。

G120变频器的宏值根据型号不同而不同，CU240B有8个宏，CU240E-2和CU250S-2有18个宏。宏的编号范围从1～22，设置在参数p0015中。表8-1-6所示为CU240E-2定义的18种宏。

表8-1-6 CU240E-2定义的18种宏

宏编号	宏 功 能	CU240E-2	CU240E-2 F	CU240E-2 DP	CU240E-2 DP F
1	双线制控制，有两个固定转速	×	×	×	×
2	单方向两个固定转速，带安全功能	×	×	×	×
3	单方向四个固定转速	×	×	×	×
4	现场总线PROFIBUS	—	—	×	×
5	现场总线PROFIBUS，带安全功能	—	—	×	×
6	现场总线PROFIBUS，带两项安全功能	—	—	—	×
7	现场总线PROFIBUS和点动之间切换	—	—	×(默认)	×(默认)
8	电动电位器(MOP)，带安全功能	×	×	×	×
9	电动电位器(MOP)	×	×	×	×
13	端子启动模拟量给定，带安全功能	×	×	×	×
14	现场总线和电动电位器(MOP)切换	—	—	×	×
15	模拟给定和电动电位器(MOP)切换	×	×	×	×
12	双线制控制1，模拟量调速	×(默认)	×(默认)	×	×
17	双线制控制2，模拟量调速	×	×	×	×
18	双线制控制3，模拟量调速	×	×	×	×
19	三线制控制1，模拟量调速	×	×	×	×
20	三线制控制2，模拟量调速	×	×	×	×
21	现场总线USS通信	×	×	—	—

注：×为支持；—为不支持。

3）指令源和设定值源

通过预定义接口宏可以定义变频器用什么信号控制启动，用什么信号控制输出频率。

指令源指变频器收到控制指令的接口。在设置预定义接口宏p0015时，变频器会自动对指令源进行定义。表8-1-7列举的参数设置中r722.0、r722.2、r722.3、r2090.0、r2090.1均为指令源。

表8-1-7 指令源

参数号	参 数 值	说 明
p0840	722.0	将数字输入DI0定义为启动命令
	2090.0	将现场总线控制字1的第0位定义为启动命令
p0844	722.2	将数字输入DI2定义为OFF2命令
	2090.1	将现场总线控制字1的第1位定义为OFF2命令
p2013	722.3	将数字输入DI3定义为故障复位

设定值源指变频器收到设定值的接口。在设置预定义接口宏 p0015 时，变频器会自动对设定值源进行定义，主设定值 p1070 的常用设定值源如表 8-1-8 所示，r1050、r755.0、r1024、r2050.1、r755.1 均为设定值源。

表 8-1-8 主设定值 p1070 的常用设定值源

参数号	参数值	说　明
p1070	1050	将电动电位器作为主设定值
	755.0	将模拟量输入 AI0 作为主设定值
	1024	将固定转速作为主设定值
	2050.1	将现场总线作为主设定值
	755.1	将模拟量输入 1 作为主设定值

6. G120 变频器基本调试

1）设置 G120 变频器参数的方法

设置 G120 变频器参数的方法有 4 种，分别是基本操作面板 BOP-2、智能操作面板 IOP、博途软件和 Starter 软件设置。下面的任务实施中主要介绍用博途软件设置 G120 变频器参数的方法。

2）G120 变频器的基本调试

通常一台变频器使用之前一般需要经过三个步骤进行调试，分别是参数复位、快速调试、功能调试。

参数复位：将变频器参数恢复到出厂设置。一般在变频器出厂和参数出现混乱的时候进行操作。

快速调试：设置电动机相关参数和基本驱动控制参数，并根据需要进行电动机识别，使变频器可以良好地驱动电动机运行。一般在参数复位后，或更换电动机后需要进行此操作。

功能调试：按照具体生产工艺需要进行参数设置。

【任务实施】

1. 宏的确定

数字量控制宏定义接口方式如表 8-1-9 所示。确定宏 p0015＝1，为双线制控制，两个固定转速。其中 DI0 实现电动机的正转启停；DI1 实现电动机的反转启停；DI4 为固定转速 3，设为 200r/min；DI5 为固定转速 4，设为 300r/min。

表 8-1-9 数字量控制宏定义接口方式

宏编号	宏功能描述	主要端子定义	主要参数设置
1	双线制控制，两个固定转速	DI0：ON/OFF1 正转 DI1：ON/OFF1 反转 DI2：应答 DI4：固定转速 3 DI5：固定转速 4	p1003：固定转速 3 p1004：固定转速 4 DI4、DI5 都接通，变频器将以“固定转速 3＋固定转速 4”运行

续表

宏编号	宏功能描述	主要端子定义	主要参数设置
2	单方向两个固定转速，具有安全保护功能	DI0：ON/OFF1＋固定转速 1 DI1：固定转速 2 DI2：应答 DI4：预留安全功能 DI5：预留安全功能	p1001：固定转速 1 p1002：固定转速 2 DI0、DI1 都接通，变频器将以“固定转速 1＋固定转速 2”运行
3	单方向四个固定转速	DI0：ON/OFF1＋固定转速 1 DI1：固定转速 2 DI2：应答 DI4：固定转速 3 DI5：固定转速 4	p1001：固定转速 1 p1002：固定转速 2 p1003：固定转速 3 p1004：固定转速 4 多个 DI 同时接通，变频器将以多个固定转速相加运行

2. 绘制接线图

绘制输入设备、变频器和三相异步电动机的接线图如图 8-1-15 所示。变频器功率模块的输入端接 220V 电源，三相交流异步电动机的三相定子绕组接成星形，其首端接功率模块的输出端。DI0、DI1、DI4、DI5 接收输入设备的信号，把内部 24V 电源负极 28 号端子、34 号端子、69 号端子短接。

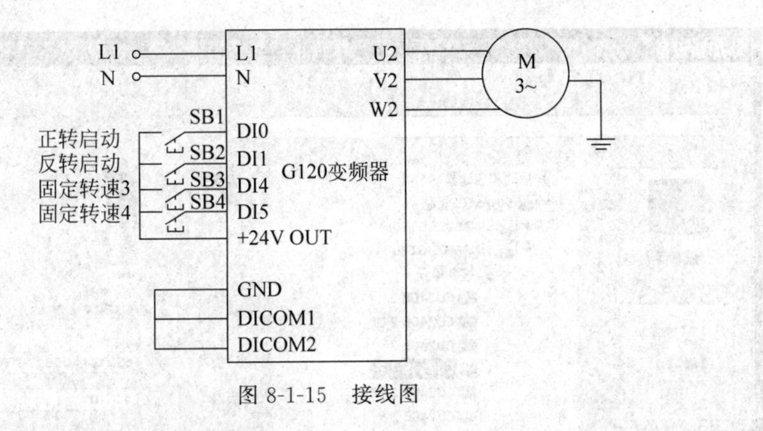

图 8-1-15　接线图

3. 用博途软件设置 G120 变频器参数

G120 变频器参数设置如表 8-1-10 所示。

表 8-1-10　G120 变频器参数表

序号	变频器参数	设定值	单位	功能说明
1	p0003	3		极限级别
2	p0010	1/0		驱动调试参数筛选。先设置为 1，当把 p0015 和电动机相关参数修改完成后，再设置为 0
3	p0015	1		驱动设备宏指令 1
4	p0304	380	V	电动机的额定电压
5	p0305	0.3	A	电动机的额定电流
6	p0307	0.04	kW	电动机的额定功率

续表

序号	变频器参数	设定值	单位	功能说明
7	p0310	50.00	Hz	电动机的额定频率
8	p0311	1430	r/min	电动机的额定转速
9	p1000	3		
10	p1003	200	r/min	固定转速 3
11	p1004	300	r/min	固定转速 4
12	p1016	1		直接选择模式
13	p1070	1024		固定设定值作为主设定值(自动,可不设)
14	p1900	0		禁用
15	p1120	1	s	斜坡上升时间
16	p1121	1	s	斜坡下降时间

博途软件设置 G120 变频器参数步骤如下。

1）新建项目

新建名为“手动控制 G120 变频器多段速运行”的项目。

2）组态变频器

组态 G120 变频器的控制单元为 SINAMICS G120 变频器，型号为 CU240E-2PN，订货号为 6SL3244-0BB12-1FA0，如图 8-1-16 所示。

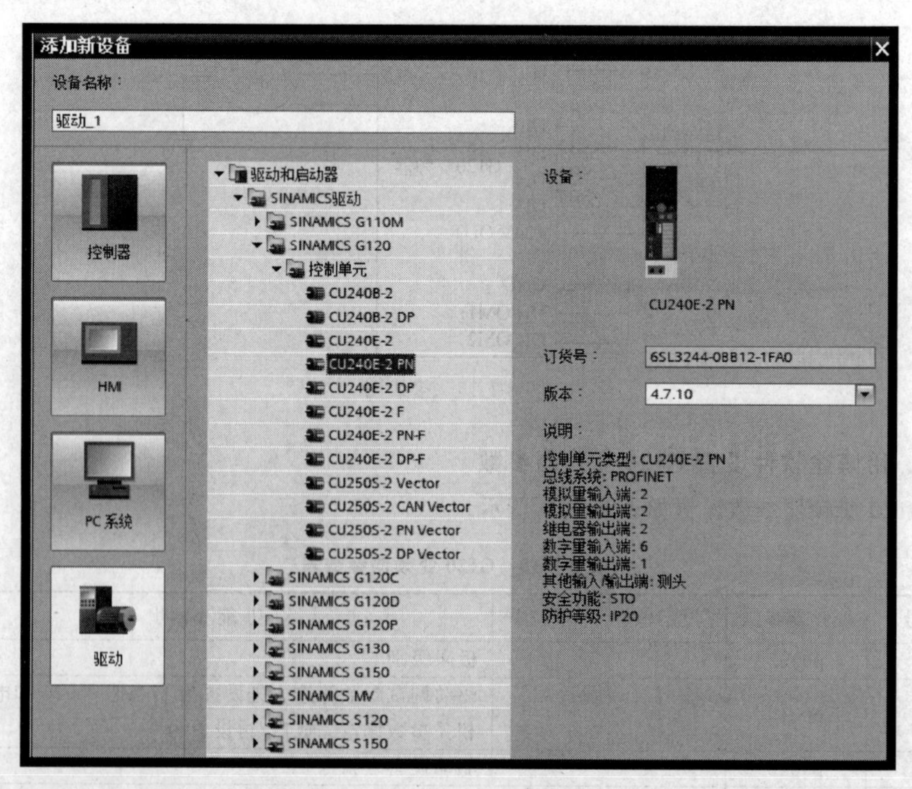

图 8-1-16　组态 G120 变频器的控制单元

组态 G120 变频器的功率单元为 PM240-2，1AC/3AC 200～240V，订货号 FSAUIP20U1AC/

3AC 200V 0.55kW，如图 8-1-17 所示。

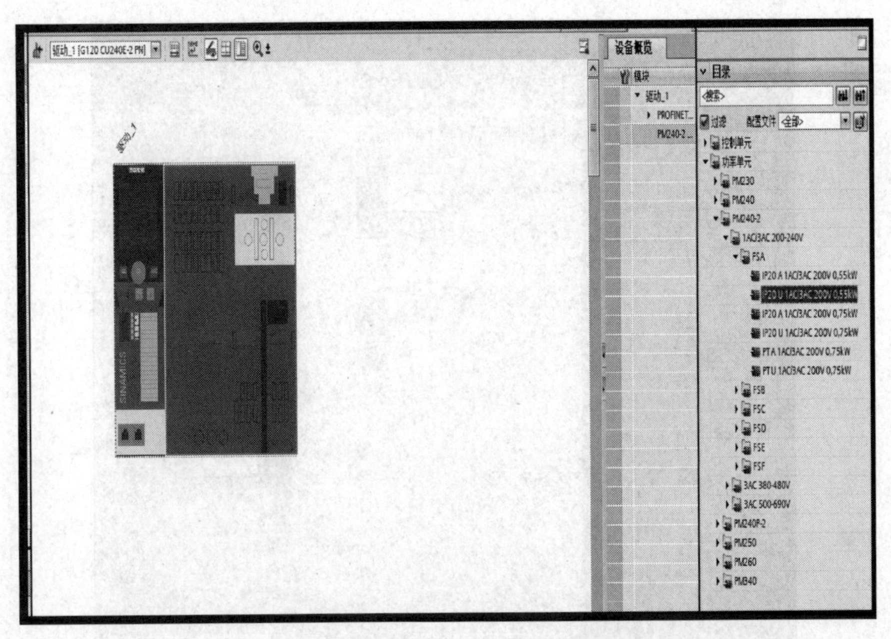

图 8-1-17　组态 G120 变频器的功率单元

3）通过调试向导快速调试

（1）用调试向导实现快速调试，应用等级保持默认，如图 8-1-18 所示。

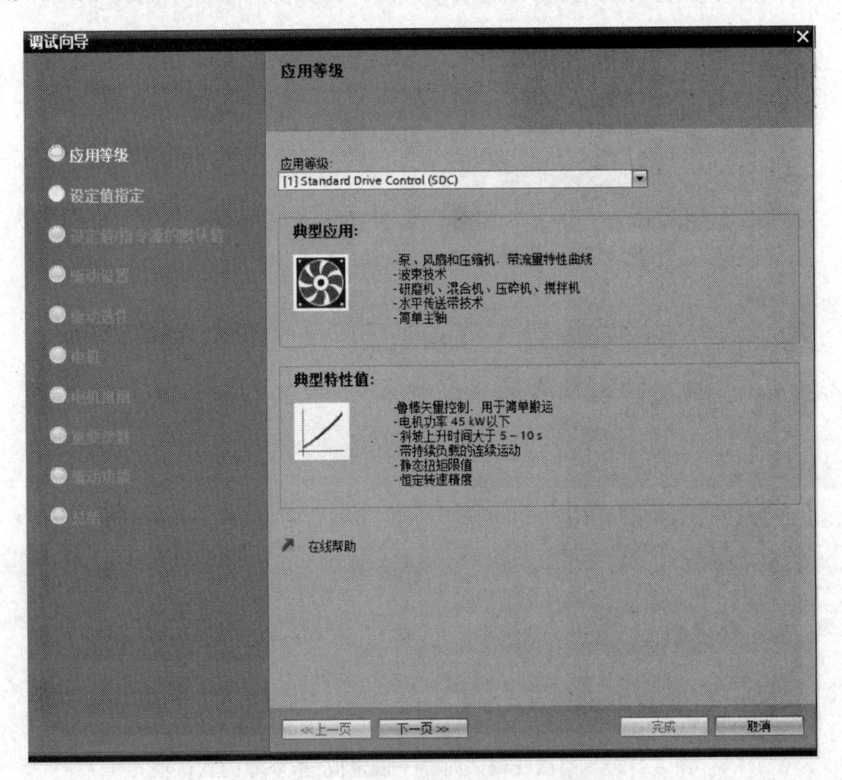

图 8-1-18　调试→调试向导→应用等级

(2) 用调试向导实现快速调试,设定值指定,选择不连接控制器,如图 8-1-19 所示。

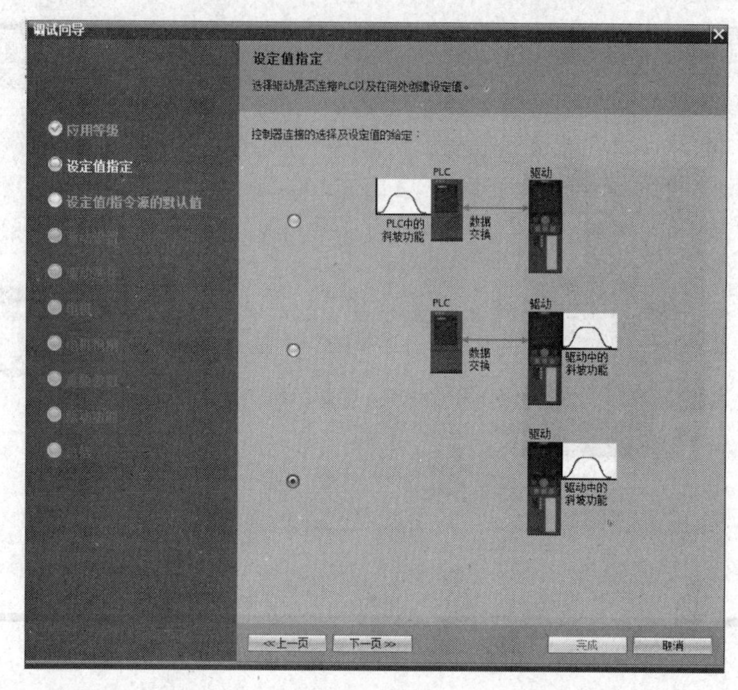

图 8-1-19 调试→调试向导→设定值指定

(3) 用调试向导实现快速调试,设定宏 p0015=1,如图 8-1-20 所示。

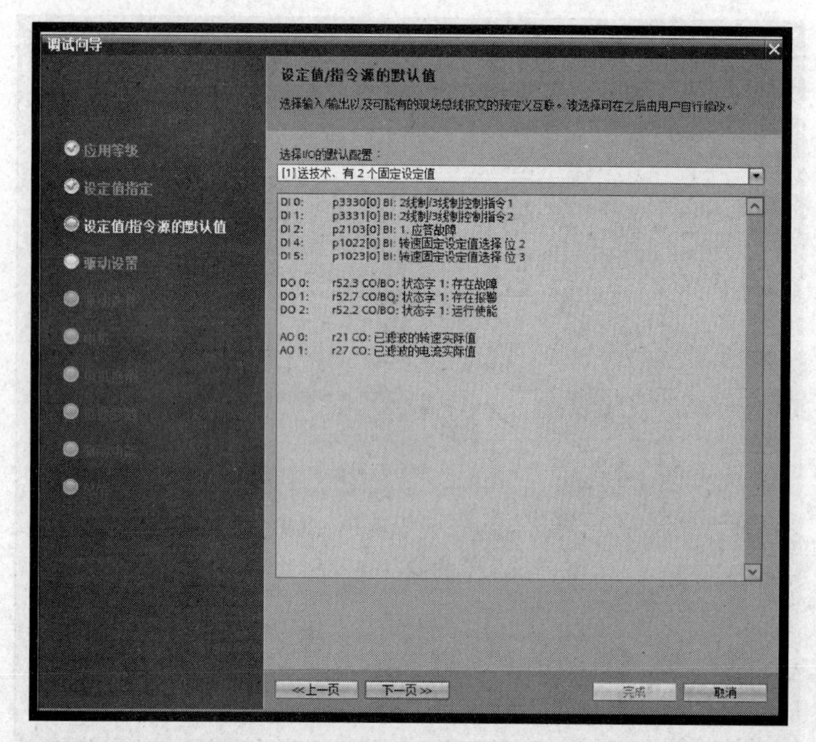

图 8-1-20 调试→调试向导→设定值/指令源的默认值

(4) 用调试向导实现快速调试,设定电动机标准及功率单元的输入电压如图 8-1-21 所示。

图 8-1-21 调试→调试向导→驱动设置

(5) 用调试向导实现快速调试,设置驱动选件,保持默认值,如图 8-1-22 所示。

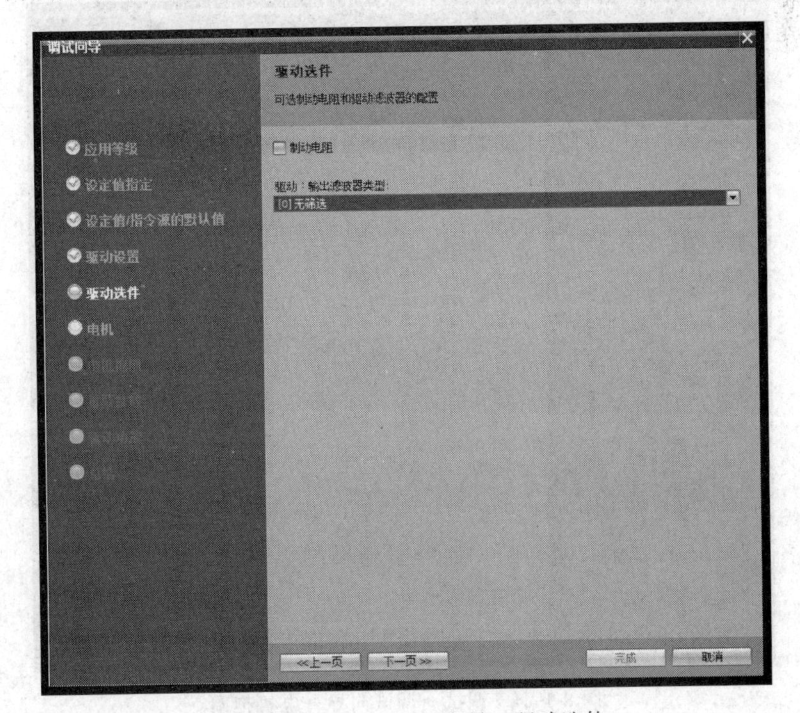

图 8-1-22 调试→调试向导→驱动选件

（6）用调试向导实现快速调试，输入电机的类型、接线及电机的参数，如图 8-1-23 所示。

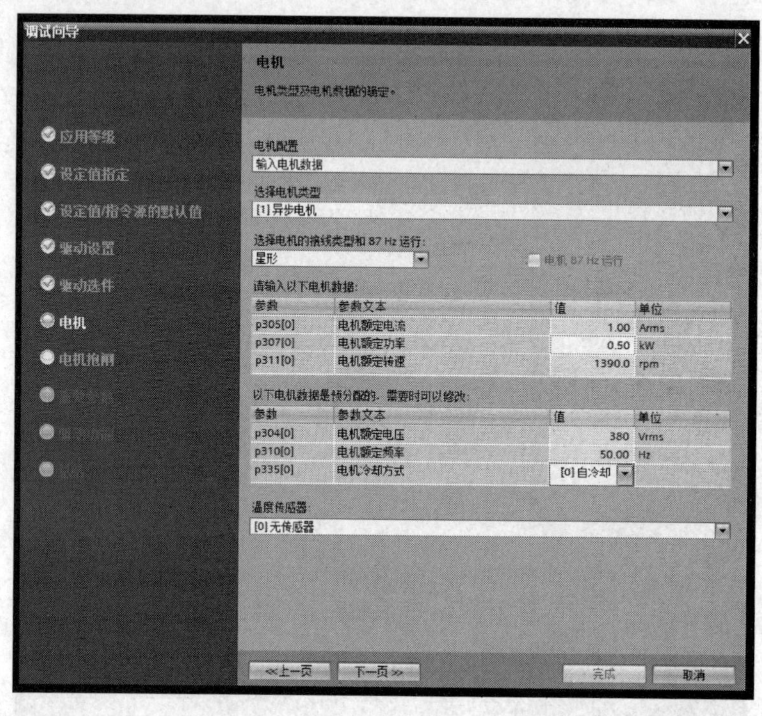

图 8-1-23　调试→调试向导→电机

（7）用调试向导实现快速调试，选择“无电机抱闸”，如图 8-1-24 所示。

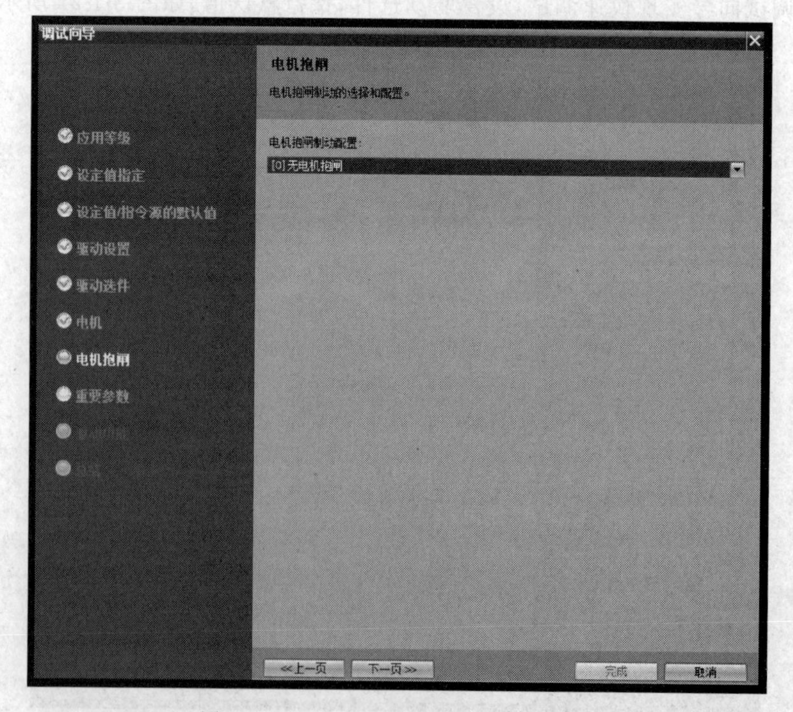

图 8-1-24　调试→调试向导→电机抱闸

（8）用调试向导实现快速调试，设置重要参数，如图 8-1-25 所示。

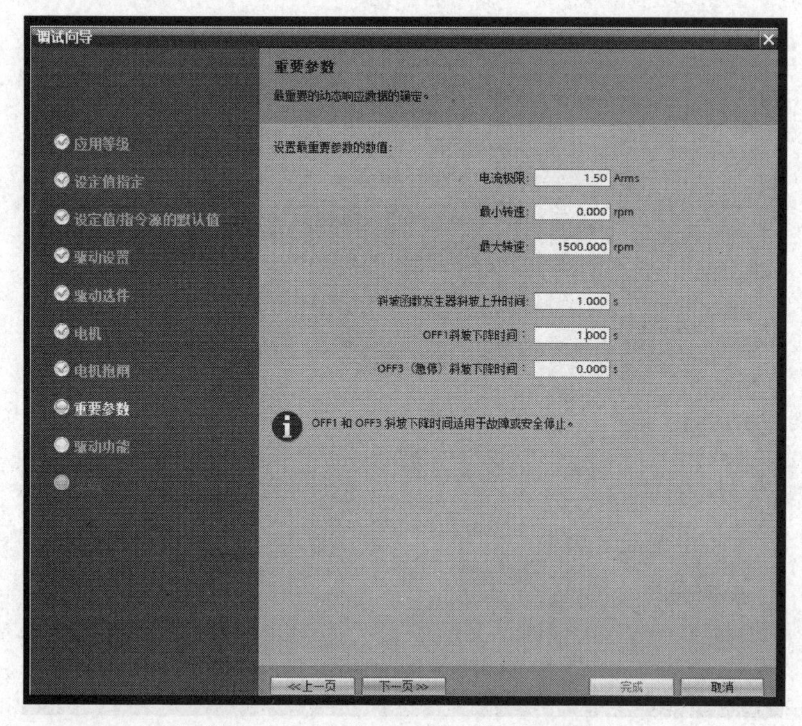

图 8-1-25　调试→调试向导→重要参数

（9）用调试向导实现快速调试，电机识别选择“禁用”，如图 8-1-26 所示。

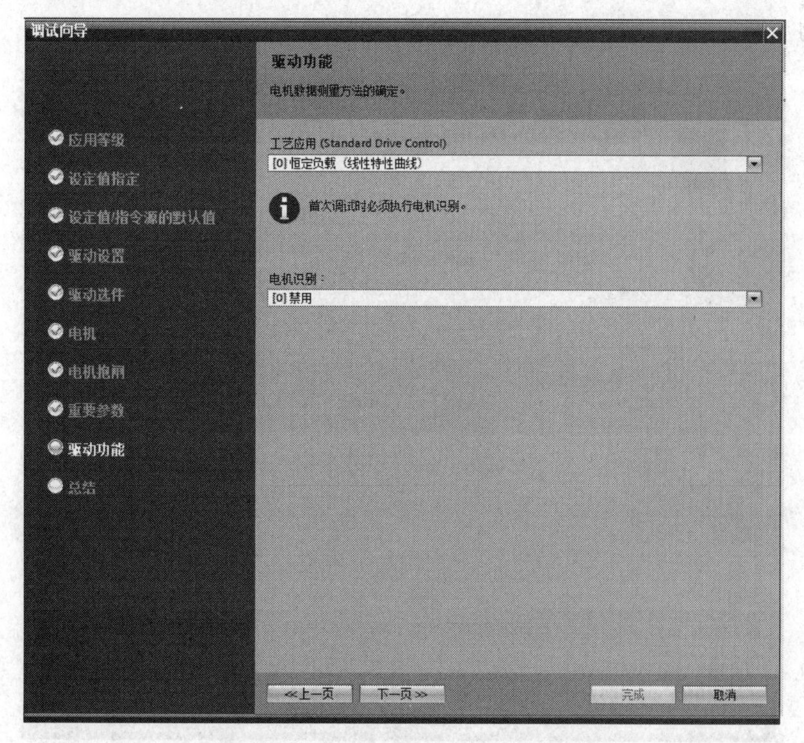

图 8-1-26　调试→调试向导→驱动功能

（10）用调试向导实现快速调试，检查输入的数据并完成配置，如图 8-1-27 所示。

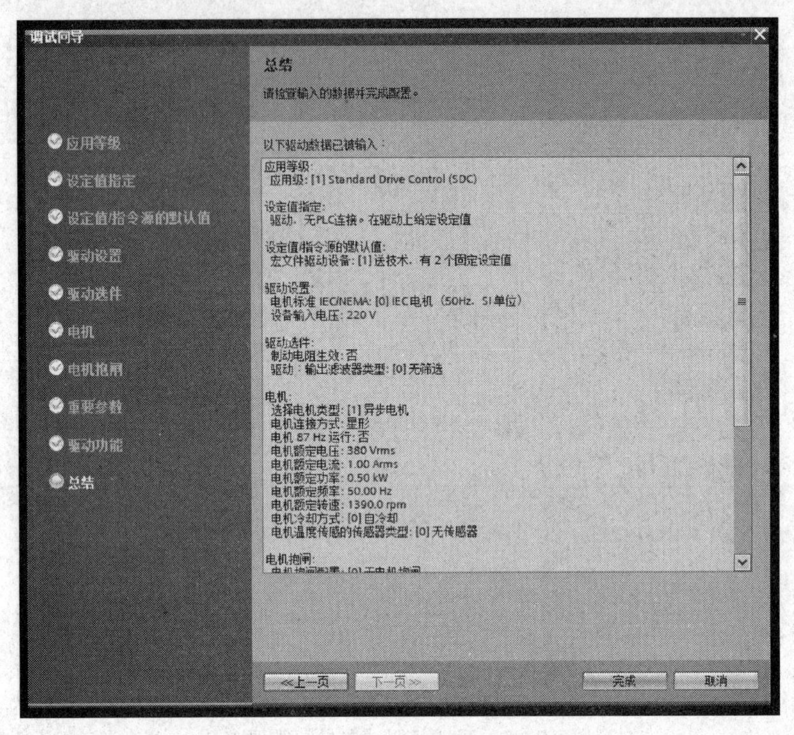

图 8-1-27　调试→调试向导→总结

4）编译与下载变频器

编译与下载变频器设置，如图 8-1-28 所示。

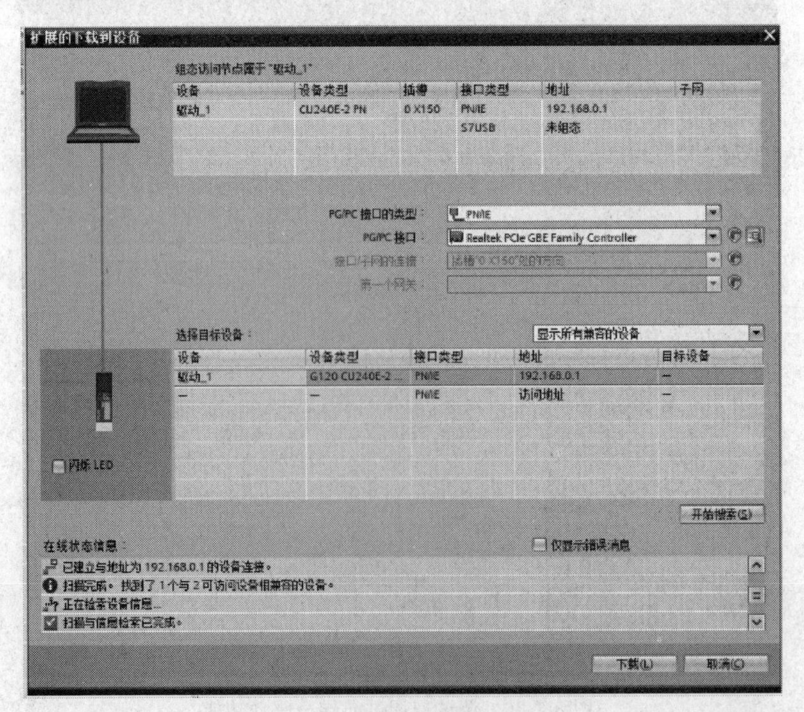

图 8-1-28　编译与下载变频器

编译无误后装载，如图 8-1-29 所示。

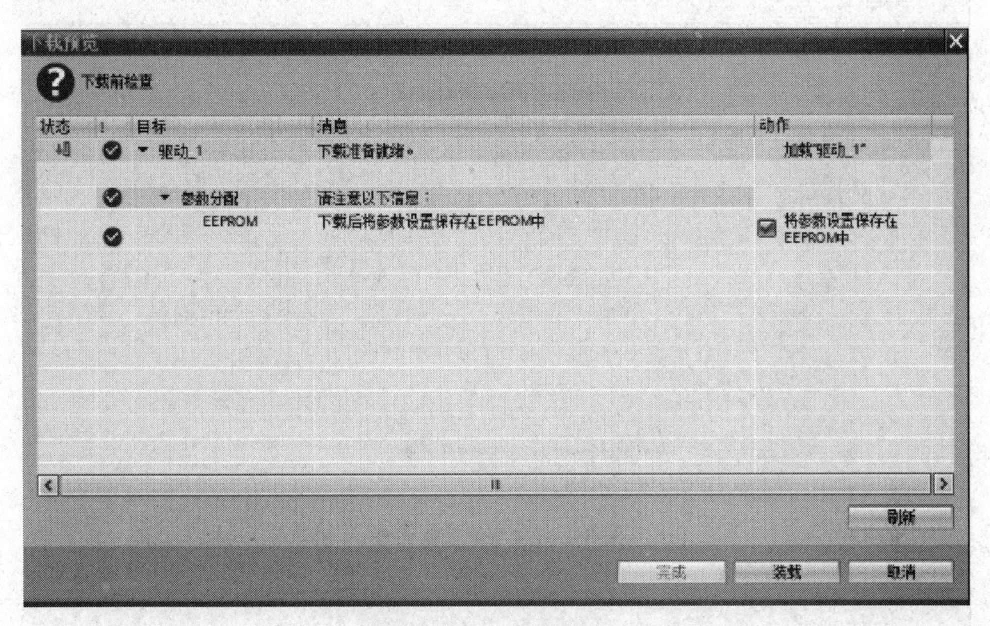

图 8-1-29　下载预览

5）控制面板调试

下载完成后，转至在线。在设置功能参数之前，可通过控制面板实现调试，如图 8-1-30 所示。

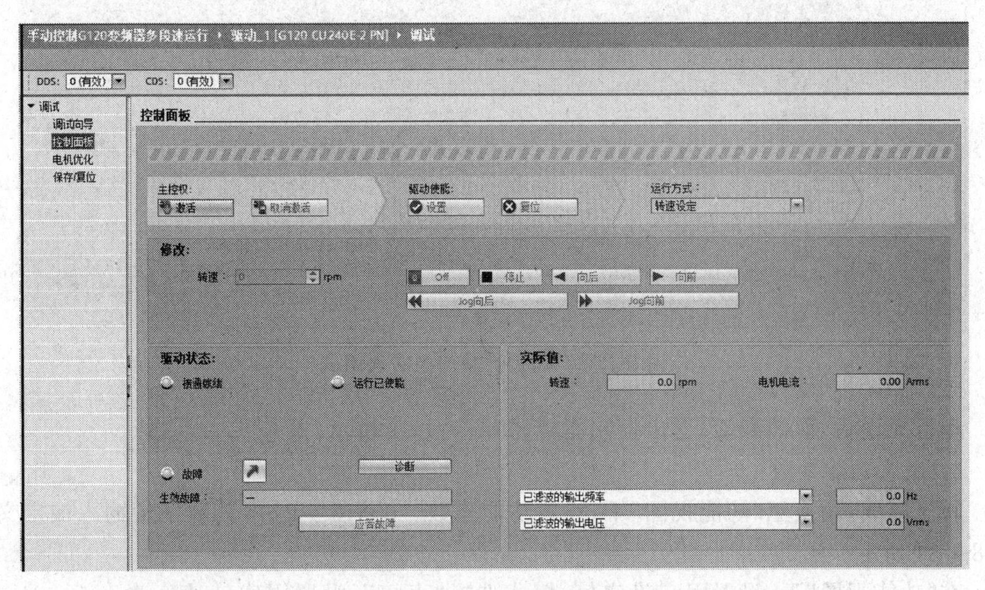

图 8-1-30　打开控制面板

激活控制面板，如图 8-1-31 所示。

如图 8-1-32 所示，修改转速值，按下向前、向后、停止和 OFF 等按键，观察电动机的转速变化及电动机的运行情况。

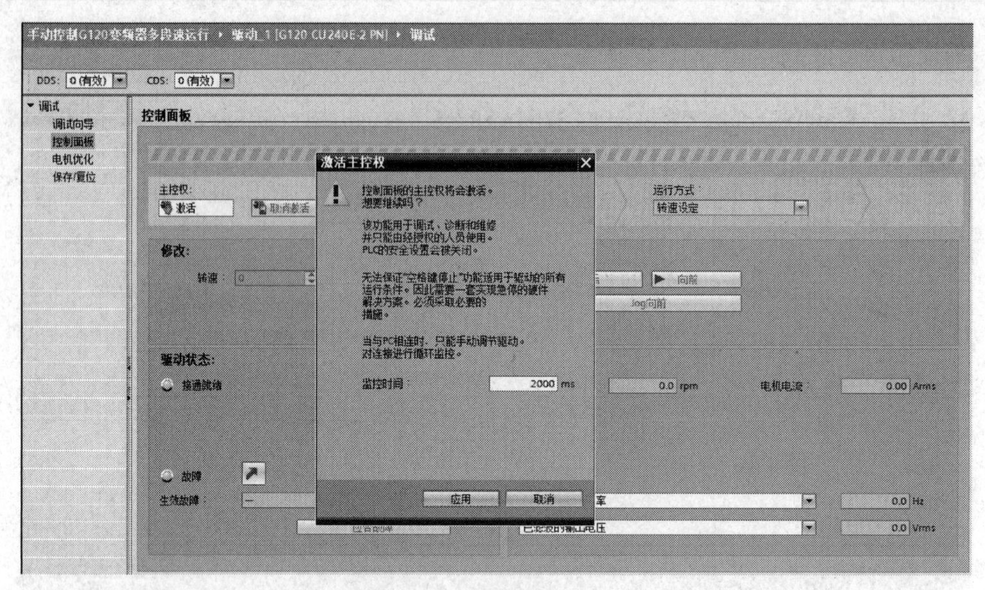

图 8-1-31　激活控制面板

图 8-1-32　通过控制面板实现调试

运行无误后，取消激活，退出控制面板，如图 8-1-33 所示。

6）设置功能参数

转至离线，切换至"功能视图"下，设置功能参数。p0015=1 时，其数字量输入端定义如图 8-1-34 所示。

在"功能视图"下，设置固定设定值，模式选择"直接"，设置固定转速 3 为 200r/min，固定转速 4 为 300r/min，如图 8-1-35 所示。

4. 运行调试

功能参数设置完成后，转至"在线"状态，p10 自动切换为 0，按以下步骤操作，实现运行调试，分别观察"数字量输入端"和"固定设定值"的显示，如图 8-1-36 所示。

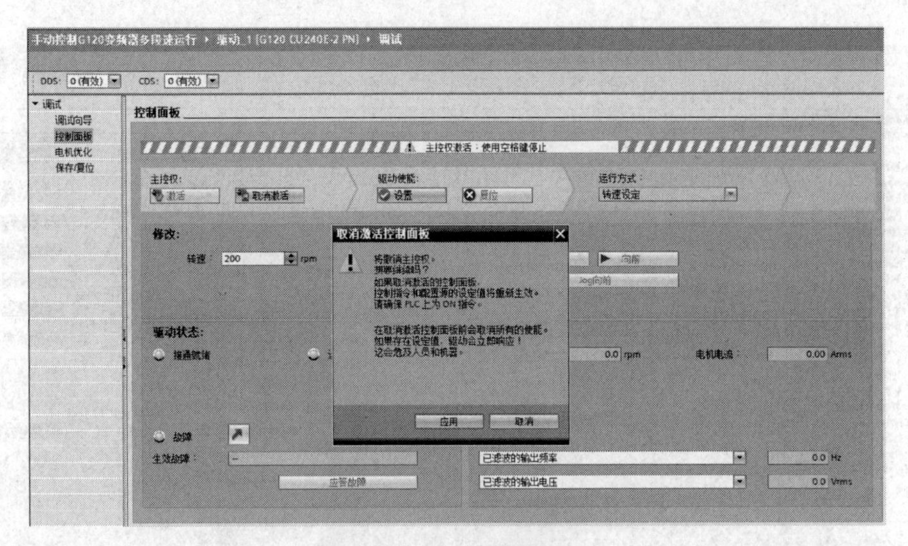

图 8-1-33 取消激活

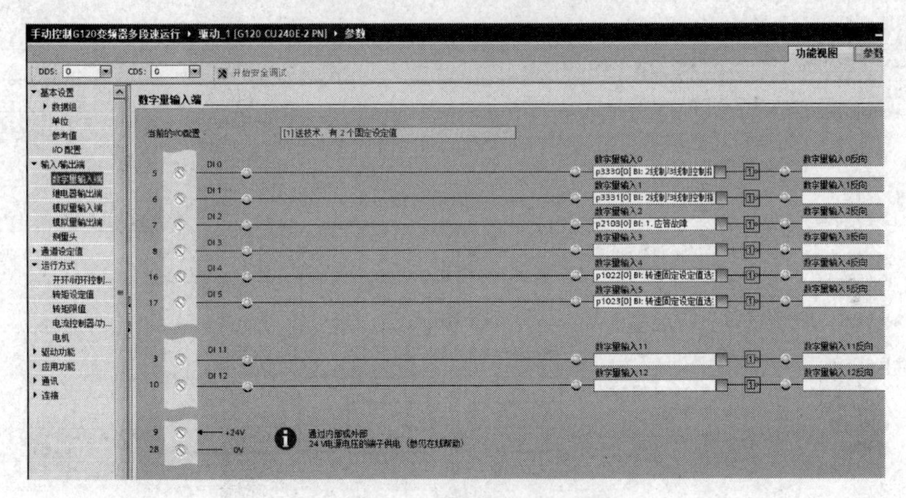

图 8-1-34 设置数字量输入端

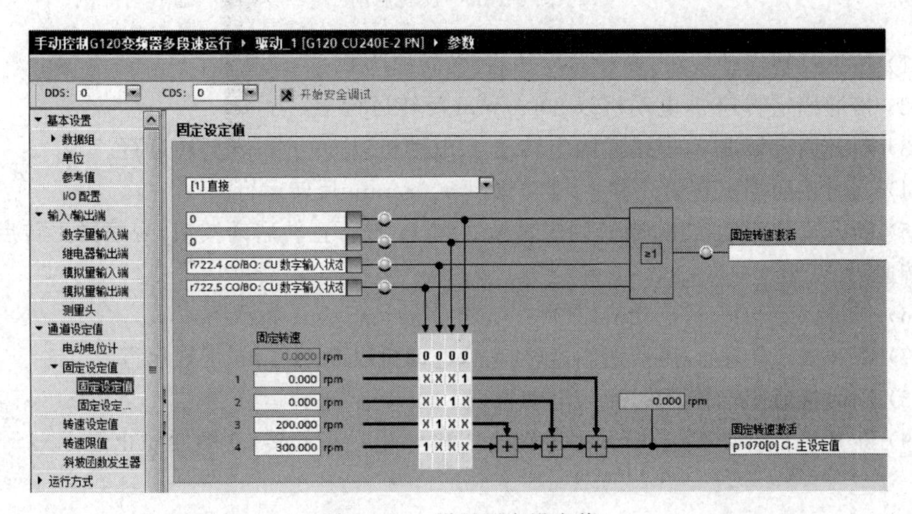

图 8-1-35 设置固定设定值

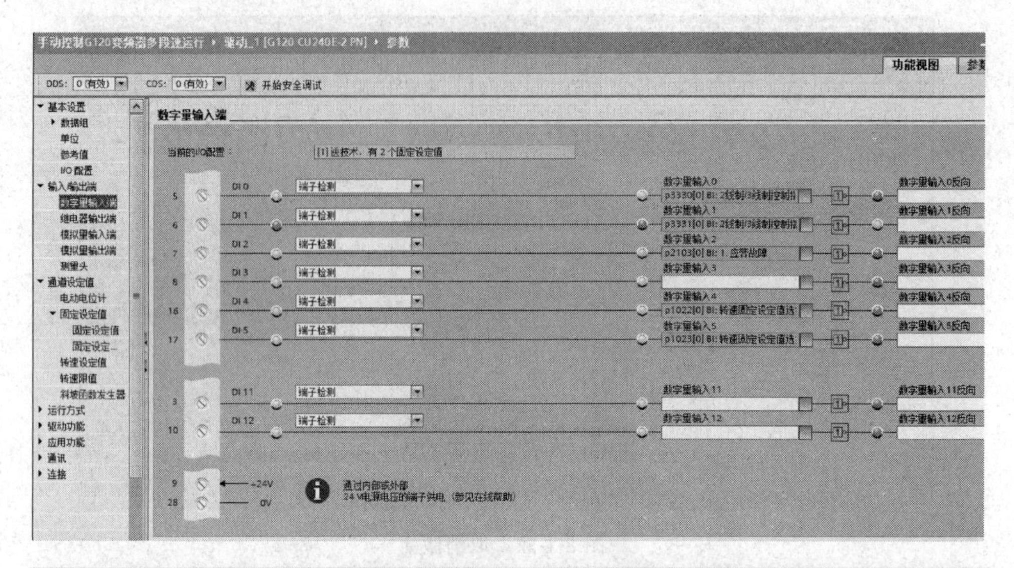

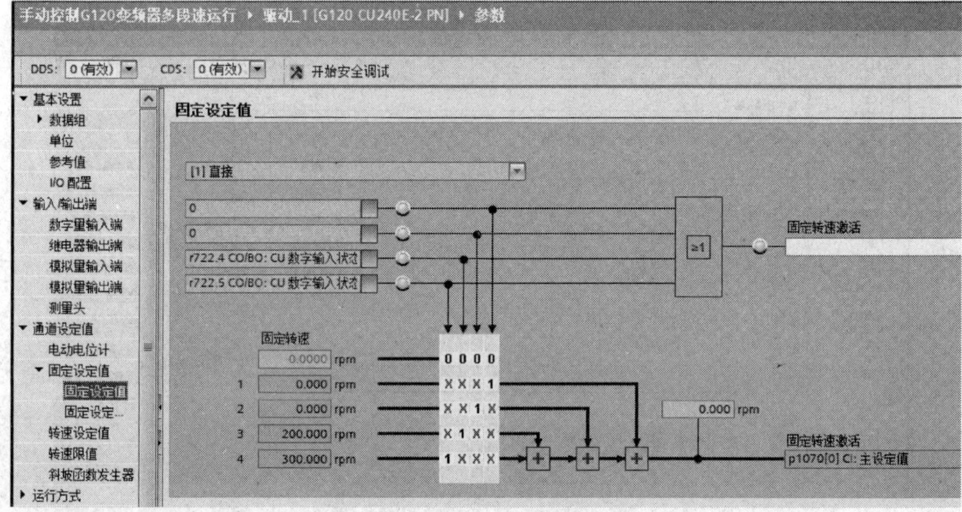

图 8-1-36　反转启动

(1) 按下反转启动按钮，变频器反转启动，转速为 0。

(2) 接通固定转速 3，电动机以 200r/min 反转运行。

(3) 断开固定转速 3，再接通固定转速 4，电动机以 300r/min 反转运行。

(4) 同时接通固定转速 3 和 4，电动机以 500r/min 反转运行。

(5) 断开反转启动按钮，断开固定转速 3 和 4；按下正转启动按钮，变频器正转启动，电动机转速为 0。

(6) 接通固定转速 3，电动机以 200r/min 正转运行。

(7) 断开固定转速 3，再接通固定转速 4，电动机以 300r/min 正转运行。

(8) 同时接通固定转速 3 和 4，电动机以 500r/min 正转运行。

(9) 断开正转启动按钮，断开固定转速 3 和 4，电动机停转，变频器停止运行。

任务8.2　S7-1200 PLC对G120变频器多段速自动控制

【任务描述】

用PLC、变频器设计一个三相异步电动机7段速运行综合控制。控制要求如下：按下启动按钮，电动机按表8-2-1设置的速度实现7段速运行，每隔5s变化一次速度，最后电动机以1000r/min的转速稳定运行；按下停止按钮，电动机停止工作。

表8-2-1　7段速运行

段　速	1段速	2段速	3段速	4段速	5段速	6段速	7段速
设定值/(r/min)	100	200	300	400	500	600	1000

【任务分析】

通过外部设备控制系统的启动和停止。异步电动机多段速运行信号可通过变频器的数字量输入进行控制，变频器的数字量输入端子由PLC的输出端子控制。

用博途软件设置变频器参数，确定宏值，可重新定义各数字量输入端的含义。

【新知识学习】

多段速控制又称为固定转速控制。设置p1000=3的条件下，用数字量端子选择固定设定值的组合来实现电动机多段速运行。有两种固定设定值模式：直接选择模式和二进制选择模式。

8.2.1　直接选择模式

一个数字量输入对应一个固定设定值。多个数字量输入同时接通时，设定值对应固定设定值的和。最多可以设置四个数字输入信号。

采用直接选择模式，需要设置p1016=1，如表8-2-2所示。

表8-2-2　直接选择模式

参数号	说　　明	参数号	说　　明
p1020	固定设定值1的选择信号	p1001	固定设定值1
p1021	固定设定值2的选择信号	p1002	固定设定值2
p1022	固定设定值3的选择信号	p1003	固定设定值3
p1023	固定设定值4的选择信号	p1004	固定设定值4

8.2.2　二进制选择模式

四个数字量输入通过二进制编码的方式选择固定设定值，最多可以选择15个固定转速。四个数字量输入不同的组合，对应的固定设定值如表8-2-3所示。采用二进制选择模式，需要设置p1016=2。

表 8-2-3　二进制选择模式

固定设定值	p1023 选择的 DI 状态	p1022 选择的 DI 状态	p1021 选择的 DI 状态	p1020 选择的 DI 状态
p1001 固定设定值 1				1
p1002 固定设定值 2			1	
p1003 固定设定值 3			1	1
p1004 固定设定值 4		1		
p1005 固定设定值 5		1		1
p1006 固定设定值 6		1	1	
p1007 固定设定值 7		1	1	1
p1008 固定设定值 8	1			
p1009 固定设定值 9	1			1
p10010 固定设定值 10	1		1	
p10011 固定设定值 11	1		1	1
p10012 固定设定值 12	1	1		
p10013 固定设定值 13	1	1		1
p10014 固定设定值 14	1	1	1	
p10015 固定设定值 15	1	1	1	1

【任务实施】

1. 宏的确定

确定宏 p0015＝3，重新定义各数字量输入端的含义，如表 8-2-4 所示。

表 8-2-4　G120 的自定义接口宏

宏编号	宏功能描述	端子自定义
p0015＝3	单方向四个固定转速	DI0：固定转速 1 DI1：固定转速 2 DI2：ON/OFF DI4：固定转速 3 DI5：固定转速 4

2. PLC 输入/输出接点分配

绘制 PLC 输入/输出接点分配表，如表 8-2-5 所示。

表 8-2-5　PLC 输入/输出接点分配表

输入			输出			
设备	地址	功　能	设备	地址	端子号	功　能
SB1	I0.0	启动按钮	DI2	Q0.0	7 号端子	ON/OFF
SB2	I0.1	停止按钮	DI0	Q0.1	5 号端子	固定转速 1
			DI1	Q0.2	6 号端子	固定转速 2
			DI4	Q0.3	16 号端子	固定转速 3
			DI5	Q0.4	17 号端子	固定转速 4

3. 绘制接线图

输入按钮、PLC、变频器和三相异步电动机的接线图如图 8-2-1 所示。

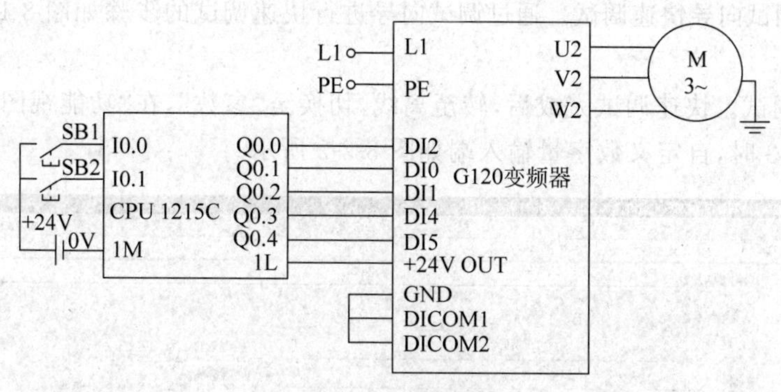

图 8-2-1 接线图

4. 设置 G120 变频器参数

设置 G120 变频器参数如表 8-2-6 所示。

表 8-2-6 G120 变频器参数表

序号	变频器参数	设定值	单 位	功 能 说 明
1	p0003	3		极限级别
2	p0010	1/0		驱动调试参数筛选。先设置为 1，当 p0015 和电动机相关参数修改完成后，再设置为 0
3	p0015	3		驱动设备宏指令 3，单方向四个固定转速
4	p0304	380	V	电动机的额定电压
5	p0305	0.3	A	电动机的额定电流
6	p0307	0.04	kW	电动机的额定功率
7	p0310	50.00	Hz	电动机的额定频率
8	p0311	1430	r/min	电动机的额定转速
9	p1000	3		
10	p1001	100	r/min	1 段速
11	p1002	200	r/min	2 段速
12	p1003	300	r/min	3 段速
13	p1004	400	r/min	4 段速
14	p1005	500	r/min	5 段速
15	p1006	600	r/min	6 段速
16	p1007	1000	r/min	7 段速
17	p1016	2		二进制选择模式
18	p1070	1024		固定设定值作为主设定值(自动，可不设)
19	p1900	0		禁用
20	p1120	1	s	斜坡上升时间
21	p1121	1	s	斜坡下降时间

5. 用博途软件组态系统

1）新建项目

新建名为“S7-1200 PLC 对 G120 变频器多段速自动控制”的项目。

2）组态变频器

（1）组态 G120 变频器的控制单元和功率单元。

（2）通过调试向导快速调试。通过调试向导进行快速调试的步骤如图 8-1-14～图 8-1-23 所示，不再赘述。

（3）功能调试。快速调试完成后，转至离线，切换至“参数”，在“功能视图”下，设置功能参数。p0015＝3 时，自定义数字量输入端如图 8-2-2 所示。

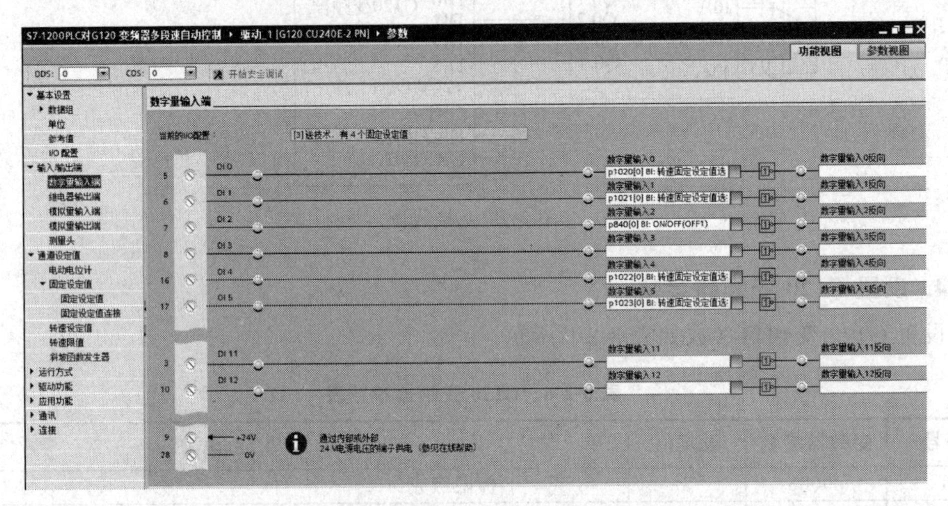

图 8-2-2 自定义数字量输入端

在“功能视图”下切换至二进制模式，设置 7 段速的固定设定值，如图 8-2-3 所示。

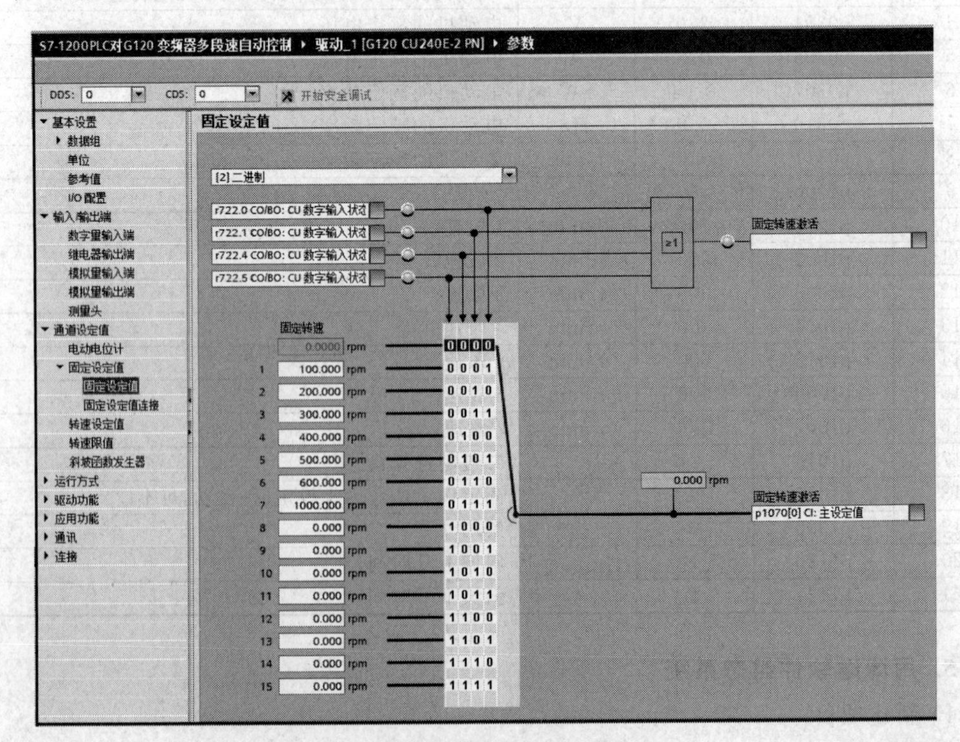

图 8-2-3 二进制模式下设置多段速

3）组态控制器

（1）添加 CPU，如图 8-2-4 所示。

图 8-2-4　添加 CPU

（2）编写变量表，如图 8-2-5 所示。

默认变量表

		名称	数据类型	地址	保持	可从...	从 H...	在 H...
1		启动按钮	Bool	%I0.0	☐	☑	☑	☑
2		停止按钮	Bool	%I0.1	☐	☑	☑	☑
3		Tag_3	Bool	%M2.0	☐	☑	☑	☑
4		DI2	Bool	%Q0.0	☐	☑	☑	☑
5		DI0	Bool	%Q0.1	☐	☑	☑	☑
6		DI1	Bool	%Q0.2	☐	☑	☑	☑
7		DI4	Bool	%Q0.3	☐	☑	☑	☑
8		DI5	Bool	%Q0.4	☐	☑	☑	☑

图 8-2-5　变量表

（3）根据控制要求编写程序，如图 8-2-6 所示。

S7-1200 PLC 对 G120 变频器多段速自动控制

6. 运行调试

分别编译和下载控制器和变频器，根据控制要求，实现运行调试。按下启动按钮，电动机按 100r/min、200r/min、300r/min、400r/min、500r/min、600r/min、1000r/min 的速度运行，每隔 5s 变化一次速度，最后电动机以 1000r/min 的转速稳定运行；按下停止按钮，电动机停止工作。

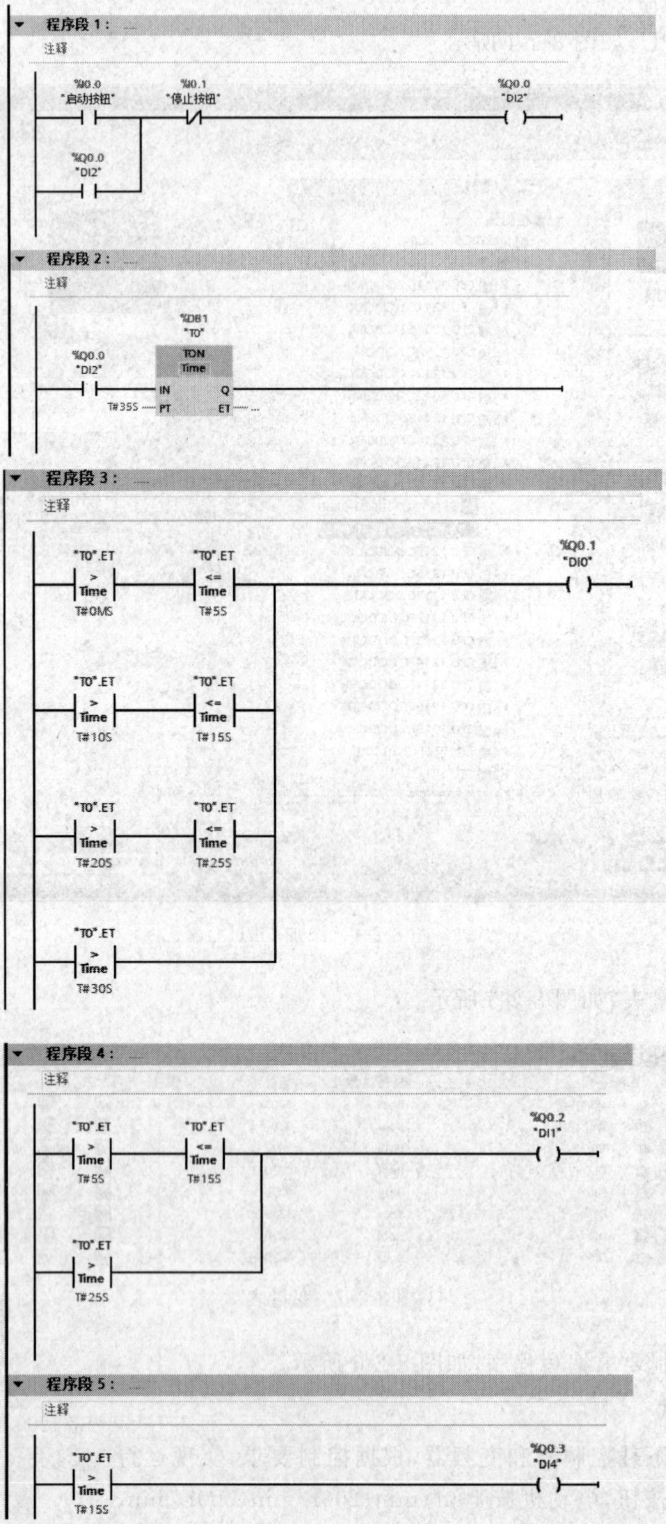

程序段 1： ....

注释

%I0.0 "启动按钮"　%I0.1 "停止按钮"　%Q0.0 "DI2"

%Q0.0 "DI2"

程序段 2： ....

注释

%DB1 "T0"

TON Time

%Q0.0 "DI2"

IN　Q

T#35S — PT　ET — ...

程序段 3： ....

注释

"T0".ET > Time T#0MS　"T0".ET <= Time T#5S　%Q0.1 "DI0"

"T0".ET > Time T#10S　"T0".ET <= Time T#15S

"T0".ET > Time T#20S　"T0".ET <= Time T#25S

"T0".ET > Time T#30S

程序段 4： ....

注释

"T0".ET > Time T#5S　"T0".ET <= Time T#15S　%Q0.2 "DI1"

"T0".ET > Time T#25S

程序段 5： ....

注释

"T0".ET > Time T#15S　%Q0.3 "DI4"

图 8-2-6　梯形图

任务 8.3 手动控制 G120 变频器模拟量速度给定

【任务描述】

有一台 G120 变频器，要对变频器进行电压信号模拟量频率给定。已知电动机的功率为 40W，额定转速为 1430r/min，额定电压为 380V，额定电流为 0.3A，额定频率为 50Hz，设计电气控制系统，并设置参数。

【任务分析】

G120 变频器实现模拟量速度给定，是用数字量输入（DI）实现电动机的启动、停止及正反转控制，用模拟量输入（AI）实现速度给定，模拟量速度控制属于无级调速。

可在博途软件下设置变频器参数，确定宏值。

【新知识学习】

模拟量控制宏定义

在变频器 CU240E-2 定义的 18 种接口宏中，表 8-3-1 所示的宏值可实现模拟量调速。模拟量调速用数字量输入实现电动机的启停及正反转控制，用模拟量输入实现速度给定。

表 8-3-1 模拟量控制宏定义接口方式

<table>
<tr><th>宏编号</th><th>宏功能描述</th><th>端 子 定 义</th><th>说 明</th></tr>
<tr><td>12</td><td>二线制控制 1，模拟量调速</td><td>DI0：ON/OFF1 正转
DI1：反转
DI2：应答
AI0＋和 AI0－：转速设定</td><td rowspan="4">二线制控制是一种开关触点闭合、断开的启停方式</td></tr>
<tr><td>13</td><td>端子启动，模拟量给定，具有安全功能</td><td>DI0：ON/OFF1 正转
DI1：反转
DI2：应答
AI0＋和 AI0－：转速设定
DI4：预留安全功能
DI5：预留安全功能</td></tr>
<tr><td>17</td><td>二线制控制 2，模拟量调速</td><td rowspan="2">DI0：ON/OFF1 正转
DI1：ON/OFF1 反转
DI2：应答
AI0＋和 AI0－：转速设定</td></tr>
<tr><td>18</td><td>二线制控制 3，模拟量调速</td></tr>
</table>

续表

宏编号	宏功能描述	端子定义	说明
19	三线制控制 1,模拟量调速	DI0：Enable/OFF1 DI1：脉冲正转启动 DI2：脉冲反转启动 DI4：应答 AI0＋和 AI0－：转速设定	三线制控制是一种脉冲上升沿触发的启停方式
20	三线制控制 2,模拟量调速	DI0：Enable/OFF1 DI1：脉冲正转启动 DI2：反转 DI4：应答 AI0＋和 AI0－：转速设定	

如表 8-3-1 和表 8-3-2 所示,模拟量调速有二线制和三线制两种控制方式。二线制控制是一种开关触点闭合、断开的启停方式；三线制控制是一种脉冲上升沿触发的启停方式。

表 8-3-2　变频器二线制和三线制控制

正转　停止　反转　停止	控制指令	对应宏
电动机ON/OFF 换向	双线制控制,方法 1 1. 正转启动(ON/OFF1) 2. 切换电动机旋转方向(反向)	宏 12
电动机ON/OFF/正转 电动机ON/OFF/反转	双线制控制,方法 2、方法 3 1. 正转启动(ON/OFF1) 2. 反转启动(ON/OFF1)	宏 17 宏 18
使能/电动机OFF 电动机ON/正转 电动机ON/反转	三线制控制,方法 1 1. 断开停止电动机(OFF1) 2. 脉冲正转启动 3. 脉冲反转启动	宏 19
使能/电动机OFF 电动机通电 换向	三线制控制,方法 2 1. 断开停止电动机(OFF1) 2. 脉冲正转启动 3. 切换电动机旋转方向(反向)	宏 20

【任务实施】

1. 宏的确定

采用二线制控制方式，确定宏 p0015＝18。

2. 绘制接线图

输入按钮、变频器和三相异步电动机的接线图如图 8-3-1 所示。

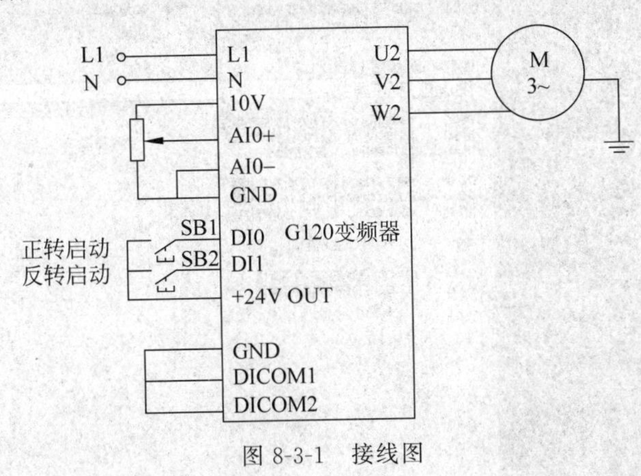

图 8-3-1　接线图

3. 用博途软件设置 G120 变频器参数

设置 G120 变频器的参数如表 8-3-3 所示。

表 8-3-3　G120 变频器参数表

序号	变频器参数	设定值	单　位	功 能 说 明
1	p0003	3		极限级别
2	p0010	1/0		驱动调试参数筛选。先设置为 1，当 p0015 和电动机相关参数修改完成后，再设置为 0
3	p0015	18		驱动设备宏指令，模拟量的宏
4	p0304	380	V	电动机的额定电压
5	p0305	0.3	A	电动机的额定电流
6	p0307	0.04	kW	电动机的额定功率
7	p0310	50.00	Hz	电动机的额定频率
8	p0311	1430	r/min	电动机的额定转速
9	p0756	0		模拟量输入类型，0 表示电压范围为 0～10V
10	p1070	755.0		模拟量输入 AI0 为主设定值(自动，可不设)
11	p1900	0		禁用

用博途软件设置 G120 变频器参数步骤如下。

1. 新建项目

新建名为“手动控制 G120 变频器模拟量速度给定”的项目。

2. 组态变频器

组态 G120 变频器的控制单元和功率单元。

3. 设置变频器参数

1）快速调试

通过调试向导进行快速调试，确定宏 p0015＝18，如图 8-3-2 所示。其他电动机参数设置步骤不再赘述。

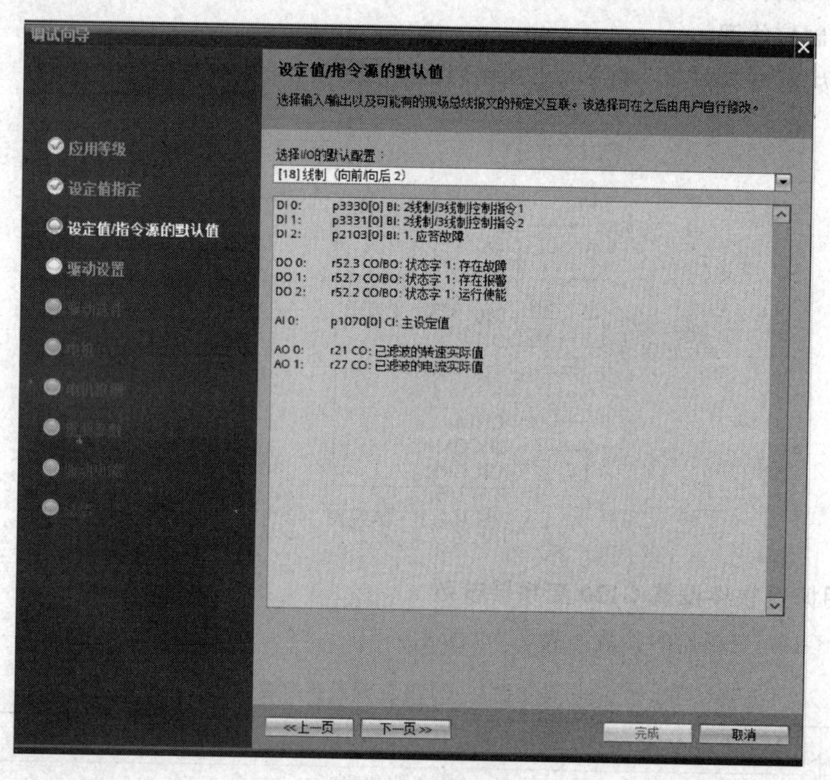

图 8-3-2 快速调试

2）设置功能参数

快速调试完成后，转至离线，切换至“参数”，在“功能视图”下，设置功能参数。

p0015＝18 时，采用二线制控制。

CU240E-2 提供了两路模拟量输入 AI0 和 AI1，p1070＝755.0，模拟量输入 AI0 为主设定值。

变频器模拟量输入模式 p0756＝0，表示模拟量输入电压范围为 0～10V。图 8-3-3 所示为变频器模拟量输入端参数设置。

变频器模拟量输出端参数设置如图 8-3-4 所示。0～10V 标定为－100%～＋100%。

4. 运行调试

变频器下载完成后，实现运行调试，观察变频器面板和电动机的运行情况。

按下正转启动按钮，电动机正转启动运行。顺时针方向转动电位器，转速逐渐增加；向相反方向转动电位器，转速逐渐减小。

按下反转启动按钮，电动机反转启动运行。顺时针方向转动电位器，转速逐渐增加；向相反方向转动电位器，转速逐渐减小。

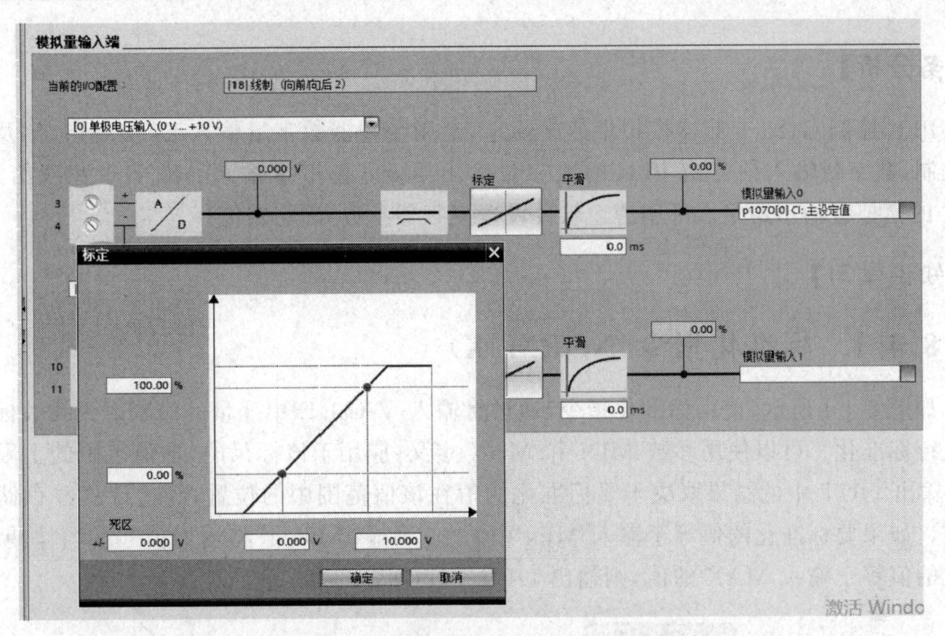

图 8-3-3　变频器模拟量输入端参数设置

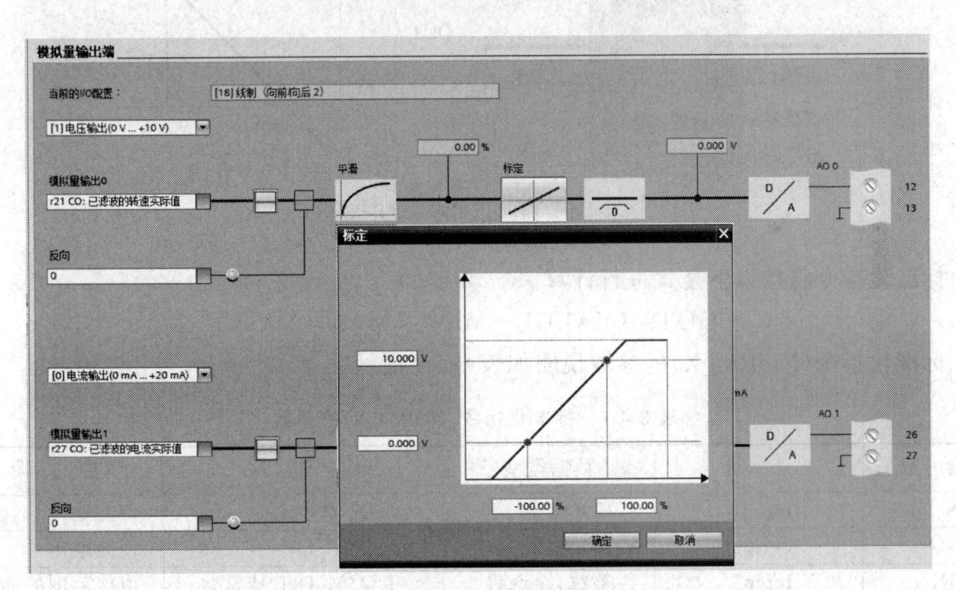

图 8-3-4　变频器模拟量输出端参数设置

“转至在线”，在线分别观察“模拟量输入端”和“模拟量输出端”的显示变化情况。

任务 8.4　PLC 控制 G120 变频器模拟量速度给定

【任务描述】

用一台 CPU 1215C 的 PLC，对 G120 变频器进行电压信号模拟量频率给定。已知电动机的功率为 40W，额定转速为 1430r/min，额定电压为 380V，额定电流为 0.3A，额定频率为 50Hz，设计电气控制系统，并设置参数。

【任务分析】

PLC控制G120变频器模拟量速度给定，是用变频器数字量输入DI实现启、停及正反转控制，数字量输入信号由PLC的数字量输出给定；模拟量输入AI0实现速度给定，由PLC的模拟量输出给定。可用博途软件设置变频器参数，确定宏值。

【新知识学习】

8.4.1 标准化指令(NORM_X)

如图8-4-1所示，使用标准化指令，通过将输入VALUE中变量的值映射到线性标尺对其进行标准化。可以使用参数MIN和MAX定义(应用于该标尺的)取值范围的上限和下限。输出OUT中的结果取决于要标准化的值在该值范围中的位置，经过计算并存储为浮点数。如果要标准化的值等于输入MIN中的值，则输出OUT将返回值“0.0”；如果要标准化的值等于输入MAX的值，则输出OUT需返回值“1.0”。

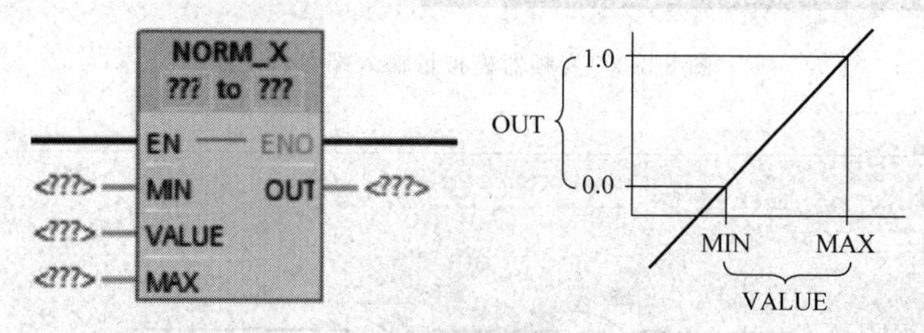

图8-4-1 标准化指令(NORM_X)

标准化指令将按以下公式进行计算。

$$OUT=(VALUE-MIN)/(MAX-MIN)$$

标准化指令(NORM_X)的参数说明如表8-4-1所示。

表8-4-1 标准化指令(NORM_X)的参数

参　数	声　明	数据类型	存 储 区	说　　明
EN	Input	BOOL	I、Q、M、D、L	使能输入
ENO	Output	BOOL	I、Q、M、D、L	使能输出
MIN	Input	整数、浮点数	I、Q、M、D、L或常数	取值范围的下限
VALUE	Input	整数、浮点数	I、Q、M、D、L或常数	要标准化的值
MAX	Input	整数、浮点数	I、Q、M、D、L或常数	取值范围的上限
OUT	Output	浮点数	I、Q、M、D、L	标准化结果

8.4.2 缩放、比例指令(SCALE_X)

如图8-4-2所示，使用缩放指令，通过将输入VALUE的值映射到指定的值范围对其进行缩放。当执行缩放指令时，输入VALUE的浮点值会缩放到由参数MIN和MAX定义的值范围。缩放结果为整数，存储在OUT输出中。缩放指令将按以下公式进行计算。

$$OUT=VALUE\times(MAX-MIN)+MIN$$

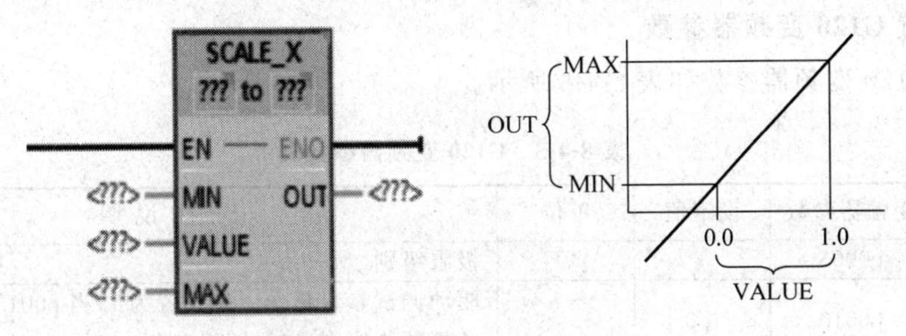

图 8-4-2　缩放指令(SCALE_X)

缩放指令(SCALE_X)的参数说明如表 8-4-2 所示。

表 8-4-2　缩放指令(SCALE_X)的参数说明

参　数	声　明	数据类型	存　储　区	说　　明
EN	Input	Bool	I、Q、M、D、L	使能输入
ENO	Output	Bool	I、Q、M、D、L	使能输出
MIN	Input	整数、浮点数	I、Q、M、D、L 或常数	取值范围的下限
VALUE	Input	浮点数	I、Q、M、D、L 或常数	要缩放的值。如果输入一个常量，则必须对其声明
MAX	Input	整数、浮点数	I、Q、M、D、L 或常数	取值范围的上限
OUT	Output	整数、浮点数	I、Q、M、D、L	缩放的结果

【任务实施】

1. 宏的确定

根据表 8-3-1，本任务采用三线制控制方式，确定宏 p0015＝19。DI0 为使能端，DI1 实现脉冲正转启动，DI2 实现脉冲反转启动，转速由 AI0 设定。

2. 绘制接线图

按钮、变频器、三相异步电动机的接线图如图 8-4-3 所示。

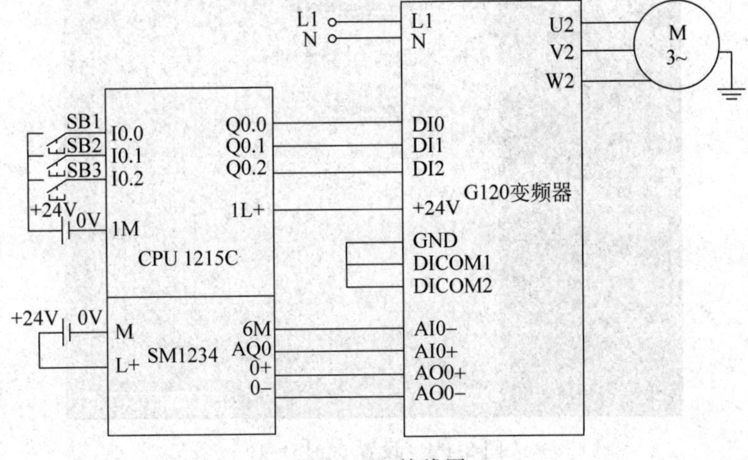

图 8-4-3　接线图

3. 设置 G120 变频器参数

设置 G120 变频器参数如表 8-4-3 所示。

表 8-4-3 G120 变频器参数表

序号	变频器参数	设定值	单位	功能说明
1	p0003	3		极限级别
2	p0010	1/0		驱动调试参数筛选。先设置为 1,当 p0015 和电动机相关参数修改完成后,再设置为 0
3	p0015	19		驱动设备宏指令,模拟量的宏
4	p0304	380	V	电动机的额定电压
5	p0305	0.3	A	电动机的额定电流
6	p0307	0.04	kW	电动机的额定功率
7	p0310	50.00	Hz	电动机的额定频率
8	p0311	1430	r/min	电动机的额定转速
9	p0756	0		模拟量输入类型,0 表示电压范围为 0~10V
10	p0771	21	r/min	输出的实际转速
11	p0776	1		输出电压信号
12	p1070	755.0		模拟量输入 AI0 为主设定值(自动,可不设)
13	p1900	0		禁用

4. 用博途软件组态系统

1) 新建项目

新建名为“PLC 控制 G120 变频器模拟量速度给定”的项目。

2) 组态变频器

组态 G120 变频器的控制单元、功率单元,并通过调试向导进行快速调试,设置 p0015=19,如图 8-4-4 所示。步骤如前所述,不再赘述。

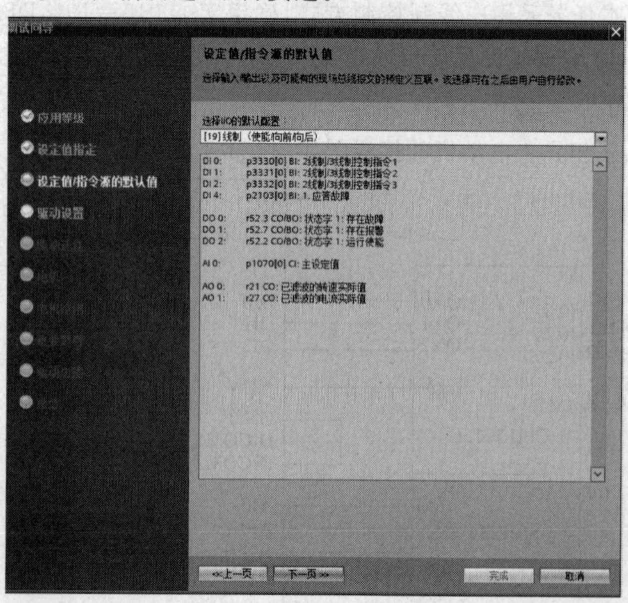

图 8-4-4 设置 p0015=19

快速调试完成后，切换至“参数”“功能视图”下，设置功能参数。p0015＝19 时，定义模拟量输入端 AI0 为单极电压输入，如图 8-4-5 所示。

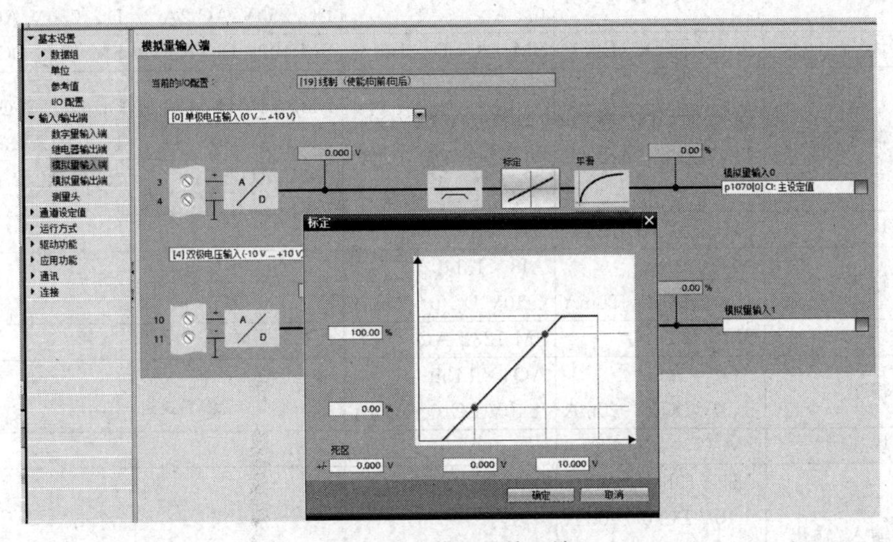

图 8-4-5　模拟量输入端

p0015＝19 时，定义模拟量输出端 AO0 为电压输出，标定修改如图 8-4-6 所示。

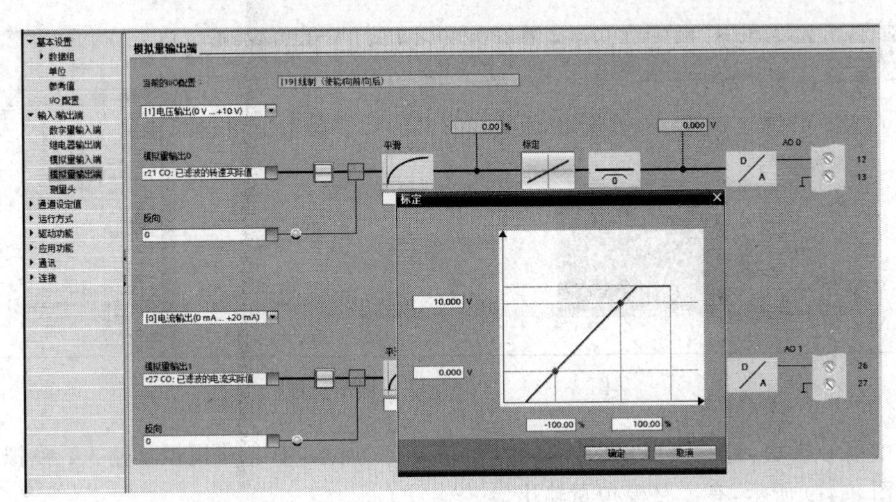

图 8-4-6　模拟量输出端

3）组态控制器

（1）添加 CPU 1215C DC/DC/DC，添加信号模块，S7-1200 PLC 的信号模块如表 8-4-4 所示，选择模拟量输入/输出模块，如图 8-4-7 所示。

表 8-4-4　S7-1200 PLC 的信号模块

信号模块	SM 1221 DC	SM 1221 DC		
数字量输入	DI8×24V DC	DI16×24V DC		
信号模块	SM 1222 DC	SM 1222 DC	SM 1222 RLY	SM 1222 RLY

续表

数字量输出	DO8×24V DC 0.5A	DO16 × 24V DC 0.5A	DO8 × RLY 30V DC/250V AC 2A	DO16 × RLY 30V DC/250V AC 2A
信号模块	SM 1223 DC/DC	SM 1223 DC/DC	SM 1223 DC/RLY	SM 1223 DC/RLY
数字量输入/输出	DI8×24V DC/DO8×24V DC 0.5A	DI16×24V DC/DO16×24V DC 0.5A	DI8×24V DC/DO 8×RLY 30V DC/250V AC 24A	DI16×24V DC/DO 16×RLY 30V DC/250V AC 2A
信号模块	SM 1231 AI	SM 1231 AI		
模拟量输入	AI4×13bit ±10V DC/0～20mA	AI8×13bit ±10V DC/0～20mA		
信号模块	SM 1232 AQ	SM 1232 AQ		
模拟量输出	AQ2×14bit ±10V DC/0～20mA	AQ4×14bit ±10V DC/0～20mA		
信号模块	SM 1234 AI/AQ			
模拟量输入/输出	AI4×13bit ±10V DC/0～20mA AQ2×14bit ±10V DC/0～20mA			

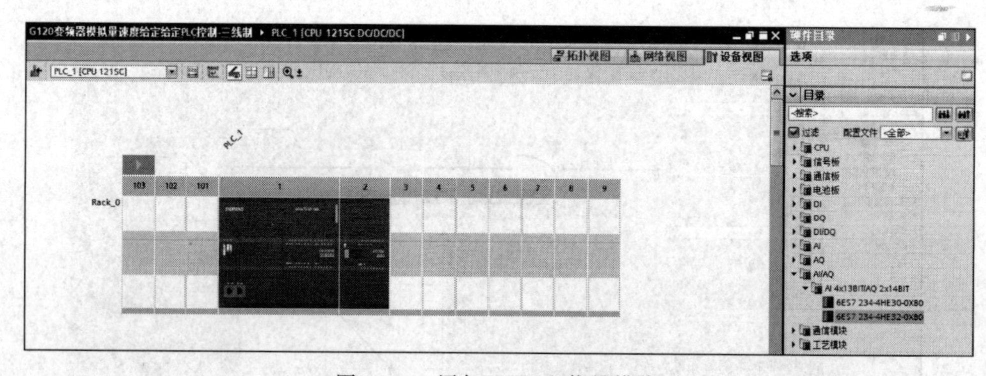

图 8-4-7 添加 CPU 和信号模块

选中信号模块，查看模拟量输入属性，如图 8-4-8 所示，有 4 路模拟量输入；模拟量输出属性如图 8-4-9 所示，有 2 路模拟量输出。

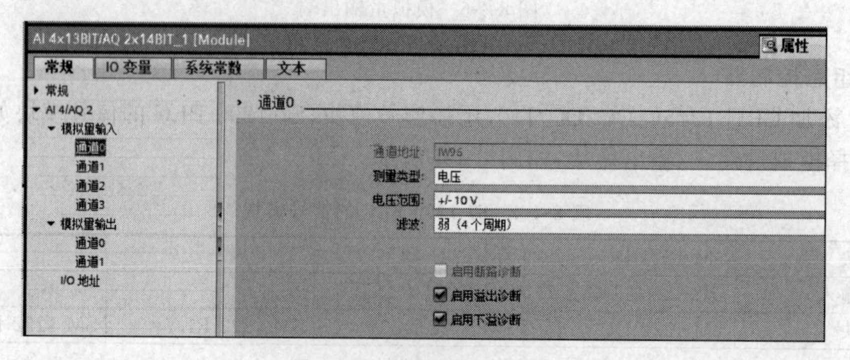

图 8-4-8 模拟量输入属性

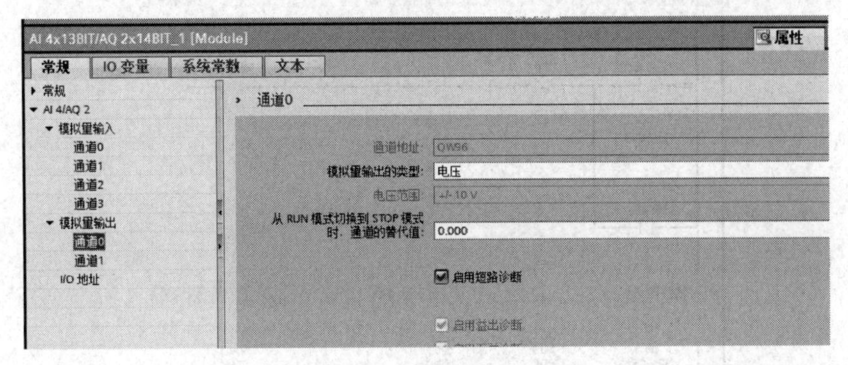

图 8-4-9　模拟量输出属性

(2) 编写变量表，如图 8-4-10 所示。

默认变量表

		名称	数据类型	地址	保持	可从 ...	从 H...	在 H...
1	◀▣	正转启动	Bool	%I0.0	☐	☑	☑	☑
2	◀▣	反转启动	Bool	%I0.1	☐	☑	☑	☑
3	◀▣	停止	Bool	%I0.2	☐	☑	☑	☑
4	◀▣	使能端	Bool	%Q0.0	☐	☑	☑	☑
5	◀▣	正转	Bool	%Q0.1	☐	☑	☑	☑
6	◀▣	反转	Bool	%Q0.2	☐	☑	☑	☑
7	◀▣	给定速度	Word	%MW10	☐	☑	☑	☑
8	◀▣	标准化	Real	%MD20	☐	☑	☑	☑
9	◀▣	模拟量输出	Word	%QW96	☐	☑	☑	☑
10	◀▣	模拟量输入	Int	%IW96	☐	☑	☑	☑
11	◀▣	输出转速	Int	%MW40	☐	☑	☑	☑
12	◀▣	Tag_11	DWord	%MD30	☐	☑	☑	☑

图 8-4-10　变量表

(3) 编写初始化程序，如图 8-4-11 所示。

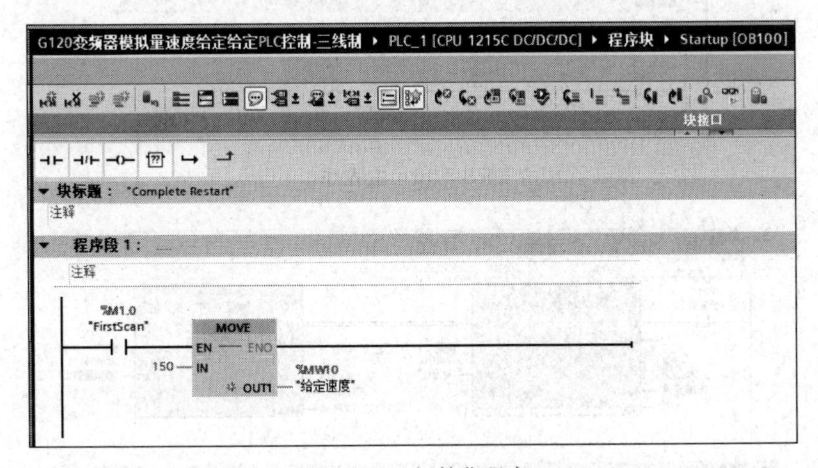

图 8-4-11　初始化程序

编写主程序，如图 8-4-12 所示。

5. 运行调试

PLC、变频器分别下载完成后进行运行调试。“转至在线”，监视程序(部分)的运行结果，如图 8-4-13 所示。

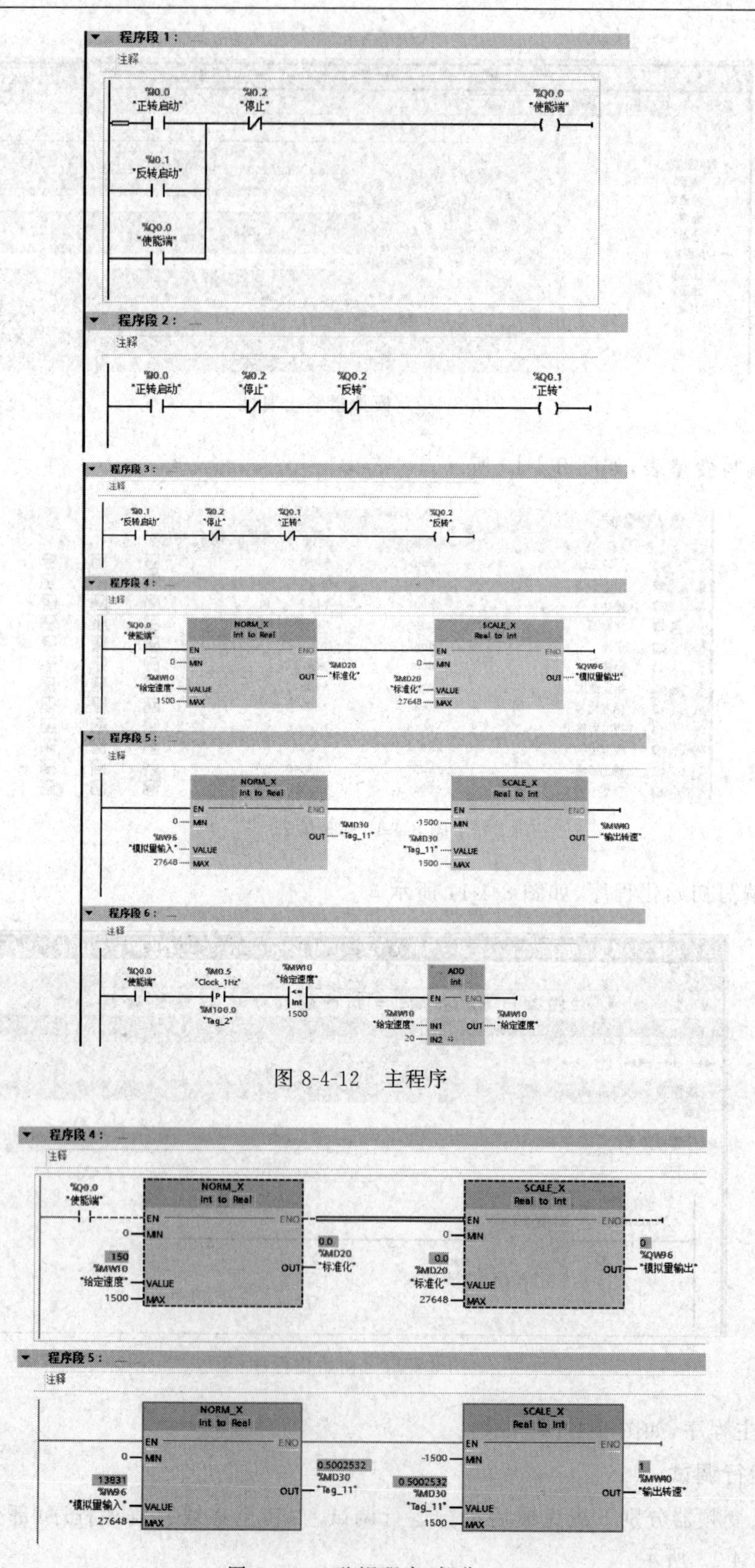

图 8-4-12 主程序

图 8-4-13 监视程序(部分)

按下“正转启动”按钮,电动机以 150r/min 正转启动运行,转速以 20r/s 的速度递增。

按下“反转启动”按钮,电动机以 150r/min 反转启动运行;转速以 20r/s 速度增加。

按下“停止”按钮,电动机停转。

分别观察“模拟量输入端”和“模拟量输出端”的显示变化。

任务 8.5 S7-1200 PLC 与 G120 变频器的 PROFINET 通信控制

【任务描述】

用一台 CPU 1215C 的 PLC,对 G120 变频器控制的电动机进行 PROFINET 通信无级调速。已知电动机的功率为 40W,额定转速为 1430r/min,额定电压为 380V,额定电流为 1A,额定频率为 50Hz。设计电气控制系统。确定宏值及 PLC 控制接线图,并设定变频器参数,编写程序,实现运行调试。

【任务分析】

西门子 G120 变频器强大的通信功能在自动控制领域得到广泛的应用。

本任务基于触摸屏、S7-1200 PLC 和 G120 变频器,实现对异步电动机的控制。S7-1200 PLC、G120 变频器和触摸屏之间采用 PROFINET 通信,变频器和 PLC 之间的数据通信采用自由报文格式。通过触摸屏输入电动机转速的设定值,并能控制电动机的启停以及正反转;在触摸屏上能实时显示电动机的运行状态和实际运行参数,即当前实际的转速、电压、电流、功率和温度等参数。

【新知识学习】

8.5.1 认识 PROFINET

PROFINET 是由 PROFIBUS 国际组织推出的开放式工业以太网标准。PROFINET 是基于工业以太网的自动化总线标准,遵循 TCP/IP 和 IT 标准,为自动化通信领域提供了一个完整的网络解决方案,可以无缝集成现场总线,是实时以太网。

8.5.2 G120 变频器通信报文

表 8-5-1 所示为 G120 变频器的通信报文设置。

表 8-5-1 G120 变频器的通信报文设置

参数	项 目	说 明
p0922	PZD 报文选择	1:标准报文 1,PZD-2/2 20:标准报文 20,PZD-2/6 350:西门子报文 350,PZD-4/4 352:西门子报文 352,PZD-6/6 353:西门子报文 353,PZD-2/2,PKW-4/4 354:西门子报文 354,PZD-6/6,PKW-4/4 999:使用 BICO 的自由报文设计

以标准报文 20，PZD-2/6 为例，过程数据由两个控制字和六个状态字组成。含义如表 8-5-2 所示。

表 8-5-2　标准报文 20 的含义

控制字 STW	控制字 1	设定转速	—	—	—	—
状态字 ZSW	状态字 1	实际转速	实际电流	实际扭矩	实际功率	—

标准报文 20 的控制字和状态字的地址如表 8-5-3 所示。

表 8-5-3　标准报文 20 的控制字和状态字的地址

数据方向	PLC I/O 地址	变频器过程数据	数据类型
PLC 至变频器（接收方向）	QW256	PZD1—控制字(STW1)	十六进制(16bit)
	QW258	PZD2—主设定值(NSOLL_A)	有符号整数(16bit)
变频器至 PLC（发送方向）	IW256	PZD1—状态字(SW1)	十六进制(16bit)
	IW258	PZD2—实际转速(NIST_A)	有符号整数(16bit)
	IW260	PZD3—实际电流(NIST_A)	无符号整数(16bit)
	IW262	PZD4—实际扭矩(NIST_A)	有符号整数(16bit)
	IW264	PZD5—实际功率(NIST_A)	无符号整数(16bit)

1. 控制字

1）控制字 1

r2090[0..15]为二进制互联输出，用于以位方式连接 PROFIdrive 控制器接收到的 PZD1（过程数据），其中每一位的名称和参数设置如表 8-5-4 所示。

表 8-5-4　G120 变频器控制字参数表

停止 047E		正转启动 047F		反转启动 0C7F		故障复位 04FE		位	名称	值 1	值 0	参数设置
E	0	F	1	F	1	E	0	00	ON（斜坡上升）/OFF1(斜坡下降)	是 1	否 0	p840＝r2090.0
	1		1		1		1	01	OFF2 按惯性自由停车	是 0	否 1	p844＝r2090.1
	1		1		1		1	02	OFF3 快速停车	是 0	否 1	p848＝r2090.2
	1		1		1		1	03	脉冲使能	是 1	否 0	p852＝r2090.3
7	1	7	1	7	1	F	1	04	斜坡函数发生器(RFG)使能	是 1	否 0	p1140＝r2090.4
	1		1		1		1	05	RFG 开始	是 1	否 0	p1141＝r2090.5
	1		1		1		1	06	设定值使能	是 1	否 0	p1142＝r2090.6
	0		0		0		1	07	故障确认	是 1	否 0	p2103＝r2090.7
4	0	4	0	C	0	C	0	08	正向点动	是 1	否 0	
	0		0		0		0	09	反向点动	是 1	否 0	
	1		1		1		1	10	由 PLC 进行控制	是 1	否 0	p854＝r2090.10
	0		0		1		0	11	设定值反向	是 1	否 0	p1118＝r2090.11

续表

停止 047E		正转启动 047F		反转启动 0C7F		故障复位 04FE		位	名　　称	值 1	值 0	参 数 设 置
0	0	0	0	0	0	0	0	12	保留			
	0		0		0		0	13	用电动电位器 MOP 升速	是 1	否 0	p1035＝r2090.13
	0		0		0		0	14	MOP 降速	是 1	否 0	p1036＝r2090.14
	0		0		0		0	15	CDSO 位本机/远程	是 1	否 0	p810＝r2090.15

根据表格中各位的含义，则常用控制字如下：OFF1 停车的控制字为 047E(十六进制)；正转启动的控制字为 047F(十六进制)；反转启动的控制字为 0C7F（十六进制）；故障复位的控制字为 04FE(十六进制)。

2）设定值

电动机的额定参数用参考参数表示，参考参数是百分数值，参考值相当于 100%，或 16＃4000(十六进制)，或 16384(十进制)。p2000 存放电动机的额定频率；p2001 存放电动机的额定电压；p2002 存放电动机的额定电流；p2004 存放电动机的额定功率。

例如：转速 0～1500r/min，对应十六进制的 0～16＃4000，对应十进制的 0～16384。

计算 500r/min 对应的值的方法如下。

500r/min 对应的十进制为

$$n=\frac{500}{1500}\times 16384=5461$$

500r/min 对应的十六进制为

$$n=\frac{500}{1500}\times 4000=1333$$

2. 状态字 1

r0052[0...15]反映当前 G120 变频器的运行状态，一共有 0～15 位，每一位的名称及参数设置如表 8-5-5 所示。

表 8-5-5　G120 变频器状态字 1 参数表

位	名　　称	值 1	值 0	参 数 设 置
0	接通就绪	是	否	p2080[0]＝r899.0
1	运行就绪	是	否	p2080[1]＝r899.1
2	运行使能	是	否	p2080[2]＝r899.2
3	故障有效	是	否	p2080[3]＝r899.3
4	缓慢停止当前有效(OFF2)	否	是	p2080[4]＝r899.4
5	快速停止当前有效(OFF3)	否	是	p2080[5]＝r899.5
6	接通禁止当前有效	是	否	p2080[6]＝r899.6
7	警告有效	是	否	p2080[7]＝r2139.7
8	设定/实际转速偏差	否	是	p2080[8]＝r2197.7
9	控制请求	是	否	p2080[9]＝r899.7
10	达到最大转速	是	否	p2080[10]＝r2197.6
11	达到 I、M、P 极限	否	是	p2080[11]＝r0056.13(取反)

续表

位	名　　称	值1	值0	参数设置
12	电动机抱闸打开	是	否	p2080[12]=r899.12
13	电动机超温警告	否	是	p2080[13]=r2135.14(取反)
14	电动机正向旋转	是	否	p2080[14]=r2197.3
15	显示CDS位0状态变频器/过载警告	否	是	p2080[15]=r2135.15(取反)

3. 控制字和状态字的应用

1）启动变频器

首次启动变频器，需要将控制字1(STW1)16#047E写入QW256，使变频器运行准备就绪，然后将16#047F写入QW256，启动变频器。

2）停止变频器

将16#047E写入QW256停止变频器。

3）调整电动机速度

将速度写入主设定值(NSOLL_A)QW258，调整变频器速度。

4）监视变频器的运行状态

读取IW256～IW264，可以分别监视变频器的状态和电动机的实际转速、电流、扭矩和有功功率等。

【任务实施】

本任务要用到S7-1200 PLC、触摸屏和G120变频器，三者之间采用以太网通信。

根据项目的控制要求，需要完成以下操作。

(1) 通过博途组态变频器，将电动机的控制信息和额定参数设置到G120变频器中，实现变频器对电机的基本控制。

(2) 通过S7-1200 PLC与变频器的以太网通信，由S7-1200 PLC控制G120变频器的运行。

(3) 通过触摸屏与S7-1200 PLC的以太网通信，一方面，将电机运行控制命令以及速度设定值通过触摸屏传输到PLC，再由PLC控制变频器运行；另一方面，触摸屏上显示PLC读取的变频器输出的实际转速、电压、电流等参数。

1. 宏的确定

确定宏p0015=7。

2. 设置G120变频器参数

设置G120变频器参数，如表8-5-6所示。

表8-5-6　G120变频器参数表

序号	变频器参数	设定值	单位	功能说明
1	p0003	3		极限级别
2	p0010	1/0		驱动调试参数筛选。先设置为1，把p15和电动机相关参数修改完成后，再设置为0
3	p0015	7		驱动设备宏7指令(自由报文)

续表

序号	变频器参数	设定值	单位	功 能 说 明
4	p0304	380	V	电动机的额定电压
5	p0305	0.3	A	电动机的额定电流
6	p0307	0.04	kW	电动机的额定功率
7	p0310	50.00	Hz	电动机的额定频率
8	p0311	1430	r/min	电动机的额定转速
9	p1900	0		禁用

3. 用博途软件组态系统

1）新建项目

新建名为“S7-1200 PLC与G120变频器的PN通信控制”的项目。

2）组态控制器

如图8-5-1所示，添加CPU 1215C DC/DC/DC；添加信号模块，选择模拟量输入/输出模块如图8-5-2所示。

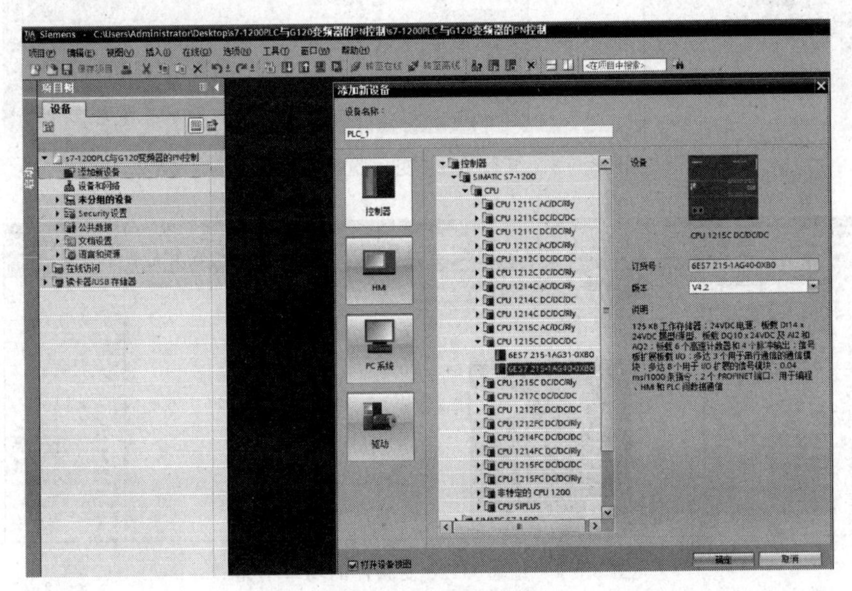

图8-5-1　添加CPU

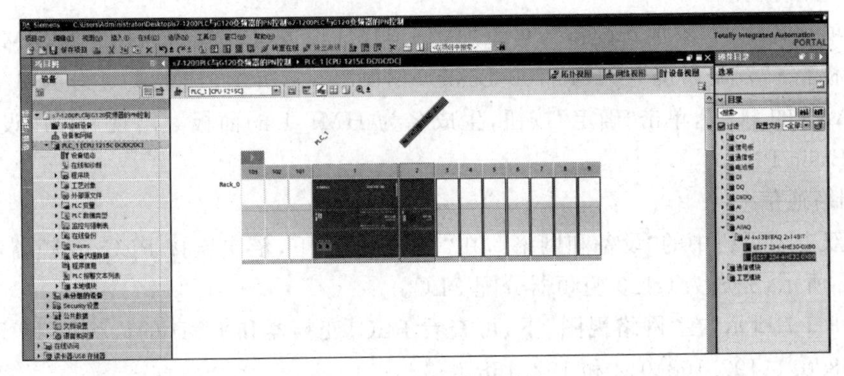

图8-5-2　添加信号模块

3）组态变频器

组态 G120 变频器的控制单元如图 8-5-3 所示，组态 G120 变频器的功率单元如图 8-5-4 所示。

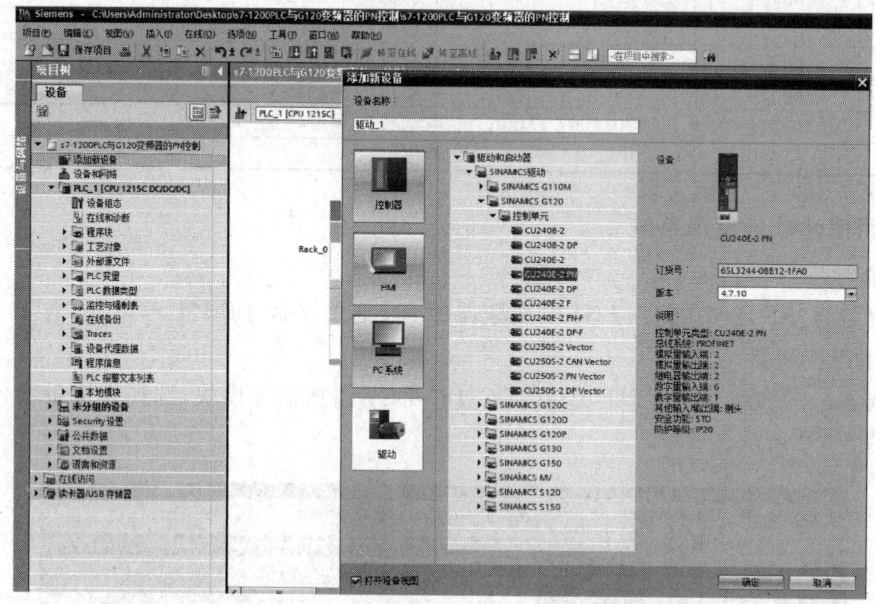

图 8-5-3　组态 G120 变频器的控制单元

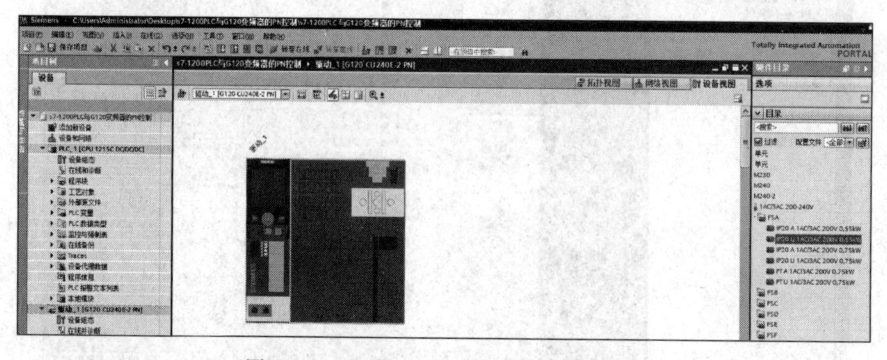

图 8-5-4　组态 G120 变频器的功率单元

4）组态触摸屏

双击项目树中的“添加新设备”，再添加一个 HMI 设备，依次选择 HMI→“SIMATIC 精简系列面板”→“7″显示屏”→KTP700 Basic，如图 8-5-5 所示，选中供货号为 6AV2 123-2GB03-0AX0 的 HMI，单击“确定”按钮，生成名为 HMI_1 的面板。出现“HMI 设备向导：KTP700 Basic PN”。

5）网络通信

继续双击项目树中的“设备和网络”，在“网络视图”下，依次连接 PLC、变频器和 HMI，如图 8-5-6 所示，完成为 G120 变频器分配 PLC。

如图 8-5-7 所示，在“网络视图”下，可查看 PLC、变频器和 HMI 的以太网 IP 地址分别为 192.168.0.1、192.168.0.2 和 192.168.0.3。

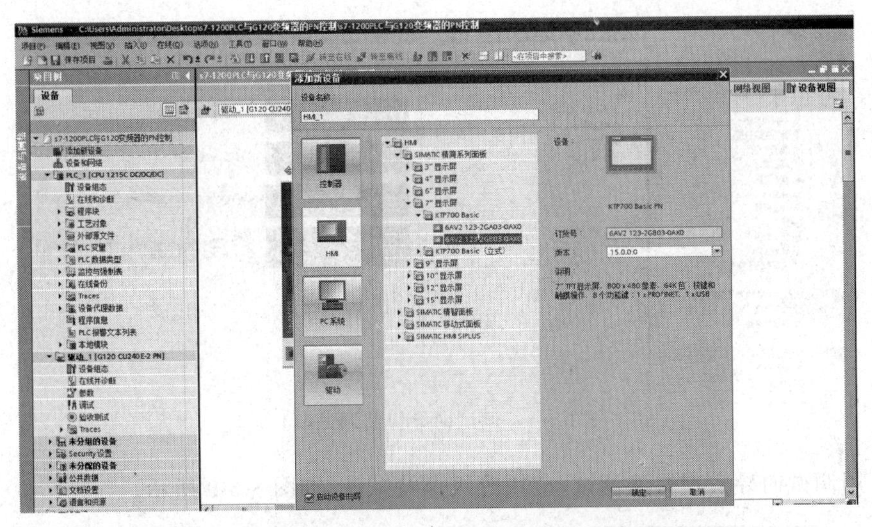

图 8-5-5 组态 KTP700 Basic PN 的 HMI

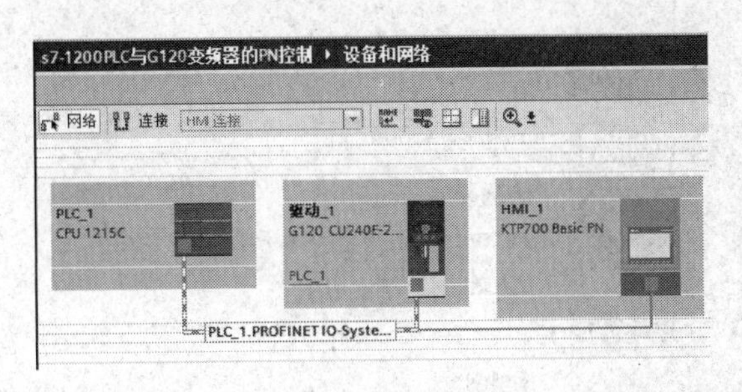

图 8-5-6 设备和网络

拓扑视图 | 网络视图 | 设备视图

网络概览 | 连接 | IO 通信 | VPN | 远程控制

设备	类型	子网地址	子网	主站/IO 系统
▼ HMI_1	KTP700 Basic PN			
HMI_RT_1	KTP700 Basic PN			
▼ HMI_1.IE_CP_1	PROFINET接口			
▸ PROFINET Interface_1	PROFINET接口	192.168.0.3	PN/IE_1	
▼ SINAMICS G_1	SINAMICS G			
▼ 驱动_1	CU240E-2 PN			
▸ PROFINET接口	PROFINET接口	192.168.0.2	PN/IE_1	PROFINET IO-Syst...
PM240-2 IP20	PM240-2 IP20			
▼ S7-1200 station_1	S7-1200 station			
▼ PLC_1	CPU 1215C DC/DC/DC			
DI 14/DQ 10_1	DI 14/DQ 10			
AI 2/AQ 2_1	AI 2/AQ 2			
HSC_1	HSC			
HSC_2	HSC			
HSC_3	HSC			
HSC_4	HSC			
HSC_5	HSC			
HSC_6	HSC			
Pulse_1	脉冲发生器 (PTO/PWM)			
Pulse_2	脉冲发生器 (PTO/PWM)			
Pulse_3	脉冲发生器 (PTO/PWM)			
Pulse_4	脉冲发生器 (PTO/PWM)			
▸ PROFINET接口_1	PROFINET接口	192.168.0.1	PN/IE_1	PROFINET IO-Syst...

图 8-5-7 网络概览

组态设备的名称和 IP 地址要与实际设备的名称和 IP 地址一致,否则下载时会报错。

6）设置变频器参数

在博途软件下,通过调试向导进行快速调试,设置宏值和电动机相关参数,如图 8-5-8 所示。

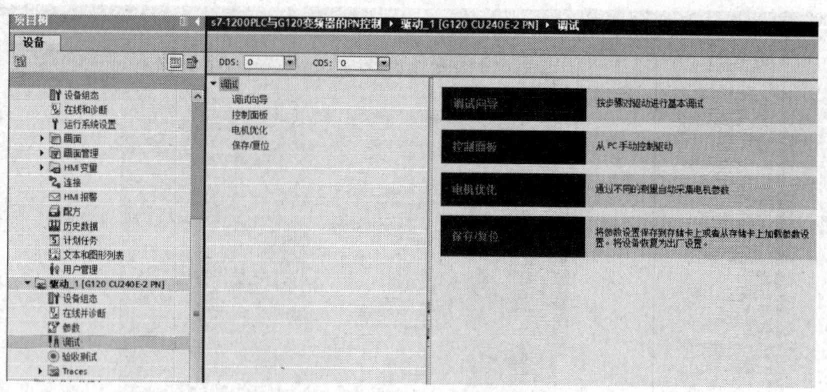

图 8-5-8　调试向导快速调试(1)

(1) 用调试向导实现快速调试,应用等级保持默认,如图 8-5-9 所示。

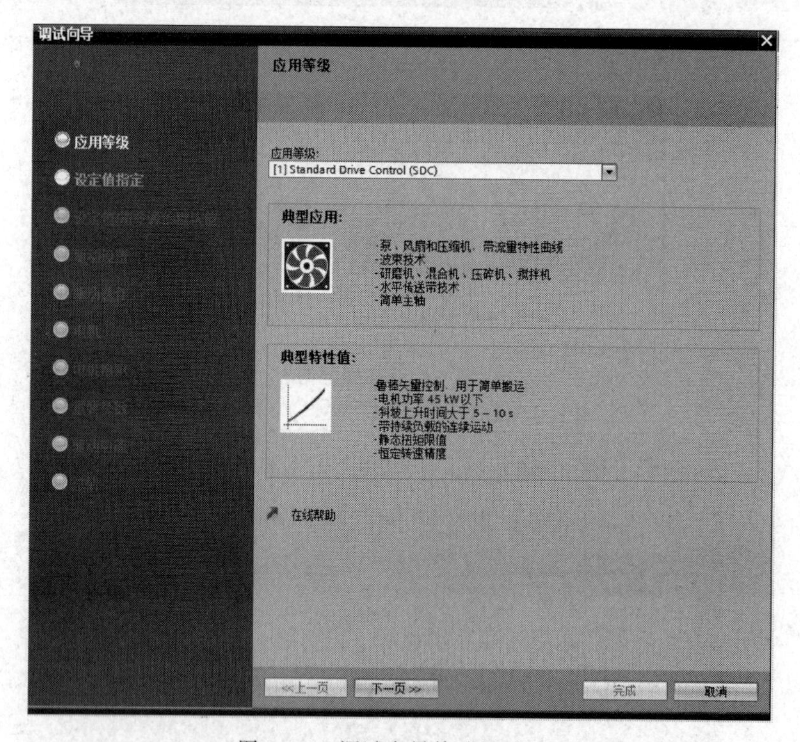

图 8-5-9　调试向导快速调试(2)

(2) 用调试向导实现快速调试,设定值指定,选择变频器连接控制器 PLC,如图 8-5-10 所示。

(3) 用调试向导实现快速调试,设定宏 p0015=7,报文配置使用自由报文,如图 8-5-11 所示。

(4) 用调试向导实现快速调试,设定电动机标准及功率单元的输入电压,如图 8-5-12 所示。

(5) 用调试向导实现快速调试,设置驱动选件,保持默认值,如图 8-5-13 所示。

(6) 用调试向导实现快速调试,输入电机的类型、接线及电机参数,如图 8-5-14 所示。

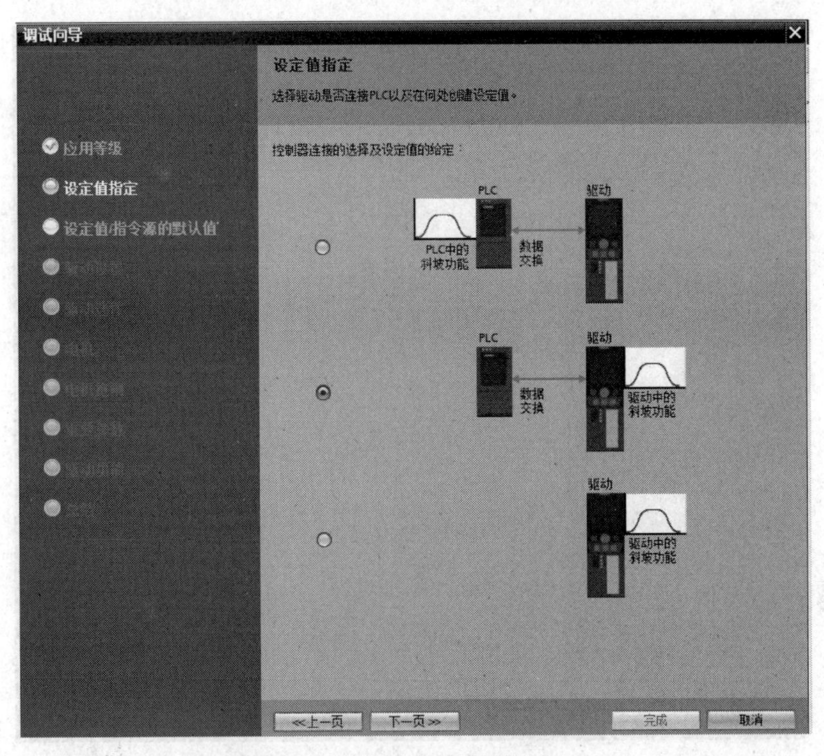

图 8-5-10　调试向导快速调试(3)

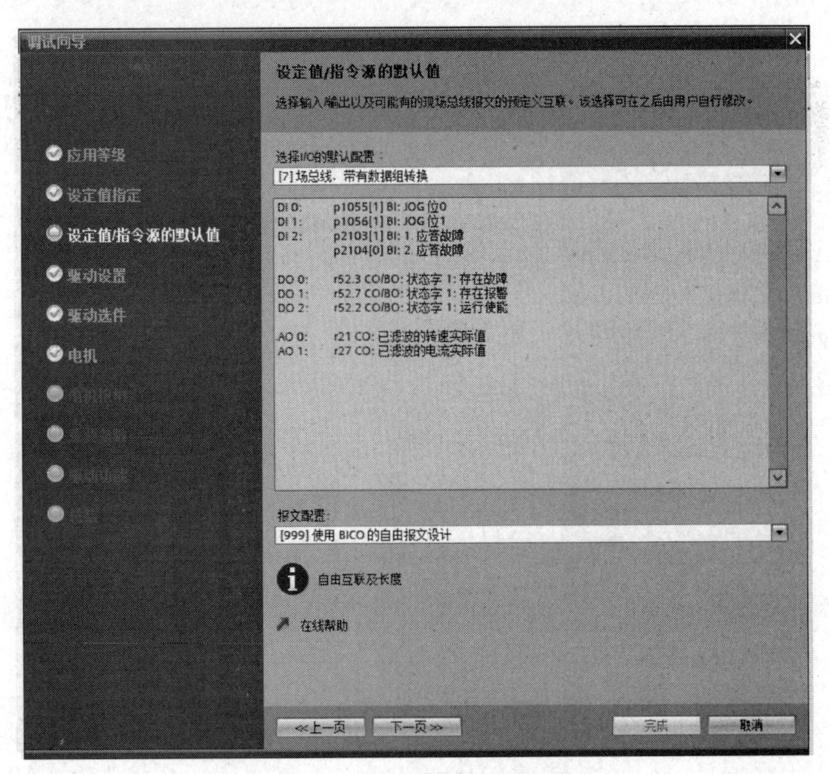

图 8-5-11　调试向导快速调试(4)

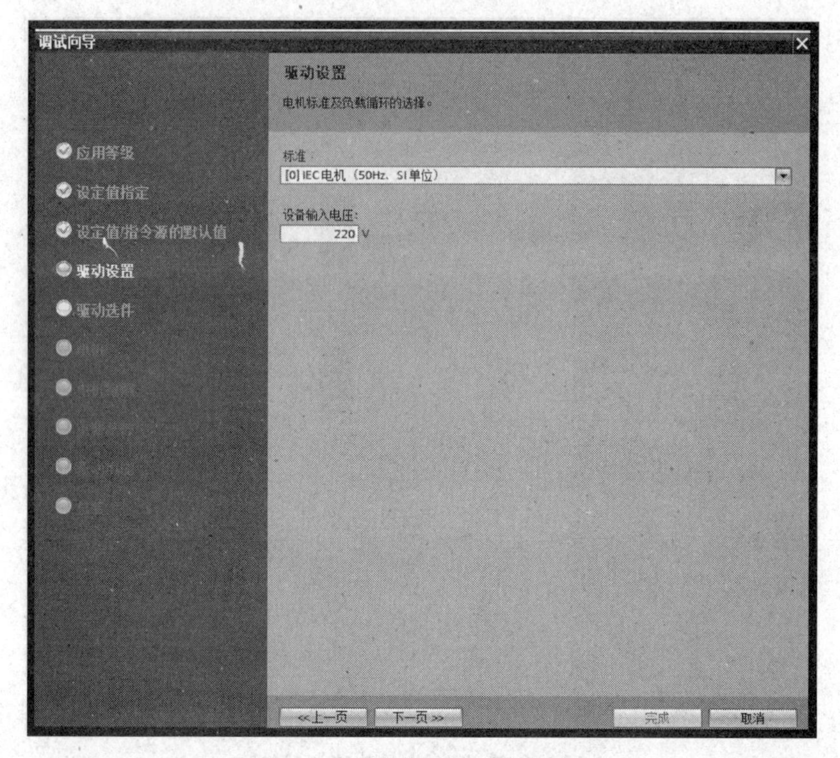

图 8-5-12 调试向导快速调试(5)

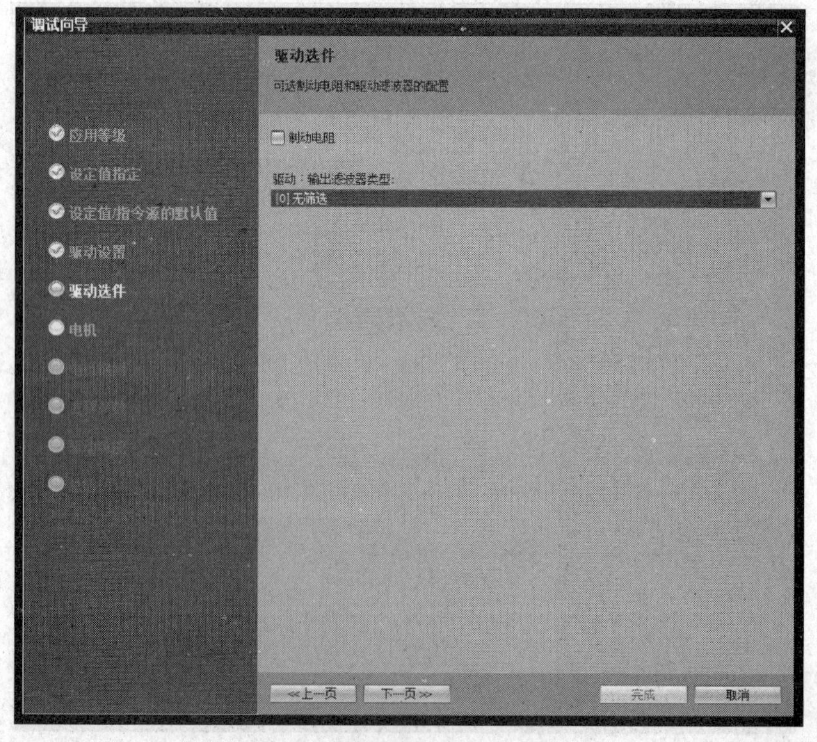

图 8-5-13 调试向导快速调试(6)

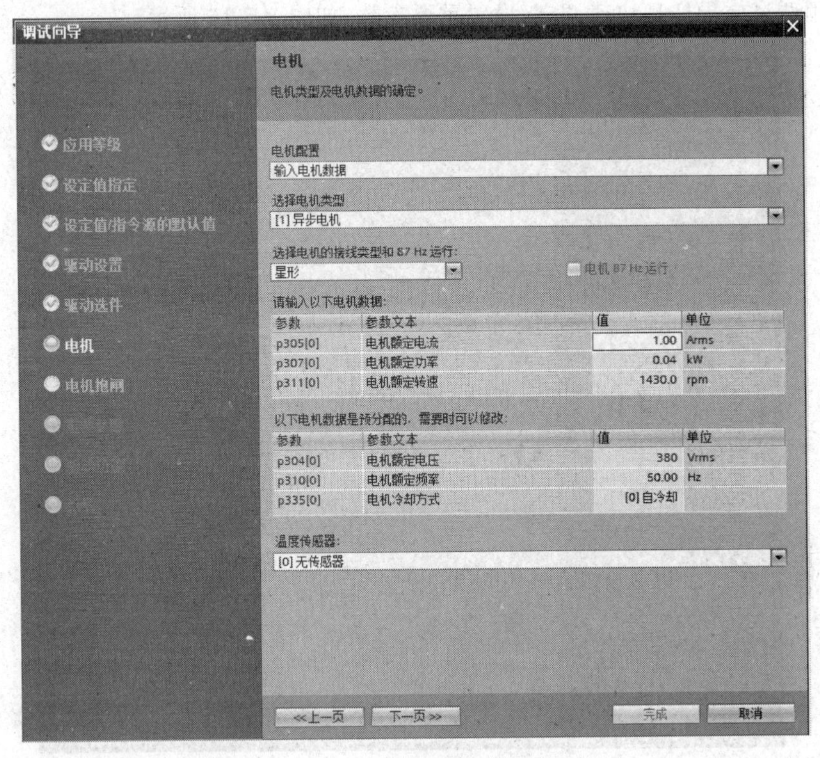

图 8-5-14　调试向导快速调试(7)

(7) 用调试向导实现快速调试，选择无电机抱闸，如图 8-5-15 所示。

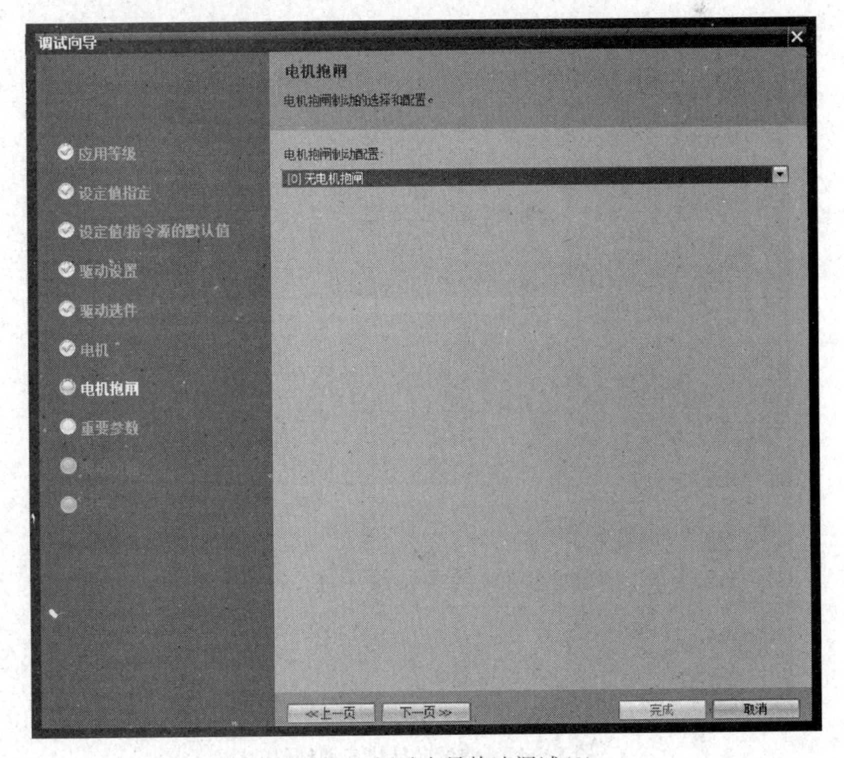

图 8-5-15　调试向导快速调试(8)

(8) 用调试向导实现快速调试,设置重要参数,如图 8-5-16 所示。

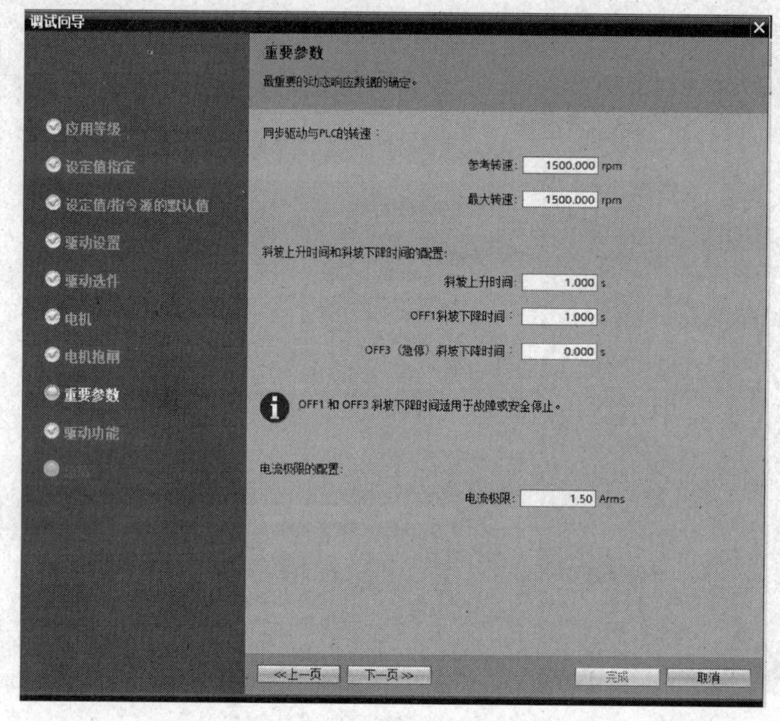

图 8-5-16 调试向导快速调试(9)

(9) 用调试向导实现快速调试,电机识别选择"禁用",如图 8-5-17 所示。

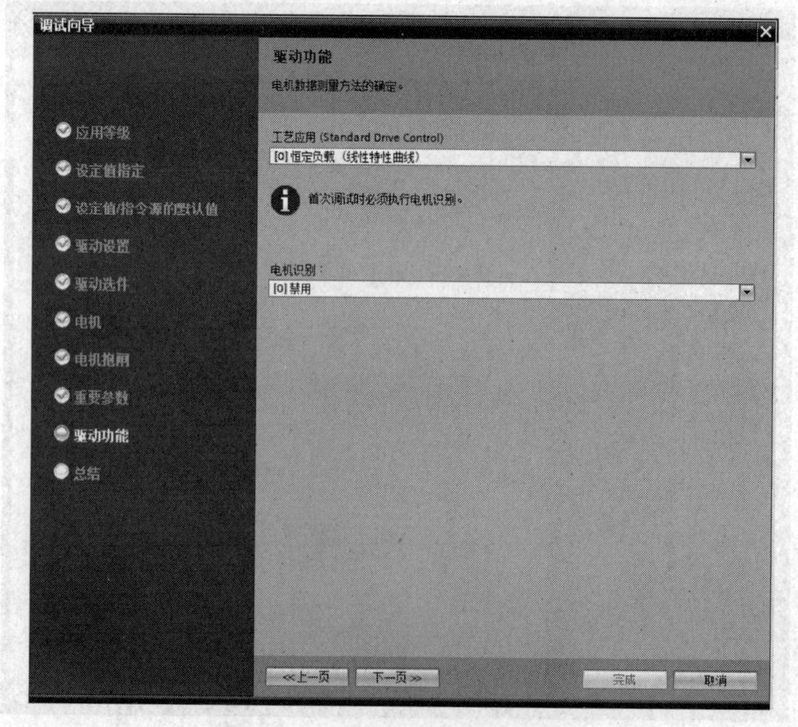

图 8-5-17 调试向导快速调试(10)

(10) 用调试向导实现快速调试,检查输入的数据并完成配置,如图 8-5-18 所示。

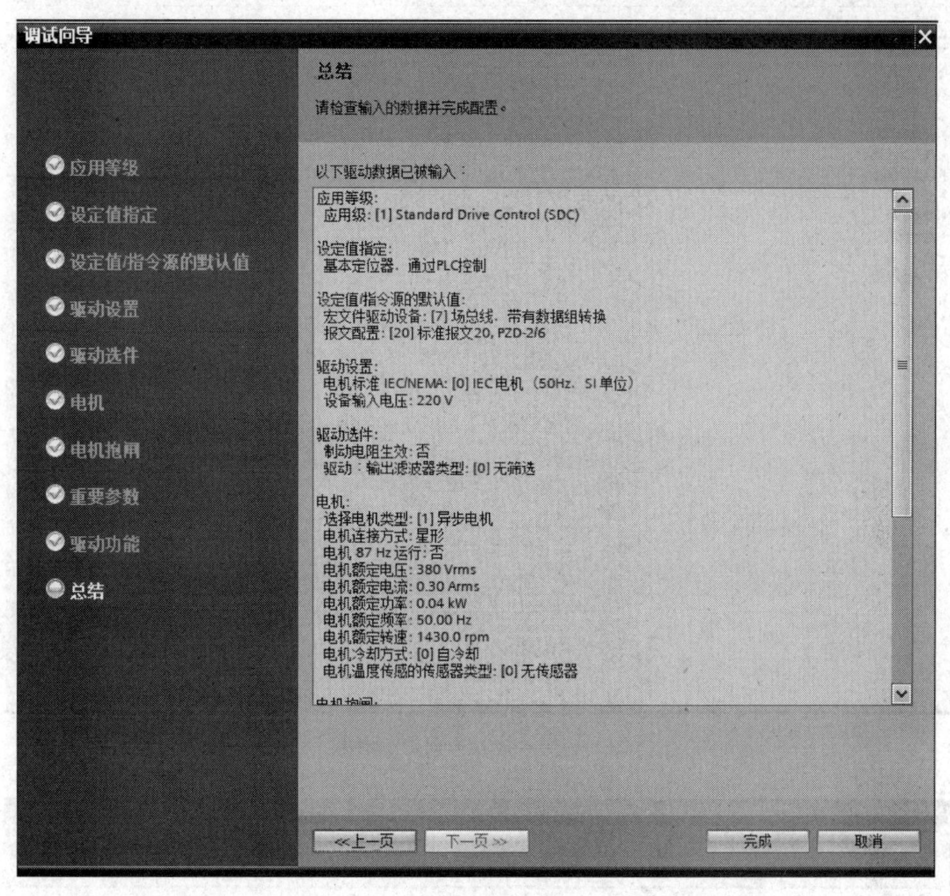

图 8-5-18 调试向导快速调试(11)

(11) 快速调试完成后,切换至“参数”,在“功能视图”下设置“通信参数”。设置自由报文配置,控制字长度为 2 个字,对应数据区地址为 Q256～259;状态字长度为 6 个字,对应数据区地址为 I256～267,如图 8-5-19 所示。

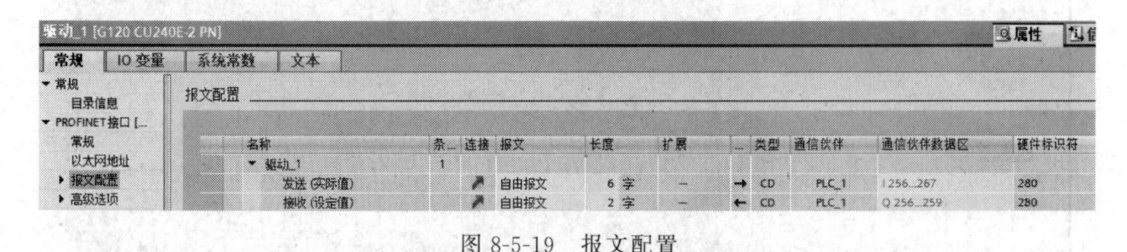

图 8-5-19 报文配置

图 8-5-20 所示为“接收方向”自由报文 999 的控制字参数。

图 8-5-21 所示为“发送方向”自由报文 999 的状态字参数。定义状态字 1 为当前 G120 变频器的运行状态,用 r2089 表示,一共 15 位;r0021 表示滤波后的电动机转速实际值;r0025 表示滤波后的变频器功率单元输出电压实际值;r0027 表示滤波后的电流实际值;r0032 表示滤波后的有功功率实际值;r0035 表示电动机当前温度。

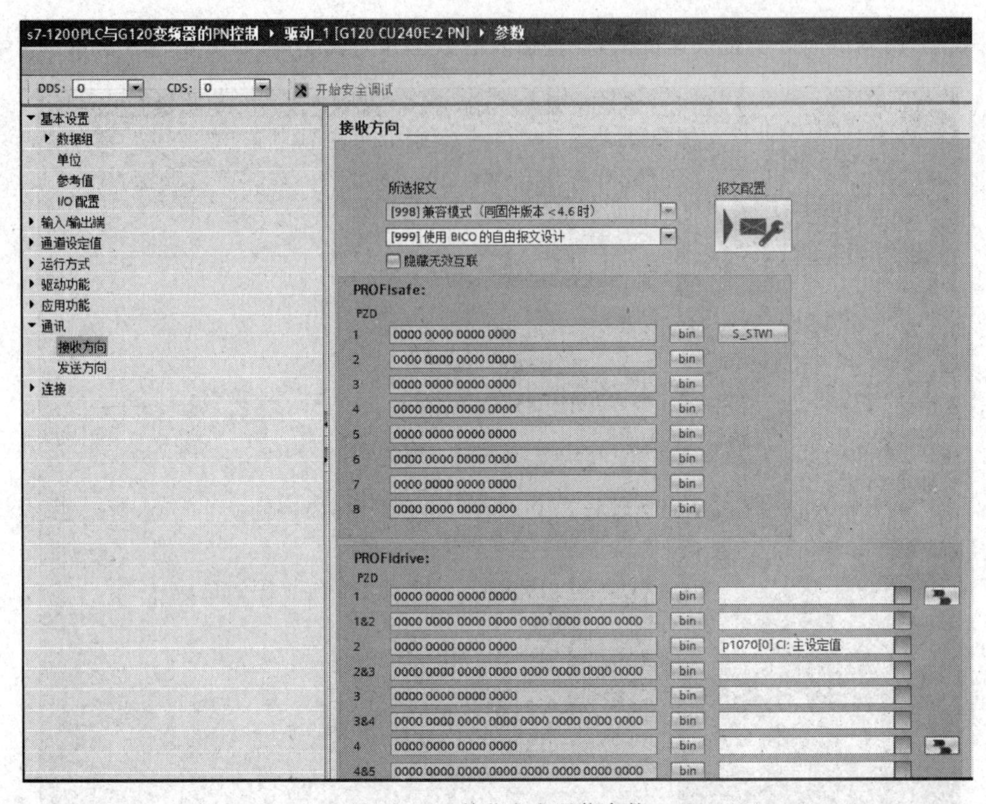

图 8-5-20　接收方向通信参数

图 8-5-21　发送方向通信参数

如图 8-5-22 所示，切换至“属性”→“常规”→“驱动_1”→“发送”，查看报文配置、PZD 的起始地址及数据长度。

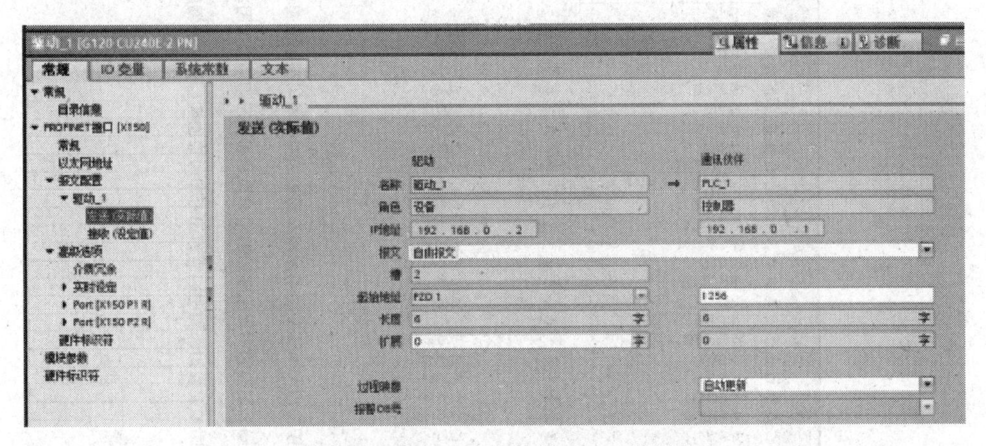

图 8-5-22 发送 PZD 的起始地址及数据长度

如图 8-5-23 所示，切换至“属性”→“常规”→“驱动_1”→“接收”，查看报文配置、PZD 的起始地址及数据长度。

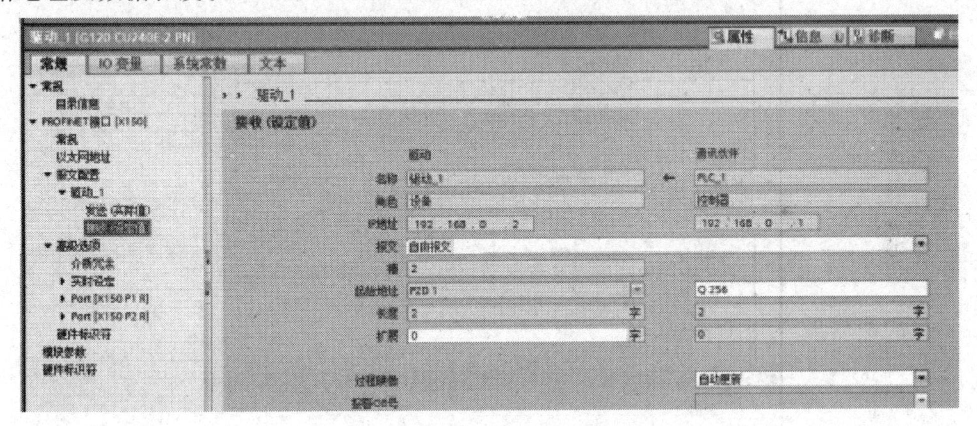

图 8-5-23 接收 PZD 的起始地址及数据长度

7）编写 PLC 变量表

编写 PLC 变量如图 8-5-24 所示，包括触摸屏上的命令按钮所对应的变量 M2.0～M2.2；变频器和 PLC 之间的数据通信地址 QW256～258、IW256～264；变频器转速设定值的地址 MW10，实时显示变频器运行状态和实际参数对应的变量 MW20、MD40、MW60、MD80、MW100、MD120 等。

8）编写程序

根据控制要求编写主程序，如图 8-5-25 所示。

9）组态 HMI 画面

组态 HMI 画面如图 8-5-26 所示，整个画面分为上、下两个区域，上面为状态区，下面为控制区。

默认变量表

	名称	数据类型	地址	保持	可从 ...	从 H...	在 H...
1	命令控制字	Word	%QW256	☐	☑	☑	☑
2	停止	Bool	%M2.0	☐	☑	☑	☑
3	正转启动	Bool	%M2.1	☐	☑	☑	☑
4	反转启动	Bool	%M2.2	☐	☑	☑	☑
5	启停	Bool	%M3.0	☐	☑	☑	☑
6	设定转速	Word	%MW10	☐	☑	☑	☑
7	标准值1	Real	%MD12	☐	☑	☑	☑
8	设定值地址	Int	%QW258	☐	☑	☑	☑
9	状态字1	Word	%IW256	☐	☑	☑	☑
10	运行状态显示	Word	%MW20	☐	☑	☑	☑
11	状态字2	Int	%IW258	☐	☑	☑	☑
12	标准值2	Real	%MD30	☐	☑	☑	☑
13	转速实际值	Real	%MD40	☐	☑	☑	☑
14	状态字3	Int	%IW260	☐	☑	☑	☑
15	标准值3	Real	%MD50	☐	☑	☑	☑
16	电压实际值	Real	%MD60	☐	☑	☑	☑
17	状态字5	Int	%IW264	☐	☑	☑	☑
18	标准值4	Real	%MD70	☐	☑	☑	☑
19	电流实际值	Real	%MD80	☐	☑	☑	☑
20	状态字4	Int	%IW262	☐	☑	☑	☑
21	状态字6	Int	%IW266	☐	☑	☑	☑
22	标准值5	Real	%MD90	☐	☑	☑	☑
23	功率实际值	Real	%MD100	☐	☑	☑	☑
24	标准值6	Real	%MD110	☐	☑	☑	☑
25	温度值	Real	%MD120	☐	☑	☑	☑

图 8-5-24　PLC 变量表

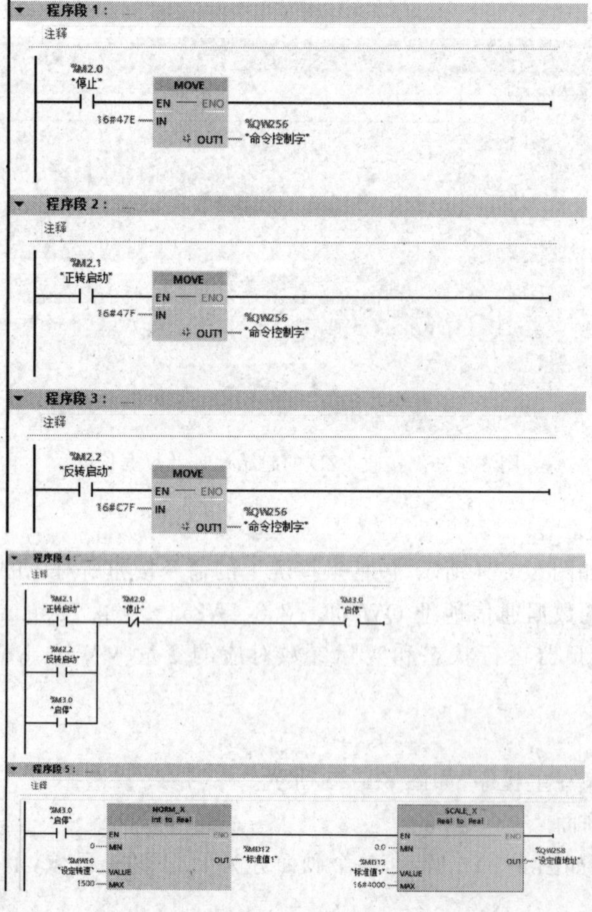

图 8-5-25　主程序

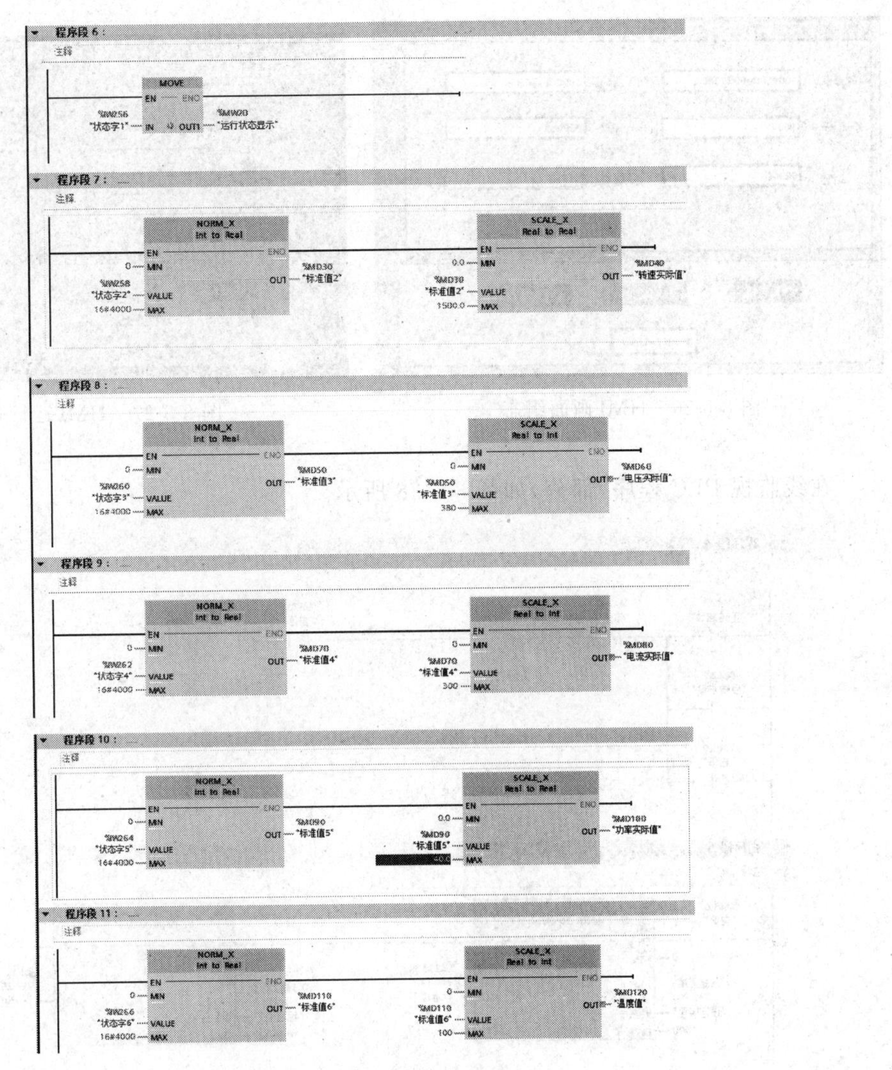

图　8-5-25(续)

控制区有三个命令按钮：停止、正转启动和反转启动，分别连接PLC的"停止"按钮、"正转启动"按钮和"反转启动"按钮，对应变量为M2.0、M2.1和M2.2；控制区的速度设定值为输入输出域，连接PLC的设定转速变量MW10。

状态区组态有6个文本域，分别为状态字1、转速、电压、电流、功率和温度。6个输出域分别连接PLC的运行状态变量MW20、实际转速变量MD40、实际电压变量MW60、实际电流变量MD80、实际功率变量MW100和实际温度变量MD120，用于显示变频器当前的实际输出参数值。

4. 运行调试

将PLC、变频器和HMI分别下载到各自的设备后进行运行调试。

转速设定值输入500r/min，按下"反转启动"按钮，观察HMI运行画面如图8-5-27所示。

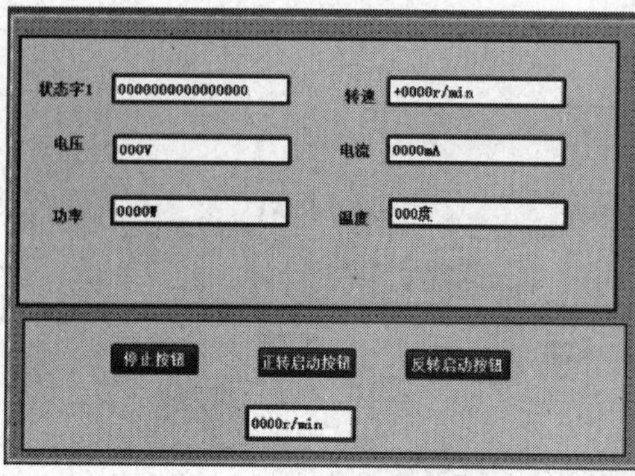

图 8-5-26　HMI 画面组态

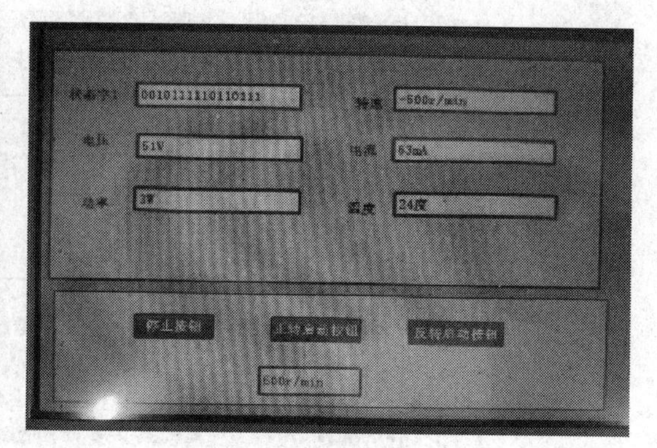

图 8-5-27　HMI 运行画面

在线监视 PLC 程序(部分)如图 8-5-28 所示。

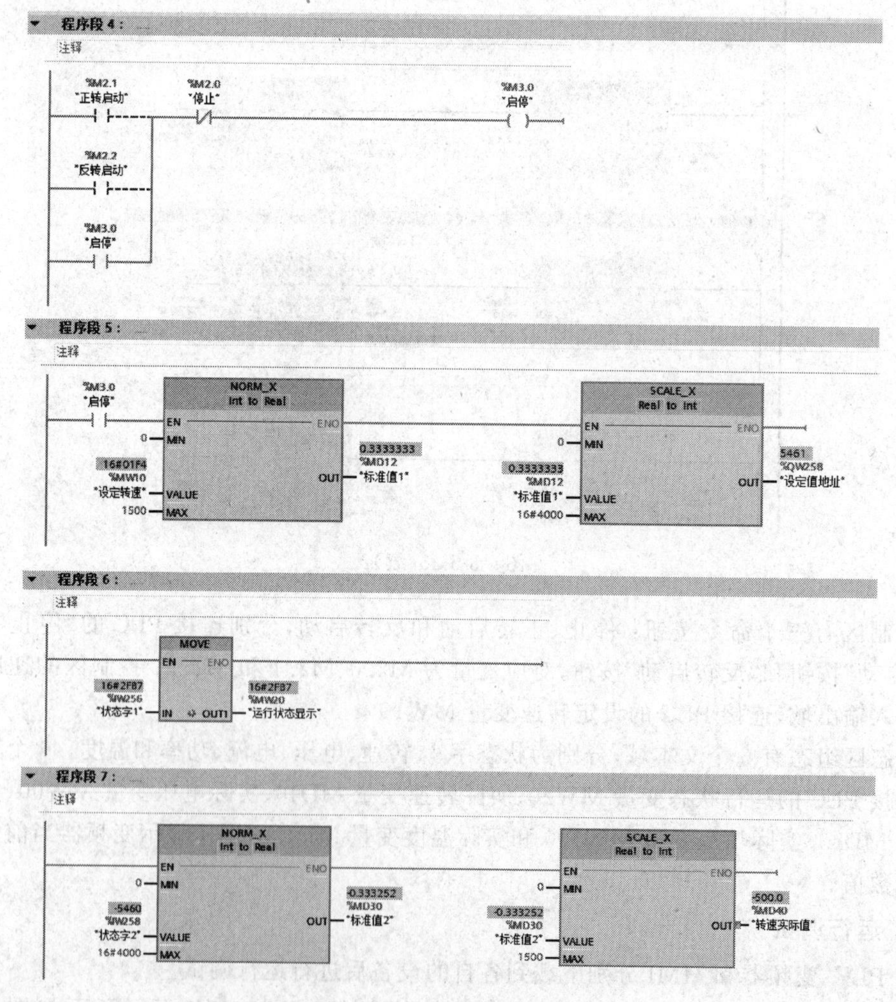

图 8-5-28　PLC 程序监视

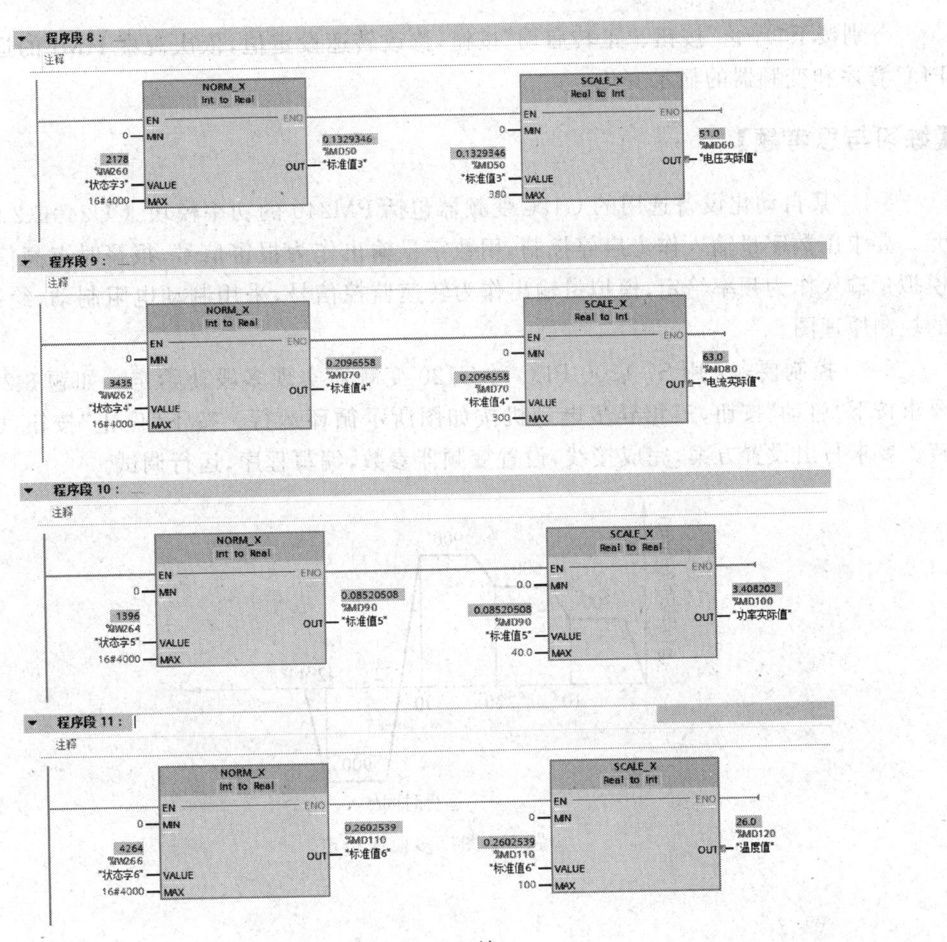

图　8-5-28(续)

在线监视变频器的状态字的显示变化如图 8-5-29 所示。

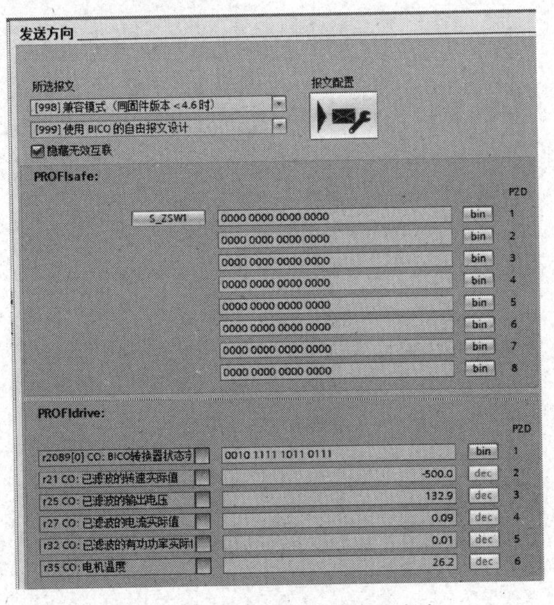

图 8-5-29　监视变频器的状态字

分别按下“停止”按钮、“正转启动”按钮，修改转速设定值，依次观察 HMI 的运行画面、PLC 程序和变频器的显示变化。

【练习与思考题】

8-1　某自动化设备选用的 G120 变频器包括 PM240 的功率模块、CU240E-2 的控制单元。要求用数字量输入作为启停控制，用数字量输出作为报警信号，报警时点亮信号灯，用模拟量输入作为频率给定，模拟量输出作为转速监控信号，采用制动电阻制动，绘制变频器的控制原理图。

8-2　控制要求：用 S7-1200 PLC 对 G120 变频器实现多段速给定。如题 8-2 图所示，要求按下“启动”按钮，三相异步电动机按如图所示循环运行。按下“停止”按钮，电动机停转。要求写出设置方案，完成接线，设置变频器参数，编写程序，运行调试。

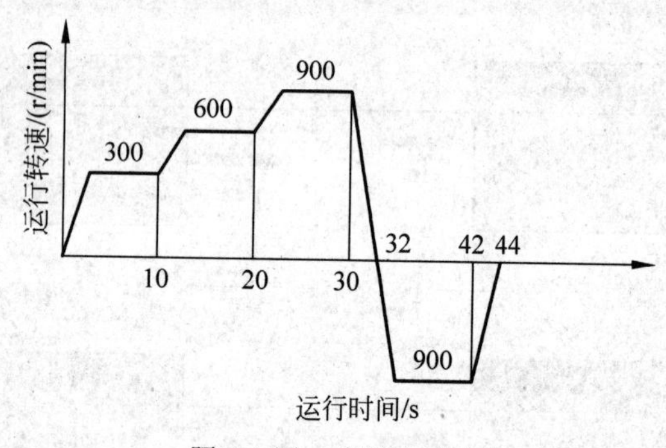

题 8-2 图　多段速给定

参考文献

[1] 吴繁红. 西门子 S7-1200 PLC 应用技术项目教程[M]. 2 版. 北京：电子工业出版社，2021.

[2] 廖常初. 西门子 S7-1200 PLC 编程及应用[M]. 3 版. 北京：机械工业出版社，2019.

[3] 侍寿永. 西门子 S7-1200 PLC 编程与应用教程[M]. 北京：机械工业出版社，2018.

[4] 沈治. PLC 编程及应用(S7-1200)[M]. 北京：高等教育出版社，2019.

[5] 陈丽，程德芳. PLC 应用技术(S7-1200)[M]. 北京：机械工业出版社，2020.